Statik im Bauwesen – Aufgaben und Lösungen

Jetzt diesen Titel zusätzlich als E-Book downloaden und 70 % sparen!

Als Käufer dieses Buchtitels haben Sie Anspruch auf ein besonderes Kombi-Angebot: Sie können den Titel zusätzlich zum Ihnen vorliegenden gedruckten Exemplar für nur 30 % des Normalpreises als E-Book beziehen.

Der BESONDERE VORTEIL: Im E-Book recherchieren Sie in Sekundenschnelle die gewünschten Themen und Textpassagen. Denn die E-Book-Variante ist mit einer komfortablen Volltextsuche ausgestattet!

Deshalb: Zögern Sie nicht. Laden Sie sich am besten gleich Ihre persönliche E-Book-Ausgabe dieses Titels herunter.

In 3 einfachen Schritten zum E-Book:

❶ Rufen Sie die Website **www.beuth.de/e-book** auf.

❷ Geben Sie hier Ihren persönlichen, nur einmal verwendbaren E-Book-Code ein:

22040781A2KB535

❸ Klicken Sie das „Download-Feld“ an und gehen dann weiter zum Warenkorb. Führen Sie den normalen Bestellprozess aus.

Hinweis: Der E-Book-Code wurde individuell für Sie als Erwerber dieses Buches erzeugt und darf nicht an Dritte weitergegeben werden. Mit Zurückziehung dieses Buches wird auch der damit verbundene E-Book-Code für den Download ungültig.

Statik im Bauwesen

Paul Spitzer, René Horschig

Statik im Bauwesen

Band 5

Aufgaben und Lösungen

2., überarbeitete und erweiterte
Auflage 2012

Herausgeber:
DIN Deutsches Institut für Normung e. V.

Beuth Verlag GmbH · Berlin · Wien · Zürich

Herausgeber: DIN Deutsches Institut für Normung e. V.

© 2012 Beuth Verlag GmbH
Berlin · Wien · Zürich
Am DIN-Platz
Burggrafenstraße 6
10787 Berlin

Telefon: +49 30 2601-0
Telefax: +49 30 2601-1260
Internet: www.beuth.de
E-Mail: info@beuth.de

Das Werk einschließlich aller seiner Teile ist urheberrechtlich geschützt. Jede Verwertung außerhalb der Grenzen des Urheberrechts ist ohne schriftliche Zustimmung des Verlages unzulässig und strafbar. Das gilt insbesondere für Vervielfältigungen, Übersetzungen, Mikroverfilmungen und die Einspeicherung in elektronischen Systemen.

© für DIN-Normen DIN Deutsches Institut für Normung e. V., Berlin

Die im Werk enthaltenen Inhalte wurden vom Verfasser und Verlag sorgfältig erarbeitet und geprüft. Eine Gewährleistung für die Richtigkeit des Inhalts wird gleichwohl nicht übernommen. Der Verlag haftet nur für Schäden, die auf Vorsatz oder grobe Fahrlässigkeit seitens des Verlages zurückzuführen sind. Im Übrigen ist die Haftung ausgeschlossen.

Titelbild: © ullstein bild – CARO/Rupert Oberhäuser
Satz: Beltz Bad Langensalza GmbH, Bad Langensalza
Druck: AZ Druck und Datentechnik GmbH, Berlin
Gedruckt auf säurefreiem, alterungsbeständigem Papier nach DIN EN ISO 9706

ISBN 978-3-410-22040-4

Vorwort zur 2. Auflage

Durch den Band „Aufgaben und Lösungen“ werden die Bände 1–3 der Reihe „Statik im Bauwesen“ sinnvoll ergänzt. Er soll insbesondere den Hoch- und Fachhochschulstudenten in der Grundlagenausbildung im Fach Baustatik helfen, sich mit Aufgaben in die praxisorientierte Anfertigung von statischen Berechnungen einzuarbeiten. Techniker und Ingenieure, die in kleineren Firmen in der Bauvorbereitung und Baudurchführung tätig sind, werden für eigene analoge Problemstellungen Anregungen und Hinweise finden. Das betrifft vor allem Mitarbeiter von Ingenieurbüros, die sich mit Rekonstruktion und Bauwerkserhaltung befassen. Sie erarbeiten häufig ähnliche statische Berechnungen und legen sie Prüfingenieuren für Baustatik vor.

Erfahrungsgemäß bereitet es Lernenden Mühe, die praktischen Erfordernisse mit dem theoretischen Wissen so zu verknüpfen, dass es ihnen möglich ist, für einfache Bauwerke oder Teile davon statische Berechnungen eigenständig anzufertigen.

Die numerische Bearbeitung **vorgegebener** Tragwerksmodelle (statischer Systeme) und Einwirkungen wird zwar im Studium in der Regel umfassend geübt, die Entwicklung eines Tragwerksmodelles aus einem praktischen Gebilde, einem zeichnerischen Entwurf oder einem Funktionsmodell ist dagegen häufig eine schwierige Phase. Das gilt ebenso für praxisrelevante Lastannahmen sowie DIN- bzw. EC-gerechte Nachweisführungen.

In dieser Sammlung wird deshalb jeder Aufgabe ein Bild vorangestellt, aus dem der Leser zunächst eine Strukturskizze (soweit erforderlich) und dann ein Tragwerksmodell entwickeln soll. Mit steigendem Schwierigkeitsgrad kommen Lastannahmen und Nachweisführungen zur Tragsicherheit und Gebrauchstauglichkeit hinzu. Diese visuelle Unterstützung bei der Lösung von Aufgaben entspricht den Wünschen und Neigungen der Leser und ist geeignet, die oft sehr unterschiedlichen Vorkenntnisse anzugleichen.

Für den Band „Aufgaben und Lösungen“ werden die Aufgaben im Wesentlichen nach der Gliederung der Bände 1 und 2 der Reihe „Statik im Bauwesen“ strukturiert. Das ist zweckmäßig, weil zu erbringende statische Berechnungen in der Regel nach tragenden Bauteilen und den in ihnen wirkenden Spannungen, Kräften und Verformungen gegliedert sind.

Die Lösungen zu den Aufgaben basieren auf den derzeit gültigen Normen und sind so geführt, dass der Leser den Lösungsalgorithmus nachvollziehen kann. Das geschieht durch Erläuterungen des Lösungsweges, Hinweise und Bemerkungen. Es wird dabei nicht vordergründig auf das schnelle Erreichen von Ergebnissen orientiert, sondern auf das Verstehen der einzelnen Lösungsschritte. Dazu trägt die durchgängige Verwendung von Größengleichung und die Aufnahme der Einheiten in den Rechengang bei.

Für die Berechnung von Bauteilen aus einem beliebigen Werkstoff ist stets die Ermittlung von Schnittgrößen (z. B. Auflagerkräfte, Biegemomente, Querkräfte und Längskräfte) notwendig.

Das ist werkstoffunabhängig wesentlicher Inhalt des Lösungsteiles der Aufgabensammlung. Die weitere Bemessung von Beton-, Mauerwerks-, Stahlbau- oder Holzbauteilen ist werkstoffspezifisch. Nach den aktuellen Normen erfolgt sie nach zwei unterschiedlichen Methoden:

1. Bemessung nach zulässigen Kräften, Momenten, Spannungen, Dehnungen, Verformungen usw., die **charakteristischen** Größen gegenübergestellt werden.
2. Bemessung nach Grenzzuständen als vorherrschende Berechnungsgrundlage für statische Nachweise.

   Die charakteristischen Einwirkungen und Werkstoffkennwerte werden zu **Bemessungswerten** umgeformt. Das erfolgt durch Teilsicherheits- und Kombinationsbeiwerte.

Die Bemessung von Stahlbetonbauteilen ist in der Ausbildung meist Gegenstand eines gesonderten Faches. Für diesen Bereich wird auf ergänzende Literatur verwiesen.

Im Kapitel 8 findet der Leser eine Anleitung für eine rechnergestützte Lösung. Damit soll ihm der Einstieg in die Handhabung von Ingenieursoftware erleichtert werden. An einer Referenzaufgabe werden die drei Lösungsstufen

– manuelle Bearbeitung der Aufgabe
– Verwendung eines Stabwerksprogramms für programmierbare Taschenrechner
– Lösung mit einem Computerprogramm für räumliche Stabtragwerke

gegenübergestellt.

Paul Spitzer und René Horschig, Februar 2012

Autorenporträts

Dr. Paul Spitzer

Paul Spitzer, geb. 1937, lernte und arbeitete als Schlosser bei der Deutschen Reichsbahn. 1954–57 Ingenieurstudium in Dresden, danach Assistententätigkeit und seit 1960 als Dozent an der Ingenieurschule für Verkehrstechnik Dresden in den Fachrichtungen Maschinen-, Bau- und Kraftfahrzeugtechnik (Technische Mechanik, Baustatik, Baumaschinen, Konstruktionslehre).

Im Fernstudium erworben: Diplomingenieur (HfV Dresden), Pädagogisches Zusatzexamen (TU Dresden), Fachschullehrerprüfung (KMU Leipzig), Promotion (Handelshochschule Leipzig).

18 Jahre nebenberufliche Tätigkeit in der Industrie zur Entwicklung von Lastaufnahmemitteln für sperrige Erzeugnisse. Etwa 25 Veröffentlichungen und mehrere Patente.

Die vorliegende Sammlung hat Dr. Spitzer im Wesentlichen als Dozent für die Ausbildung von Bauingenieuren und -technikern entwickelt. Einige der knapp 100 Aufgaben mit Lösungen entstammen der Zusammenarbeit mit kleineren Baufirmen, die er gelegentlich als Tragwerksplaner unterstützt.

Dipl.-Ing. (FH) René Horschig

René Horschig, geb. 1982, begann seinen beruflichen Werdegang mit einer dreijährigen Ausbildung zum Bauwerksabdichter. Danach absolvierte er ein Studium zum staatlich geprüften Techniker für Bautechnik an der Ingenieurschule für Verkehrstechnik Dresden. Es folgte eine Tätigkeit als Bauleiter, bevor er sein Studium zum Bauingenieur an der Hochschule für Technik und Wirtschaft Dresden begann und erfolgreich beendete.

Parallel zum Studium Tätigkeit als Bauleiter in einem Ingenieurbüro. Nach dem Studium Projektingenieur in einem mittelständischen Dresdner Ingenieurbüro. Seit 2007 Sachverständiger für Energieeffizienz für Wohn- und Nichtwohngebäude (Ingenieurkammer Sachsen).

Inhaltsverzeichnis

1 Hinweise zur Aufgabensammlung

1.1 Statische Berechnung

Die **statische Berechnung** ist **ein** Nachweis von mehreren, die für eine Baumaßnahme erforderlich sind. Sie wird fast ausnahmslos auf der Basis von einschlägigen Normen, insbesondere EC-Normen geführt. In diesen Normen sind allgemein anerkannte Regeln der Bautechnik enthalten. Die statische Berechnung ist für alle tragenden Bauteile in unterschiedlichen Zuständen (Bau-, Montage- und Endzustand) durchzuführen und beinhaltet u. a. Tragsicherheits- und Gebrauchstauglichkeitsnachweise. Diese Nachweise sind in folgender Weise zu führen:

Beanspruchung $E_d \leq$ Beanspruchbarkeit R_d

oder

vorhandene Größe $\leq$ Grenzgröße

wobei die Beanspruchungen z. B. Spannungen, Kräfte, Momente und Verformungen sein können. Der Lernende muss in der Lage sein, Normalspannungen (z. B. Zug, Druck, Flächenpressung, Biegung), Tangentialspannungen (z. B. Abscherung, Schub, Verdrehung), Verformungen und Stabilitätszustände zu berechnen. In der Statik werden dabei die Einwirkungen (z. B. Kräfte, Momente) und in der Festigkeitslehre sich daraus ergebende Beanspruchungen (z. B. Spannungen) ermittelt.

In Taschenbüchern werden häufig Zahlenwertgleichungen oder zugeschnittene Größengleichungen angewendet, aus denen der physikalische Hintergrund und die einzusetzenden Einheiten nicht immer ablesbar sind. Zur Vermeidung von Missverständnissen infolge der Verwendung solcher Gleichungen werden in der vorliegenden Aufgabensammlung in Anlehnung an gültige Normen fast ausnahmslos physikalische Größengleichungen und SI-Einheiten verwendet. Damit sind alle Berechnungen nachvollziehbar. In den Gleichungen werden weitgehend die üblichen Formelzeichen (z. B. für die Kraft das Zeichen F) nach DIN 1304 und die SI-Einheiten verwendet.

Auf die Angabe von „Umrechnungsfaktoren“ (für Baupraktiker legitim und sinnvoll) kann verzichtet werden, weil vom Leser erwartet wird, dass er Ergebnisse in die gewünschte Einheit selbständig umformt.

Ist in einer Aufgabe die Masse angegeben, z. B. m = 1000 kg, dann ermittelt sich ihr Gewicht zu

$$F_G = m \cdot g = 1000 \text{ kg} \cdot 9{,}81 \text{ m/s}^2 = 9810 \text{ N} = 9{,}81 \text{ kN} \approx 10 \text{ kN}$$

Für mechanische Spannungen werden vorzugsweise die identischen Einheiten

$$1 \text{ N/mm}^2 = 1 \text{ MPa (Megapascal)}$$

angewendet. Für Baugrund ist die Einheit kN/m^2 gebräuchlich.

1.2 Verwendete Symbole und Vorzeichenregeln

1.2.1 Symbole

Für das Zeichnen von Tragwerksmodellen werden Symbole verwendet. Sie sind nur teilweise standardisiert. Im Folgenden wurden die in der Aufgabensammlung verwendeten Symbole zusammengestellt. Die Bedeutung nicht angegebener Symbole erschließt sich aus dem Zusammenhang in einer Skizze.

Festpunkt (links allgemein; rechts für Baugrund)

biegesteife Verbindung zweier Bauteile in beliebigem Winkel

Bewegliche Verbindungsstelle (Bolzenverbindung u. Ä.)

loses (bewegliches) Lager; *y*-Richtung frei, *z*-Richtung gesperrt

festes Lager; *y*- und *z*-Richtung gesperrt

z

y

feste Einspannung

stabförmiges Bauteil (Träger, Stütze u. Ä.)

Mittel-, System- oder Schwerelinie

Kraftwirkungslinie

A, B, C, ... Lagerbezeichnung

F Punkt- oder Einzelkraft

gleichmäßig verteilte Streckenlast, links mit Richtungspfeilen

ungleichmäßig verteilte Streckenlast mit Richtungspfeilen

⊗ × Schwerpunkt

ϕ Durchmesser

Quadrat

Zugkraft (+) bei Fachwerken

Druckkraft (–) bei Fachwerken

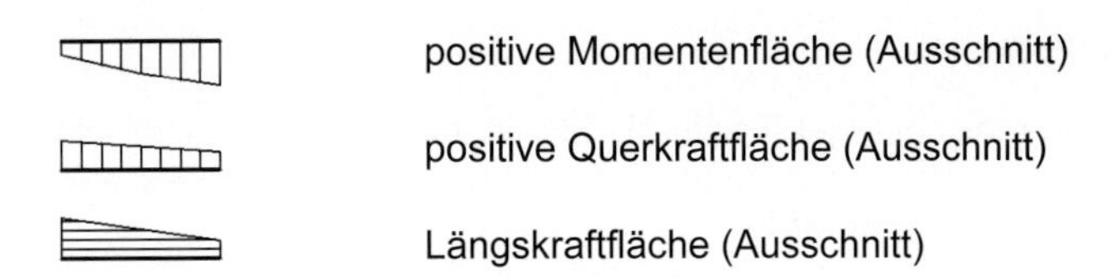

1.2.2 Vorzeichenregeln

Vorzeichenregeln für Gleichgewichtsbedingungen in der Zeichenebene

Der Begriff **Auflagerkraft** steht als Oberbegriff für Stützkräfte, Lagerkräfte, Einspannkräfte usw. Bei deren Berechnung mit Hilfe der drei Gleichgewichtsbedingungen für eine Ebene werden die unbekannten Auflagerkräfte stets positiv nach den unten angegebenen Vorzeichenregeln angesetzt. Negative Rechenergebnisse bedeuten, dass die Auflagerkräfte in entgegengesetzter Richtung wirken.

Vor der Anwendung der 3. Gleichgewichtsbedingung muss eine beliebige Drehachse gewählt werden. Meist ist das ein Lager, weil dann dessen Kräfte kein Drehmoment mehr haben.

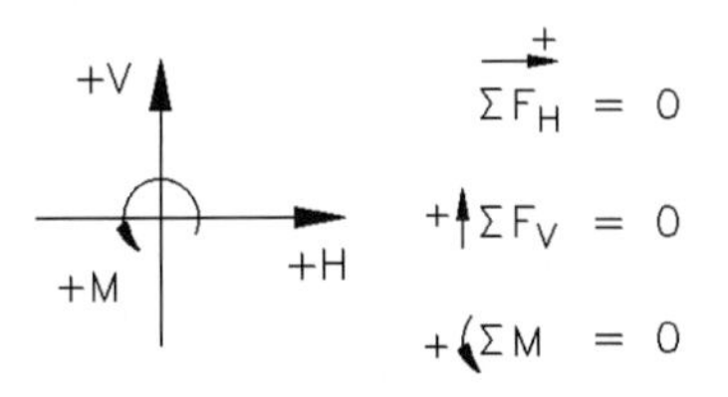

1. Die Summe aller **horizontalen Kräfte** ist null
2. Die Summe aller **vertikalen Kräfte** ist null
3. Die Summe aller **Drehmomente** ist null

Vorzeichenregel für Biegemomente

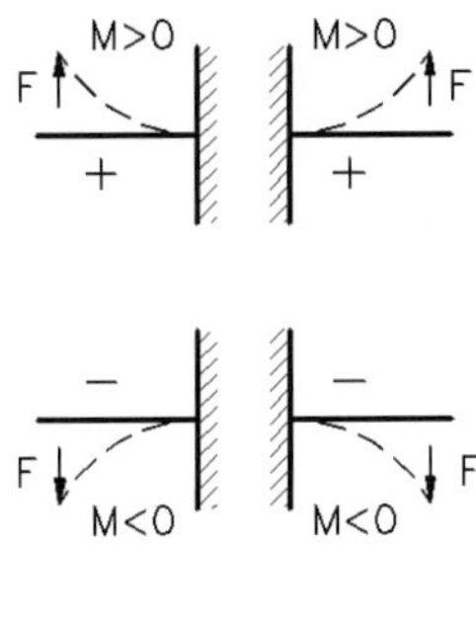

Die Vorzeichenregel für Biegemomente unterscheidet sich von der für Drehmomente. Die im linken Bild angegebene Regel basiert auf einer wissenschaftlichen Vorzeichenregel und ist zu Gunsten besserer Handhabbarkeit anschaulich dargestellt. Danach erzeugen alle Kräfte, die bezüglich eines Schnittes nach „oben" biegen, positive Biegemomente und umgekehrt. Zu beachten ist, dass entweder die Kräfte rechts oder links vom Schnitt in die Rechnung eingehen. Es ergibt sich für beide Seiten das gleiche Biegemoment.

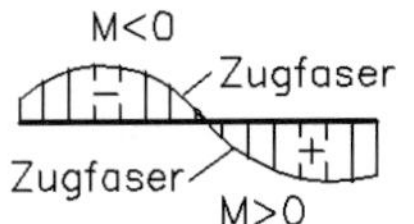

Positive Biegemomente werden unterhalb und negative oberhalb des Biegeträgers gezeichnet. Die Biegemomentenfläche ist damit immer auf der Seite, wo die Zugfaser des Biegeträgers liegt.

Vorzeichenregel für Querkräfte

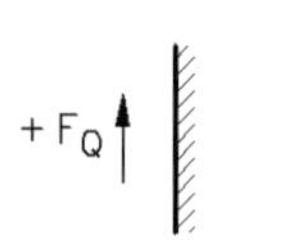

Die Vorzeichenregel für Querkräfte ist identisch mit der für die zweite Gleichgewichtsbedingung, wenn die Querkraft links vom Schnitt berechnet wird.

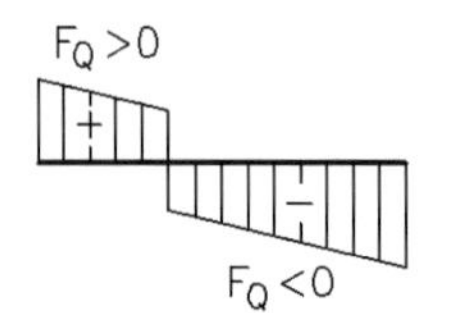

Positive Querkräfte werden oberhalb des Trägers und negative unterhalb des Trägers gezeichnet.

Vorzeichenregel für Längskräfte

Längskräfte in einem Träger sind positiv, wenn sie Zugspannungen hervorrufen und negativ, wenn sie Druckspannungen hervorrufen.

1.3 Entwicklung eines Tragwerksmodells

Das Tragwerksmodell (auch statisches System) ist die Idealisierung eines technischen Gebildes, um Kräfte, Momente, Verformungen usw. berechnen zu können. Bauelemente werden zu Punkten, Linien oder Flächen reduziert und symbolisch dargestellt. Dabei sind die Längenmaße (z. B. Stützweiten, Knicklängen und Höhen) nicht immer identisch mit den wahren Längen der Bauelemente (z. B. der Deckenträger oder Sparren). Die Kräfte werden entlang ihrer Kraftwirkungslinien, die meist mit System- oder Schwerelinien übereinstimmen, verschoben und häufig punktförmig eingetragen. Eine Lagerstelle wird ebenfalls durch ein Symbol ersetzt.

Die Festlegung eines Tragwerksmodells ist fast immer mit Vereinfachungen und Näherungen verbunden. Deshalb können durch unterschiedliche Abstraktionen Abweichungen zwischen verschiedenen Berechnungen auftreten.

Am Beispiel der Aufgabe 14 soll dargestellt werden, wie ein Tragwerksmodell entsteht (s. folgende Seite). Die obere Fotografie und eine weitere in der Aufgabenstellung zeigen einen Montagewagen beim Bau einer Autobahnbrücke. Dieses **reale technische Gebilde** ist auch durch eine Konstruktionszeichnung, einen Architektenentwurf oder ein Funktionsmodell ersetzbar, was sinngemäß für alle anderen gezeigten praktischen Beispiele gilt.

Aus diesen Bildern kann eine **Strukturskizze** entwickelt werden, die nur bei umfangreichen technischen Gebilden notwendig ist. Das mittlere Bild zeigt diese Skizze, bei der bereits viele Einzelheiten, die keinen Einfluss auf das Tragwerksmodell selbst haben, entfallen sind.

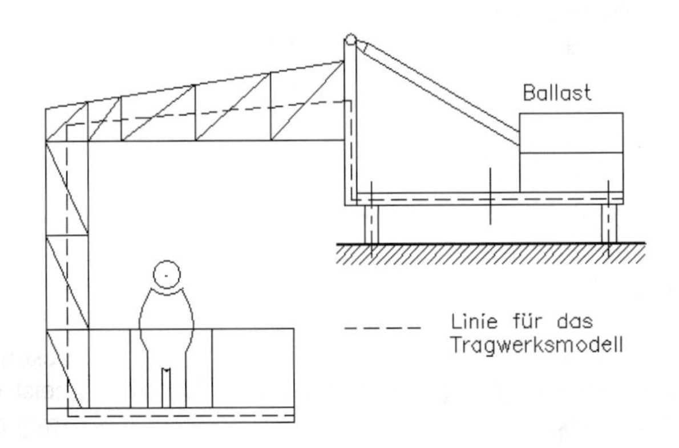
Ballast
Linie für das Tragwerksmodell

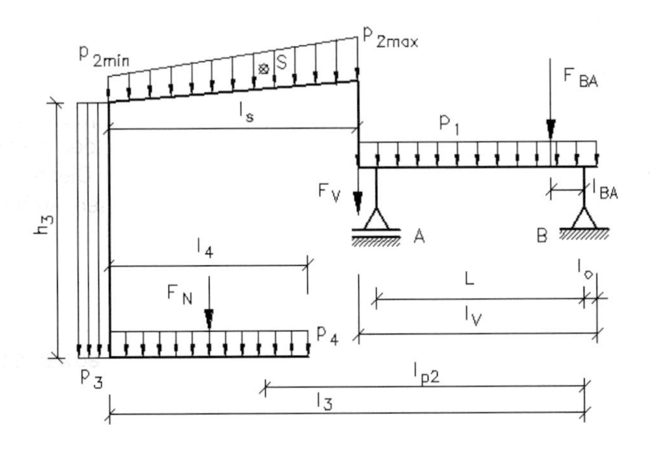
p 2min
p 2max
S
F BA
l s
p 1
F V
l BA
A
B
h 3
l 4
F N
p 4
L
l o
l V
p 3
l p2
l 3

Die weitere Vereinfachung der Strukturskizze ergibt schließlich das Tragwerksmodell als Abstraktion des technischen Gebildes (unteres Bild der vorherigen Seite). Auflagerkräfte, Querkräfte, Biegemomente, die Standsicherheit u. a. sind damit berechenbar.

Die eingezeichneten Einzellasten sowie die gleichmäßigen und die ungleichmäßigen Streckenlasten quer und längs zum Träger muss der Bearbeiter aus detaillierten Konstruktionsunterlagen entnehmen oder eigenständig ermitteln.

Für das Bauwesen selbst und für viele naheliegende technische Bereiche enthält DIN EN 1991-1-1 Rechenwerte zu:

- Einwirkungen auf Tragwerke
- Nutzlasten
- Windlasten
- Schneelasten
- Temperatureinwirkungen
- Brückenbauten

und eine Reihe anderer Bereiche.

Mit diesen Rechenwerten lassen sich alle in der vorliegenden Aufgabensammlung benötigten Lasten festlegen.

Erwähnt werden soll, dass auch in **Strukturskizzen** Lasten eingetragen werden können, um damit weitere Berechnungen durchzuführen. Das ist z. B. bei Standsicherheits- und Schwerpunktberechnungen zweckmäßig.

1.4 Erforderliche Voraussetzungen für die Lösung der Aufgaben

Wissensvoraussetzungen

Der Bearbeiter muss auf elementare Kenntnisse der Mathematik, zu den Baukonstruktionen, zum Bauzeichnen und in der Baustoffkunde zurückgreifen können. Des Weiteren sollte er die Grundlagen der Statik und Festigkeitslehre beherrschen, insbesondere die Lösungsalgorithmen für die zeichnerische oder rechnerische Ermittlung von:

- Gleichgewichtskräften im zentralen und allgemeinen ebenen Kraftsystem
- charakteristischen und Bemessungswerten von Einwirkungen (z. B. Eigenlasten, Wasserlasten, Nutzlasten, Windlasten, Schnee- und Eislasten)
- Querschnittskennwerten (z. B. Flächen, Schwerpunkte, Flächenmomente 2. Grades, Widerstandsmomente)
- Belastungskennwerten (z. B. Längskräfte, Querkräfte, Biege- und Torsionsmomente und deren zeichnerische Darstellung)

- Normal- und Tangentialspannungen
- charakteristischen und Bemessungswerten von Widerstandsgrößen (z. B. Festigkeiten, charakteristischen Steifigkeiten).

Technische Voraussetzungen

Neben üblichen Schreib- und Zeichengeräten ist ein wissenschaftlicher Taschenrechner ausreichend.

Die Aufgaben sind jedoch häufig gut geeignet für eine Lösung mit einer allgemeinen Software: Für zeichnerische Lösungen führt ein Konstruktionsprogramm (z. B. AutoCAD) zu schnellen und genauen Ergebnissen. Für rechnerische und zeichnerische Lösungen sollte ein Tabellenkalkulationsprogramm (z. B. EXCEL) verwendet werden.

Kommerzielle Programme für statische Nachweise sind für den Lernenden zunächst nur bedingt geeignet, weil ihm die Grundlagen für die Eingaben und die Interpretation der Ausgaben fehlen. Im Kapitel 8 wird eine alternative Lösung angeboten, die für viele Aufgaben geeignet ist.

Wie bereits unter 1.1 erwähnt, basieren statische Berechnungen auf DIN- oder EC-Normen. Für die Lösung der Aufgaben sind folgende Normen erforderlich:

DIN EN 1990	Grundlagen der Tragwerksplanung
DIN EN 1991-1-1	Einwirkungen auf Tragwerke
DIN EN 1992-1-1	Bemessung und Konstruktion von Stahlbeton- und Stahlbetontragwerken
DIN EN 1993	Bemessung und Konstruktion von Stahltragwerken
DIN EN 1995-1-1	Bemessung und Konstruktion von Holztragwerken
DIN EN 1996-1-1	Bemessung und Konstruktion von Mauerwerkstragwerken
DIN 1055-2	Einwirkungen auf Tragwerke

Darüber hinaus benötigt man eine Reihe von Normen z. B. für Halbzeuge, Werkstoffe, Abmessungen u. a. Eine Alternative sind **Bautabellen** [z. B. *Schneider*, Klaus-Jürgen; ab 17. Auflage *Goris*, Alfons: Bautabellen für Ingenieure (19. Auflage 2011). Düsseldorf: Werner Verlag]. Darin sind alle notwendigen Auszüge und Daten enthalten, weswegen diese Literatur für die hier zu lösenden Aufgaben empfohlen wird.

2 Aufgaben zur Statik

Aufgabe 1

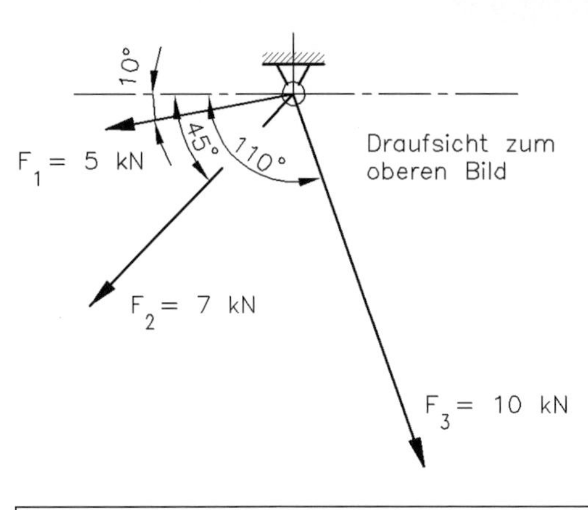

Welche Kraft F_G muss die Wandbefestigung aufnehmen können, um die drei waagerechten Einzelkräfte im Gleichgewicht zu halten, und unter welchem Winkel α_R wirkt die Resultierende?

Die Lösung des zentralen Kraftsystems soll zeichnerisch gefunden werden.

Ergebnisse:

$F_G = 16{,}9$ kN

$\alpha_R = 247{,}6°$

Aufgabe 2

Statische Struktur:

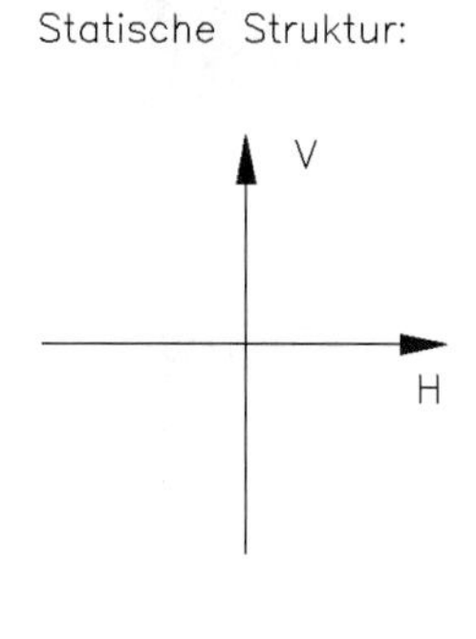

Das Bild zeigt die Aufhängung einer Besucherplattform.

Wie lässt sich das Kraftsystem beschreiben? In das Koordinatensystem (rechts) ist das Tragwerksmodell zu zeichnen.

Ergebnis:

s. Lösungsteil Seite 115.

Aufgabe 3

Die Treppenelemente nach Aufgabe 12 bilden mit 4 Säulen einen Turm, der auf vier Einzelfundamenten abgestützt ist. An der Fassade ist der Turm, wie im rechten Bild gezeigt, befestigt.

Welcher Lagerart ist diese Wandbefestigung zuzuordnen?

Ergebnis:

s. Lösungsteil Seite 116.

Aufgabe 4

Das Bild zeigt einen Ausschnitt eines Tragwerkes im Innern der Dresdener Frauenkirche in der Wiederaufbauphase.

Für die 5 Stäbe der **horizontalen** Knotenebene ist eine statische Struktur zu skizzieren.

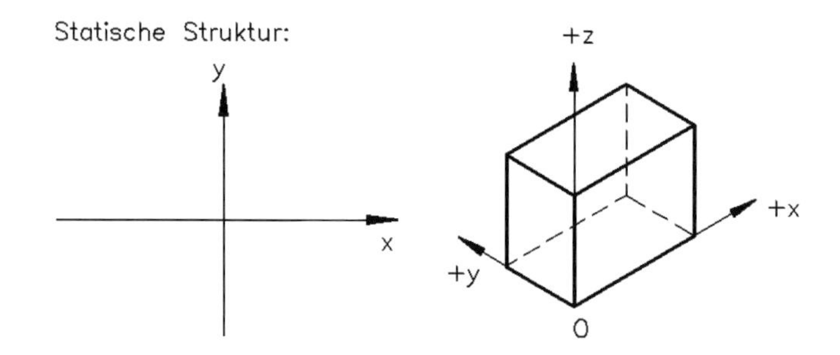

Ergebnis:

s. Lösungsteil Seite 116.

Aufgabe 5

Für das Knotenblech sind die Einzelkräfte F_3 und F_4 zeichnerisch und rechnerisch zu ermitteln. Aus einer vorhergehenden Kraftermittlung ergaben sich $F_1 = 135$ kN und $F_2 = 195$ kN. Das folgende Bild zeigt die angenommene Stabanordnung (s. a. Lösung zur Aufgabe 38, Seite 155).

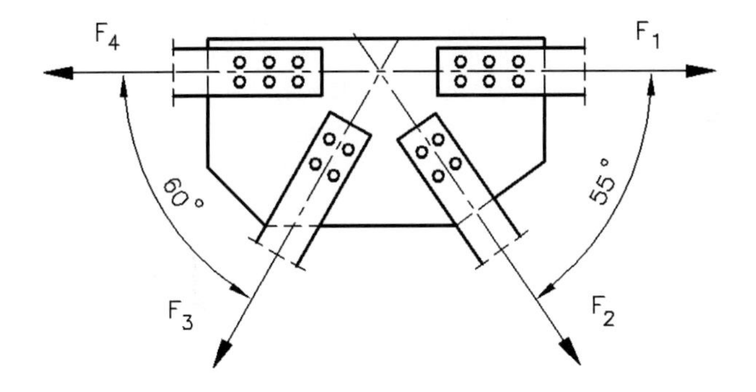

Ergebnisse:

$F_3 = -184{,}5$ kN (aus rechnerischer Lösung)

$F_4 = +339{,}1$ kN (aus rechnerischer Lösung)

Aufgabe 6

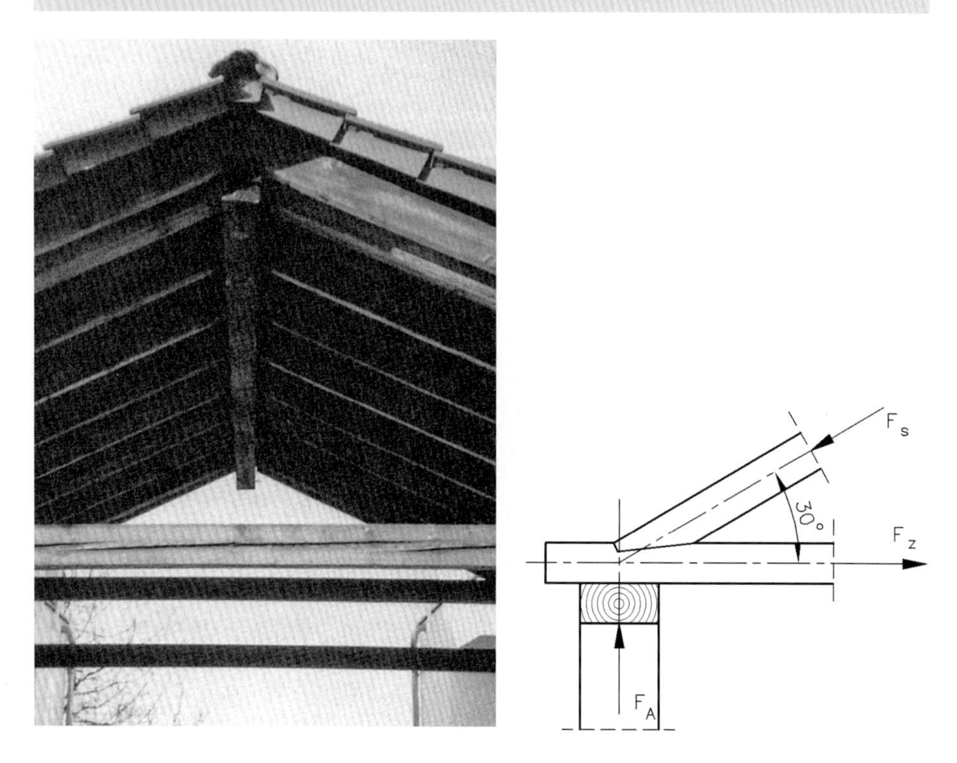

In dem Dachsparren wirkt eine Druckkraft von $|F_S| = 15$ kN.

Die Zugkraft F_z im waagerechten Balken und die Auflagerkraft F_A in der Fußpfette sollen für das zentrale Kraftsystem zeichnerisch ermittelt werden.

Ergebnisse:

$F_z = 13{,}0$ kN ; $F_A = 7{,}5$ kN

Aufgabe 7

Der Brückenlängsträger belastet den Knoten, an dem die Strebe eingebunden ist, mit einer Vertikalkraft von $F_V = 75$ kN.

Zeichnerisch zu ermitteln sind die Strebenkraft F_{Strebe} und die dadurch entstehende Längskraft F_L.

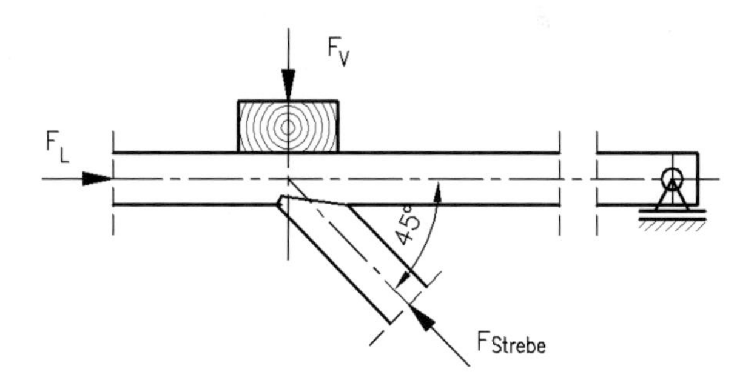

Ergebnisse:

$|F_{Strebe}| = 106$ kN (Druckkraft)

$|F_L| = 75$ kN (Druckkraft)

Aufgabe 8

Ein 3 Meter langes Stück der abgebildeten Stützmauer hat ein Eigengewicht von 115 kN. Die einwirkenden Erdkräfte betragen 9 kN für die Stelle 1 und 45 kN für die Stelle 2. Gesucht sind die Resultierende F_R, ihr Winkel α_R sowie der Durchstoßpunkt A an der Mauersohle.

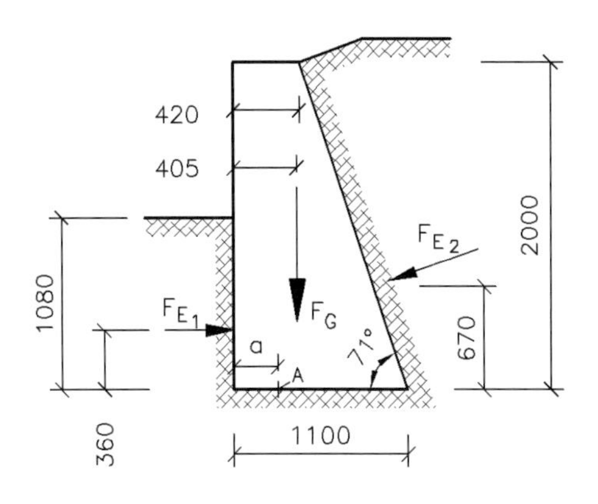

Anmerkung:

Da es sich um ein allgemeines Kraftsystem handelt, ist die Resultierende durch schrittweise Addition der Einzelkräfte zu ermitteln.

Ergebnisse:

$F_R = 134$ kN ; $\alpha_R = 255°$; $a = 0{,}26$ m

Aufgabe 9

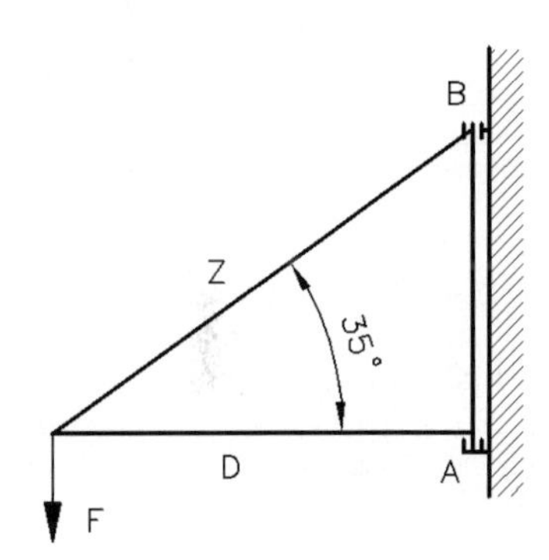

Ein Wandschwenkkran ist für eine Nutzmasse von 500 kg ausgelegt.

Zu ermitteln sind zeichnerisch die Kräfte in Z und in D sowie die Lagerkräfte in A und B. Die Eigenmasse des Kranes soll unberücksichtigt bleiben.

Ergebnisse:

$F_Z = 8{,}6$ kN ; $F_D = 7{,}0$ kN ; $F_A = 8{,}6$ kN ; $F_B = 7{,}0$ kN

Aufgabe 10

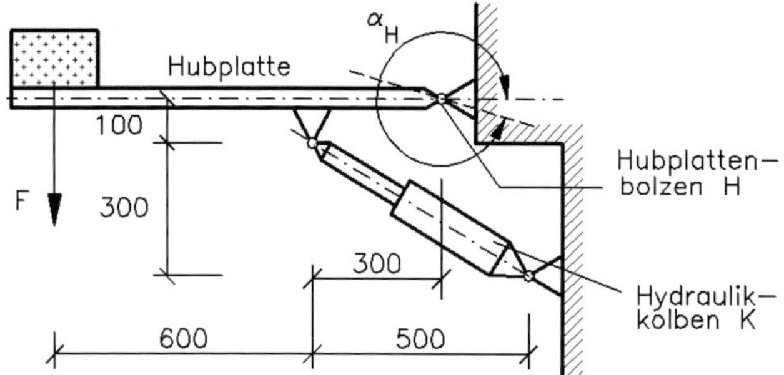

Auf der Hubplatte ruht eine Masse von 1,2 t. Die Eigenmasse der Hubplatte sei darin enthalten.

Zu ermitteln sind zeichnerisch die Kraft F_K im Hydraulikkolben K und die Kraft F_H im Hubplattenbolzen H sowie der zugehörige Winkel α_H.

Ergebnisse:

$F_K = 44{,}1$ kN ; $F_H = 39{,}4$ kN ; $\alpha_H = -16{,}1° = 343{,}9°$

Aufgabe 11

Für den abgebildeten Freileitungsmast sind rechnerisch zu ermitteln:

1. die Gleichgewichtskraft F_s für die drei Einzelkräfte und der dazugehörige Winkel α_s
2. die Kraft im Abspannseil F_{Seil}
3. die Fundamentmasse m_F bei 1,5-facher Sicherheit gegen Heben
4. die Länge des Abspannseiles l_{Seil} bei selbst zu wählenden Maßen.

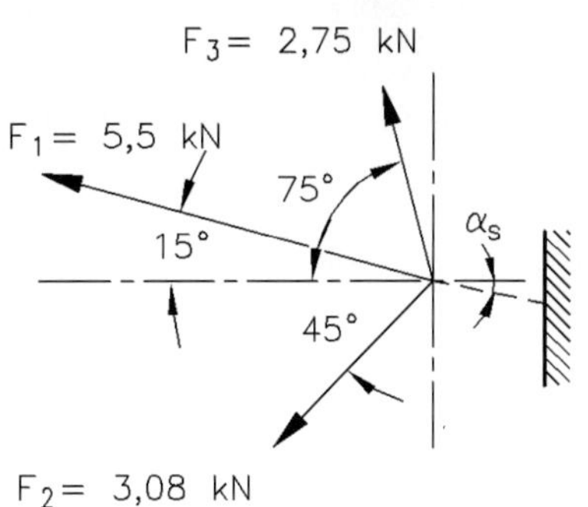

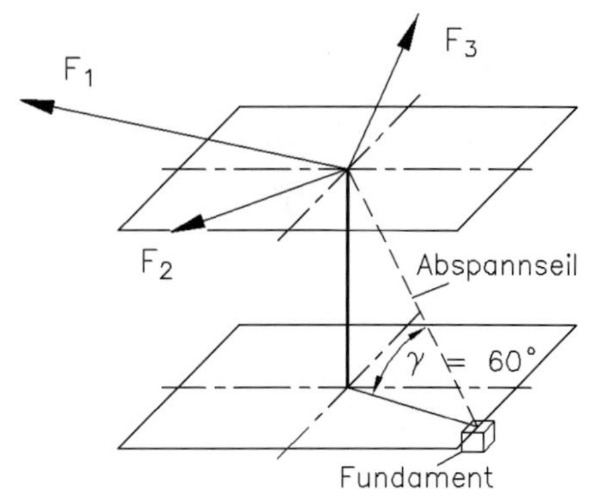

Ergebnisse:

Zu 1.: $F_s = 8{,}42$ kN ; $\alpha_s = -13{,}05^\circ$

Zu 2.: $F_{Seil} = 16{,}84$ kN

Zu 3.: $m_F = 2{,}23$ t

Zu 4.: $l_{Seil} = 9{,}24$ m bei 8 m Masthöhe

Aufgabe 12

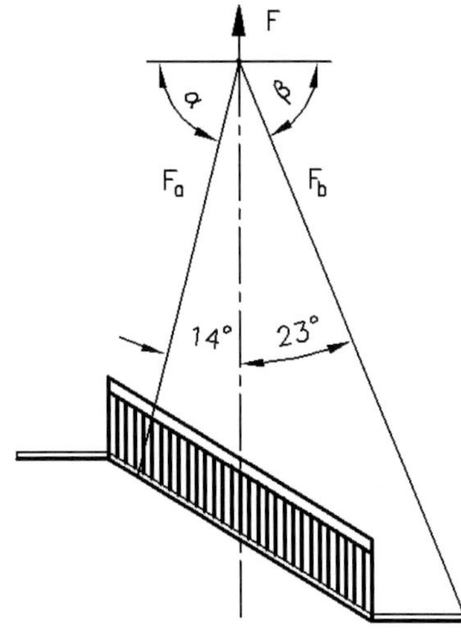

Für das außermittig angeschlagene Treppenelement sind zu ermitteln:

1. $F_a = f(\alpha,\beta)$; $F_b = f(\alpha,\beta)$
2. die Beträge F_a und F_b der beiden Seilkräfte sowie ihre Winkel, gemessen zur positiven x-Achse.

Das Treppenelement hat eine Masse von 850 kg einschließlich Anschlagmittel.

Ergebnisse:

Zu 1.: $F_a = F/(\sin\alpha + \cos\alpha \cdot \tan\beta)$; $F_b = F/(\sin\beta + \cos\beta \cdot \tan\alpha)$

Zu 2.: $F_a = 5{,}41$ kN ; $\alpha' = 256°$; $F_b = 3{,}35$ kN ; $\beta' = 293°$

Aufgabe 13

Das Bild zeigt eine einseitig abgespannte Hängebrücke. Die Belastung in den senkrechten Tragseilen sei F_1 und F_2. Durch Ausmessen sollen die Winkel des Abspannseiles festgelegt werden. Ferner sollen für die Knoten K_1 und K_2 Kraftecke gezeichnet werden, um daraus die Kraft im Ankerseil (Seil von der Pylone zu dem Brückenkopf) ermitteln zu können.

Es sind die Kräfte $F_{\text{Ankerseil}}$ und F_{Pylone} als Vielfaches von F_1 anzugeben.

Ergebnisse:

$F_{\text{Ankerseil}} = 8{,}2 \cdot F_1$; $F_{\text{Pylone}} = 9{,}6 \cdot F_1$

Aufgabe 14

Das obere Bild zeigt einen Montagewagen beim Bau einer Autobahnbrücke. Der Montagewagen kann in einzelne Baugruppen zerlegt und örtlichen Gegebenheiten angepasst werden. Der kleine Bildausschnitt links lässt eine Montagestellung mit innenliegender Arbeitsbühne erkennen. Der Montagewagen ruht auf 4 Rädern, die eine Verschiebung in Brückenlängsrichtung gestatten. Das Fahrwerk ist samt Aufbau lenk- und feststellbar. Statisches Gleichgewicht wird durch Gegenballast gehalten.

1. Aus den beiden Bildern soll eine Strukturskizze entworfen werden als Grundlage für ein Tragwerksmodell.
   In ihm sollen die einwirkenden Kräfte eingetragen werden. Die einzelnen Baugruppen sind zu Einzellasten, gleichmäßig verteilten Lasten und ungleichmäßig verteilten Lasten zu reduzieren.
2. Für das allgemeine Kraftsystem sind Lösungsansätze für die Ermittlung dieser Kräfte und die Berechnung der Radlasten zusammenzustellen.

Ergebnisse:

s. Lösungsteil Seite 123.

Aufgabe 15

Der abgebildete Deckenbalken ruht auf zwei Stützen. Er nimmt die Kräfte der oberen Geschossdecke auf, die als Parkdeck ausgebildet ist.

Es ist ein Tragwerksmodell zu skizzieren. Ferner sind die Abmessungen und die charakteristischen Einwirkungen abzuschätzen und festzusetzen.

Unter Berücksichtigung der Eigenlasten von Deckenbalken $g_{\text{Träger}}$ und Geschossdecke $F_{\text{Längsträger}} + g_{\text{Belag}}$ sowie der lotrechten Nutzlast q sind die Kräfte, die in die Stützen eingeleitet werden, zu berechnen. In einen Grundriss sollen einige Stützenkräfte eingetragen werden.

Ergebnisse:

Ergebnisse sind dem Lösungsteil, Seite 124, zu entnehmen.

Aufgabe 16

Zeichnerisch zu ermitteln ist die resultierende Kraft F_R aus den drei Einzelkräften F_1, F_2 und F_3. Ferner sind Größe und Richtung der Kräfte in den Lagern A und B für die abgebildete Dachaufhängung an einer Lagerhalle zu bestimmen.

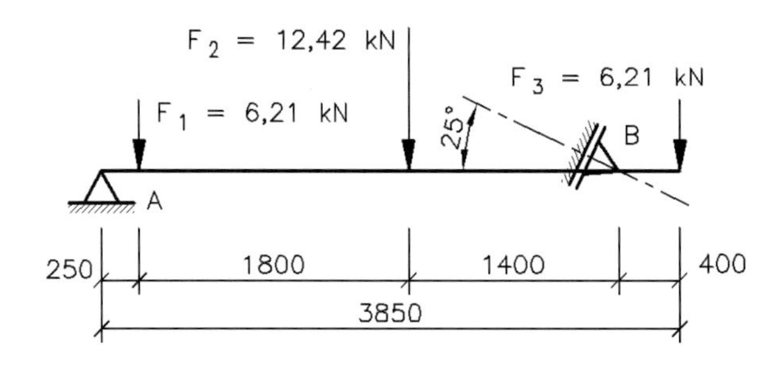

Ergebnisse:

$F_R = 24{,}8$ kN ; $\alpha_R = 270^\circ$

$F_A = 33{,}2$ kN ; $\alpha_A = 17{,}7^\circ$

$F_B = 34{,}9$ kN ; $\alpha_B = 155^\circ$

Aufgabe 17

Die unsymmetrische Dachkonstruktion stützt sich auf die Außenmauern ab. Zu ermitteln sind die Auflagerkräfte F_A und F_B. Die angegebenen Streckenlasten sind auf die horizontale Grundlinienlänge projiziert.

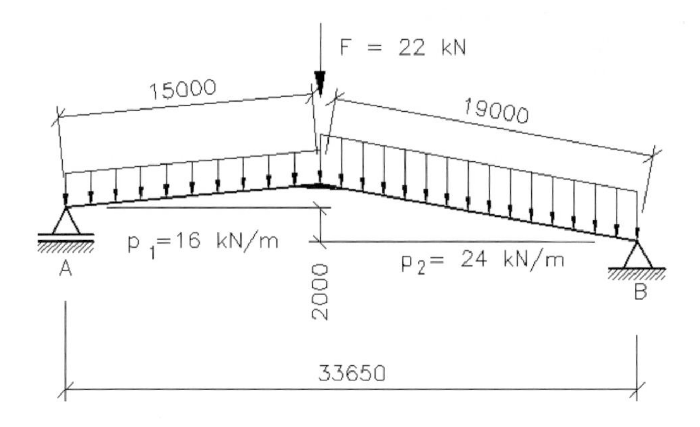

Ergebnisse:

$F_A = 323{,}1$ kN ; $F_B = 387{,}0$ kN

Aufgabe 18

charakteristische Lasten:

s=0,75 kN/m² Schneelast
q=5,00 kN/m² Nutzlast
g=5,00 kN/m² Eigenlast Bodenplatte
g*=0,267 kN/m Eigenlast I-Profil

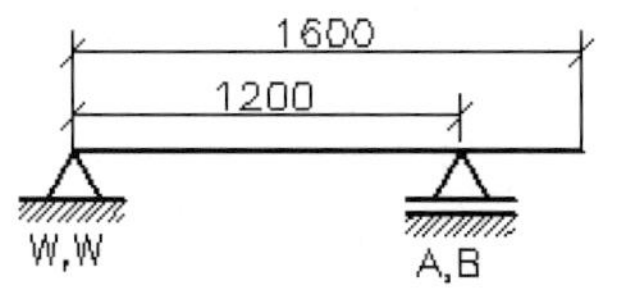

Seitenansicht des Balkons ohne Belastung

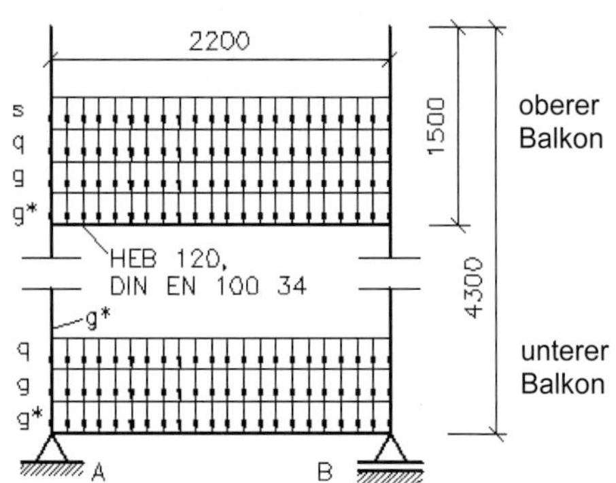

Die Balkon-Bodenplatte $(2{,}2 \times 1{,}6 \times 0{,}2)\ m^3$ stützt sich an der Fassade auf zwei Konsolplatten W und in 1,2 m Abstand von der Fassade auf einen breiten I-Träger (HEB 120, DIN EN 10034) ab. Diese Träger sind an senkrechten Stützen gleicher Abmessung angeschraubt. Die Stützen leiten die Kräfte von drei Balkons in Einzelfundamente. Unter Berücksichtigung der lotrechten Nutzlast, der Schneelast (nur für den oberen Balkon) und der Eigenlasten sind die **charakteristischen** Lagerkräfte an der Wand (W, W) und an den Stützen (A, B)

1. unterhalb des oberen
2. unterhalb des unteren Balkons zu berechnen.

Ergebnisse:

$F_{A,k} = F_{B,k} = 13{,}308$ kN je Stütze ; $F_{W,k} = 6{,}307$ kN (oberer Balkon)

$F_{A,k} = F_{B,k} = 26{,}082$ kN je Stütze ; $F_{W,k} = 5{,}867$ kN (unterer Balkon)

Aufgabe 19

Die im Bild gezeigte Überdachung enthält Querträger im Abstand von $a = 3$ m, auf denen in Längsrichtung vier Dachträger aufliegen, die wiederum die Dachdeckung tragen. Zu zeichnen ist ein Tragwerksmodell. Die auftretenden charakteristischen Einwirkungen je Meter Querträgerabstand sind festzulegen.

Ergebnisse:

Siehe Lösungsteil Seite 129.

Aufgabe 20

Eine 1,3 m × 2,2 m große Glasplatte ist an drei Zugankern B aufgehängt. Es sind die Lagerkräfte und ihre Winkel in A und B zu ermitteln:

1. für die im Bild angegebenen charakteristischen Lasten
2. für die Bemessungswerte der charakteristischen Lasten, mit den Teilsicherheitsbeiwerten $\gamma_{F,G} = 1{,}35$ bzw. $\gamma_{F,Q} = 1{,}50$ und dem Kombinationsbeiwert $\psi_0 = 1$.

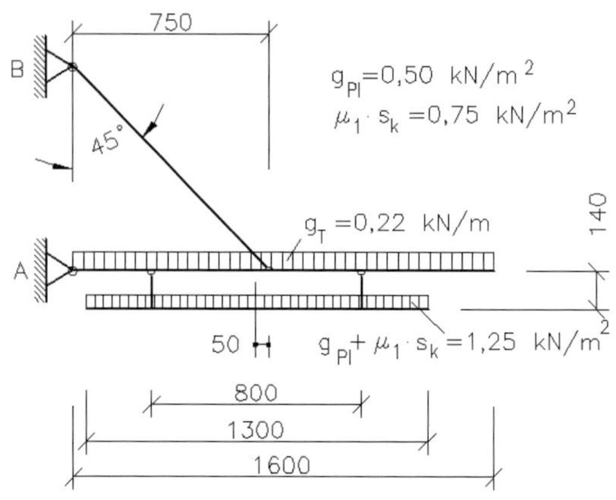

Ergebnisse:

Zu 1.: $F_{A,k} = 2{,}046$ kN ; $F_{B,k} = 2{,}891$ kN ; $\alpha_A = 2{,}7°$; $\alpha_B = 135{,}0°$

Zu 2.: $F_{A,d} = 2{,}912$ kN ; $F_{B,d} = 4{,}114$ kN ; $\alpha_A = 2{,}7°$; $\alpha_B = 135{,}0°$

Aufgabe 21

Das biegesteife Dachtragwerk soll stützenfrei gestaltet werden.

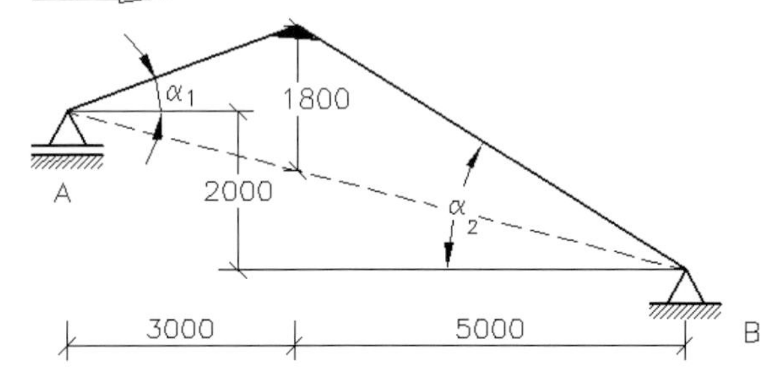

Zu ermitteln sind:

1. die Neigungswinkel α_1 und α_2 des Daches und die Sparrenlängen l_1 und l_2
2. die charakteristischen Wind-, Schnee- und Gewichtslasten für Windzone 2 (Binnenland)
   Gebäudehöhe $h_G = 8{,}5$ m Geländekategorie III; Schneelastzone 2; Meeresniveauhöhe 120 m; Gewicht des Daches $g = 1{,}6$ kN/m² DF; Sparrenabstand $a = 0{,}8$ m
3. die charakteristischen Auflagerkräfte F_A, F_{Bv} und F_{Bh}.

Ergebnisse:

Zu 1.: $\alpha_1 = 19{,}29°$; $\alpha_2 = 31{,}38°$; $l_1 = 3{,}178$ m ; $l_2 = 5{,}857$ m

Zu 2.: s. Lösung S. 133

Zu 3.: $F_A = 7{,}01$ kN ; $F_{Bv} = 7{,}39$ kN ; $F_{Bh} = -0{,}57$ kN

Aufgabe 22

Das 2,6 m breite und 1,6 m tiefe Dach über einem Balkon ist an der Wand befestigt und ruht auf einem Träger, der als Rohr ausgebildet ist. Zwei Säulen stützen diesen Träger, dessen Abstand zur Fassade 1,3 m beträgt. Die Schneelast betrage $\mu_1 \cdot s_k = 0{,}75\ \text{kN/m}^2$. Die Eigenlast des Daches einschließlich Tragwerk beträgt $0{,}35\ \text{kN/m}^2$.
Die Windlast bleibe unberücksichtigt.

Zu ermitteln sind als **charakteristische** und **Bemessungswerte** mit $\gamma_{F,G} = 1{,}35$, $\gamma_{F,Q} = 1{,}50$:

1. die auf die Dachbreite bezogene, gleichmäßig verteilte Last p oberhalb des Rohrträgers (Skizze links unten)
2. die äquivalenten, durch die Dachsparren in den Rohrträger eingeleiteten Einzelkräfte $F_1 – F_5$ (Skizze rechts unten)
3. die Lagerkräfte $F_{A,k}$ ($F_{A,d}$) und $F_{B,k}$ ($F_{B,d}$)
4. die von der Fassade aufzunehmende charakteristische Kraft $F_{Fassade,k}$.

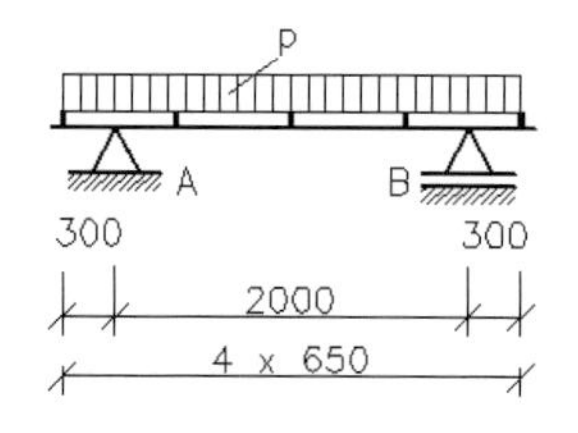

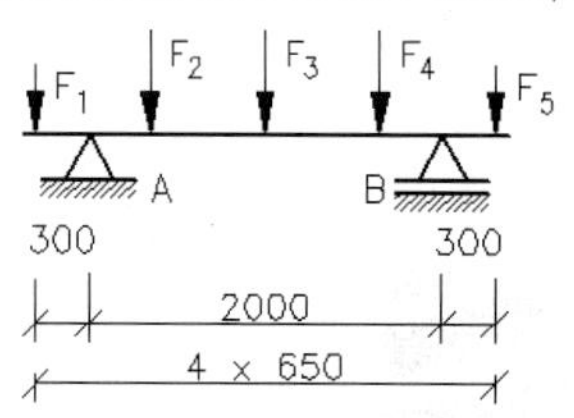

Ergebnisse:

Zu 1.: $p_k = 1{,}083\ \text{kN/m}$; $p_d = 1{,}573\ \text{kN/m}$

Zu 2.: $F_{2,k} = F_{3,k} = F_{4,k} = 0{,}704\ \text{kN}$; $F_{1,k} = F_{5,k} = 0{,}352\ \text{kN}$

$F_{2,d} = F_{3,d} = F_{4,d} = 1{,}023\ \text{kN}$; $F_{1,d} = F_{5,d} = 0{,}511\ \text{kN}$

Zu 3.: $F_{A,k} = F_{B,k} = 1{,}408\ \text{kN}$; $F_{A,d} = F_{B,d} = 2{,}045\ \text{kN}$

Zu 4.: $F_{Fassade,k} = 1{,}76\ \text{kN}$

Aufgabe 23

Für das Rolltor mit Überdach sollen die horizontalen und vertikalen Kräfte F_{R1h} und F_{R1v} im oberen Lager R1 sowie die Anpresskraft F_{R2} im unteren Lager R2 bestimmt werden.

Des Weiteren ist die resultierende Kraft F_{R1} im Lager R1 anzugeben.

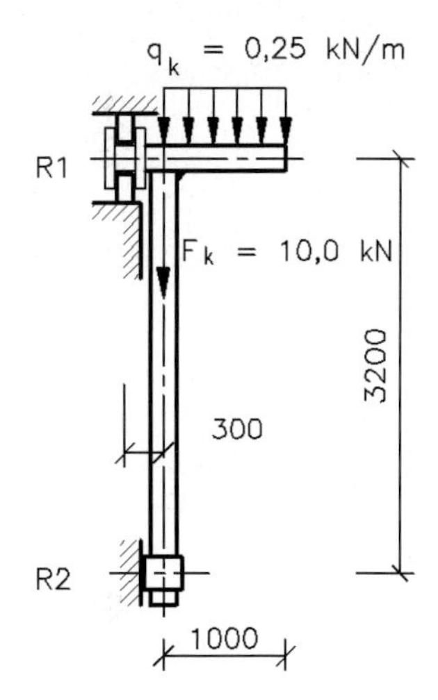

Ergebnisse:

$F_{R1h} = -1{,}00$ kN ; $F_{R1v} = 10{,}25$ kN ; $F_{R2} = 1{,}00$ kN ; $F_{R1} = 10{,}30$ kN

Aufgabe 24

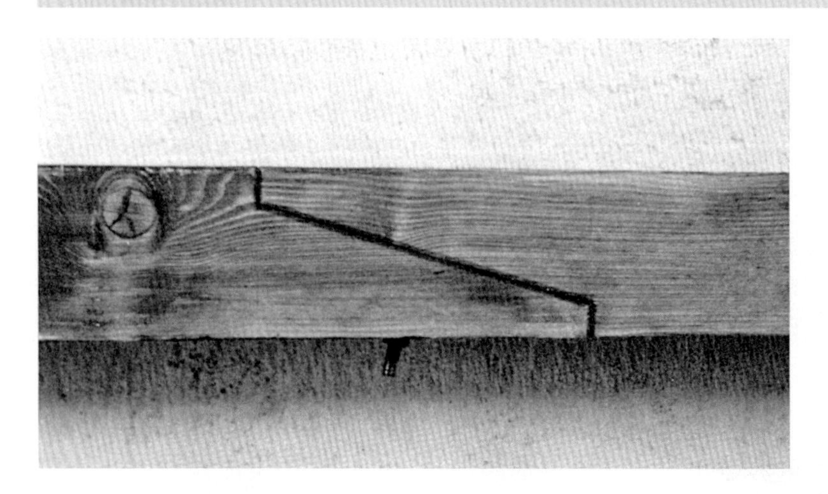

Die untere Skizze zeigt einen Träger auf 3 Stützen, der dennoch statisch bestimmt ist, weil die beiden Trägerteile durch das drehmomentfreie Gelenk G (*Gerber*-Gelenk) miteinander verbunden sind. In der Fotografie ist eine Variante eines solchen Gelenkes, wie sie im Holzbau verwendet wird, abgebildet.

Für $F_1 = 3{,}0$ kN, $F_2 = 2{,}0$ kN und $F_3 = 1{,}5$ kN sollen die Auflagerkräfte in A, B und C bestimmt werden.

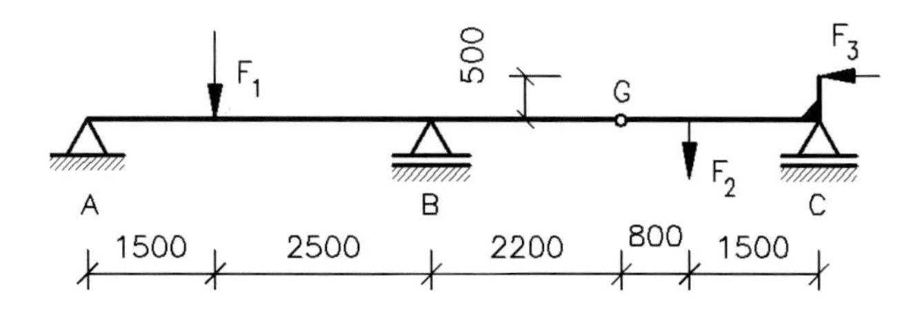

Ergebnisse:

$F_{Ah} = 1{,}5$ kN ; $F_{Av} = 0{,}98$ kN ; $F_A = 1{,}79$ kN ; $F_B = 3{,}65$ kN ; $F_C = 0{,}37$ kN

Aufgabe 25

Das Bild zeigt das Tragwerk für die Treppe nach Aufgabe 73. Zwei übereinander angeordnete Holzträger werden jeweils durch eine Stütze G gelenkig miteinander verbunden. Zu berechnen sind für zwei ausgewählte Träger die Kräfte F_G, F_A, F_C und F_B in den zugehörigen Lagern.

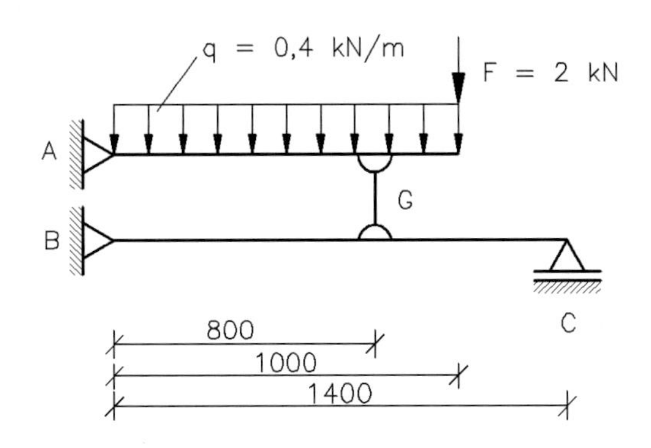

Ergebnisse:

$F_G = 2{,}75$ kN ; $F_{Av} = F_A = -0{,}35$ kN ; $F_C = 1{,}57$ kN ; $F_B = 1{,}18$ kN

Aufgabe 26

Das Bild zeigt einen **Rahmen** als Konstruktionselement für ein landwirtschaftlich genutztes, frei stehendes Dach. Zwei senkrechte Stützen (Stiele) und zwei geneigte Dachträger (Riegel) sind biegesteif miteinander verbunden. In der vorliegenden Konstruktion sind es Schraubverbindungen. Für die Lösung der Aufgabe sollen ein festes und ein loses Lager sowie folgende Werte verwendet werden:

Stiel	HEA 400, DIN EN 10034; Stiellänge $l_o = 5$ m; Stielabstand $L = 18$ m
Riegel	IPE 300, DIN EN 10034; Riegellänge bis First $l_1 = 9{,}46$ m
Rahmenabstand	$a = 5{,}5$ m
Dach	$\alpha = 18°$ Dachneigung; Stahltrapezprofil 35 × 207; $g = 0{,}2$ kN/m^2
Längsträger	I 120, DIN EN 10034

Gebäudehöhe < 10 m, Windlastzone 2, Binnenland, Geländekategorie III

Schneelastzone 2, Höhe über Meeresniveau $A = 130$ m

Anzufertigen bzw. zu ermitteln sind für den Rahmen eines **Mittelfeldes**:

1. eine zeichnerische Übersicht der auftretenden Einwirkungen und ein Tragwerksmodell
2. die in der Lösung angegebenen charakteristischen Einwirkungen
3. die charakteristischen Auflagerkräfte.

Ergebnisse:

Zu 1. und **2.**: s. Lösungsteil Seite 141.

Zu 3.: $F_{B,k} = 14{,}35$ kN ; $F_{Av,k} = 14{,}35$ kN ; $F_{Ah,k} = 0{,}00$ kN

Aufgabe 27

Das Dach eines Sportzentrums hat Sparren aus Brettschichtholz, die sich zum First hin verjüngen. Im First ist ein Gelenk eingebaut, das Kräfte in allen Richtungen, aber keine Biegemomente aufnehmen kann (s. kleines Bild). Das Tragwerksmodell ist eine Dreigelenkkonstruktion, weil die Fußpunkte der Sparren in festen Lagern ruhen.

Gesucht sind mit $p = g'_D + s'$:

1. die Auflagerkräfte in A und B
2. die Kräfte im Firstgelenk.

Für die angegebenen Aufgaben sollen folgende Belastungen als allgemeine Größen berücksichtigt werden:

- Eigenlast des Dachaufbaues g'_D
- Schneelast s'
- Windlast w_d; w_s
- Trägereigengewicht des Sparrens als ungleichmäßige Last g_1.

Ergebnisse:

Zu 1.: $F_{Av} = p \cdot l - (w_d + w_s)\, \frac{h^2}{4 \cdot l} + \frac{3}{4}\left(w_d - \frac{1}{3} w_s\right) \cdot l + \frac{1}{2} g_1 \cdot l_s$

$$F_{Ah} = \frac{F_{Av} \cdot l - p \cdot \frac{1}{2} l^2 - w_d \cdot \frac{1}{2} l_s^2 - \frac{1}{3} g_1 \cdot l_s \cdot l}{h}$$

$F_{Bv} = p \cdot L + l \cdot (w_d - w_s) + g_1 \cdot l_s - F_{Av}$; $\quad F_{Bh} = -F_{Ah} - (w_d + w_s) \cdot h$

Zu 2.: $F_{Gv} = \frac{l_s^2}{4 \cdot l} \cdot (w_s + w_d)$; $\quad F_{Gh} = \frac{1}{2 \cdot h} \cdot \left[-p \cdot l^2 - \frac{g_1 \cdot l_s \cdot l}{3} + \frac{l_s^2}{2} \cdot (w_s - w_d)\right]$

Aufgabe 28

Das Bild zeigt die Aufhängung eines Daches an einer Säule. Durch Näherungsrechnungen soll ermittelt werden, welche vertikalen Anteile der Gesamtdachlast von den 5 Aufhängepunkten des Daches und dem Aufhängepunkt an der Stütze aufgenommen werden.

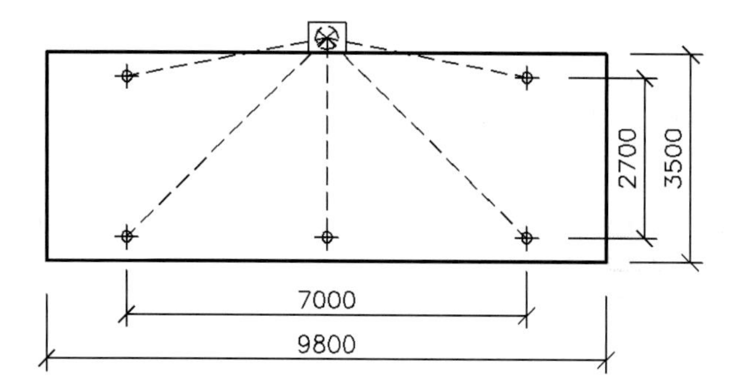

Ergebnisse:

Die in der Lösung, Seite 146, angegebenen Zahlen sind gerundete Näherungswerte in Anteilen von der Gesamtdachlast jeweils für unterschiedliche Lösungsansätze.

Aufgabe 29

Die mit 8 m Abstand eingebauten Dachträger werden näherungsweise mit folgenden Kräften belastet:

$g = 0{,}72$ kN/m	Eigengewicht des Trägers
$p = 9{,}20$ kN/m	Eigengewicht des Daches und der Schneelast
$F_G = 7{,}95$ kN	halber Anteil von Glasdach und Schneelast
$F_W = 4{,}5$ kN	horizontale Windbelastung am Glasdach
$w_s = 3{,}2$ kN/m	Windsog am linken Dachbereich.

Zu berechnen sind die **charakteristischen** Auflagerkräfte. Das Lager A werde lose betrachtet.

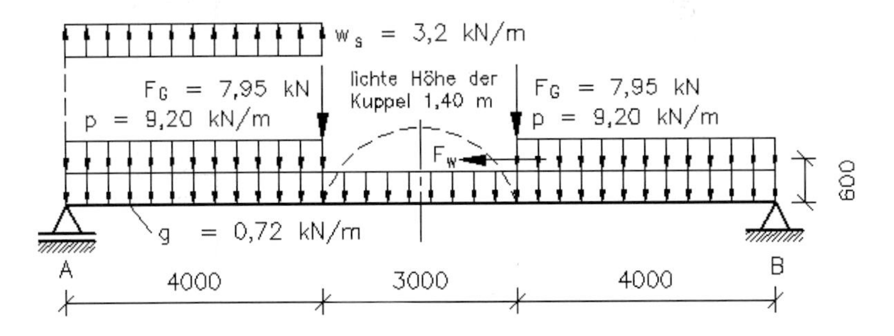

Ergebnisse:

$F_{A,k} = 38{,}48$ kN ; $F_{Bv,k} = 46{,}14$ kN ; $F_{Bh,k} = 4{,}50$ kN

Aufgabe 30

Rechnerisch zu bestimmen sind der angegebene Wert des Schwerpunktes y_s und das Eigengewicht $F_{G,k}$ des 0,12 m breiten Kragträgers. Ferner sind die Vertikalkraft $F_{A,k}$ im Querschnitt A und das dort auftretende Biegemoment $M_{A,k}$ zu berechnen.

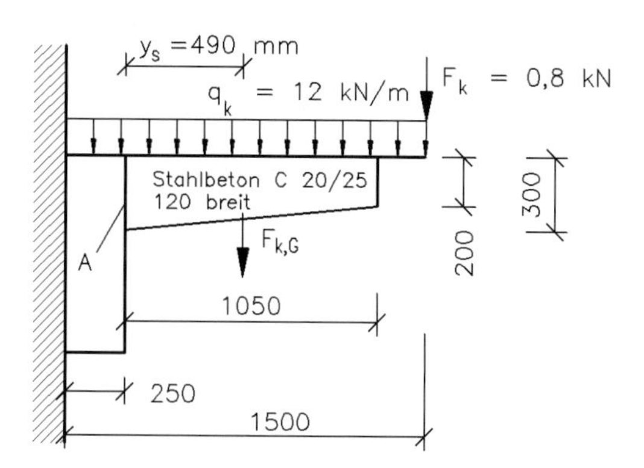

Ergebnisse:

$y_s = 0{,}49$ m ; $F_{G,k} = 0{,}79$ kN ; $F_{A,k} = 16{,}59$ kN ; $M_{A,k} = -10{,}76$ kNm

Aufgabe 31

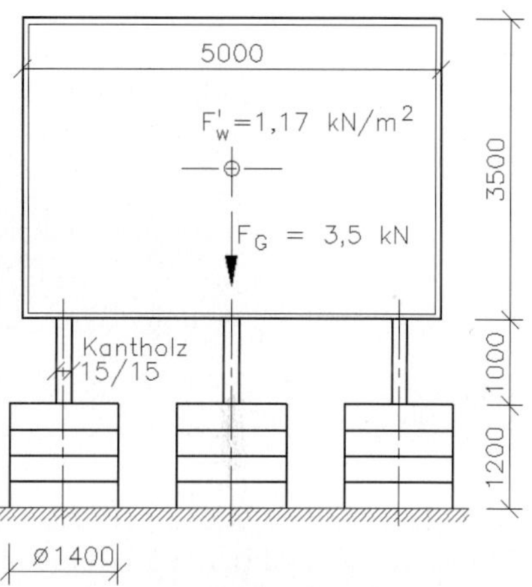

Für die Halterung einer Bautafel wurden Betonringe verwendet, die mit C20/25 verfüllt worden sind. In zuvor eingelassene Stahlhülsen können dann Holzstützen eingeschoben werden. Zu ermitteln ist die Standsicherheit vorh $S = M_{St}/M_{Ki}$ mit folgenden Annahmen:

- Mittelwert des spezifischen Gewichtes der Betonzylinder 23,5 kN/m^3
- Windzone 2 (Binnenland), damit q_p = 0,65 kN/m^2; Kraftbeiwert für Anzeigetafeln c_f = 1,8; Vernachlässigung des Windangriffes an den Betonzylindern
- Gesamtgewicht der Bautafel mit Stützen F_G = 3,5 kN.

Ergebnis: vorh S = 1,14 < erf S = 1,5 ; ⟹ Lagesicherung erforderlich.

Aufgabe 32

Im Zusammenhang mit der Regelung eines Versicherungsschadens soll geklärt werden, ob der im Bild gezeigte Werbeträger durch Sturm umgestoßen werden kann. Die Maße und Kraftberechnungen sind durch eine Istzustandsanalyse ermittelt worden.

Zu berechnen sind die Standsicherheiten S_{I} und S_{II} für eine Windkraft von $F_{\mathrm{W}} = \pm 7{,}45$ kN.

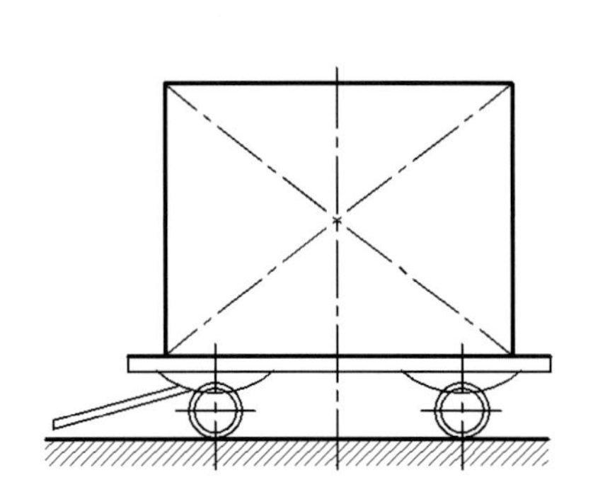

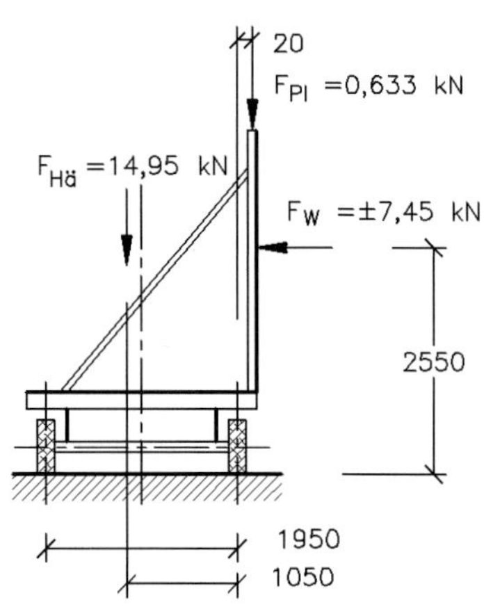

Ergebnisse:

$S_{\mathrm{I}} = 0{,}78$ (Wind von vorn)

$S_{\mathrm{II}} = 0{,}82$ (Wind von hinten)

Aufgabe 33

Die zwei Baustellencontainer haben eine Masse von je 2,8 t. Bei welcher einseitig an der Stirnseite gelagerten Baumaterialmasse könnte der obere Container abkippen?

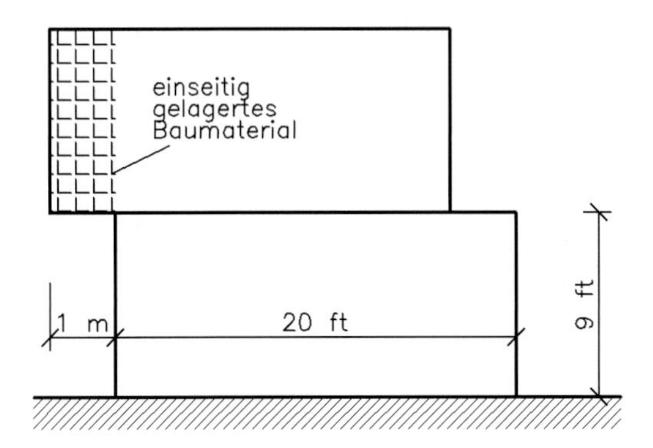

Ergebnis:

$m = 10{,}65$ t

Aufgabe 34

Für die skizzierte Fassade sollen die Schwerpunktkoordinaten y_s und z_s der Gesamtfläche, die resultierende Windkraft F_w und das aus ihr entstehende Moment M_w berechnet werden. Das Gebäude befindet sich in der Windzone 3 (Binnenland).

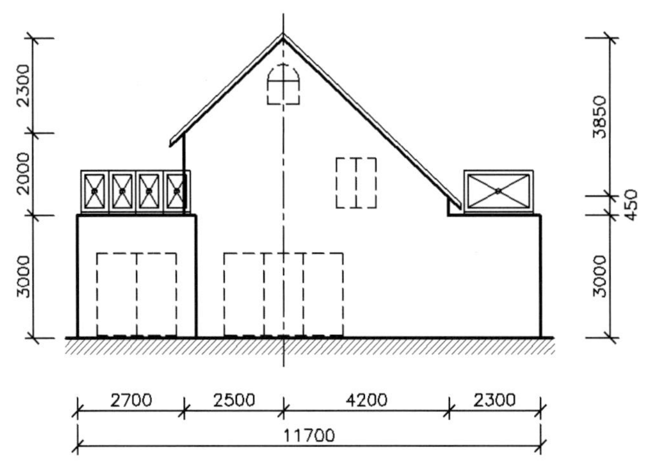

Ergebnisse:

$y_s = 0{,}56$ m ; $z_s = 2{,}52$ m ; $F_w = 59{,}32$ kN ; $M_w = 149{,}49$ kNm

Aufgabe 35

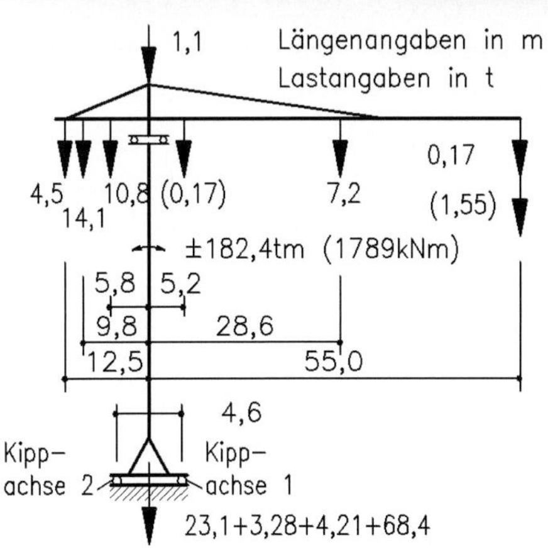

Zu ermitteln sind die Standsicherheiten $S_{1...2}$ des Turmdrehkranes mit und ohne angeschlagener Nutzlast. Beide Sicherheiten sind jeweils mit (ohne) Wind- bzw. dynamischer Belastung M_w anzugeben. Folgende Werte sind bekannt:

- Nutzmasse 1,55 t bei 55 m Ausladung
- Masse der Laufkatze 0,17 t bei 55 m bzw. 5,2 m Ausladung
- Masse des Auslegers 7,2 t bei 28,6 m
- Masse der Turmspitze 1,1 t
- Masse des Gegenauslegers 10,8 t bei 5,8 m
- Masse des Hubwerkes 4,5 t bei 12,5 m
- Gegenballast 14,1 t bei 9,8 m
- Masse des Turmes 23,1 t
- Masse der Klettereinrichtung 3,28 t
- Masse des Krankreuzes 4,21 t
- Zentralballast 68,4 t
- Moment durch Wind u. a. $M_w = 182{,}4$ tm (1789 kNm)

Ergebnisse:

$S_1 = 1{,}20\ (1{,}98)$; $S_2 = 1{,}22\ (2{,}39)$ jeweils mit (ohne) Moment M_w

Aufgabe 36

Für den im unteren Bild gezeichneten Dachausleger wird gem. Unfallverhütungsvorschrift eine Kippsicherheit von $S = 3$ gefordert. Welche Gegenmasse m_{Gegen} ist erforderlich?

Ergebnis:

$m_{Gegen} = 375$ kg

Aufgabe 37

Das Bild zeigt die Abstützung eines Daches auf einer Säule. Zu erarbeiten sind folgende Details:

1. Bezüglich der Art des Kraftsystems sind Aussagen zu machen. Ferner soll gezeigt werden, wie die senkrechten Pfettenkräfte F_{Pfette} in Richtung der Fachwerkscheibe (Knotenkraft F_D) zerlegt werden können, um dann Stabkräfte zu ermitteln. Der Winkel der Fachwerkscheibe zur Waagerechten ist δ.
2. Das Stabtragwerk besteht aus Rohren gleicher Abmessung. Die untere Skizze zeigt die Struktur einer der beiden Fachwerkscheiben und enthält die Stablängen sowie ihre horizontalen Schwerpunktkoordinaten, gemessen von der z-Achse. Aus den Angaben ist der Masseschwerpunkt der Fachwerkscheibe in y-Richtung (y_s) zu berechnen.

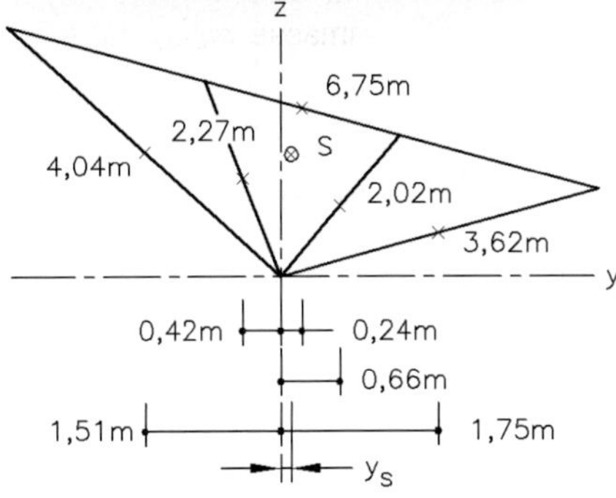

Ergebnisse:

Zu 1.: Es liegt ein räumliches, zentrales Kraftsystem vor. Die Kraft in Richtung Fachwerkscheibe ist: $F_D = F_{Pfette}/\sin\,\delta$

Zu 2.: $y_s = 0{,}12$ m

Aufgabe 38

Das Fachwerk wird durch horizontale und vertikale Kräfte belastet. Zu ermitteln sind die Auflagerkräfte F_{Av}, F_{Ah} und F_B sowie die Stabkräfte S_{1-7}

- zeichnerisch nach *Cremona* und
- rechnerisch nach *Ritter.*

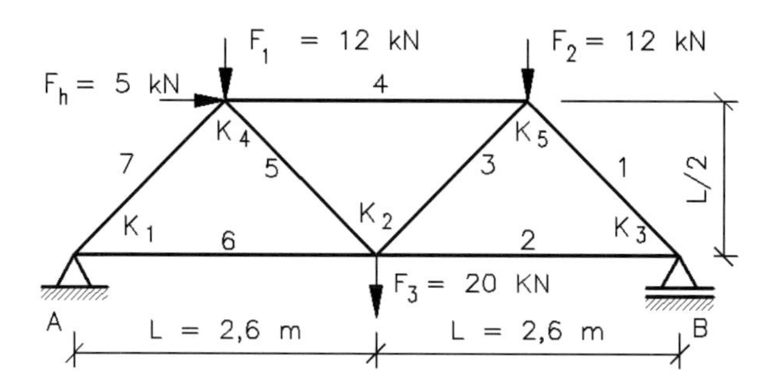

Ergebnisse:

F_{Av} = 20,75 kN ; F_{Ah} = –5,00 kN ; F_B = 23,25 kN

Stab.-Nr.	1	2	3	4	5	6	7	
S/kN	–33	+23	+16	–35	+12	+26	–30	(+) Zugstab (–) Druckstab

Die zeichnerischen Ergebnisse sind dem Lösungsteil, Seite 155, zu entnehmen.

Aufgabe 39

Ein Teil des Daches eines Kurheimes stützt sich auf zwei senkrecht stehende Fachwerkscheiben ab. Die im Bild angegebenen vertikalen Kräfte wirken in den Knoten. Zu ermitteln sind die Auflagerkräfte F_{Av}, F_{Ah} und F_B sowie die Stabkräfte S_{1-7}

- zeichnerisch nach *Cremona* und
- rechnerisch nach *Ritter.*

Ergebnisse:

$F_{Av} = 31{,}83$ kN ; $F_{Ah} = 0{,}62$ kN ; $F_B = -0{,}64$ kN

Stab.-Nr.	1	2	3	4	5	6	7
S/kN	–9,7	+9,7	–10,8	+17,0	–12,1	+12,3	–15,1

(+) Zugstab
(–) Druckstab

Aufgabe 40

Beim Bau eines Empfangsgebäudes für einen Flughafen sind bestehende Tragkonstruktionen wiederverwendet worden. Auf den Fachwerkscheiben kann ein Brückenkran in Längsrichtung verfahren werden. Eine Fachwerkscheibe ist im unteren Bild dargestellt. Die Radlast soll mit $F = 1$ angenommen werden. Zu ermitteln sind zeichnerisch alle Stabkräfte S_{1-37} nach *Cremona* als Vielfache k von F.

Um den Einfluss der Position des Fahrwerkes auf die Stabkräfte zu erkennen, sind die beiden Radkräfte in beliebige Knotenpositionen zu verschieben.

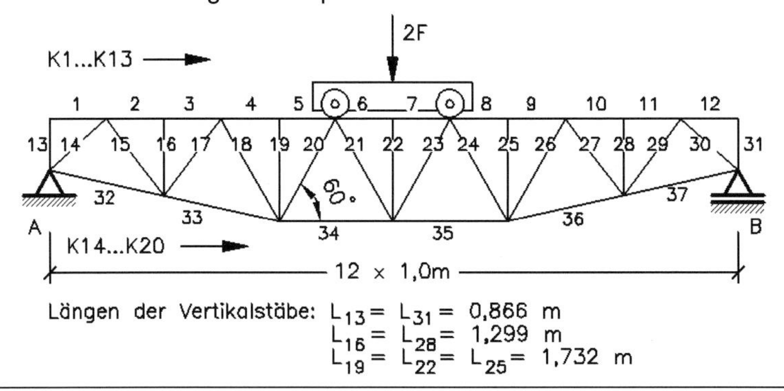

Ergebnisse: s. Lösungsteil Seite 162; hieraus:

max $F = S_{34} = S_{35} = +2{,}89 \cdot F$ (Zug) ; min $F = S_6 = S_7 = -2{,}89 \cdot F$ (Druck)

3 Aufgaben zur Festigkeitslehre

Aufgabe 41

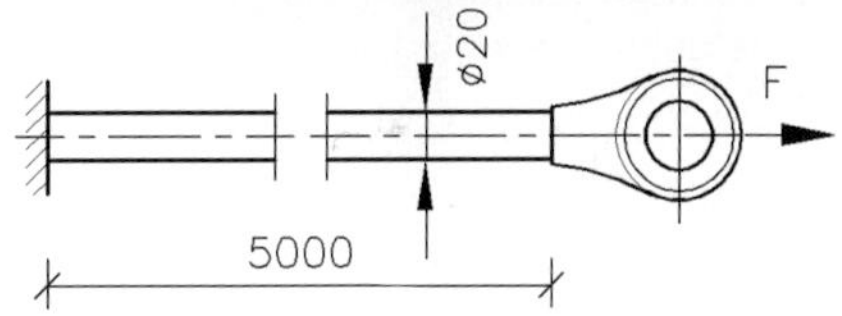

Bei einem hydraulischen Personenaufzug über 4 Etagen ist der frei stehende Förderschacht durch die abgebildete Gabelbolzenverbindung diagonal verspannt.

Bei der Laborprüfung der 5 m langen Ankerstäbe aus Stahl dehnten sich die 20 mm dicken Stäbe bei einer Belastung von 50 kN um ca. 4 mm. Welchen Elastizitätsmodul E hat das Material für den Ankerstab? Als Zwischenergebnisse sind auch die Spannung σ_z und die Dehnung ε anzugeben.

Ergebnisse:

$\sigma_z = 159{,}2\ \text{N/mm}^2$; $\varepsilon = 0{,}08\ \%$; $E = 199\,000\ \text{N/mm}^2$

Aufgabe 42

Ein Schwingfundament F aus Stahlbeton, 1,6 m breit und 2,6 m lang, ruht auf $6 \times 4 = 24$ Stützelementen E mit je 4 Gummizylindern G. In einer Eignungsprüfung wurde eine Federrate $c = \Delta F/\Delta s$ von 360 N/mm ermittelt. Auf dem Schwingfundament ist eine 3,6 t schwere Stützkonstruktion S befestigt, auf der bis zu 30 t schwere Versuchsmaschinen als Nennbelastung gelagert werden können. Zu berechnen sind:

1. die Druckspannung vorh σ_d in den Gummizylindern G mit (ohne) Nennbelastung
2. die Zusammendrückung Δl der Gummizylinder bei ruhender Gesamtbelastung
3. der Elastizitätsmodul E des Gummis
4. die Eigenfrequenz $f = (1/2\pi) \cdot \sqrt{c/m}$ des Schwingfundamentes mit (ohne) Nennbelastung in $s^{-1} = Hz$
5. die zugehörigen Resonanzdrehzahlen n der Versuchsmaschine in min^{-1}.

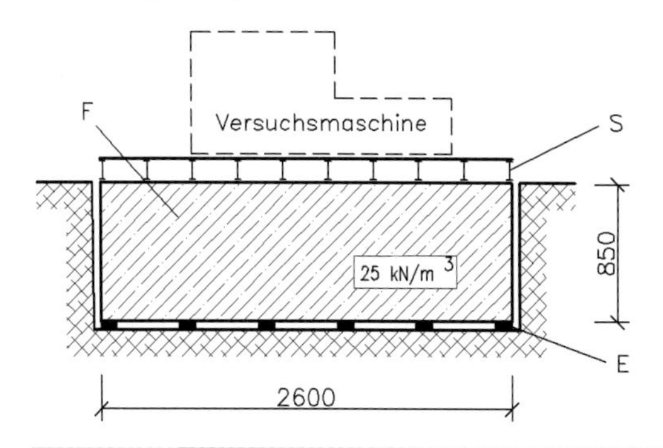

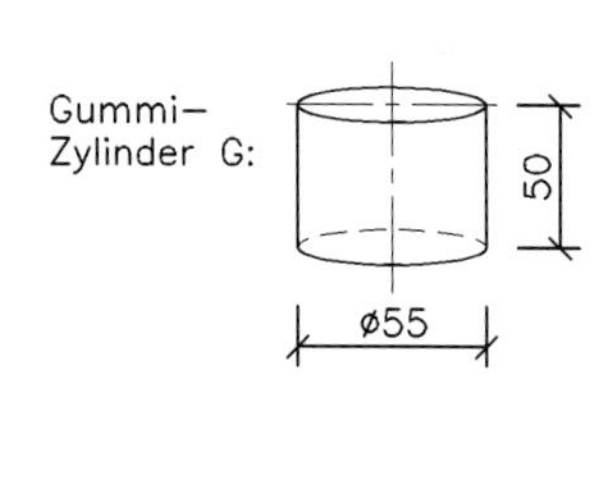

Ergebnisse: (Reihenfolge 1–5)

1,83(0,54) N/mm^2 ; 12,1 mm ; 7,56 N/mm^2 ; 4,53(8,34) Hz ; 272(500) min^{-1}

Aufgabe 43

Die gezeigte Kanalbrücke eines Schiffshebewerkes ist auf Pendelstützen gelagert. Zu berechnen sind:

- die Längenänderung Δl der Gesamtbrücke, wenn zwischen Sommer und Winter 40 Grad Temperaturunterschied auftreten
- der Winkel φ, um den sich die Pendelstützen um das untere Lager drehen.

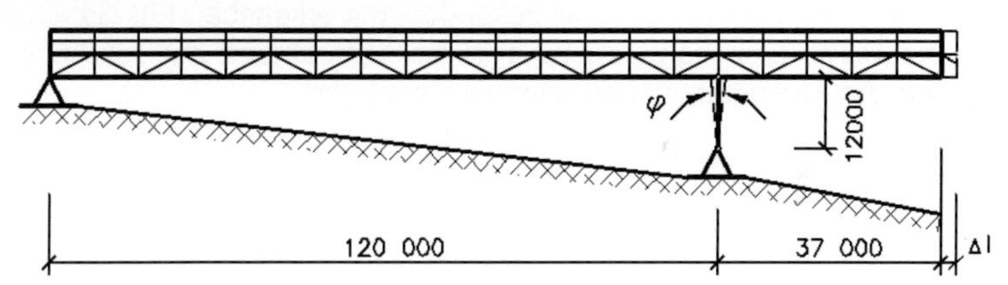

Ergebnisse:

$\Delta l = 75{,}4$ mm ; $\varphi = 0{,}28°$

Aufgabe 44

Werden Träger oder Platten so eingespannt, dass Längenänderungen durch Temperaturänderungen verhindert werden oder nur teilweise möglich sind, treten in dem Bauteil Spannungen auf, z. B. Zug, Druck oder Scherung. Eine solche feste Einspannung ist bei dem ausgewählten Beispiel besonders gut erkennbar. Für die abgebildete „endlos“ geschweißte Eisenbahnschiene sind die auftretenden Zug- und Druckspannungen infolge von Temperaturänderungen zu berechnen.

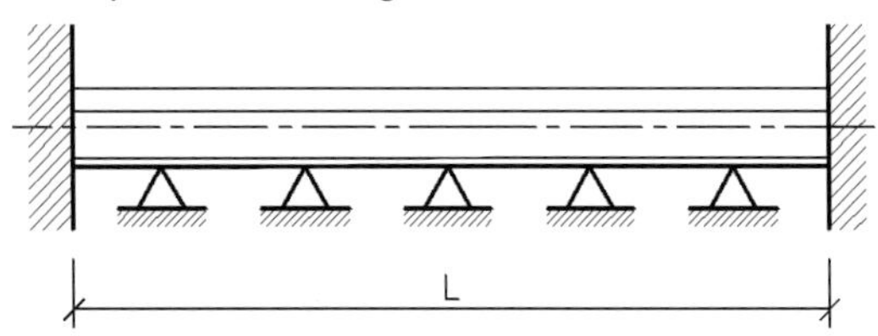

Folgende Temperaturen sollen angenommen werden:

$t_V = +18$ °C beim Schweißen (Verlegen) der Schienen

$t_W = -30$ °C tiefste Wintertemperatur

$t_S = +55$ °C höchste Sommertemperatur im Gleisbett.

Ergebnisse:

$\sigma_z = 121$ N/mm^2 (Zugspannung im Winter)

$\sigma_d = -93$ N/mm^2 (Druckspannung im Sommer)

Aufgabe 45

Die beiden Brückenhälften sollen in Brückenmitte als gelenkig gelagert betrachtet werden. Sie belasten die Mittelstützen mit je 220 kN. Die zwei Endlager sind lose, jedoch in ihrer horizontalen Bewegungsmöglichkeit begrenzt.

1. Wie groß ist die Druckspannung σ_d in den Mittelstützen, wenn sie aus quadratischem Stahl-Profilrohr, 300 × 16, DIN EN 10210-2 gefertigt werden?
2. Um welches Maß Δl_F drücken sich die Mittelstützen infolge der Kraft zusammen?
3. Um welchen Betrag Δl_T ändert sich die Länge der unbelasteten Mittelstützen, wenn sie im Sommer 35 °C und im Winter –30 °C erreichen? Um welchen Gesamtwinkel φ drehen sich die Brückenhälften, wenn die beiden Endlager näherungsweise eine konstante vertikale Position haben?

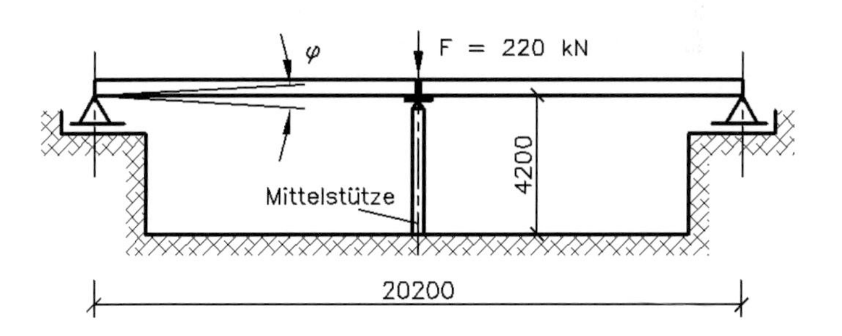

Ergebnisse:

Zu 1.: $\sigma_d = 12{,}3\ \text{N/mm}^2$; **Zu 2.:** $\Delta l_F = 0{,}25$ mm ; **Zu 3.:** $\Delta l_T = 3{,}28$ mm ; $\varphi_{max} = 0{,}02°$

Aufgabe 46

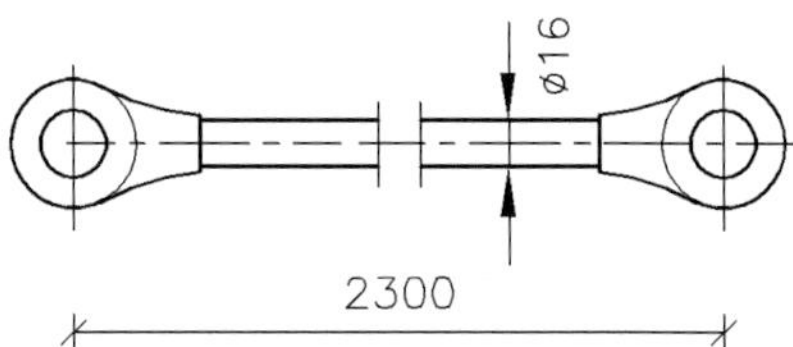

Ein Zuganker aus S 235 mit einem Durchmesser von 16 mm und einer Länge von 2,3 m wird mit einer charakteristischen Zugkraft von 15 kN belastet. Zu berechnen sind die Zugspannung σ_z und die Längenänderung Δl. Als Zwischenergebnis ist die Dehnung ε anzugeben.

Ergebnisse:

$\sigma_z = 74{,}6\ \text{N/mm}^2$

$\varepsilon = 0{,}000355$

$\Delta l = 0{,}82\ \text{mm}$

Aufgabe 47

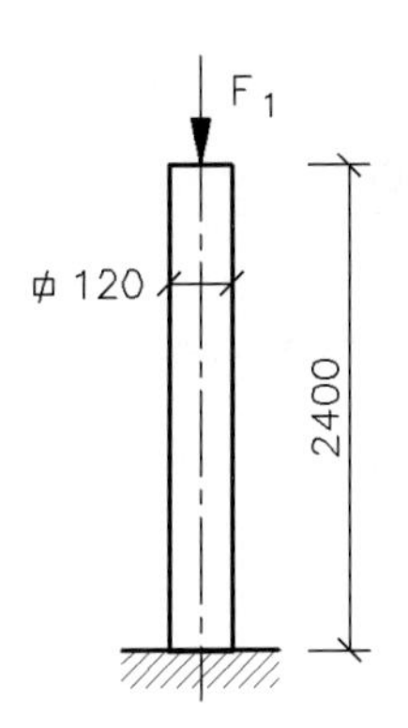

Ein 2,4 m langer Stützbalken, 120 mm × 120 mm, wird mit 30 kN (einschließlich Eigengewicht) belastet. Zu berechnen sind die vorhandene Druckspannung vorh σ_d und die Längenänderung Δl.

Die Stütze ist aus Nadelholz, Festigkeitsklasse C 24, gefertigt.

Ergebnisse:

vorh $\sigma_d = 2{,}08$ N/mm^2 ; $\Delta l = 0{,}45$ mm

Aufgabe 48

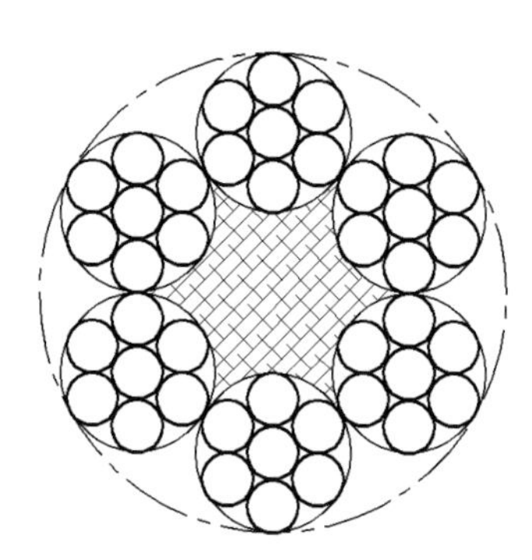

Ein Rundlitzenseil aus Stahl nach DIN 3055 hat 6 Litzen mit je 7 Drähten. Der Drahtdurchmesser beträgt 1,1 mm, der Seildurchmesser 10 mm und die Drahtnennfestigkeit $R_m = 1570$ N/mm^2.

Zu berechnen sind die auftretende Zugspannung vorh σ_z und die rechnerische Sicherheit S_B gegen Bruch, wenn das Seil für eine Nutzmasse von 1 t zugelassen ist.

Ergebnisse:

vorh $\sigma_z = 246$ N/mm^2

$S_B = 6{,}4$

Aufgabe 49

Quadratische Mauerwerkspfeiler mit 2,5 m Höhe und 4 m Mittenabstand sollen eine Größe von 36,5 cm × 36,5 cm haben. Vorgesehen sind Vollziegel, MZ 12 und Mörtelgruppe II. Auf dem Pfeilerkopf stützt sich eine Last von $F_m = 147{,}15$ kN ab.

Gesucht ist der Spannungsnachweis

1. ohne tragfähigen Kern
2. mit tragfähigem Kern

jeweils am Ende und am Fußpunkt des Pfeilers. Das spezifische Gewicht des Mauerwerkes beträgt $G_M = 18$ kN/m^3.

Ferner ist die Schlankheit l/d des Pfeilers zu berechnen.

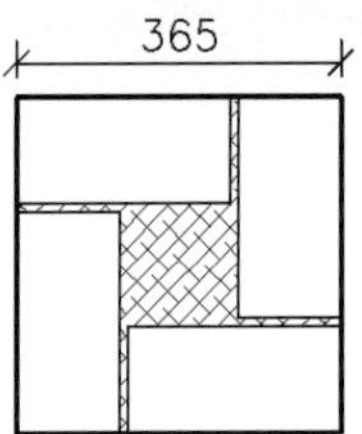

Querschnitt ohne tragfähigen Kern (z. B. Ziegelbruch)

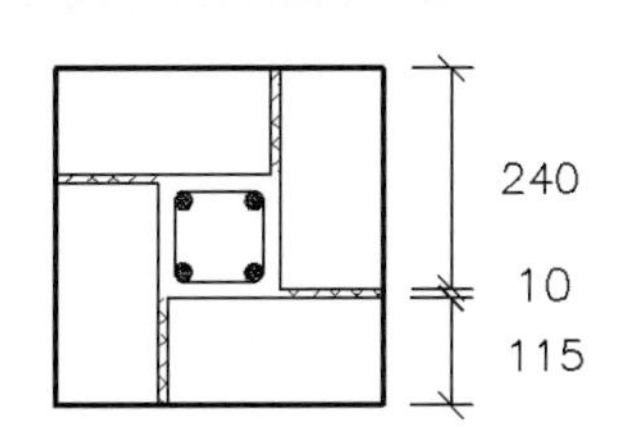

Querschnitt mit tragfähigem Kern (z. B. Beton C 12/15)

Ergebnisse:

Zu 1.: vorh $\sigma_d = 1{,}28(1{,}33)$ N/mm^2 > zul $\sigma_d = 1{,}20$ N/mm^2

Zu 2.: vorh $\sigma_d = 1{,}11(1{,}15)$ N/mm^2 < zul $\sigma_d = 1{,}20$ N/mm^2

Schlankheit: $l/d = 6{,}85 < 10$

Aufgabe 50

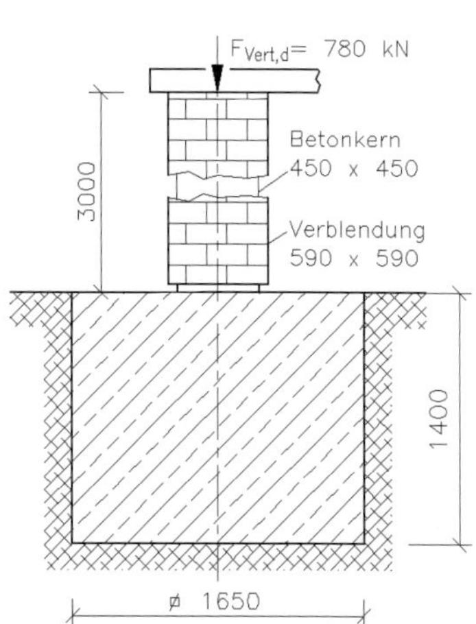

Die Stahlbetonstütze, 0,45 m × 0,45 m × 3 m aus C20/25 hat eine Kalksandsteinverblendung, 0,59 m × 0,59 m mit einem spezifischen Gewicht von $\gamma = 15$ kN/m^3. Sie nimmt eine charakteristische Vertikalkraft von $F_{\text{Vert.}} = 780$ kN auf. Das unbewehrte Betonfundament hat die Abmessungen 1,65 m × 1,65 m × 1,4 m und ist ebenfalls aus C20/25. Der Baugrund ist nicht bindig. Der Basiswert des Sohlwiderstandes $\sigma_{R,d(B,G)}$ wird nicht vergrößert oder abgemindert.

Zu ermitteln sind:

1. der Bemessungswert der Druckspannung in der Fuge Betonstütze – Fundament und ein Tragfähigkeitsnachweis für den Stützenfuß
2. ein Sohldrucknachweis für die Fuge Fundament – Baugrund nach dem „Vereinfachten Nachweis des Sohldruckes in Regelfällen; $\sigma_{E,d} \leq \sigma_{R,d}$"
3. die minimale Fundamenthöhe des Fundaments.

Ergebnisse:

Zu 1.: $\sigma_d = 4$ N/mm^2 < $f_{c,d} = 11{,}3$ N/mm^2 ; 0,35 < 1

Zu 2.: $\sigma_{E,d} \leq \sigma_{R,d}$; 342,6 kN/m^2 < 776 kN/m^2 ; 0,44 < 1

Zu 3.: min $h_F = 0{,}86$ m < $h_F = 1{,}4$ m ; $h_F/a = 2{,}33 > 1$

Aufgabe 51

Ein oberhalb der hier gezeigten Stützen errichteter Gebäudeteil überträgt in die zwei Stützen, die nur durch Isolierplatten unsachgemäß gegen Niederschlagswasser geschützt sind, eine Vertikalkraft von je $F_{V,d}$ = 23,4 kN. Die Brettschichtholzstützen [GL 28(h)] haben die Abmessung 0,25 m × 0,25 m × 3,8 m. Festgelegt sind NKL = 3 und KLED = mittel. Die unbewehrten Einzelfundamente mit einer quadratischen Grundfläche von 0,6 m × 0,6 m sind 0,8 m hoch und aus Beton C20/25 gefertigt.

Die Kraft wird exzentrisch in die Fundamente eingeleitet.

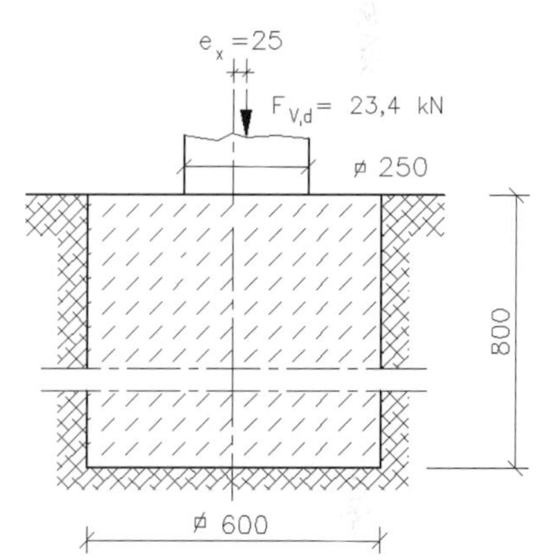

Zu ermitteln sind:

1. ein Stabilitätsnachweis für die Holzstützen
2. ein Sohldrucknachweis für den bindigen Baugrund, wenn er gemischtkörnig und steif ist.

Ergebnisse:

Zu 1.: $N_d/A_n \leq k_c \cdot f_{c,0,d} = 0{,}04 < 1$

Zu 2.: $\sigma_{E,d} \leq \sigma_{R,d}$; 103,2 N/mm² < 234 N/mm² ; 0,44 < 1

Aufgabe 52

In Aufgabe 26 ist ein Rahmen als Konstruktionselement für ein landwirtschaftlich genutztes, frei stehendes Dach untersucht worden. Das Bild zeigt die senkrechten Stützen (Stiele) auf den Einzelfundamenten. Die Stiele sind aus dem Profil HEA 400, DIN EN 10034 gefertigt. Sie haben eine rechteckige Fußplatte, die sich auf den unbewehrten Fundamenten abstützt. Das Fundament aus C20/25 hat die Größe: 1,4 m × 1,4 m × 1,8 m. Der Bemessungswert der größten Stützenkraft ist $F_{Av,d} = 80{,}5$ kN.

Für ein Mittelfeld sind zu ermitteln:

1. ein Tragsicherheitsnachweis für die Druckspannung im Stiel
2. die erforderliche Kantenlänge *a* einer quadratischen Fußplatte bei einem Bemessungswert für den Beton von $f_{cd} = 11{,}3$ N/mm² sowie ein Tragsicherheitsnachweis für den Beton mit der gewählten Größe der Fußplatte
3. ein Sohldrucknachweis für den bindigen Baugrund (gemischtkörnig, steif), wenn die Einbindetiefe $d = 1$ m beträgt
4. ein Nachweis, dass die Mindestfundamenthöhe h_F vorhanden ist.

Ergebnisse:

Zu 1.: $N_{Ed}/N_{c,Ed} = 80{,}50/3737 = 0{,}02 \leq 1$

Zu 2.: 390 mm × 300 mm ; $\sigma_d = 0{,}69$ N/mm² < $f_{c,d} = 11{,}3$ N/mm² ; 0,06 < 1

Zu 3.: $\sigma_{E,d} \leq \sigma_{R,d}$; 84,3 kN/m² < 250 kN/m² ; 0,34 < 1

Zu 4.: min $h_F = 0{,}43$ m < $h_F = 1{,}8$ m ; $h_F/a = 3{,}3 > 1$

Aufgabe 53

Das Bild zeigt ein rekonstruiertes Brückenlager. Zu ermitteln ist die Seitenlänge der quadratischen Lastverteilungsplatte. Für Postaer Sandstein gibt der Lieferer eine Druckfestigkeit von 72,8 N/mm² an. Mit einer Sicherheit gegen Bruch von $\upsilon = 4$ ist ein klassischer Druckspannungsnachweis zu führen.

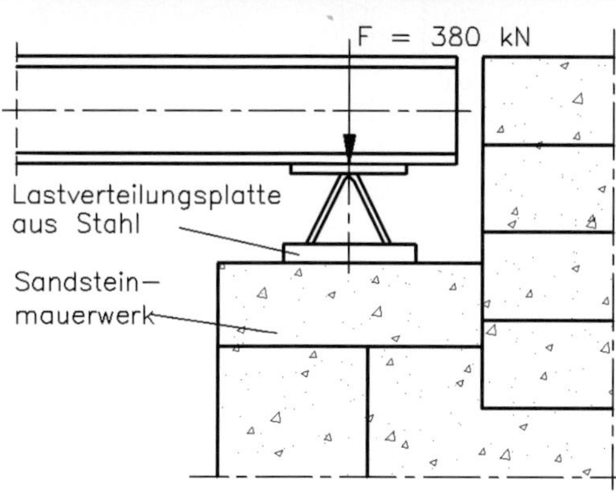

Ergebnisse:

$a = 145$ mm

gewählt: $a = 400$ mm ; 2,38/18,2 = 0,13 < 1

Aufgabe 54

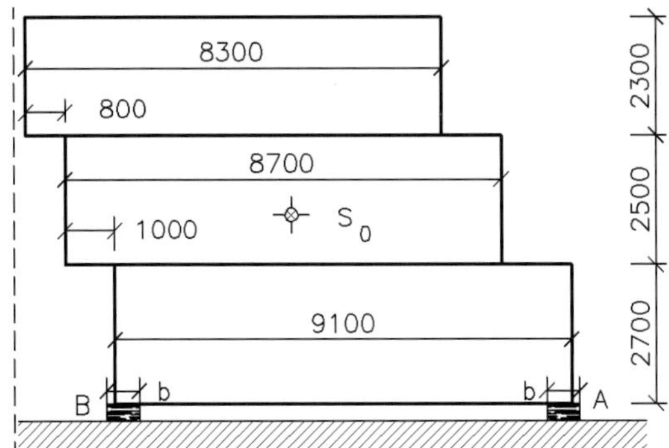

Die drei Container sind übereinander gestapelt. Zu berechnen ist der Masseschwerpunkt der drei Container, wenn sie folgende Massen haben:

$m_{unten} = 6$ t

$m_{Mitte} = 5$ t

$m_{oben} = 4{,}6$ t

Ferner ist die erforderliche Breite b der 2,7 m langen Holzbohlen zu berechnen, damit die zulässige Bodenpressung von 100 kN/m^2 nicht überschritten wird.

Ergebnisse:

$y_s = -5{,}58$ m ; $z_s = +3{,}66$ m ; jeweils mit A als Koordinatenursprung

$F_A = 59{,}2$ kN ; $F_B = 93{,}84$ kN ; erf $b_A = 0{,}22$ m ; erf $b_B = 0{,}35$ m

Aufgabe 55

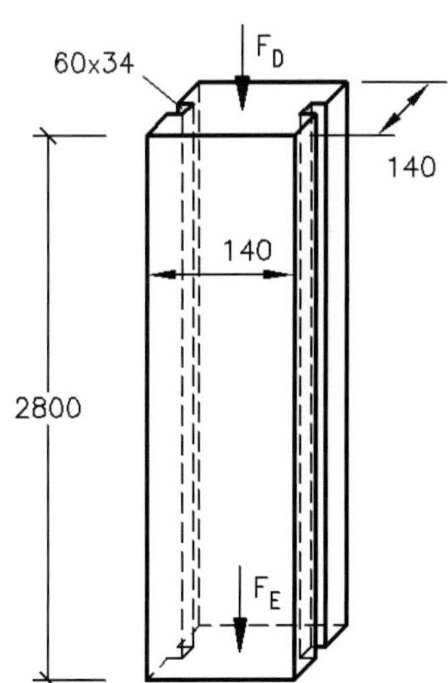

Gesucht ist die vorhandene Bodenpressung einer Garagensäule, wenn sie ohne Lastverteilungsplatte in den Baugrund eingebaut wird. Die Eigenlast der Betonsäule beträgt $F_{E,k} = 1{,}4$ kN und die anteilige Dachlast $F_{D,k} = 5{,}9$ kN. Die eingeschobenen Wandplatten leiten keine Vertikalkräfte in die Säulen ein.

Welche Größe $a \times a$ müsste eine quadratische Lastverteilungsplatte unter der Säule haben, damit die zulässige Sohlpressung $\sigma_{R,d} = 130$ kN/m² nicht überschritten wird?

Ergebnisse:

vorh $\sigma_{E,d} = 635$ kN/m²

gewählt: $a \times a = 300$ mm $\times$ 300 mm

Aufgabe 56

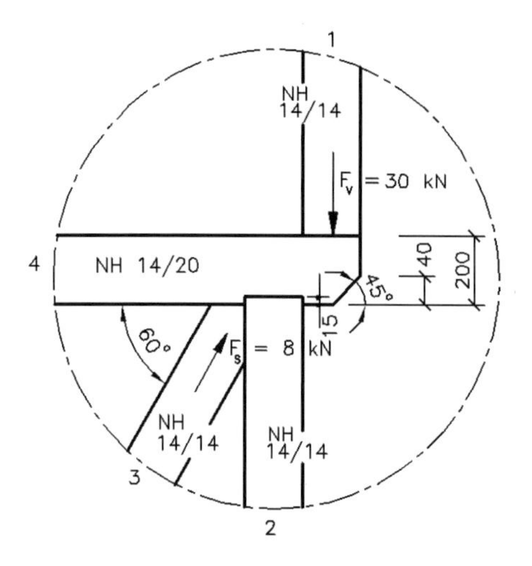

Das Bild zeigt einen Ausschnitt aus einem Holztragwerk.

Zu ermitteln sind:

1. die Zug- bzw. Druckspannungen in den kleinsten Querschnitten der Kanthölzer 1–4; der Knoten ist dabei als zentrales Kraftsystem aufzufassen
2. die Scherspannungen im Längsträger 4
   - quer zur Faser infolge F_V
   - längs zur Faser im Vorholz, ohne (mit) Berücksichtigung der Reibung zwischen Stütze 2 und Längsträger 4.

Für die zweite Aufgabe ist ein Reibungskoeffizient von $\mu = 0{,}6 - 1{,}0$ anzusetzen.

Ergebnisse:

Zu 1.: $-1{,}53$ N/mm^2 ; $-1{,}18$ N/mm^2 ; $-0{,}41$ N/mm^2 ; $+0{,}15$ N/mm^2

Zu 2.: 1,16 N/mm^2 ; 0,25 N/mm^2 ; 0,0 N/mm^2

Aufgabe 57

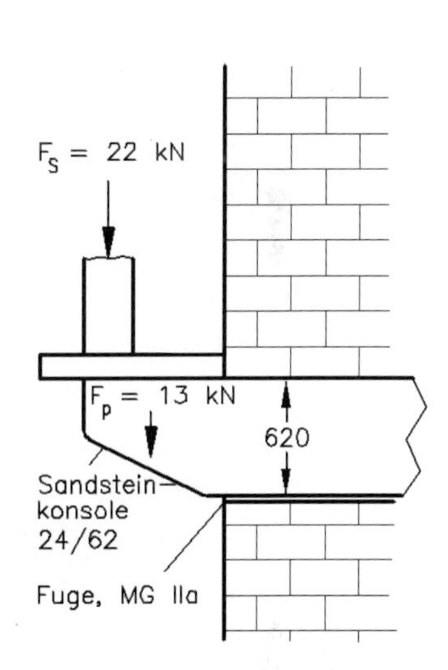

Für die abgebildete Sandsteinkonsole ist ein klassischer Spannungsnachweis auf Abscheren zu führen. Die zulässige Abscherspannung ist mit zul $\tau_a = 0{,}25$ N/mm² vorgegeben.

Als Belastung sollen die Säulenkraft F_S und das anteilige Gewicht der Platte F_p einschließlich Nutzlast berücksichtigt werden.

Ergebnisse:

vorh $\tau_a = 0{,}24$ N/mm² < zul $\tau_a = 0{,}25$ N/mm²

vorh τ_a/zul $\tau_a = 0{,}24/0{,}25 = 0{,}96 < 1$

Aufgabe 58

Es sollen kreisrunde Durchbrüche ausgeschnitten (ausgestanzt) werden. Zu ermitteln sind die Funktionen der Schnittkraft F_S und der Druckspannung σ_d im Schneidstempel mit der Variablen D.

Das zu schneidende 3 mm dicke Stahlblech besteht aus S 235 mit einer Scher-Bruchspannung von $\tau_{a,B} = 320\ \text{N/mm}^2$.

Welcher kleinste Durchmesser kann ausgeschnitten (gelocht) werden, wenn das Schneidwerkzeug 220 N/mm² Druckspannung aufnehmen kann?

Es ist einzuschätzen, ob die Ausschnitte des gezeigten Bauteiles durch diese Fertigungstechnologie hergestellt werden können.

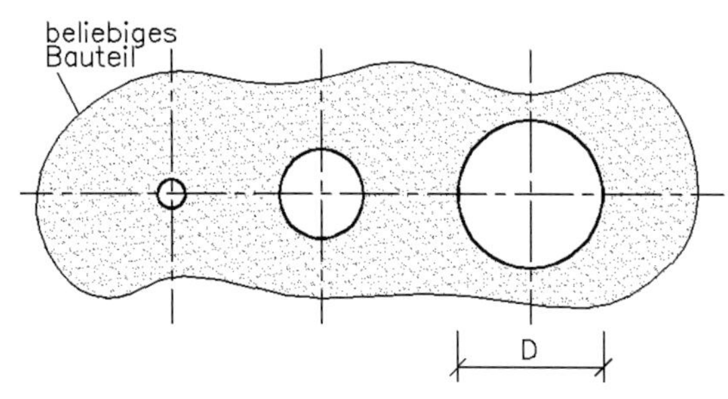

Ergebnisse:

$F_S = 3016\ \text{N/mm} \cdot D$; $\sigma_d = \dfrac{3840}{D}\ \text{N/mm}$; $D \geq 17{,}5\ \text{mm}$

Aufgabe 59

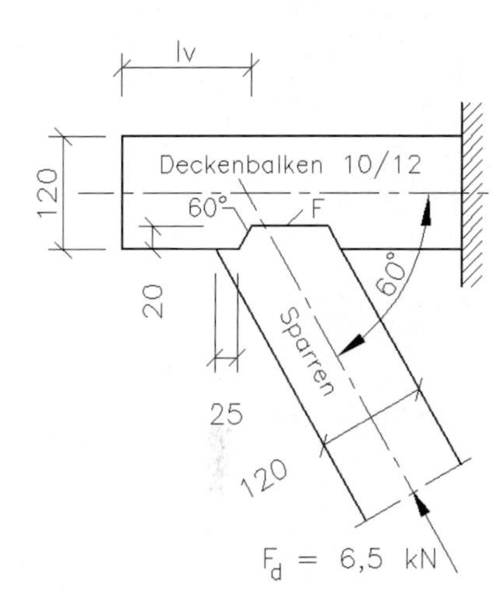

Der aus der Wand herauskragende Deckenbalken aus Nadelholz 10/12 VH C 24, (NKL = 1, KLED = ständig) stützt sich auf einen Sparren gleicher Abmessung ab. Der Sparren ist unter 60° geneigt und wird mit einem Bemessungswert von F_d = 6,5 kN in seiner Längsrichtung belastet.

Für diese Verbindung sind zu ermitteln:

1. die größte vorhandene Abscherspannung vorh τ_a im Deckenbalken und ein Spannungsnachweis
2. die Versatztiefe erf t_v und die Vorholzlänge erf l_v
3. der Druckspannungsnachweis in der Fuge F für den Sparren mit der vereinfachten Annahme, dass die Vertikalkraft F_v nur in dieser Fuge übertragen wird.

Ergebnisse:

Zu 1.: vorh τ_a = 0,84 N/mm^2 ; 0,91 < 1

Zu 2.: 10,4 mm ; 35,2 mm

Zu 3.: 0,534 N/mm^2 < 3,90 N/mm^2

Aufgabe 60

Das Bild zeigt ein älteres Bauwerk aus dem Bereich des Wasserbaus. In der unteren Skizze ist ein vereinfachter Nietanschluss dargestellt. Zwei U-Profile 200, nach DIN 1026, erhalten eine Zugkraft von 280 kN und sind durch 6 Niete an ein 12 mm starkes Knotenblech angeschlossen. Für diese Nietverbindung ist ein Spannungsnachweis nach dem σ_{zul}-Verfahren auf der Basis von DIN 18 800 (03.81) zu führen. Ferner soll die Zugspannung in der Schweißnaht ermittelt werden.

Hinweis:

Für ältere (oft geschützte) Bauwerke ist es z. B. bei Rekonstruktionen oder Havarien notwendig, Berechnungen mit Vorschriften durchzuführen, die in der Entstehungszeit der Bauwerke angewendet worden sind.

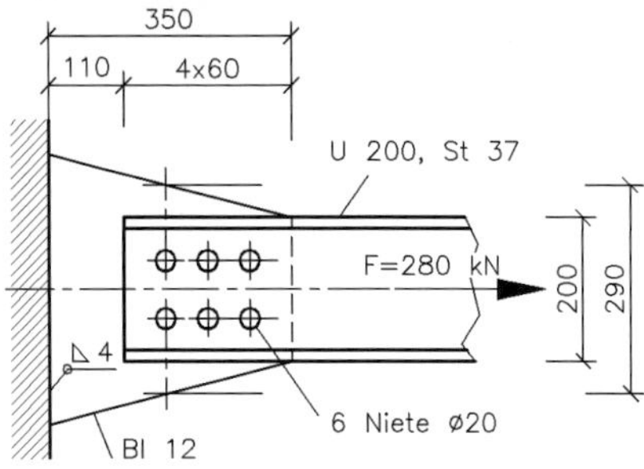

Ergebnisse:

vorh $\tau_a = 67{,}4$ N/mm² < 140 N/mm²

vorh $\sigma_l = 130{,}7$ N/mm² < 320 N/mm² für den U-Träger

vorh $\sigma_l = 185{,}2$ N/mm² < 320 N/mm² für das Knotenblech

vorh $\sigma_z = 48{,}9$ N/mm² < 160 N/mm² für den U-Träger

vorh $\sigma_z = 94{,}1$ N/mm² < 160 N/mm² für das Knotenblech in der ersten Nietreihe

vorh $\sigma_s = 90{,}4$ N/mm² < 160 N/mm² für die Schweißnaht

Aufgabe 61

Für das abgebildete Eckelement einer Dachabstützung ist der Bemessungswert der Tragfähigkeit der Schraubverbindung für Abscheren und Lochleibung zu ermitteln.

Die Konstruktion ist als Scher-Lochleibungsverbindung, Kategorie A ausgelegt. Insgesamt 8 Schrauben der Größe M 20 und der Schraubenfestigkeitsklasse 8.8 verbinden die beiden Trägerteile zu einem biegesteifen Rahmen.

Die Bleche der Stirnplatten, S 235, sind 20 mm dick. Die Schrauben sind mit dem Schaft in der Scherfuge. Der Lochabstand in Kraftrichtung beträgt $p_1 = 100$ mm, der Randabstand in Kraftrichtung $e_1 = 45$ mm und das Lochspiel 2 mm, damit $d_0 = 22$ mm.

Ergebnisse:

zul $F_{a,d} = 964{,}8$ kN für Abscheren

zul $F_{l,d} = 1570{,}9$ kN für Lochleibung

Aufgabe 62

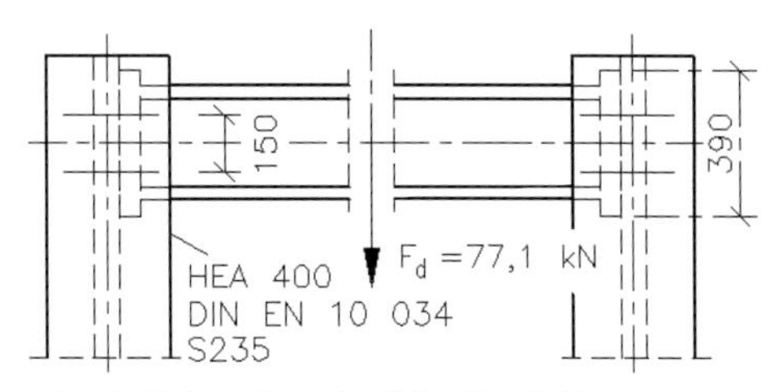

je 4 Schrauben M 16; SL; 8.8
Gewinde in Scherfuge;
Δd = 2 mm; Lochabstand 150 mm;
Stirnplatte Bl 12; S 235

Die in Aufgabe 26 dargestellte Rahmenkonstruktion enthält zur besseren Befahrbarkeit ein stielfreies (Doppel-)feld, das durch einen Längsträger überbrückt wird. Der Längsträger stützt sich an seinen Enden auf die Stiele der Rahmen ab. Die notwendige Stirnplatten-Schraubverbindung ist in der Skizze dargestellt. Für diese Verbindung ist ein Tragsicherheitsnachweis zu erbringen. Der in der Skizze eingetragene Bemessungswert der Vertikalkraft F_d = 77,1 kN enthält ständige und alle veränderlichen Lasten, also auch das Eigengewicht des Längsträgers.

Ergebnisse:

$F_{v,Ed}/F_{v,Rd}$ = 9,64 kN/60,3 kN = 0,16 < 1

9,64/138,1 = 0,06 < 1 ; 9,64/126,6 = 0,07 < 1

Aufgabe 63

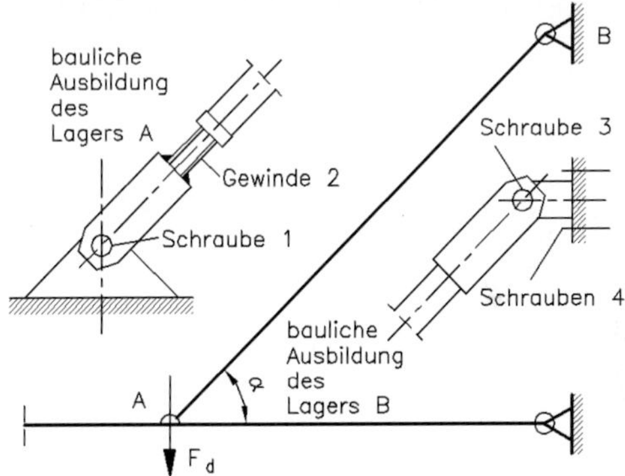

Die gezeigte Konstruktion ist ein häufig verwendetes Element zum Befestigen von Dächern, Decken, Plattformen u. a. In der Skizze sind die Lagerstellen A und B vergrößert dargestellt, um die Schraubverbindungen zu zeigen.

Es soll der Lösungsablauf angegeben werden, um Tragsicherheitsnachweise für die Schraubverbindungen 1–4 zu erbringen. Darin soll enthalten sein, welcher Kraftanteil von F_d an der jeweiligen Verbindungsstelle berücksichtigt werden muss.

Ergebnisse:

s. Lösungsteil Seiten 188 bis 190.

Aufgabe 64

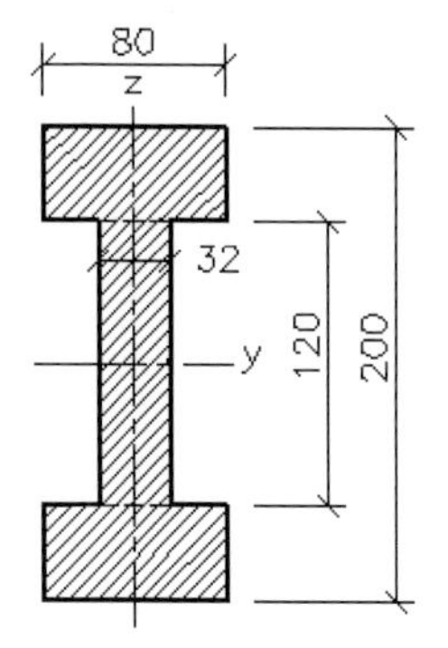

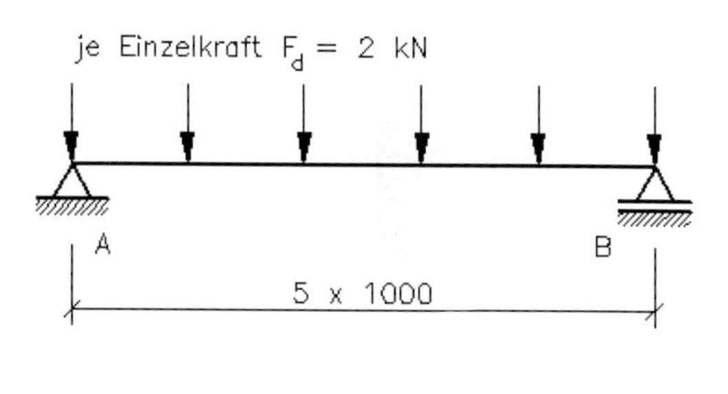

Der Schalungsträger soll gem. Skizze belastet und als homogenes Bauteil betrachtet werden. Basis ist KVH C 35 mit NKL = 3 und KLED = mittel.

Es ist ein Tragfähigkeitsnachweis für eine einachsige Biegung um die *y*-Achse zu führen.

Ergebnisse:

$I_y = 4642 \text{ cm}^4$; $W_y = 464 \text{ cm}^3$; $\max M_b = 6 \text{ kNm}$; $f_{m,d} = 17{,}5 \text{ N/mm}^2$

$12{,}93/17{,}5 = 0{,}74 < 1$

Aufgabe 65

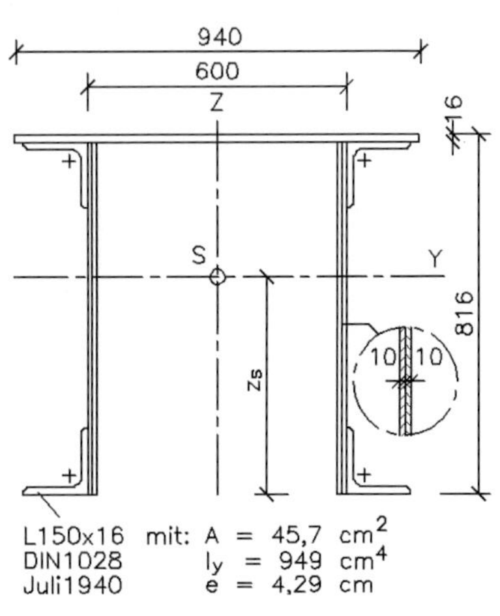

Nach einer Havarie konnte man den Querschnitt eines abgestürzten Längsträgers gut erkennen. Zu berechnen sind die Eigenmasse je Meter Trägerlänge bei einem Zuschlag von 15 % für Niete, Querversteifungen u. a. sowie die Widerstandsmomente W_y.

Ergebnisse:

$m' = 590$ kg/m ; $I_y = 600318$ cm^4 ; $W_{y,oben} = 18638$ cm^3 ; $W_{y,unten} = 12155$ cm^3

Aufgabe 66

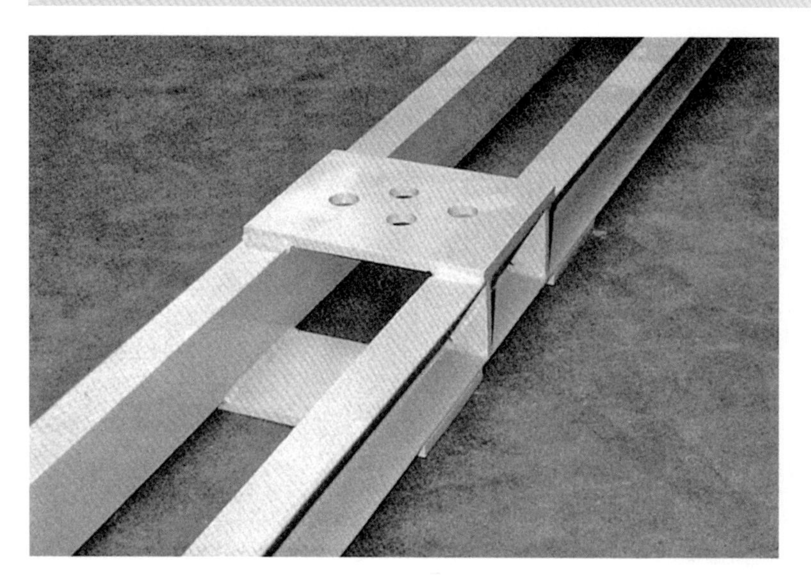

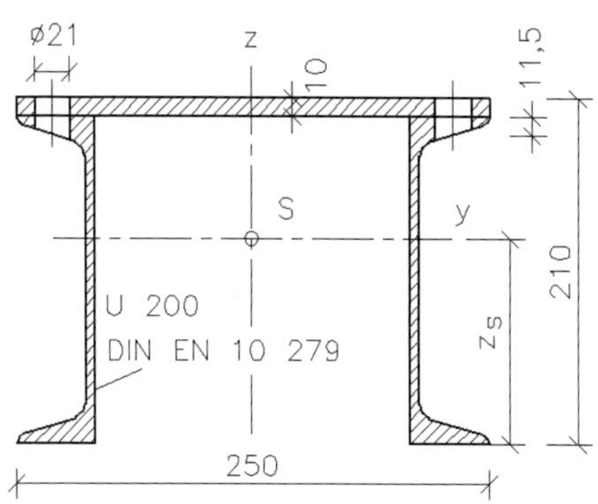

Zwei U-Profile sind biegesteif miteinander verbunden. Die zwei äußeren Bohrungen sollen nach außen versetzt werden, so dass sie durch den oberen Flansch gehen. Das nebenstehende Bild zeigt die Veränderung.

Für diesen Sollzustand sind zu ermitteln:

- der Flächenschwerpunkt z_s
- das Flächenmoment 2. Ordnung I_y und die Widerstandsmomente $W_{y,1}$ für die obere Trägerkante und $W_{y,2}$ für die untere Trägerkante.

Ergebnisse:

$z_s = 121{,}5$ mm ; $I_y = 5313{,}5$ cm^4 ; $W_{y,1} = 600{,}4$ cm^3 ; $W_{y,2} = 437{,}3$ cm^3

Aufgabe 67

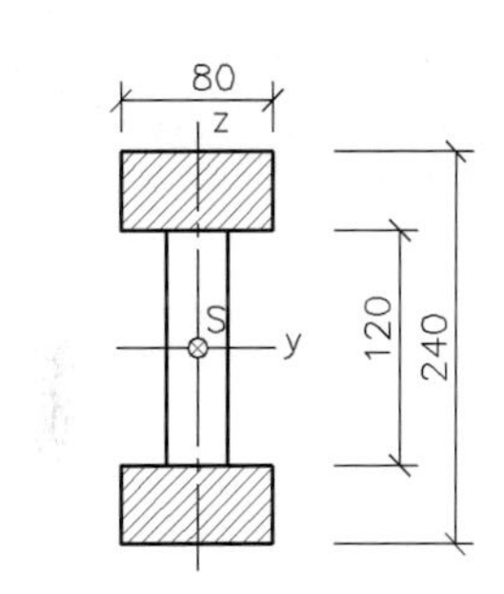

Werksangaben für den Gitterträger aus Holz lauten:

zul $M_b = 7$ kNm

$I_y = 8000 \text{ cm}^4$

In der Skizze sind die Abmessungen eingetragen. Die in die Holme passgenau eingesetzten und verleimten Gitterstäbe berechtigen die Holme als ungeschwächt zu betrachten.

Zu ermitteln sind für die schraffierte Querschnittsfläche das Flächenmoment 2. Grades, das Widerstandsmoment sowie das zulässige Biegemoment bei selbst zu wählenden Holzparametern.

Ergebnisse:

$I_y = 8064 \text{ cm}^4$; $W_y = 672 \text{ cm}^3$

zul $M_d = 10{,}1$ kNm

Aufgabe 68

Der Deckenträger einer Garage soll mit einem Durchbruch versehen werden, um einen Türöffner zu installieren. Um die Schwächung des Profils I 220, DIN 1025, zu kompensieren, sind zwei angepasste Verstärkungsbleche der Größe 190 mm × 240 mm vorgesehen, die mit 4 Schrauben M 12 mit dem Steg des Profils verbunden werden. Es ist nachzuweisen, dass die ursprüngliche Tragfähigkeit des Trägers dadurch wieder erreicht wird.

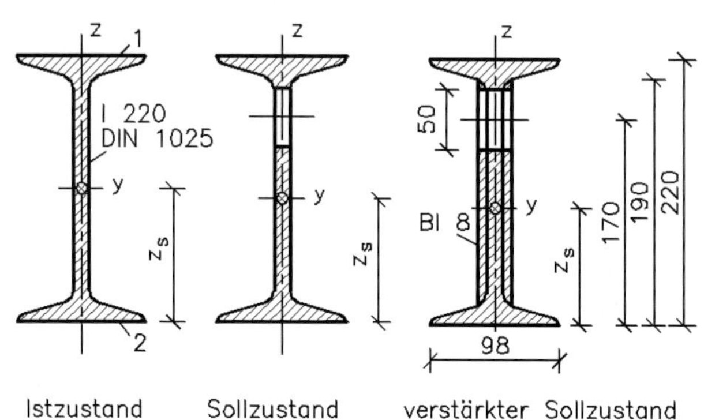

Ergebnisse:

$W_{Istzustand} = 278{,}0\ cm^3$; $W_{Sollzustand} = 247{,}1\ cm^3$

$W_{verstärkter\ Sollzustand} = 279{,}6\ cm^3$; $W_{verstärkter\ Sollzustand} > W_{Istzustand}$

Aufgabe 69

Die Rekonstruktion dieses Balkons soll u. a. umfassen:

- Ausbau der vorhandenen Betondecke
- Korrosionsschutzbehandlung der Stahlteile
- Einbau einer neuen Stahlbetondielung mit loser Auflage an der Hauswand und im Flansch des Stahlrahmens.

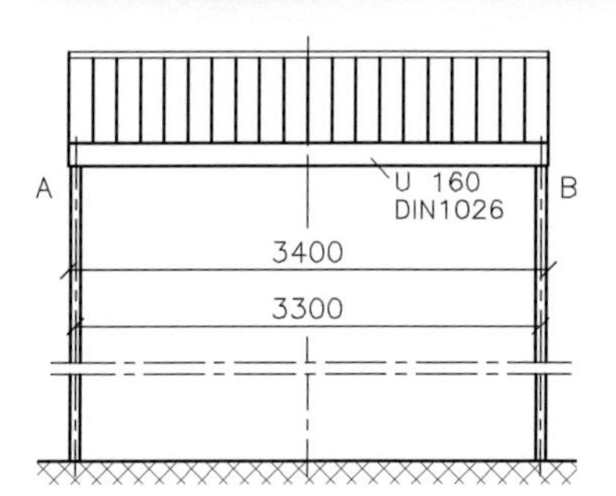

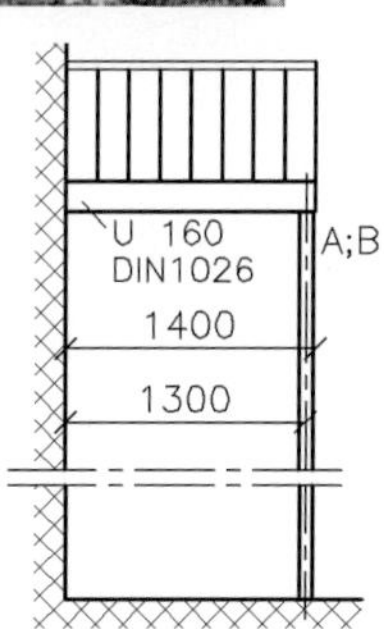

Es ist die **charakteristische** Biegespannung vorh σ_k für den Längsträger bei einer Abminderung des Widerstandsmomentes infolge Abrostung um 10 % zu ermitteln. Die folgenden angegebenen Lastannahmen sind charakteristische Werte:

Eigenlast der einzubringenden Decke	13,5 kN
Eigenlast des Stahlrahmens	1,2 kN
Eigenlast des Geländers	0,5 kN
Nutzlast	23,8 kN

Ergebnisse:
max $M_k = 8{,}4$ kNm ; vorh $\sigma_k = 80{,}5$ N/mm^2

Aufgabe 70

Für den nach Aufgabe 69 zu rekonstruierenden Balkon sind für den Längsträger

1. der charakteristische Querkraft- und Biegemomentenverlauf zu zeichnen und
2. ein Gebrauchstauglichkeitsnachweis zu führen.

In der Lösung zu 1. sollen allgemeine Gleichungen für die Querkraft und das Biegemoment für eine beliebige Stelle l_x enthalten sein. Die charakteristischen Einwirkungen können der Lösung zur Aufgabe 69, Seite 200, entnommen werden.

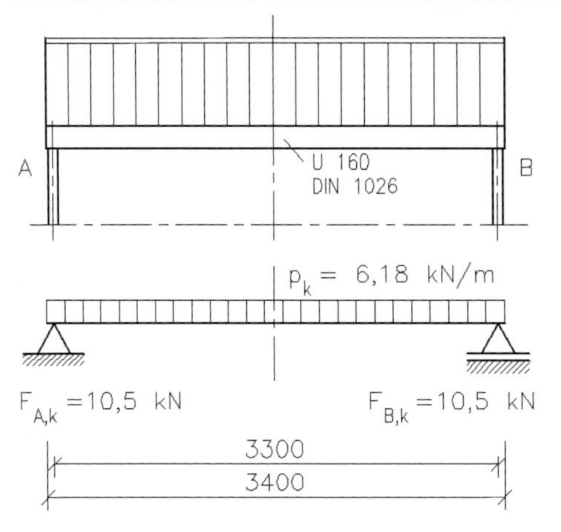

Ergebnisse:

Zu 1.: zeichnerische Darstellungen s. Lösungsteil, Seite 200.

Zu 2.: $F_{Q,lx,k} = -\, p_k \cdot l_x + F_{A,k}$; $M_{lx,k} = -\, p_k \cdot l_x^2/2 + F_{A,k} \cdot (l_x - 0{,}05 \text{ m})$

$M_{A,k} = M_{B,k} = -0{,}008$ kNm ; $M_{Mitte,k} = \max M_k = 8{,}4$ kNm

vorh $f_k \approx 6$ mm < zul $f = 11$ mm ; $6/11 = 0{,}56 < 1$

Aufgabe 71

Für ein Sparrendach wird ein konstruktiver Aufbau nach Skizze zu Grunde gelegt. Die Sparrenfüße können z. B. mit Versatz auf die Deckenbalken gesetzt und mit einem Zimmermannsnagel in der Lage fixiert werden. Die auf einer Mauerlatte ruhenden Deckenbalken nehmen die Zugkräfte auf.

Die Sparrenenden sind am First bei diesem Bauwerk auf Gehrung geschnitten und bilden im Verbund mit einem Firstholz einen Knoten, der als Gelenk betrachtet wird (s. a. Foto zur Aufgabe 6).

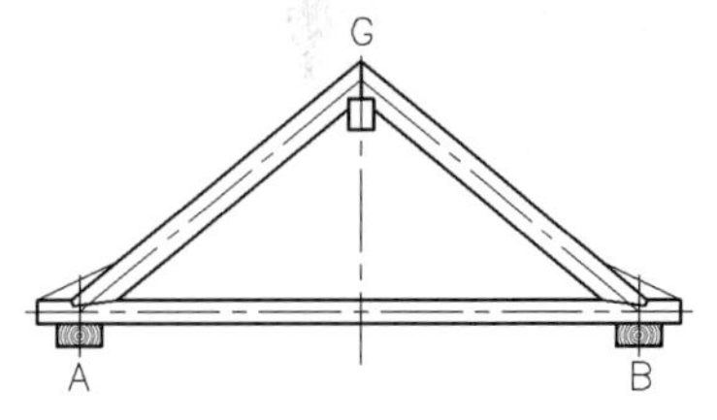

Die Dachneigung beträgt $\alpha = 39°$, die Sparrenlänge ist mit 4,50 m festgelegt. Verwendet werden Betondachsteine, Wärmedämmung und Sparren 10/20 KVH C 30, mit $a = 0{,}8$ m Abstand, NKL = 1, KLED = lang. Die Meeresspiegelhöhe ist $A = 350$ m, Windzone 2, Binnenland, Schneelastzone 2. Es sind für einen Sparren zu ermitteln:

1. die charakteristischen Einwirkungen der Windlast, Schneelast und Eigenlast
2. die charakteristischen Kräfte in den Lagern A, B und G
3. die charakteristischen Normalkräfte, Querkräfte und Biegemomente in den Sparren sowie die zeichnerische Darstellung dieser Schnittgrößen
4. ein Tragfähigkeitsnachweis
5. ein Gebrauchstauglichkeitsnachweis.

Ergebnisse:

Zu 1.: s. Lösungen ; **Zu 2.:** $F_{Av} = 5{,}626$ kN ; $F_{Ah} = 2{,}602$ kN ; $F_{Bv} = 5{,}329$ kN ; $F_{Bh} = -3{,}989$ kN ; $F_{Gh} = -3{,}479$ kN ; $F_{Gv} = 0{,}709$ kN ; **Zu 3.:** $F_{N,Am} = -3{,}90$ kN ; $F_{N,Bm} = -4{,}80$ kN ; max $M_A = 3{,}08$ kNm ; max $M_B = 1{,}84$ kNm ; **Zu 4.:** $0{,}00 + 0{,}39 = 0{,}39 < 1$; $0{,}00 + 0{,}7 \cdot 0{,}39 = 0{,}27 < 1$; **Zu 5.:** 8,9 mm < 4500 mm/300 = 15 mm

Aufgabe 72

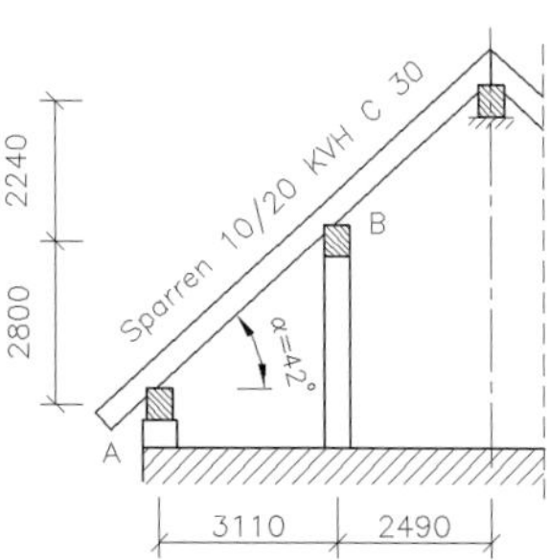

Die Sparren des dargestellten Pfettendaches sollen berechnet werden.

Für den Dachaufbau wird eine charakteristische Belastung von $g_{ges} = 1{,}69$ kN/m^2 vorgegeben. Der Sparrenabstand ist $a = 0{,}75$ m. Das 12 m hohe Gebäude befindet sich in innerstädtischer Bebauung (Bremen) der Geländekategorie II, 30 m über Meeresspiegelniveau. Der Sparrenabstand ist $a = 0{,}75$ m.

Zu ermitteln sind:

1. die charakteristischen Einwirkungen der Windlast, Schneelast und Eigenlast
2. die charakteristischen Kräfte in den Lagern A und B
3. die charakteristischen Normalkräfte, Querkräfte und Biegemomente in den Sparren sowie die zeichnerische Darstellung dieser Schnittgrößen
4. ein Tragfähigkeits- und ein Gebrauchstauglichkeitsnachweis mit NKL = 1 und KLED = ständig
5. eine Einschätzung des Fehlers, der entsteht, wenn bei der Festlegung des Tragwerksmodells das auskragende Sparrenteil an der Traufkante vernachlässigt wird.

Ergebnisse:

Zu 1.: Wind-, Schnee- und Eigenlasten s. Lösungen ; **Zu 2.:** $F_{Av} = 3{,}31$ kN ; $F_{Ah} = -1{,}06$ kN ; $F_{Bv} = 4{,}15$ kN ; $F_{Bh} = 0$; **Zu 3.:** $F_{N,m} = +0{,}669$ kN ; $F_{Q,A} = 3{,}169$ kN ; max $M = 3{,}268$ kNm ; **Zu 4.:** $0{,}49 < 1$; $0{,}34 < 1$; $8{,}2 \text{ mm} < 14 \text{ mm}$; **Zu 5.:** Fehler für max $M \approx 2$ %

Aufgabe 73

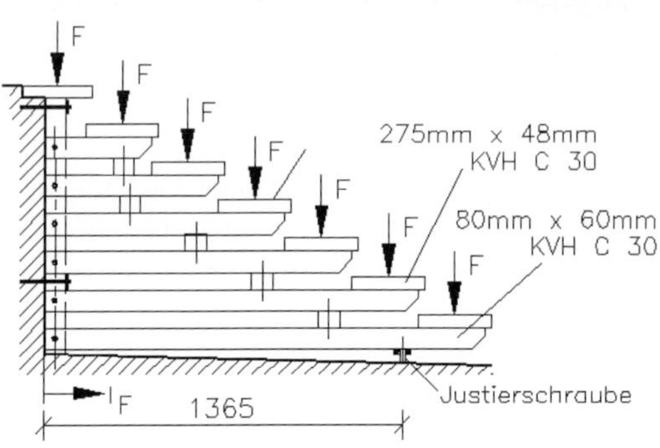

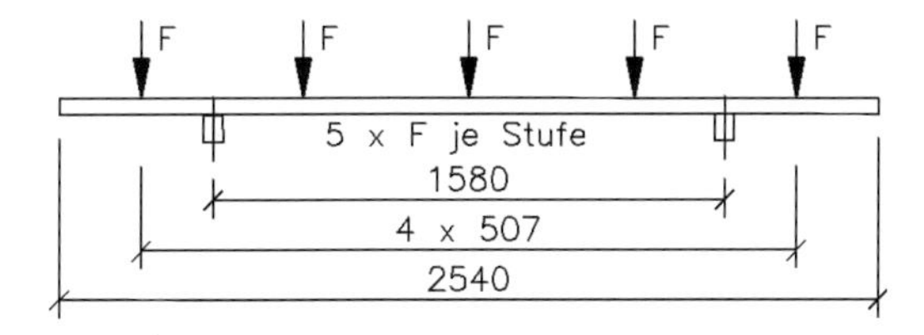

Die Treppe ist eine Holzkonstruktion nach Aufgabe 25 und ein in sich starres Gebilde. Die Befestigung erfolgt auf der rückwärtigen Seite durch je zwei obere und zwei untere Wandschrauben, wobei die oberen Schrauben durch Langlöcher führen. Die Abstützung auf dem Boden übernehmen zwei Justierschrauben, mit denen die Treppe waagerecht ausgerichtet werden kann.

Jede Trittstufe wird durch 5 Einzelkräfte, $F = F_k = 500$ N, belastet. Die Abstände l_F (gemessen von der Rückwand bis zur Kraftwirkungslinie von F) betragen:

$l_{F1} = 40$ mm ; $l_{F2} = 300$ mm ;

$l_{F3} = 553$ mm ; $l_{F4} = 806$ mm ;

$l_{F5} = 1059$ mm ; $l_{F6} = 1312$ mm ;

$l_{F7} = 1565$ mm

Zu ermitteln sind:

1. die Kräfte $F_{W,v,k}$ für die Wand- und $F_{J,k}$ für die Justierschrauben
2. ein Biegespannungsnachweis für die Trittstufen.

Der Biegespannungsnachweis soll mit den angegebenen Einzelkräften geführt werden. Das Ergebnis ist mit der Biegespannung zu vergleichen, die sich ergibt, wenn die Trittstufe nach EC 5 mit einer Nutzlast von $q_k = 3$ kN/m² belastet wird.

Ergebnisse:

Zu 1.: $F_{j,k} = 5{,}6$ kN ; $F_{W,v,k} = 4{,}2$ kN

Zu 2.: 3,42 N/mm² ; 0,30 < 1; 2,56 N/mm² ; 0,22 < 1

Aufgabe 74

Für die Stahlstützen der Schallschutzwand ist ein Tragsicherheitsnachweis zu führen. Die Stützen sind aus breitem I-Profil, HEB 200, DIN EN 10034, S 235, gefertigt. Es soll mit einer konstanten Höhe von 5 m gerechnet werden, ferner Windzone 2, Binnenland; $h \leq 10$ m; Geländekategorie III; Druckbeiwert $c_{p,net} = 2{,}1$ für Bereich B; $l/h > 10$.

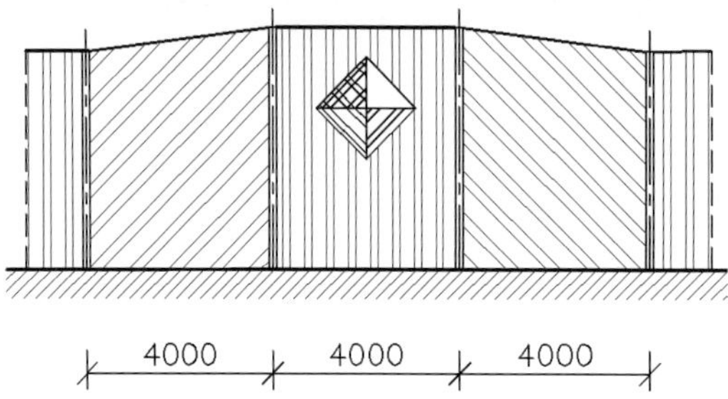

Ergebnisse:

$F_{W,d} = 41{,}0$ kN ; $M_{W,d} = 102{,}4$ kNm ; $F_{G,d} = 3{,}5$ kN;

$\sigma_{b,d} = 179{,}7$ N/mm^2 ; $\tau_{a,d} = 26{,}8$ N/mm^2;

$\sigma_{d,d} = 0{,}45$ N/mm^2 ; $0{,}62 < 1$

Aufgabe 75

In der Lösung zur Aufgabe 22, Seite 136, sind die Bemessungswerte der Kräfte $F_{1,d}$–$F_{5,d}$ für den Rohrträger sowie die Lagerkräfte $F_{A,d}$ und $F_{B,d}$ ermittelt worden. In diesen Kräften ist bereits das Eigengewicht des Rohrträgers (Stahlrohr 60,3 × 2,5 nach DIN EN 10219-2, S 235) enthalten.

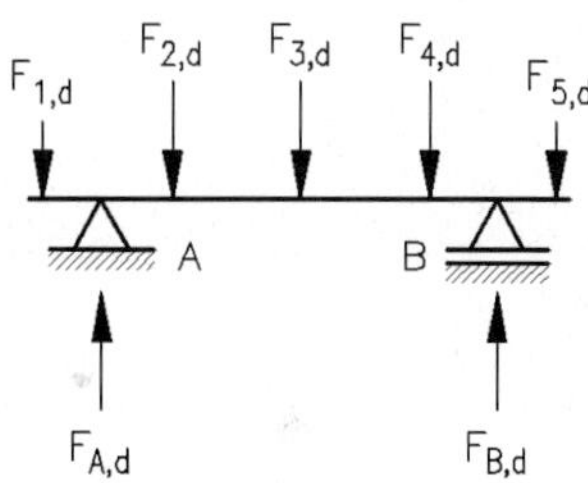

Zu ermitteln sind:

1. die Querkräfte und die Biegemomente bei 1–5, A und B sowie die Stelle l_x des Nulldurchganges des Biegemomentes
2. die zeichnerische Darstellung des Querkraft- und des Biegemomentenverlaufs.

Ergebnisse:

Zu 1.: max $F_{Q,d} = 1{,}534$ kN ; max $M_d = 7{,}158$ Nm ; $l_x = 0{,}1$ m für $M = 0$

Zu 2.: Die Verläufe von Querkraft und Biegemoment zeigt der Lösungsteil auf Seite 228.

Aufgabe 76

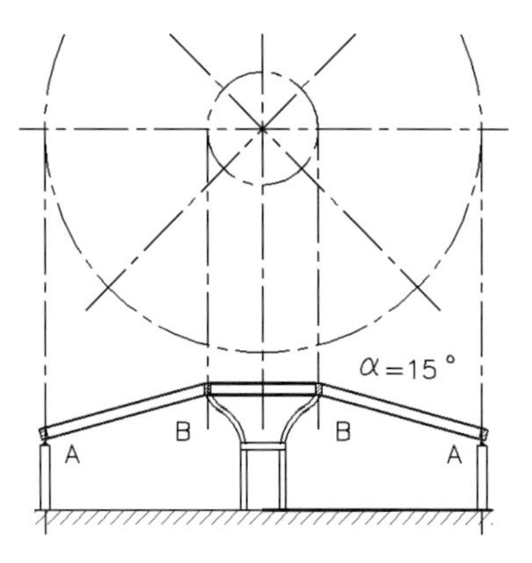

Das Tragwerk eines Daches für eine Badehalle ist als Kegelstumpf aus Brettschichtholz gefertigt. Die 8 Dachsparren sind oben bündig mit einem inneren und einem äußeren Tragring verbunden. Der innere Tragring ($d_i = 4$ m) ruht auf kelchförmigen Stützen, der äußere Tragring ($d_a = 16$ m) auf Säulen, deren obere Auflagen als Kugelgelenke ausgebildet sind.

1. Für einen Dachsparren ist ein statisches System für die Lasten g, s und $w_\perp$ anzugeben. Aus der auf ein Sparrensegment entfallenden vertikalen Dachlast F'' (als allgemeine Größe einer Flächenlast) ist eine ungleichmäßige Streckenlast mit q_a und q_i zu entwickeln und ihr Schwerpunkt x_s anzugeben.
2. Mit den oben ermittelten Werten sind die vertikalen Auflagerkräfte und das größte Biegemoment zu berechnen, wiederum als Funktion der allgemeinen Größe F''.

Ergebnisse:

Zu 1.: $F_1 = 23{,}562\ \text{m}^2 \cdot F''$; $q_a = 6{,}283\ \text{m} \cdot F''$; $q_i = 1{,}571\ \text{m} \cdot F''$; $x_s = 2{,}4$ m

Zu 2.: $F_{Av} = 14{,}137\ \text{m}^2 \cdot F''$; $F_{Bv} = 9{,}425\ \text{m}^2 \cdot F''$; $\max M = 17{,}845\ \text{m}^3 \cdot F''$

Aufgabe 77

Die Skizze zeigt die vereinfachte Darstellung eines Dachträgers aus Brettschichtholz mit der konstanten Dicke *b*.

Mit den allgemeinen Zahlen für die Querschnittshöhe h_A im Querschnitt A, die Trägerdicke *b* und die Kraft *F* sind die Abscher- und größte Normalspannung zu ermitteln.

Die Auflasten im Bereich $l_{A\text{-}P}$ und der Trägerspitze sollen unberücksichtigt bleiben.

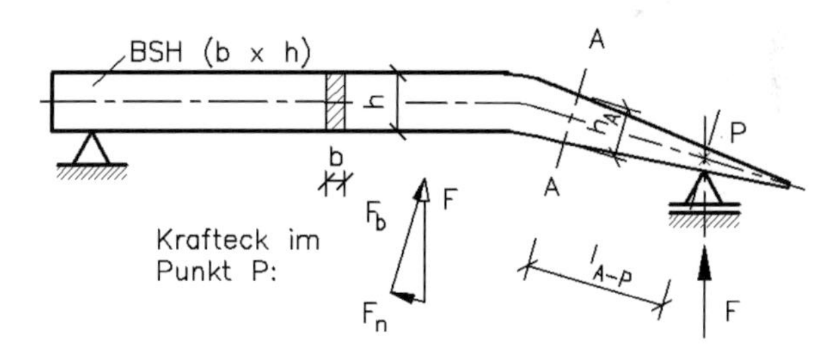

Ergebnisse:

$$\tau_a = \frac{F_b}{b \cdot h_A}; \quad \max \sigma = -\frac{F_b \cdot l_{A-P}}{\frac{b \cdot h_A^2}{6}} - \frac{F_n}{b \cdot h_A}$$

Aufgabe 78

Die abgebildete Treppe stützt sich auf einen Kragträger ab. Für die Einspannstelle E sowie den Querschnitt A des ersten kreisförmigen Durchbruchs ist ein Biegetragsicherheitsnachweis anzufertigen. Der Werkstoff ist S 235.

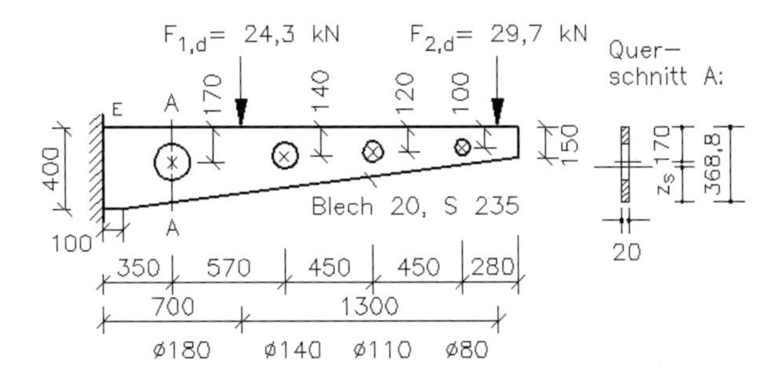

Ergebnisse:

σ_{Ed} = 143,3 N/mm^2 ; $\tau_{a,Ed}$ = 6,75 N/mm^2 ; 0,373 < 1 ; σ_{Ed} = 157,3 N/mm^2 ; $\tau_{a,A,d}$ = 14,3 N/mm^2 ; 0,46 < 1

Aufgabe 79

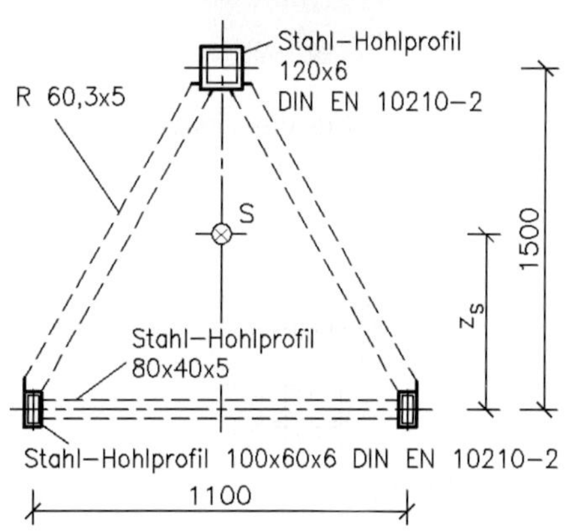

Der Kranausleger soll an der Stelle, an der das Abspannseil angreift, als fest eingespannter Biegeträger betrachtet werden. Das Eigengewicht des Auslegers beträgt 1,3 kN/m, das für die Laufkatze 1,7 kN. Bei der Berechnung der Widerstandsmomente sind nur die durchlaufenden Längsträger des Auslegers zu berücksichtigen. Die Nutzlast ist mit Rücksicht auf Beschleunigungen beim Heben und Senken mit dem Faktor $k = 1{,}4$ in die Rechnung einzusetzen. Die größte charakteristische Biegespannung werde auf 160 N/mm^2 begrenzt.

Zu ermitteln sind:

1. für den Trägerquerschnitt der Flächenschwerpunkt z_s, das Flächenmoment zweiten Grades I_y, die Widerstandsmomente $W_{y,oben}$ und $W_{y,unten}$ sowie das ertragbare charakteristische Biegemoment M_k
2. die charakteristische Nutzlast $F_{N,k}$ am Kranhaken und der Querkraft- und Biegemomentenverlauf.

Ergebnisse:

Zu 1.: $z_s = 65{,}53$ cm ; $I_y = 343100$ cm^4 ; $W_{y,o} = 3792$ cm^3 ; $W_{y,u} = 4865$ cm^3 ; min $M_k = 606{,}7$ kNm;

Zu 2.: $F_N = F_{N,k} = 16{,}38$ kN. Die Verläufe sind im Lösungsteil, Seite 236, abgebildet.

Aufgabe 80

Die auskragende Platte ruht samt Aufbau auf drei Stützen. Sie entspricht also einem Zweifeldträger. In der angegebenen Belastung von $p = 100$ kN/m sind alle Einwirkungen enthalten. Ohne Berücksichtigung ungünstigster Laststellungen sind unter Verwendung von Formeln aus Bautabellen die drei Auflagerkräfte zu berechnen. Mit herzuleitenden Gleichungen sollen die Querkräfte und Biegemomente in den Lagern A, B und C sowie bei den Längen l_x und l_0 berechnet werden. Die Länge l_x ist die Stelle, an der das Biegemoment einen Extremwert hat. Die Länge l_0 ist die Stelle, an der das Biegemoment durch null geht. Querkraft- und Biegemomentenverlauf sind zeichnerisch darzustellen.

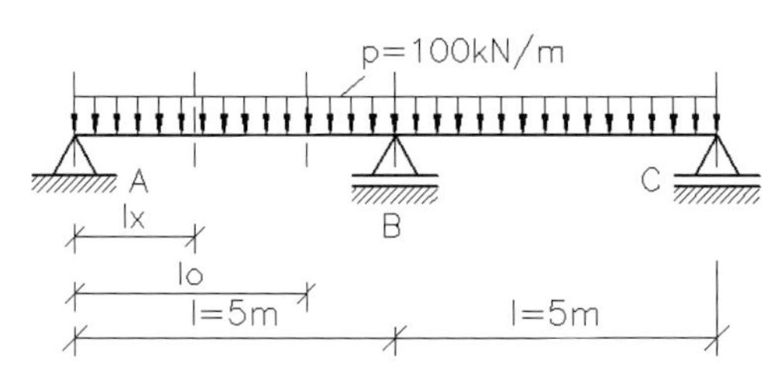

Ergebnisse:

$F_A = F_C = 187{,}5$ kN ; $F_B = 625{,}0$ kN ; $F_{Q,A} = 187{,}5$ kN ; $F_{Q,B} = -312{,}5$ kN (links von B) ; $F_{Q,B} = 312{,}5$ kN (rechts von B) ; $F_{Q,C} = -187{,}5$ kN ; $l_x = 1{,}875$ m; $l_0 = 3{,}75$ m ; $M_B = -312{,}5$ kNm ; $M_{lx} = 175$ kNm.

Die Verläufe sind dem Lösungsteil, Seite 238, zu entnehmen.

Aufgabe 81

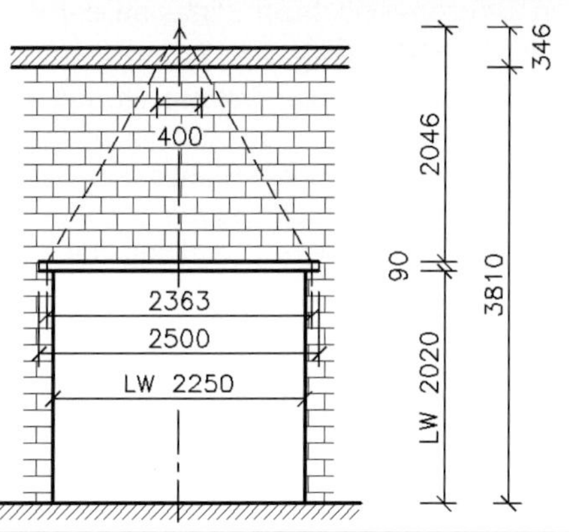

In eine 36,5 cm dicke Außenwand einer ehemaligen Transformatorenstation ist eine Öffnung für den Einbau eines Schwingtores einzufügen.
Der Durchbruch soll durch zwei 17,5 cm breite, nebeneinanderliegende und übermauerte Ziegelflachstürze mit $g = 0{,}49$ kN/m tragfähig gestaltet werden. Die spezifische Eigenlast der Mauer wird mit $G_M = 17$ kN/m^3 vorgegeben. Die anteilige Tiefe der 20 cm dicken Stahlbetondecke oberhalb des Ziegelmauerwerkes beträgt 1,85 m.

Im Bereich des Trägers und der Lastflächen befinden sich keine störenden Öffnungen, so dass sich Gewölbewirkung ausbilden kann. Es wird deshalb nach DIN 1053-1 mit einem gleichseitigen Dreieck mit $\alpha = 60°$ als Belastungsfläche ohne Abzug der Dreiecksspitze sowie mit anteiliger Dachlast als Einzellast gerechnet. Zu berücksichtigen ist eine Schneelast mit $\mu_1 \cdot s_k = 0{,}75$ kN/m^2.

Für die 2,5 m langen Ziegelstürze gibt der Hersteller eine Belastbarkeit von je 15,33 kN/m bei 3,2 mm Durchbiegung an.

Es sind statische Nachweise für die Stürze sowie die Außenwand zu erbringen.

Ergebnisse:

$F_{Av} = F_{Bv} = 10{,}21$ kN

max $M = 8{,}77$ kNm < zul $M = 21{,}40$ kNm ; max $F_Q = 10{,}21$ kN < 36,22 kN ;
vorh $\sigma_d = 0{,}23$ N/mm^2 < zul $\sigma = 1{,}2$ N/mm^2 ; vorh $t = 125$ mm > erf $t = 100$ mm

Aufgabe 82

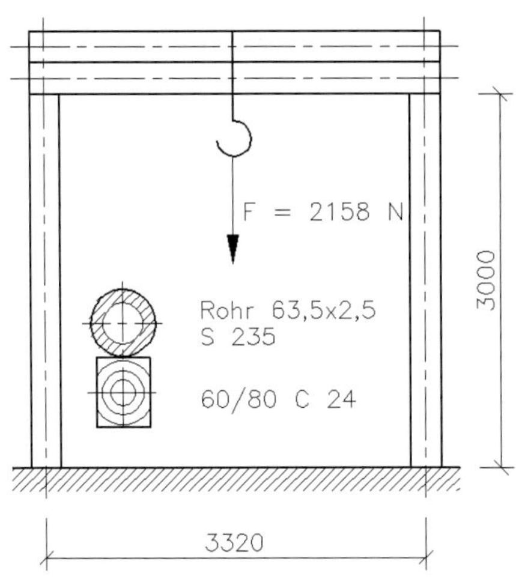

Der horizontale Träger eines „Behelfs-Portalkranes" besteht aus einem Kantholz und einem lose aufgelegten Rohr. Über den Stützen sind beide Trägerteile formschlüssig verbunden.

Zu ermitteln sind die Kraftanteile, die auf das Stahlrohr und das Kantholz entfallen sowie die zugehörigen Biegespannungen und die größte Durchbiegung, wenn eine Masse einschließlich Anschlagmittel und Träger von $m = 220$ kg als Einzellast wirksam ist.

Formeln für die Berechnung von Durchbiegungen sind Bautabellen zu entnehmen.

Ergebnisse:

$F_S = 1396$ N ; $F_H = 762$ N ; $\sigma_{b,S} = 164{,}8$ N/mm^2 ; $\sigma_{b,H} = 9{,}9$ N/mm^2 ;
$w = w_S = w_H = 22{,}7$ mm

Aufgabe 83

Im Zusammenhang mit der Rekonstruktion einer Brücke ist zur Aufnahme einer Bohrvorrichtung eine zeitlich begrenzte Hilfskonstruktion erforderlich, die das etwa 14,5 m breite Flussbett überspannen muss. Die Hilfskonstruktion aus zwei Längsträgern I 300 (HEB), DIN EN 10 034 soll auf der Seite A auf verfestigtem Mauerwerk und auf der Seite B auf einem Konsolträger U 320 gelagert werden. Die Hilfskonstruktion soll in Flussrichtung ca. 1 m verschiebbar sein. Der Konsolträger wird durch 4 Spannstäbe TITAN 15 an einer vorhandenen, tragfähigen Betonwand befestigt.

Es sind für die Durchführung der Baumaßnahme die notwendigen statischen Nachweise mit folgenden Lasten zu führen:

$g_G = 0{,}5$ kN/m	für Abbohlung und Schutzgerüst
$g_T = 2{,}34$ kN/m	für 2 Träger I 300
$F_g = 5{,}5$ kN	für Bohreinrichtung und Personen.

Die technologisch bedingte Durchbiegung darf maximal $w = 20$ mm betragen. Die zulässigen Belastungen der Spannstäbe sind Herstellerangaben zu entnehmen.

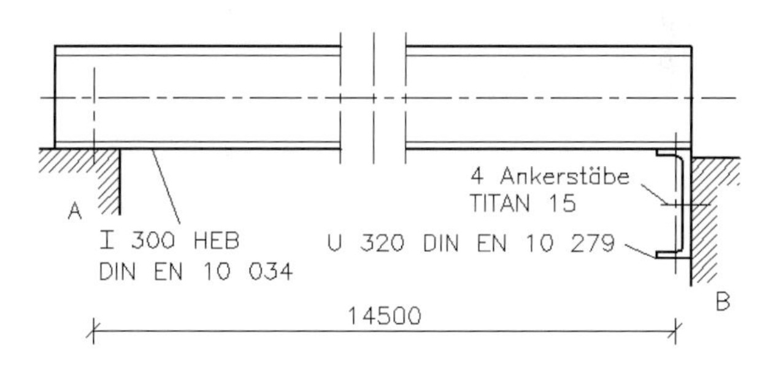

Ergebnisse:

max $\sigma_d = 38{,}9$ N/mm^2 ; max $w = 18{,}8$ mm < 20 mm ;
vorh $N = 2{,}60$ kN < zul $N = 45{,}6$ kN

Aufgabe 84

Das Bild zeigt einen Träger, der aus mehreren „Schichten“ besteht (hier einzelne, nur lose übereinander gelegte Bretter). Der Träger ruht auf zwei Balken, die die Lagerung übernehmen. Beim Belasten des Trägers zwischen den Lagern tritt Biegung auf, und die Schichten verschieben sich gegeneinander. Am Ende des Trägers zeigen sich die Verschiebungen.

Wird die Verschiebung der einzelnen Schichten kraft- oder formschlüssig verhindert (wie z. B. bei Brettschichtholz durch Leim, Dübel u. a.), tritt zwischen den Schichten eine Tangentialspannung als Schubspannung auf.

Für einen solchen Träger (s. Skizze) ist die Schubspannung in der im Bild markierten Fuge bei 100 mm Höhe zu berechnen. Ferner sind die Biegespannungen in der Fuge sowie in den Randschichten des Holzes zu ermitteln.

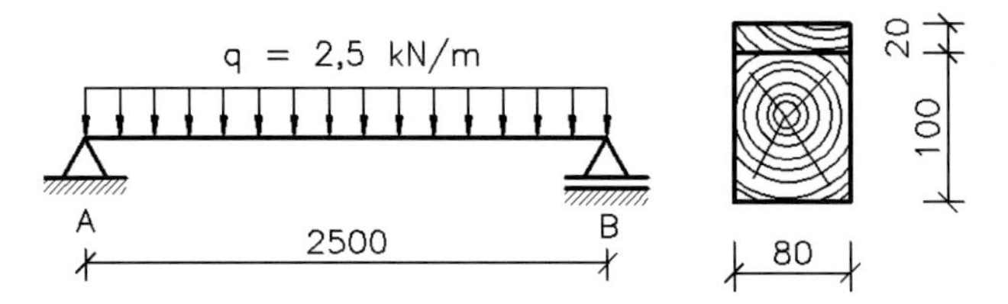

Ergebnisse:

$\tau_Q = 0{,}27\ \text{N/mm}^2$

$\sigma_b = 6{,}78\ \text{N/mm}^2$ in der Fuge ; $\sigma_b = 10{,}17\ \text{N/mm}^2$ in den Randschichten

Aufgabe 85

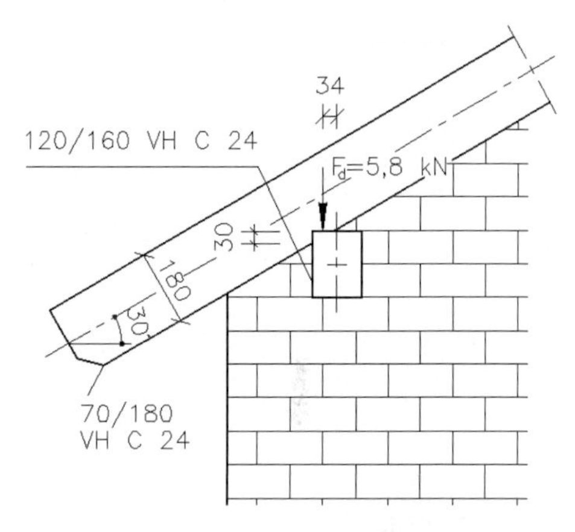

Der Dachsparren, VH C 24, überträgt auf die Pfette, VH C 24, eine vertikale Kraft von $F_d = 5{,}8$ kN. Die Kragarmlänge der Pfette beträgt 0,6 m. Der senkrechte Einschnitt in den Sparren ist 30 mm, die Dachneigung 30°; NKL = 2, KLED = lang.

Anzufertigen sind Tragfähigkeitsnachweise für:

1. Druck im Sparreneinschnitt
2. Druck in der Pfette infolge Sparrenauflage
3. Schub in der Pfette infolge Querkraft
4. Biegespannung in der Pfette.

Ferner sind zu ermitteln:

5. Durchbiegung der Pfette
6. Außermittigkeit der Vertikalkraft.

Ergebnisse:

Zu 1.: 0,80 N/mm^2 < 2,43 N/mm^2 ; 0,8/2,43 = 0,33 < 1

Zu 2.: 0,86 N/mm^2 < 2,02 N/mm^2 ; 0,86/2,02 = 0,43 < 1

Zu 3.: 0,46 N/mm^2 < 1,08 N/mm^2 ; 0,46/1,08 = 0,43 < 1

Zu 4.: 6,90 N/mm^2 < 12,92 N/mm^2 ; 6,90/12,92 = 0,53 < 1

Zu 5.: $w = 0{,}8$ mm < zul $w = 4$ mm

Zu 6.: $a = b/2 - l_a/2 = 34$ mm

Aufgabe 86

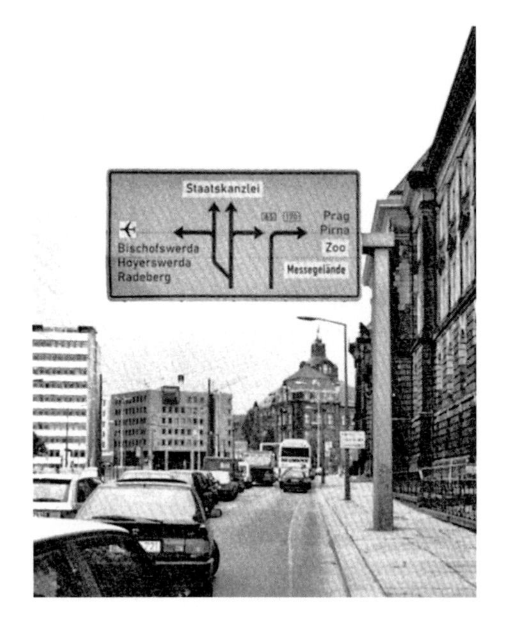

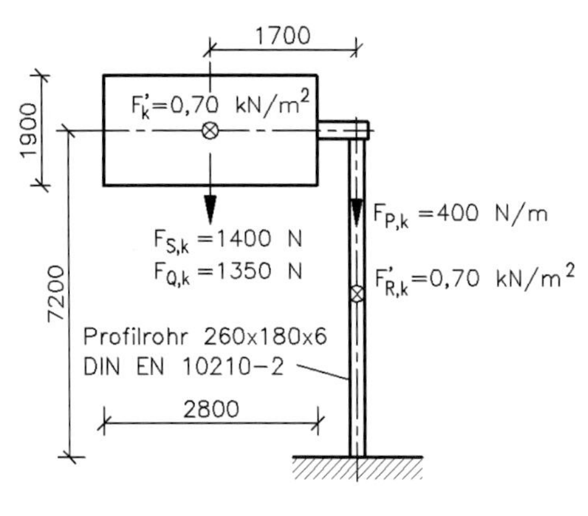

Die Tragkonstruktion für die Verkehrsleiteinrichtung soll aus Profilrohr, S 235, der angegebenen Abmessung gefertigt werden. Stütze und abgewinkelter Kragträger sind biegesteif miteinander verbunden. Die Stütze ist im Fundament fest eingespannt.

Als **charakteristische** Werte sind für die Einspannstelle am Fußpunkt zu berechnen:

- die aus der Schildkraft $F_{S,k}$ und der Kraft des Querträgers $F_{Q,k}$ entstehende Biegespannung
- die aus allen vertikalen Kräften entstehende Druckspannung
- die aus den Windkräften F'_k und $F'_{R,k}$ entstehende Biegespannung
- die aus den Windkräften F'_k und $F'_{R,k}$ entstehende Abscherspannung
- die aus der Windkraft F'_k entstehende Tangentialspannung als Verdrehspannung
- der Torsionswinkel φ und die Verschiebung f der äußersten Kante des Schildes.

Ergebnisse:

$\sigma_{b,k} = 14{,}98$ N/mm^2 ; $\sigma_{d,k} = -1{,}1$ N/mm^2 ; $\sigma_{b,k} = 79{,}16$ N/mm^2 ;

$\tau_{a,k} = 0{,}91$ N/mm^2 ; $\tau_{T,k} = 11{,}92$ N/mm^2 ; $\varphi_k = 0{,}012$ rad $= 0{,}58°$; $f = 31{,}6$ mm

Aufgabe 87

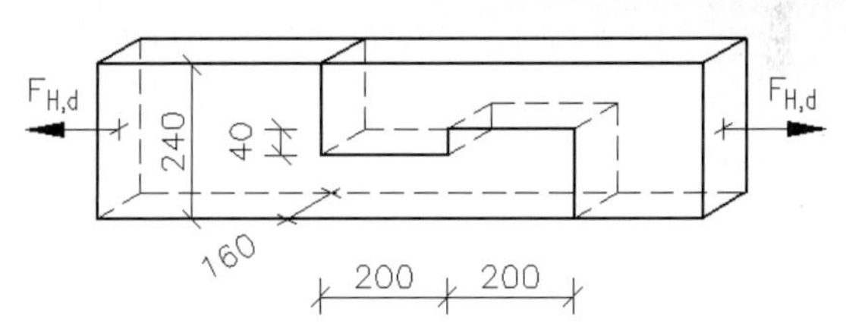

Das gezeichnete Hakenblatt gehört zu einem Zugbalken eines Sparrendaches (vgl. Aufgabe 71) und wird mit einer Zugkraft von $F_{H,d} = 25$ kN belastet.

Zu ermitteln sind:

1. ein Tragfähigkeitsnachweis für die Abscherung im Vorholz und die Druckspannung im Versatz
2. ein Tragfähigkeitsnachweis für die größte Normalspannung in der Verbindung, wenn die Zug- und Biegespannung überlagert werden; die Spannungsverteilung ist dabei zeichnerisch darzustellen.

Für die geforderten Nachweise ist Nadelholz 160/240 VH C 30 zu Grunde zu legen.

NKL = 1; KLED = ständig.

Ergebnisse:

Zu 1.: $0{,}78/0{,}92 = 0{,}85 < 1$; $3{,}91/10{,}63 = 0{,}37 < 1$

Zu 2.: $1{,}56/8{,}32 + 6{,}56/13{,}86 = 0{,}66 < 1$ und
$1{,}56/8{,}32 + 0{,}7 \cdot 6{,}56/13{,}86 = 0{,}52 < 1$

Aufgabe 88

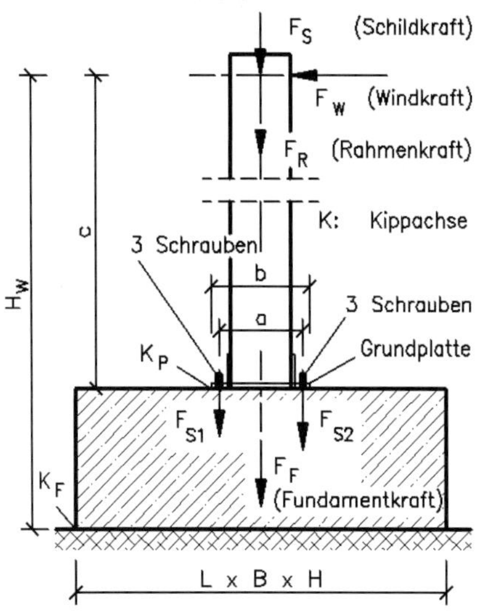

Der Rahmen einer Verkehrsleiteinrichtung ruht mittig auf zwei Einzelfundamenten, die in Richtung Straßenverlauf ausgerichtet sind. Die nebenstehende Skizze zeigt die Längsansicht eines Fundamentes mit den Abmessungen $L \times B \times H$.

1. Es sind mit allgemeinen Größen die in der Fundamentsohle wirkenden Spannungen ohne Berücksichtigung von Rechenparametern, Beiwerten und Faktoren zu berechnen und zeichnerisch darzustellen.
2. Für die insgesamt 6 Ankerschrauben (3 Stück je Reihe) ist anzugeben, wie die in ihnen wirkenden Zugkräfte F_{S1} und F_{S2} ermittelt werden können.
3. Ohne Berücksichtigung des seitlichen Erddruckes soll ein Lösungsweg für die Berechnung der Standsicherheit angegeben werden.

Ergebnisse:

Zu 1.: $\sigma_d = (F_S + F_R + F_F)/(L \cdot B)$; $\sigma_b = (F_W \cdot H_W)/(B \cdot L^2/6)$

Zu 2.: $F_{S2} = [F_W \cdot c - (F_S + F_R) \cdot b/2] \cdot (a + b)/(a^2 + b^2)$

Zu 3.: $S = (F_S + F_R + F_F) \cdot L/(2 \cdot F_W \cdot H_W)$

Aufgabe 89

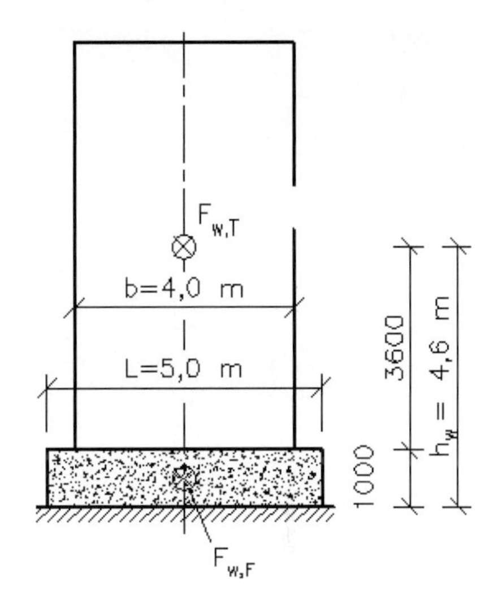

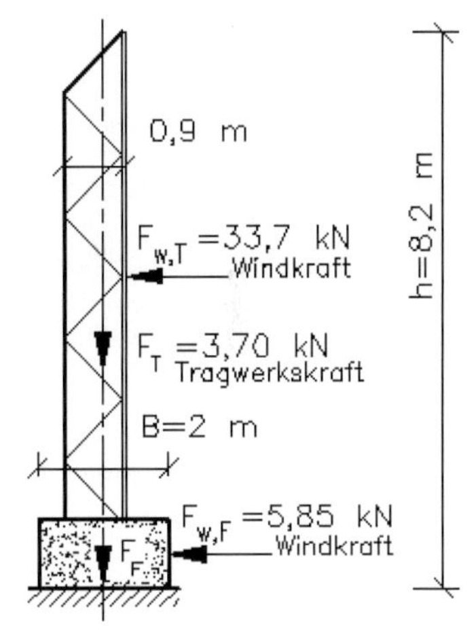

Das Tragwerk und die Bautafel sind mit dem Betonfundament biegesteif verbunden.

Mit den angegebenen charakteristischen Einwirkungen sind zu ermitteln:

1. die Standsicherheit S bei Einwirkung der Windkraft, der Durchstoßpunkt e_x der Resultierenden in der Bodenfuge sowie die Größen des Querschnittkerns e und max e
2. die maximale Randspannung max σ_d in der Bodenfuge bei einem beliebigen Baugrund.

Ergebnisse:

Zu 1.: $S = 1{,}46 \approx 1{,}5$; $e_x = 0{,}685$ m ; $e = 0{,}333$ m ; max $e = 0{,}667$ m

Zu 2.: max $\sigma = 97{,}7$ kN/m^2

Aufgabe 90

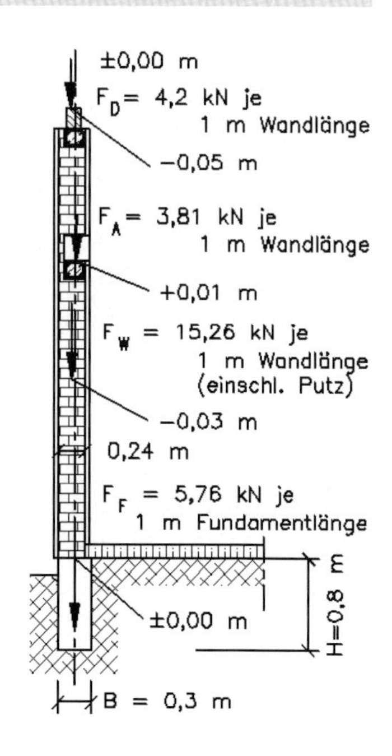

Die Außenwand leitet Kräfte aus dem Dach (D) und einer Holzbalkendecke (A) in ein Streifenfundament (F). Die Holzbalkendecke liegt in Höhe von 2,5 m über OKF. In dem Wandgewicht F_W ist bereits der Innen- und Außenputz berücksichtigt. Das Mauerwerk besteht aus Ziegeln der Steinfestigkeitsklasse 12 und Mörtelgruppe II. Alle in der Skizze eingetragenen Kräfte sind charakteristische Einwirkungen (s. Vorbemerkung in der Lösung).

Zu ermitteln sind:

1. ein Druckspannungsnachweis für das Mauerwerk
2. ein Sohldrucknachweis für den Baugrund unter Berücksichtigung der Außermittigkeit der Lasteintragung. Der bindige Baugrund ist tonig und halbfest.

Die angegebenen Außermittigkeiten sind in der Skizze relativ zur Fundamentmitte bemaßt.

Ergebnisse:

Zu 1.: $\sigma_d = 0{,}097$ N/mm^2 < zul $\sigma = 0{,}6$ N/mm^2 ; 0,16 < 1

Zu 2.: $\sigma_{R,d} = \sigma_{R,d(B)} = 270$ kN/m^2 ; $e_x = 0{,}022$ m < $e = 0{,}05$ m ;
$|\max \sigma_d| = 190{,}99$ kN/m^2 < 270 kN/m^2 ; 190,99/270 = 0,71 < 1

Aufgabe 91

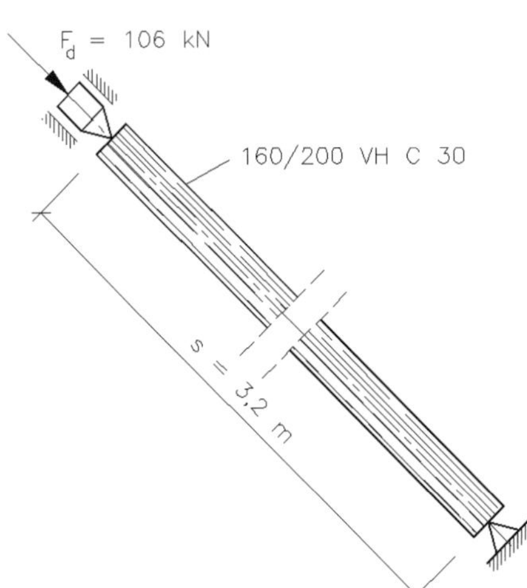

Die beiden Hauptträger der Brücke werden durch je zwei diagonal eingepasste Kanthölzer 160 mm × 200 mm unterstützt. Der Bemessungswert in Stabrichtung ist zu $F_d = 106$ kN ermittelt worden.

Die Stützen sind aus Kiefer – Vollholz (VZ) der Festigkeitsklasse C 30, Nutzungsklasse NKL = 3, Lasteinwirkungsdauer KLED = ständig.

Für die angenommene Lagerung ist ein Knicknachweis zu führen.

Ergebnisse:

$\lambda = 69{,}3$; $\dfrac{N_d / A_n}{k_c \cdot f_{c,0,d}} = 3{,}31/4{,}92 = 0{,}67 < 1$

Aufgabe 92

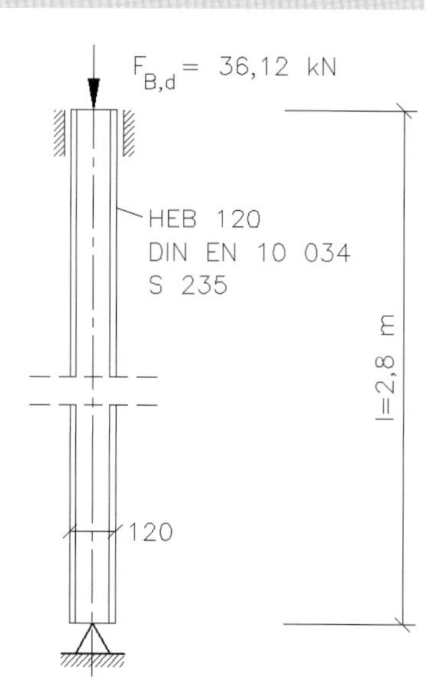

In der Aufgabe 18 ist die charakteristische Stützenkraft unterhalb des zweiten Balkons zu $F_{B,k} = 26{,}08$ kN berechnet worden Der Bemessungswert beträgt $F_{B,d} = 36{,}12$ kN. Die Stützen bestehen aus breiten I-Trägern HEB 120.

Es ist ein Biegeknicksicherheitsnachweis zu führen.

Die Halterung werde oben fest eingespannt mit vertikaler Beweglichkeit der Einspannung und unten gelenkig gelagert betrachtet.

Ergebnisse:

$$\lambda = \frac{L_{cr}}{i_{min}} = 64{,}1\ ; \quad \bar{\lambda} = \frac{\lambda}{\lambda_1} = 0{,}68\ ; \quad \frac{N_{Ed}}{N_{b,Rd}} = 36{,}12/537{,}5 = 0{,}07 < 1$$

Aufgabe 93

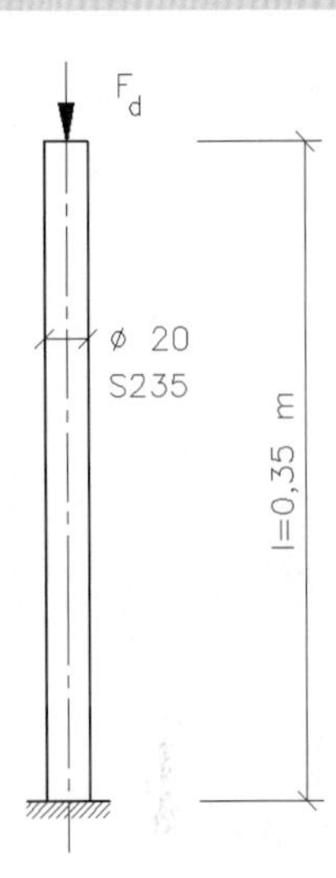

Ein Teil des Daches eines Einfamilienhauses ruht auf dem dargestellten Stab aus Rundstahl 20, S 235. Der Stab ist unten fest eingespannt. Die Holzstütze ist seitlich nicht geführt.

Wegen eines Messfehlers im Fundamentbereich ist der vergrößerte Abstand zur Holzstütze durch einen Rundstab ausgeglichen worden.

Ohne Wertung der konstruktiven Ausbildung soll angegeben werden, welchen Bemessungswert F_d der Stab aufnehmen kann.

Ergebnisse:

$L_{cr} = 70$ cm ; $\bar{\lambda} = 1{,}49$; $\chi = 0{,}32$;

$F_d = N_{Ed} = 21{,}5$ kN

Aufgabe 94

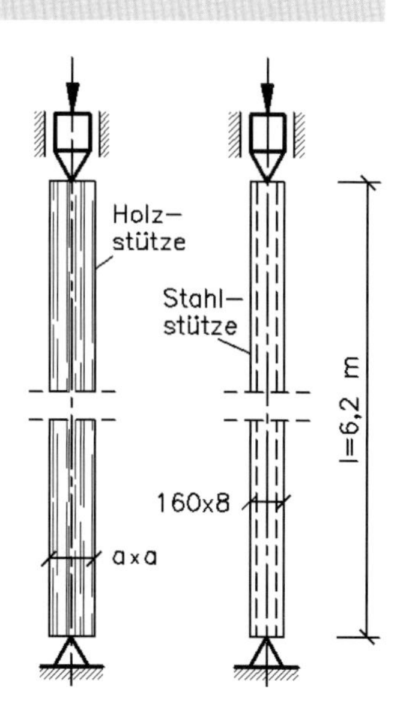

Die Stützen einer Lagerhalle bestehen aus kalt gefertigtem, quadratischem Stahl-Hohlprofil 160 × 8, S 235, DIN EN 10219-2 und sind l = 6,2 m lang. Sie werden oben und unten als gelenkig gelagert betrachtet.

Welchen Bemessungswert N_d kann eine solche Stütze aufnehmen? Welche Querschnittsabmessungen $a \times a$ müsste eine quadratische Stütze aus Brettschichtholz [$a \times a$, BSH GL 28 (c); NKL = 2; KLED = lang] haben, um einen gleichen Bemessungswert wie die Stahlstütze aufnehmen zu können? Das Maß a soll geradzahlig angegeben werden.

Ergebnisse:

Stahlstütze: $\bar{\lambda} = 1{,}08$; $\chi = 0{,}50$; $F_d = 495{,}6$ kN

Holzstütze: 28 cm × 28 cm ; $F_d = 496$ kN ; $\lambda = 76{,}7$; $k_c = 0{,}636$; 0,77 < 1

Holschemacher

Entwurfs- und Berechnungstafeln für Bauingenieure

5., vollständig überarbeitete Auflage

// die wichtigsten Bereiche des Bauingenieurwesens – kompakt und übersichtlich aufbereitet
// besonders berücksichtigt: **die aktuellen Eurocodes**
// mit wichtigen Berechnungsgrundlagen und vielen Zahlenbeispielen
// sehr hilfreich für das Entwerfen von Baukonstruktionen
// einfache Handhabung dank des bewährten Daumenregisters
// eine wertvolle Unterstützung für Praktiker und Studierende

Entwurfs- und Berechnungstafeln für Bauingenieure
Mit CD-ROM
Herausgeber: Prof. Dr.-Ing. Klaus Holschemacher
5., vollständig überarbeitete Auflage 2012.
1.360 S. A5. Gebunden.
44,00 EUR | ISBN 978-3-410-21954-5

Bestellen Sie unter:
Telefon +49 30 2601-2260
Telefax +49 30 2601-1260
info@beuth.de

Auch als E-Book:
www.beuth.de/sc/entwurfs-berechnungstafeln

4 Erweiterte Aufgaben

Aufgabe 95

Eine 8 m lange, 2 m breite und 2,5 m hohe stählerne Fußgängerbrücke stützt sich an der Fassade auf Festlager und am rechten Ende auf Pendelstützen ab. Die 6 m langen Pendelstützen ruhen auf einem Betonfundament, C20/25, der Größe $L = 3$ m, $B = 0{,}8$ m und $H = 0{,}85$ m.

Die Skizzen auf der folgenden Seite zeigen einen Schnitt durch einen Querträger C – D sowie seine Belastung. Die Belastungen werden über 5 Längsträger eingeleitet, von denen sich drei auf dem Querträger abstützen. Vereinfachend ist die Eigenlast des Querträgers von 0,28 kN anteilig in den Kräften $F_1 - F_3$ enthalten.

Fortsetzung

Aufgabe 95 (Fortsetzung)

Folgende Einwirkungen sind vorgegeben:

$F_{1,k} = F_{3,k} = 8$ kN $\quad F_{1,d} = F_{3,d} = 11,32$ kN

$F_{2,k} = 12$ kN $\quad F_{2,d} = 16,91$ kN

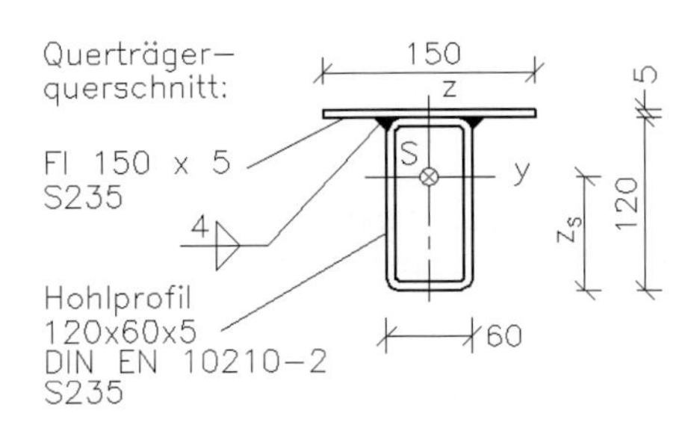

Anzufertigen sind:

1. ein statischer Nachweis für den Querträger C–D
2. ein Gebrauchstauglichkeitsnachweis für den Querträger
3. ein Knicksicherheitsnachweis für die 6 m langen Pendelstützen, wenn sie aus Rohr 168,3 × 6,3; S 235, DIN EN 10219-2 bestehen und der Bemessungswert der Gesamtlast der Brücke $F_{ges,d} = 167,8$ kN ist
4. ein Nachweis der Flächenpressung zwischen der 300 mm × 300 mm großen Fußplatte der Pendelstütze und dem Fundament
5. ein Sohldrucknachweis für den Baugrund, wenn bindiger Boden (tonig, schluffig, steif) vorliegt.

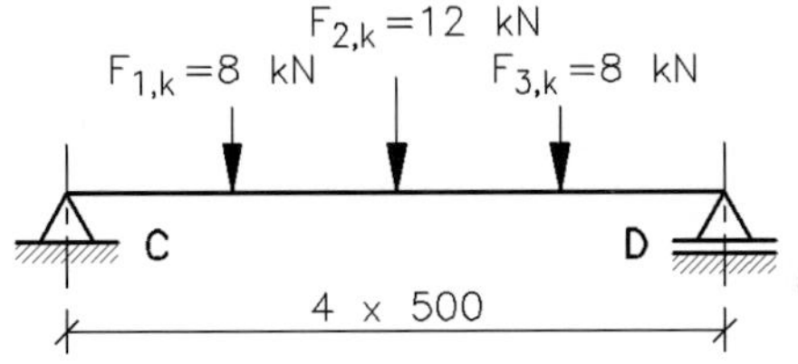

Ergebnisse:

Zu 1.: $z_s = 7,94$ cm ; $I_y = 501$ cm^4 ; $W_{y,o} = 109,9$ cm^3 ; $W_{y,u} = 63,1$ cm^3 ;
$F_{C,k} = F_{D,k} = 14$ kN ; $M_{2,k} = 10$ kNm ; $M_{2,d} = 14,13$ kNm ;
0,47 < 1 für die Stellen 1 und 3 ; 0,913 < 1 für Trägermitte ;
0,08 < 1 für Schweißnaht

Zu 2.: $w_{Mitte,ges} = 3,64$ mm < 4 mm ; 0,91 < 1

Zu 3.: $N_{Ed}/N_{b,Rd} = 43,99/404,61 = 0,12 < 1$

Zu 4.: $\sigma_d/f_{cd} \leq 1$; $0,49/11,3 = 0,04 < 1$

Zu 5.: $\sigma_{Ed} < \sigma_{R,d}$; $65,35 < 191$; $65,35/191 = 0,34 < 1$

Aufgabe 96

Die untere Skizze zeigt einen Querschnitt durch ein kleines Gartenhaus. Eine 6 m breite Holzbalkendecke soll nachträglich eingebaut werden, um einen Spitzboden einzurichten. Sie geht nicht über die ganze Hausbreite, sondern wird bei A durch die Außenwand und bei B durch zwei Stützen S getragen.

Die sieben Deckenbalken haben einen Abstand von $a = 0{,}8$ m und ruhen auf dem Träger T. Am Geländer *G* tritt eine Einzellast von $F_{G,d} = 0{,}4$ kN je Deckenbalken auf.

Das Pfettendach analog der Aufgabe 72 leitet bei D eine vertikale Dachlast je Meter Wandlänge von $F_{D,k} = 4{,}752$ kN in die Außenwand.

Die Holzbalkendecke wird mit der Deckeneigenlast von $g_{o,k} = 0{,}63$ kN/m^2 und einer Nutzlast von $q_k = 1$ kN/m^2 (Kategorie A1) belastet.

Alle Tragwerkshölzer haben NKL = 1, KLED = mittel.

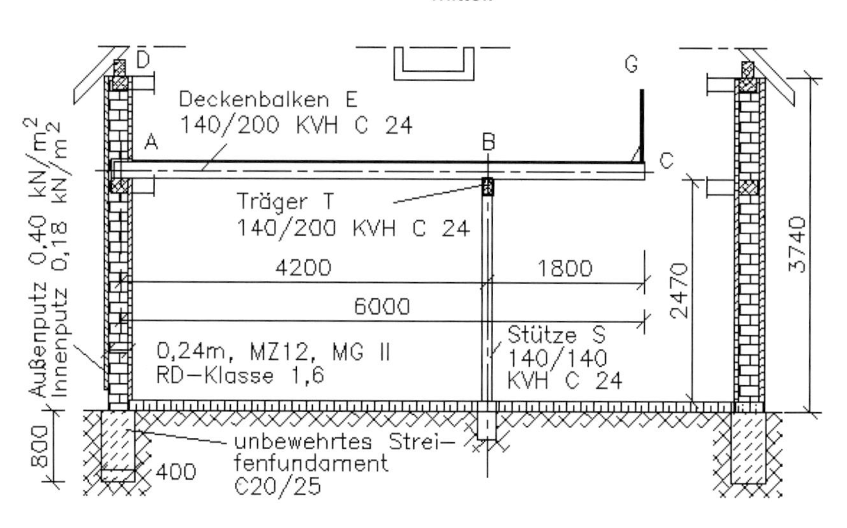

Fortsetzung

Aufgabe 96 (Fortsetzung)

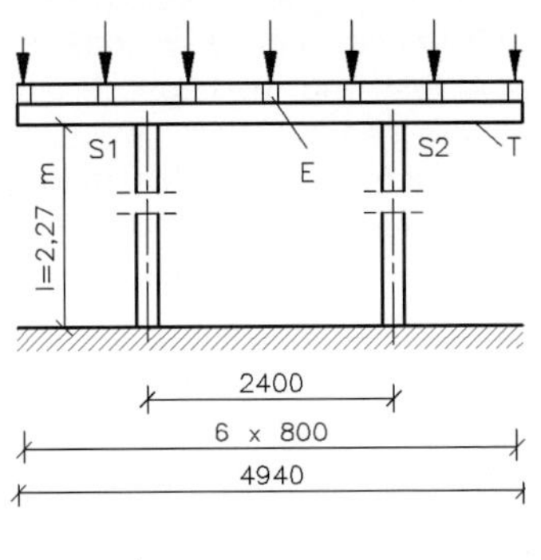

Die Skizze zeigt die Holzbalkendecke in Längsrichtung. Die Deckenbalken E ruhen auf dem Träger T, der seinerseits von den Stützen S1 und S2 getragen wird. Der Träger T ist gegen seitliche Verschiebungen durch eine verstärkte Giebelwand gesichert, überträgt aber dabei keine vertikalen Lasten.

In der Skizze sind bereits die im Lösungspunkt 5 zu berechnenden vertikalen Kräfte auf die Außenwand eingetragen. Sie gelten für jeweils 1 Meter Wandlänge.

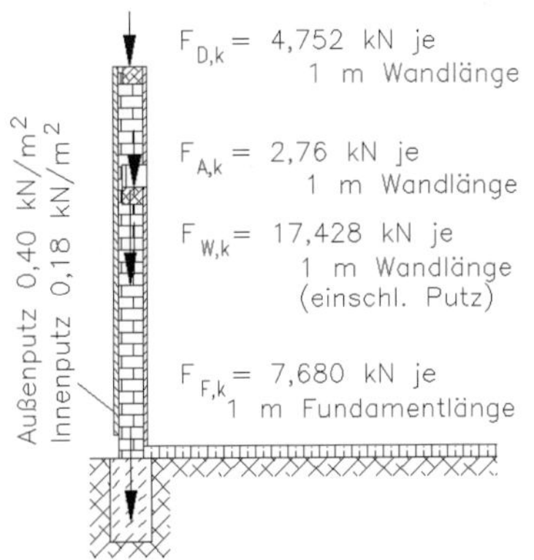

Es bedeuten:

F_D Dachlast

F_A Lagerkraft des Deckenbalkens E

F_W Wandgewicht einschl. Putz

F_F Fundamentgewicht

Zu ermitteln sind:

1. statische Nachweise für die Deckenbalken E, einschließlich Gebrauchstauglichkeitsnachweis
2. statische Nachweise für den Träger T, einschließlich Gebrauchstauglichkeitsnachweis
3. ein Knicknachweis für die Stützen S
4. ein Druckspannungsnachweis für die Außenwand
5. die oben angegebenen Kräfte $F_{D,k}$, $F_{A,k}$, $F_{W,k}$ und $F_{F,k}$ sowie der charakteristische Sohldruck im Baugrund für ein unbewehrtes Streifenfundament, C20/25, 0,4 m × 0,8 m

Ergebnisse:

Zu 1.: $4{,}04/14{,}77 = 0{,}27 < 1$ für Biegung ; $0{,}26/1{,}23 = 0{,}21 < 1$ für Schub ; $3{,}37/14 = 0{,}24 < 1$; $2{,}23/12 = 0{,}19 < 1$ für Durchbiegung ; $0{,}12/2{,}31 = 0{,}05 < 1$; $0{,}31/2{,}31 = 0{,}13 < 1$ für Flächenpressung der Lager *A* und *B*.

Zu 2.: $9{,}39/14{,}77 = 0{,}64 < 1$ für Biegung ; $0{,}71/1{,}23 = 0{,}58 < 1$ für Schub ; $w = 0{,}92$ mm < zul $w = 8$ mm ; $0{,}92/8 = 0{,}12 < 1$ für Durchbiegung in Trägermitte ; $w = 6{,}5$ mm < zul $w = 8$ mm ; $6{,}5/8 = 0{,}81 < 1$ für Durchbiegung am Trägerende ; $26{,}3$ kN/280 cm^2 = $0{,}94$ N/mm^2 < $2{,}31$ N/mm^2 ; $0{,}94/2{,}31 = 0{,}41 < 1$ für Flächenpressung

Zu 3.: $\lambda = 56{,}2$; $1{,}36/9{,}31 = 0{,}15 < 1$; **Zu 4.:** $0{,}104/0{,}6 = 0{,}17 < 1$;

Zu 5.: $\sigma_{d,k} = 81{,}6$ kN/m^2

Aufgabe 97

Bei einem Kurheim sind die Dachträger im Lager A fest und im Lager B auf Pendelstützen lose gelagert. Im unteren Bild ist das feste Lager A sichtbar. Das Bild auf der nächsten Seite zeigt die aus Winkelstählen gefertigten Pendelstützen für das Lager B.

Die Plattform ist an Zugstreben D–E aufgehängt und trägt die Nutzlast $q_k = 3{,}5$ kN/m^2 und die Eigenlast $g_k = 1{,}05$ kN/m^2. Darin ist bereits das Geländer enthalten. Der Spreizungswinkel der paarweise angeordneten Zugstreben beträgt 40° (s. a. Bild zur Aufgabe 46). Die Dachträger haben einen mittleren Abstand von $a = 4{,}5$ m.

Alle Stahlteile sind aus S 235 gefertigt.

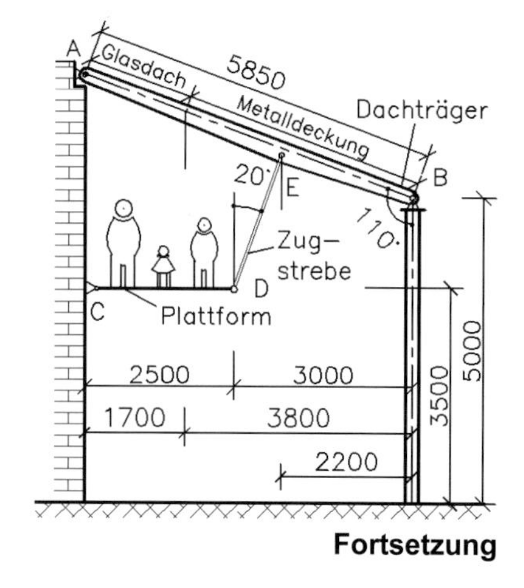

Fortsetzung

Aufgabe 97 (Fortsetzung)

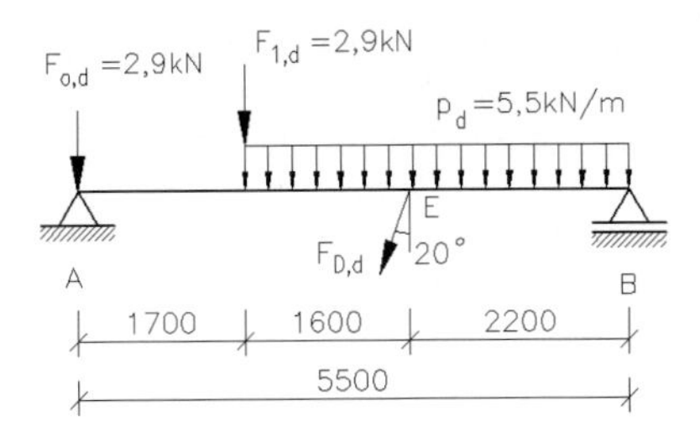

Die Skizze zeigt die Projektion des 5,85 m langen Dachträgers in die Waagerechte. Es sind bereits (mit Ausnahme von $F_{D,d}$) die auf Grundlinienlänge berechneten Bemessungswerte der Dachlasten ohne Berücksichtigung des Windsogs eingetragen.

Die Eigenlast des 1,7 m langen Dachträgerstückes ist in den Einzellasten des Glasdaches $F_{0,d}$ und $F_{1,d}$ enthalten.

Im folgenden linken Bild sind die konstruktiven Einzelheiten des Lagers B erkennbar. Die beiden Winkelstähle, die im Abstand a = 1 m durch Bindebleche als Knoten verschweißt sind, bilden die 5 m lange Pendelstütze. Mit einer zweischnittig beanspruchten Schraube, M 24, sind der Dachträger und die Pendelstütze miteinander verbunden. Die rechte Skizze zeigt den Querschnitt des Dachträgers mit seiner größten Höhe an der Stelle E.

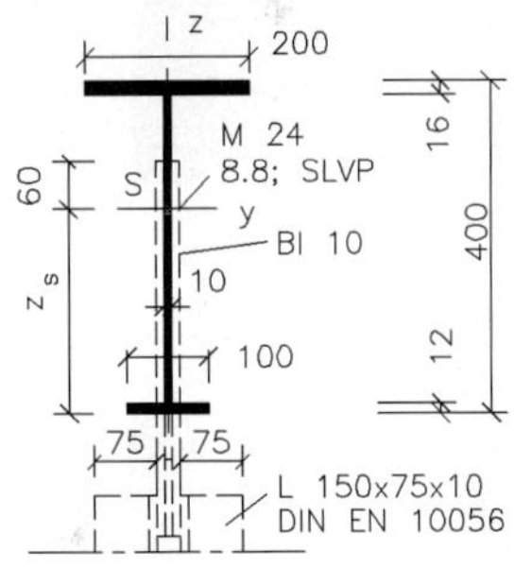

Zu ermitteln sind:

1. ein Tragsicherheitsnachweis für die Zugstreben mit d = 16 mm
2. ein Biegetragsicherheitsnachweis für den Dachträger einschließlich des Querkraft- und Biegemomentenverlaufs
3. ein Tragsicherheitsnachweis für die Schraubverbindung des Lagers B
4. ein Biegeknicksicherheitsnachweis für die Stoffachse der 5 m langen Pendelstütze.

Ergebnisse: Zu 1.: 21,24/45,22 = 0,47 < 1 ; **Zu 2.:** I_y = 18 888,4 cm^4 ; z_s = 24,6 cm ; $M_{E,d}$ = 68,31 kNm ; 0,06 < 1; 0,15 < 1 ; 0,03 < 1 für die Schweißnaht ; **Zu 3.:** $F_{v,Ed}/F_{v,Rd}$ = 18,55 kN/173,6 kN = 0,11 < 1 ; $F_{v,Ed}/F_{b,Rd}$ = 37,1/103,68 = 0,36 < 1 ; **Zu 4.:** $\frac{N_{Ed}}{N_{b,Rd}}$ = 19,7/245,7 = 0,08 < 1

Aufgabe 98

Das Bild zeigt ein um 1930 erbautes Einfamilienhaus, an das im Obergeschoss ein Eckbalkon angebaut werden soll. Im Bild auf der rechten Seite ist das Tragwerk sichtbar. Für die Begehbarkeit wird anstelle eines Fensters eine geeignete Tür eingefügt.
Der Bodenbelag besteht aus profilierten Bohlen aus Konstruktionsvollholz C 35, NKL = 3, KLED = mittel, 146 mm × 49 mm, mit integrierten Entwässerungsrillen.

Die Träger T1 – T7 sind über Stirnplattenverbindungen mit je 4 Schrauben M 12, Verbindungsart SL, Festigkeitsklasse 4.6, Lochspiel $\Delta d = 1$ mm, verschraubt und ruhen auf 4 Stützen A – D.

Die 5 m langen Stützen sind aus Stahl-Hohlprofil 100 × 4, DIN EN 10210-2, S 235, haben Fußplatten und stehen auf Einzelfundamenten.

Weitere Angaben sind den Skizzen zu entnehmen.

Der gesamte Balkon ist durch 3 Lager an den Außenwänden befestigt. Die Lager sind Injektionsdübel im Mauerwerk aus Vollsteinen, MZ 12, mit Ankerstangen.

Folgende Lastannahmen sind vorgegeben bzw. aus der konstruktiven Ausbildung ermittelt:

$g_H = 0{,}3$ kN/m² Eigenlast der Holzbohlen

$g_0 = 0{,}6$ kN/m Eigenlast des Geländers und Windschutzes

$F'_H = 0{,}5$ kN/m Horizontalbelastung der Geländer

$q = 3{,}5$ kN/m² Nutzlast

Horizontalstöße auf die Stützen bleiben unberücksichtigt, da kein Fahrzeugverkehr vorhanden ist.

Weitere charakteristische Einwirkungen und Bemessungswerte sind in den Lösungsskizzen enthalten.

Fortsetzung

Aufgabe 98 (Fortsetzung)

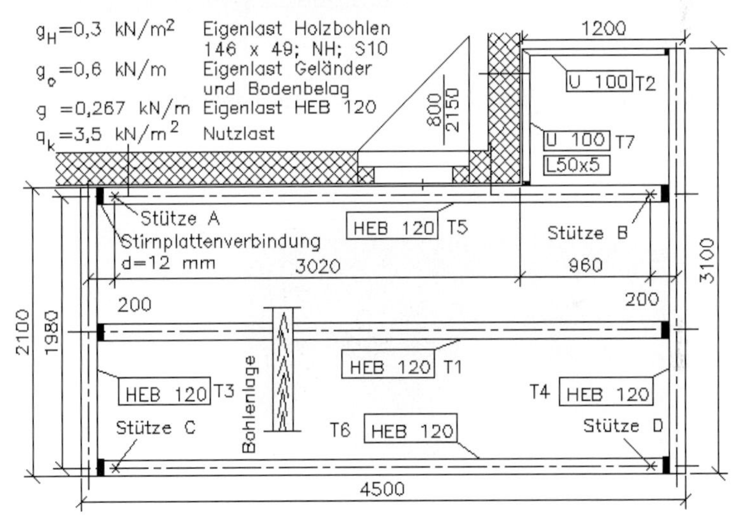

Es sind folgende Nachweise zu erbringen:

1. Spannungs- und Gebrauchstauglichkeitsnachweis für die 1,98 m langen Holzbohlen. Die Holzbohlen überspannen zwei Felder vom Träger T6 bis zum Träger T5.
2. Tragsicherheits- und Gebrauchstauglichkeitsnachweis für den Träger T1.

Fortsetzung

Aufgabe 98 (Fortsetzung)

3. Tragsicherheits- und Gebrauchstauglichkeitsnachweis für den Träger T4.

   Das folgende Bild enthält bereits die zu ermittelnden Bemessungswerte für den Träger.

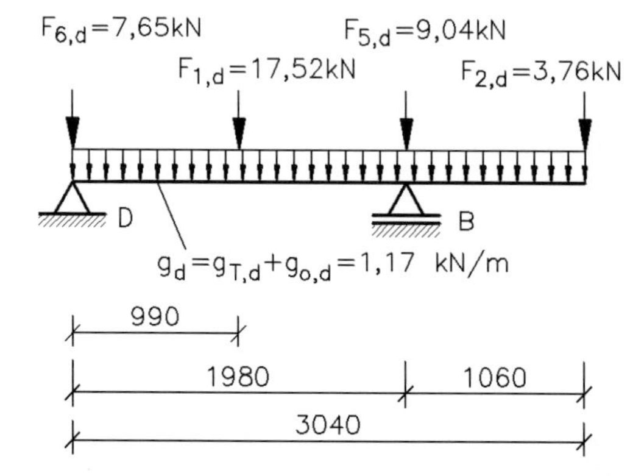

4. Tragsicherheitsnachweis für die Schraubverbindung zwischen Träger T1 und Träger T3.

5. Tragsicherheits- und Gebrauchstauglichkeitsnachweis für das 4 m lange Geländer oberhalb des Trägers T6, wenn die Geländerbrüstung aus Stahl-Hohlprofil 80 × 40 × 4, DIN EN 10210-2, besteht und das Geländer im Abstand von 1 m durch Pfosten am Randträger gehalten wird.

Fortsetzung

Aufgabe 98 (Fortsetzung)

Bild zur Teilaufgabe 6

Bild zur Teilaufgabe 7

6. Biegeknicksicherheitsnachweis für die 5 m langen, gelenkig gelagerten Stahlhohlprofilstützen.
7. Fundament- und Sohldrucknachweis. Die 0,25 m × 0,25 m großen Grundplatten der Stützen ruhen auf Einzelfundamenten aus unbewehrtem Beton C20/25. Die Fundamente sind 0,5 m × 0,5 m × 0,8 m groß. Der bindige Baugrund ist tonig und steif.

Ergebnisse:

Zu 1.: 1,82 N/mm² < 17,5 N/mm² ; 0,12 N/mm² <= 1,0 N/mm² ; 0,041 N/mm² < 1,4 N/mm² ; 0,21 mm < 3,3 mm

Zu 2.: 19,20 kNm < 33,84 kN/m ; 14,2 mm < 14,6 mm

Zu 3.: $(48{,}1/235)^2 + 3 \cdot (10{,}1/235)^2 = 0{,}05 < 1$ für Stelle F1 ; $(32{,}2/235)^2 + 3 \cdot (11{,}2/235)^2 = 0{,}03 < 1$ für Stelle F5 ; 0,71 mm < 6,6 mm

Zu 4.: 4,4 kN/16,2 kN = 0,27 < 1 ; 4,4 kN < 79,8 kN ; 4.4/79,8 = 0,06 < 1

Zu 5.: 1,5 kNm/4,02 kNm = 0,37 < 1 ; 11,6 mm/13,3 mm = 0,87 < 1

Zu 6.: $\lambda = 127{,}8$; $\bar{\lambda}_k = 1{,}36$; $\chi = 0{,}44$; 27,1 kN/142,8 kN = 0,19 < 1

Zu 7.: min $h_F = 0{,}11$ m < $h_F = 0{,}8$ m ; $h_F/h = 6{,}4 > 1$; 0,43/11,3 = 0,04 < 1 für Flächenpressung ; 134,32 kN/m² < 188 kN/m² ; 0,71 < 1

5 Lösungen zur Statik

Lösung Aufgabe 1

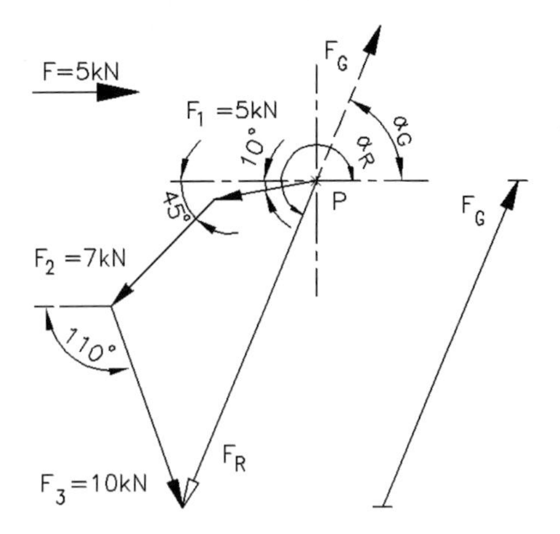

Die Kräfte werden in beliebiger Reihenfolge maßstäblich unter den angegebenen Winkeln hintereinander gezeichnet; es wird also jeweils der Anfangspunkt der Kraft an den vorherigen Pfeil angefügt. Die Verbindungslinie vom Anfangspunkt *P* der ersten Kraft zum Ende der letzten ergibt die resultierende Kraft F_R in Größe und Richtung. Die Pfeilrichtung der Resultierenden ist gegen die Pfeilrichtung der Einzelkräfte gerichtet (offener Pfeil). Die Gleichgewichtskraft F_G ist eine Gegenkraft zur Resultierenden F_R.

Hinweis: Der gezeichnete Pfeil von F = 5 kN dient zur maßstabsgerechten Ablesung der ermittelten Ergebnisse.

Ergebnisse: $F_G = 16{,}9$ kN

$\alpha_R = 247{,}6°$

Lösung Aufgabe 2

Verlängert man die Kraftwirkungslinien der drei Zugankerpaare, dann schneiden sie sich in einem Punkt, der etwa in der Grundplatte liegt. Der gemeinsame Schnittpunkt ist das Zentrum eines zentralen, ebenen Kraftsystems.

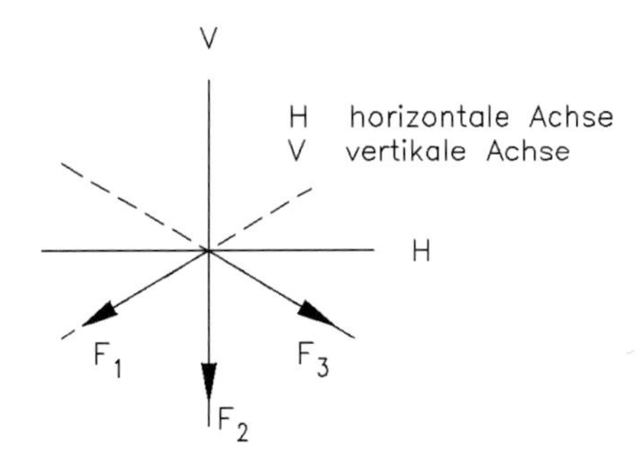

Lösung Aufgabe 3

Das Lager ist ein „Loses Lager“, weil es nur Kräfte in Richtung der Verbindungslinie der beiden Schrauben aufnehmen kann. Erreicht wird das durch den Träger, der die Treppe mit der Fassade verbindet. Die Kraftwirkungslinie kann je nach Neigung dieses Trägers unterschiedliche Winkel haben. Im Bild ist die Richtung waagerecht ($\alpha = 0°$).

Lagersymbol:

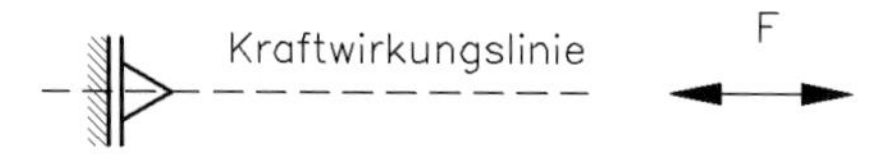

Lösung Aufgabe 4

Es handelt sich offensichtlich um ein zentrales, räumliches Kraftsystem mit 7 Stäben, davon 5 in der Zeichenebene.

Zu beachten ist, dass fünf Einzelstäbe gezeichnet werden müssen, auch wenn baulich durchgehende Träger verwendet werden (vergleiche die Stäbe 1 und 5).

Ob es sich tatsächlich, wie gezeichnet, um 5 Zugstäbe handelt, entscheidet sich in der zeichnerischen oder rechnerischen Lösung.

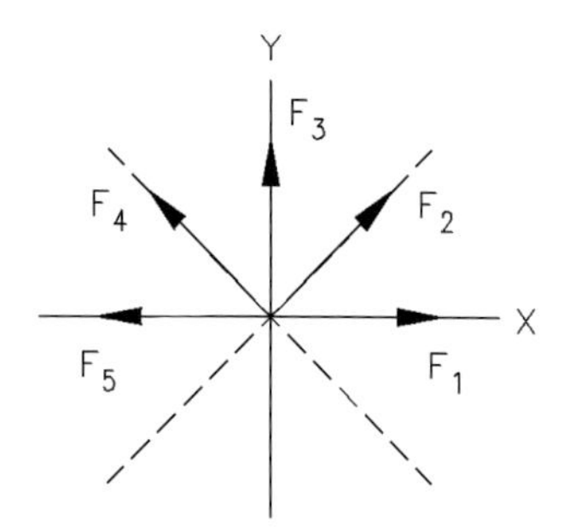

Lösung Aufgabe 5

Zeichnerische Lösung: Es werden zuerst die bekannten Kräfte F_1 und F_2 aneinandergereiht und dann die Kraftwirkungslinien von F_3 und F_4 angetragen. Beim Schließen des Kraftecks ist darauf zu achten, dass alle Kräfte den gleichen Umlaufsinn haben.

Erster Schritt: **Zweiter Schritt:**

F1
F2
F = 200 kN
F1
F3
F2
F4

Überträgt man den gewonnenen Pfeil der Kraft F_3 in den Lageplan der Aufgabenstellung, erkennt man, dass er ein Druckstab ist.

Mit der gezeichneten Pfeillänge für 200 kN lassen sich die gesuchten Kräfte bestimmen.

Ergebnisse: $F_3 = -185$ kN (Druckstab)
$F_4 = +339$ kN (Zugstab)

Rechnerische Lösung:

$$\sum F_H = 0 = -F_4 - F_3 \cdot \cos 60° + F_2 \cdot \cos 55° + F_1$$
$$0 = F_4 + F_3 \cdot 0{,}5 - 111{,}85 \text{ kN} - 135 \text{ kN}$$
$$0 = F_4 + F_3 \cdot 0{,}5 - 246{,}85 \text{ kN}$$
$$\sum F_V = 0 = -F_3 \cdot \sin 60° - F_2 \cdot \sin 55°$$
$$0 = F_3 \cdot 0{,}866 + 159{,}73 \text{ kN}$$

Ergebnisse: $F_3 = -184{,}5$ kN (Druckstab)
$F_4 = +339{,}1$ kN (Zugstab)

Lösung Aufgabe 6

Es liegt ein zentrales Kraftsystem mit drei Kräften vor. Die Lösung wird analog zur Lösung der Aufgabe 5 gefunden. Da die Gleichgewichtskräfte bei F_A und F_Z gesucht sind, müssen im geschlossenen Krafteck alle Kräfte einen gleichen Umlaufsinn haben.

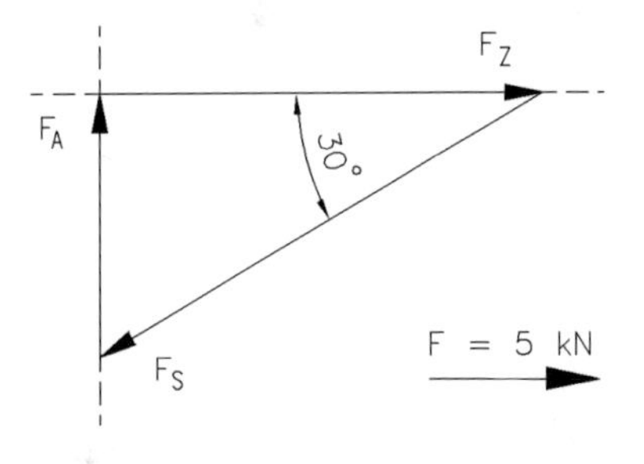

Ergebnisse: $F_Z = 13{,}0$ kN
$F_A = 7{,}5$ kN

Lösung Aufgabe 7

Die Kraft F_V wird maßstäblich gezeichnet. Nachdem die Kraftwirkungslinien der beiden gesuchten Kräfte übertragen worden sind, lassen sich die Pfeile antragen. Der Umlaufsinn ist für alle drei Kräfte gleich und wird durch F_V vorgegeben.

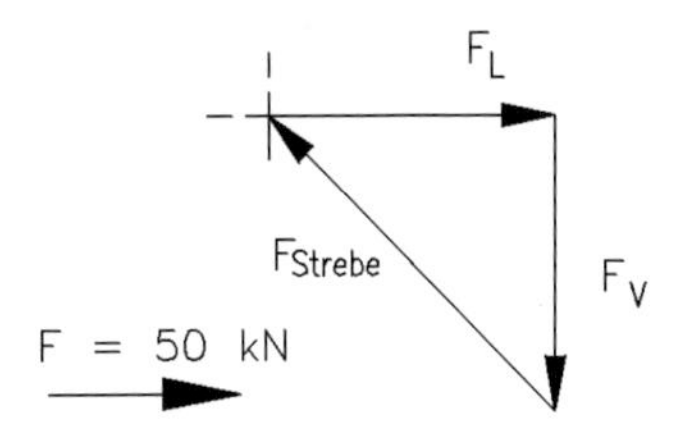

Da das rechte Brückenlager lose ist, tritt im Brückenlängsträger infolge von F_L nur links vom Knoten eine Druckkraft auf.

Ergebnisse: $F_{Strebe} = -106$ kN (Druckkraft)
$F_L = -75$ kN (Druckkraft)

Lösung Aufgabe 8

Die schrittweise Addition der drei äußeren Kräfte erfolgt zweckmäßig in dem maßstäblichen Lageplan des Mauerquerschnittes. Damit kann der Durchstoßpunkt zeichnerisch ermittelt werden.

Eine rechnerische Ermittlung der gesuchten Größen ist mit den Gesetzen des ebenen, allgemeinen Kraftsystems möglich.

Hinweise zur zeichnerischen Lösung:

Zuerst wird die Resultierende aus F_G und F_{E2} gebildet. Die Markierungen × geben jeweils das Ende der verschobenen Kraft an. Aus der gefundenen Resultierenden $F_{G,E2}$ und der Kraft F_{E1} ergibt sich die Gesamtresultierende F_R. Verschiebt man sie auf ihrer Kraftwirkungslinie, kann das Maß a an der Sohle ausgemessen werden.

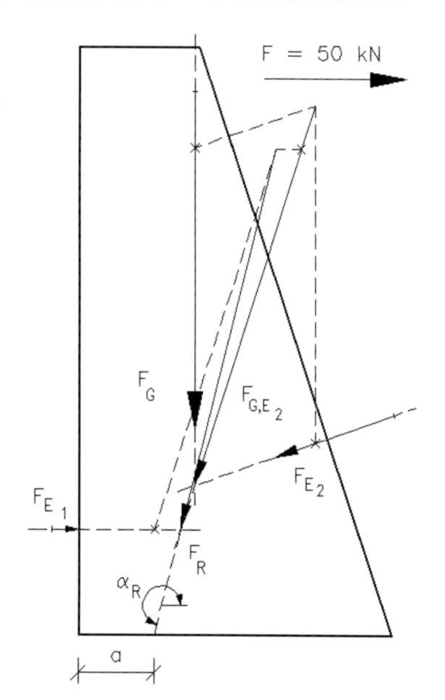

Ergebnisse: $F_R = 134$ kN ; $\alpha_R = 255°$;
$a = 0{,}26$ m

Lösung Aufgabe 9

Zeichnerische Ermittlung der Stabkräfte F_Z und F_D:

Im Schnittpunkt der beiden Stäbe wirkt eine Nutzkraft von

$$F = m \cdot g = 500 \text{ kg} \cdot 9{,}81 \text{ m/s}^2$$
$$= 4905 \text{ N}$$

Sie wird ins Gleichgewicht mit den Stabkräften in Z und D gebracht.

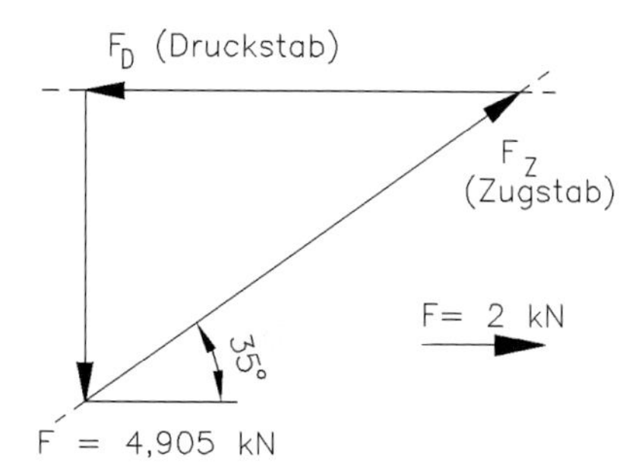

Ergebnisse: $F_Z = +8{,}6$ kN
$F_D = -7{,}0$ kN

Zeichnerische Ermittlung der Lagerkräfte F_A und F_B:

Die Aufgabe ist scheinbar identisch zur obigen. Dort befindet sich das Kraftzentrum im Schnittpunkt der Kraftwirkungslinien der gegebenen Kraft F und der beiden Stabkräfte. In der jetzigen Aufgabe muss das Kraftzentrum erst ermittelt werden. Es befindet sich im Schnittpunkt der bekannten Kraftwirkungslinien; das sind die der gegebenen Kraft und die des losen Lagers (s. Bild links). Die Kraftwirkungslinie des festen Lagers muss dann durch das gefundene Zentrum gehen.

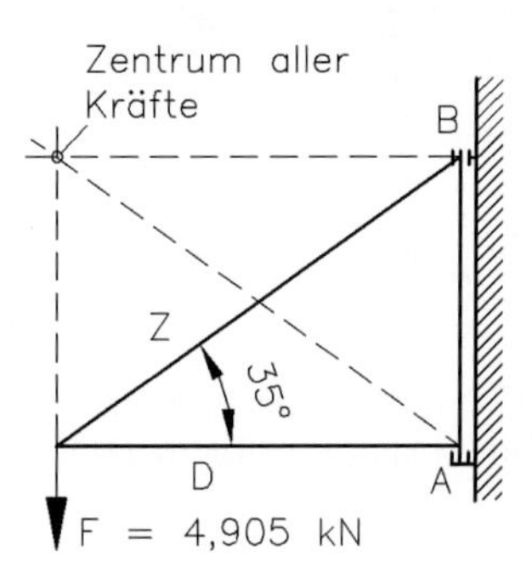

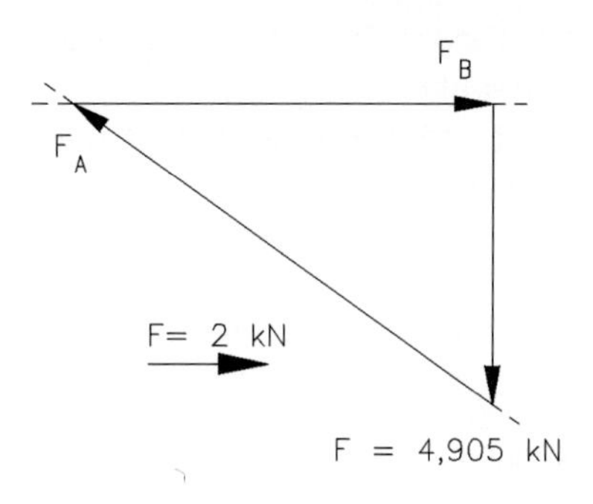

Ergebnisse: $F_A = 8{,}6$ kN

$F_B = 7{,}0$ kN

Lösung Aufgabe 10

Zunächst muss das Kraftzentrum gefunden werden. Es befindet sich immer im Schnittpunkt zweier bekannter Kraftwirkungslinien. Das sind in dieser Aufgabe die der gegebenen Kraft F und die des Hydraulikkolbens, der im Sinne der Statik ein loses Lager ist. Durch den Schnittpunkt dieser beiden Kraftwirkungslinien geht dann die Lagerkraft F_H.

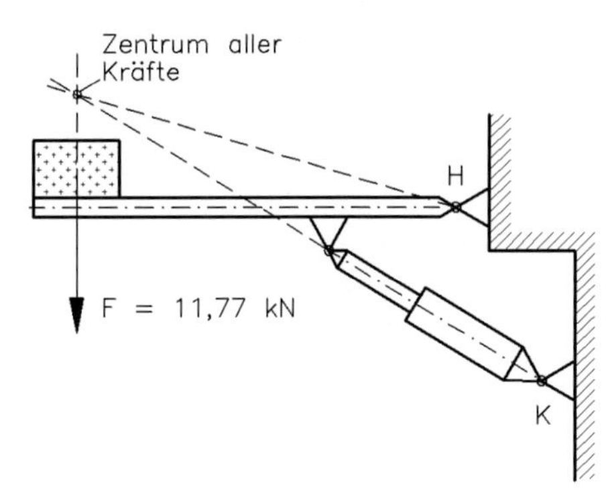

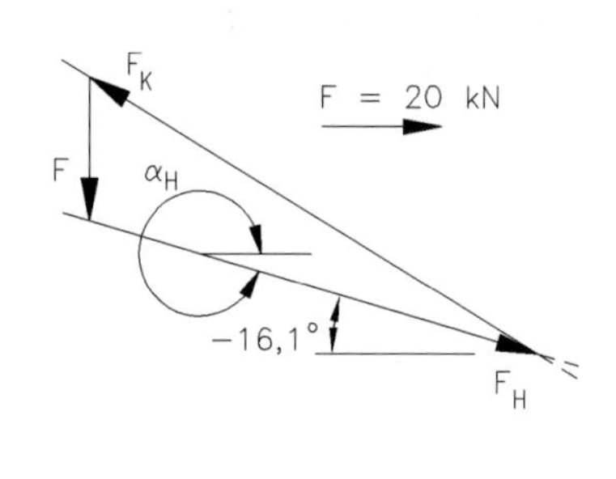

Ergebnisse: $F_K = 44{,}1$ kN

$F_H = 39{,}4$ kN

$\alpha_H = -16{,}1° = 343{,}9°$

Lösung Aufgabe 11

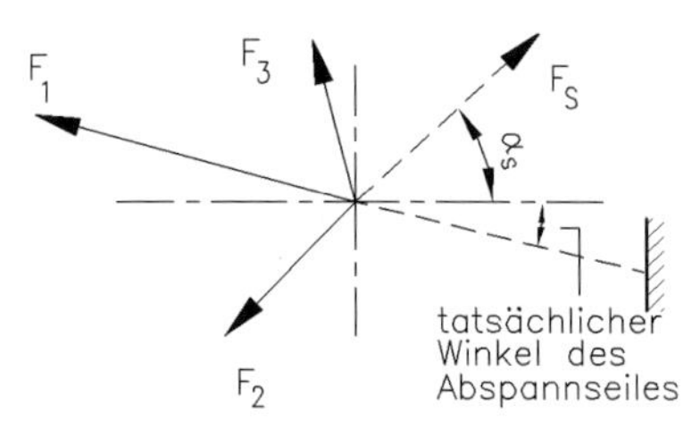

Die Lösung der Aufgabe soll rechnerisch gefunden werden.

Zu 1.: Gleichgewichtskraft und zugehöriger Winkel

Die gesuchte Gleichgewichtskraft F_S muss als unbekannte Kraft in die rechnerische Lösung eingesetzt werden. Da ihre Größe und ihre Richtung nicht bekannt sind, ergeben sich beim Aufstellen von zwei Gleichgewichtsbedingungen zwei Unbekannte, die durch bekannte Verfahren leicht ermittelt werden können:

$$\sum F_H = 0 = F_S \cdot \cos \alpha_S - F_3 \cdot \cos 75° - F_1 \cdot \cos 15° - F_2 \cdot \cos 45°$$

$$0 = F_S \cdot \cos \alpha_S - 8{,}202 \text{ kN}$$

$$\sum F_V = 0 = F_S \cdot \sin \alpha_S + F_3 \cdot \sin 75° + F_1 \cdot \sin 15° - F_2 \cdot \sin 45°$$

$$0 = F_S \cdot \sin \alpha_S + 1{,}902 \text{ kN}$$

Aus beiden Gleichungen folgt: $F_S = 8{,}42$ kN

$\alpha_S = -13{,}05° = 346{,}95°$

Anmerkung: Nach Gleichsetzen von F_S müssen die Winkelfunktionen ersetzt werden. Aus $\alpha_S = \arctan(-0{,}232)$ folgt der angegebene Winkel, mit dem dann die Gleichgewichtskraft F_S berechnet werden kann.

Zu 2.: Kraft im Abspannseil

Mit $\cos \gamma = F_S / F_{Seil}$ folgt $F_{Seil} = 16{,}84$ kN

Zu 3.: Erforderliche Fundamentmasse

Die vertikale Komponente der Seilkraft versucht, das Fundament zu heben. Sie ergibt sich aus $F_V = F_S \cdot \tan \gamma = 8{,}42 \text{ kN} \cdot \tan 60°$ zu $F_V = 14{,}58$ kN. Mit einer 1,5-fachen Sicherheit ist dann eine Fundamentkraft von $1{,}5 \cdot 14{,}58 \text{ kN} = 21{,}87$ kN erforderlich. Das entspricht $m_F = 2{,}23$ t. Bei einer kubischen Fundamentausbildung aus unbewehrtem Beton mit $\gamma = 24 \text{ kN/m}^3$ sind

$$V_{Beton} = \frac{21{,}87 \text{ kN}}{24 \dfrac{\text{kN}}{\text{m}^3}} = 0{,}91 \text{ m}^3$$

Fertigbeton erforderlich.

Anmerkung: Das Fundament mit quadratischer Grundfläche und einer festgesetzten Höhe von 0,8 m hätte die Abmessung von 1 m × 1 m. Die seitliche Verschiebung des Fundamentes wird hier nicht erörtert.

Zu 4.: Länge des Abspannseiles

Wählt man z. B. eine Masthöhe von 8 m, dann wird: $l_{Seil} = 8 \text{ m}/\sin 60° = 9{,}24 \text{ m}$.

Lösung Aufgabe 12

Zu 1.: Allgemeine Gleichung für die Seilkräfte

Am Lasthaken greifen drei Kräfte an: die beiden Seilkräfte, die zum Treppenelement führen und die Seilkraft, die zum Kran führt. Das Bild zeigt das zentrale Kraftsystem. Die eingezeichneten Winkel sind die Ergänzungswinkel gemäß Aufgabenstellung.

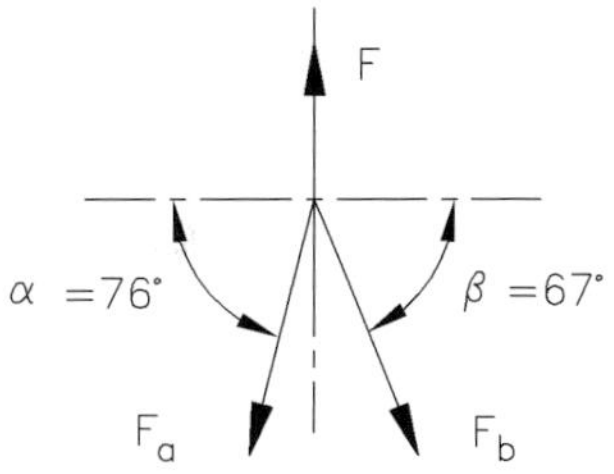

$$\sum F_H = 0 = F_b \cdot \cos\beta - F_a \cdot \cos\alpha$$

$$F_b = F_a \cdot \frac{\cos\alpha}{\cos\beta}$$

$$\sum F_V = 0 = -F_b \cdot \sin\beta - F_a \cdot \sin\alpha + F$$

$$F_b = \frac{F - F_a \cdot \sin\alpha}{\sin\beta}$$

Aus beiden Gleichungen folgt: $F_a = \dfrac{F}{\sin\alpha + \cos\alpha \cdot \tan\beta}$; $F_b = \dfrac{F}{\sin\beta + \cos\beta \cdot \tan\alpha}$

Anmerkung: Hierzu ist es erforderlich, die beiden Gleichungen für F_b gleichzusetzen und den Term [sin $\alpha(\beta)$]/[cos $\alpha(\beta)$] durch tan $\alpha(\beta)$ zu ersetzen.

Überprüft man die Gleichungen, indem für beide Winkel 90° eingesetzt werden, dann wird ein Wert von $F_a = F_b = \frac{1}{2} \cdot F$ erwartet. Der Taschenrechner gibt jedoch eine Fehlmeldung, weil Division durch null mal unendlich auftritt. Dieser Grenzfall kann umgangen werden, wenn für beide Winkel ein etwas kleinerer oder größerer Wert eingesetzt wird. z. B. 89,999°.

Die beiden Gleichungen für F_a und F_b können prinzipiell für alle ähnlich gelagerten Kraftsysteme angewendet werden, z. B. für zwei mit unterschiedlichen Winkeln gespreizte Streben.

Zu 2.: Seilkräfte und Winkel

Mit $F = 850$ kg · 9,81 m/s^2 = 8,339 kN, $\alpha = 76°$ und $\beta = 67°$ ergeben sich:

$F_a = 5{,}41$ kN ; $\alpha' = 180° + \alpha = 256°$

$F_b = 3{,}35$ kN ; $\beta' = 360° - \beta = 293°$

Lösung Aufgabe 13

Knoten K_1:

Es wird zunächst ein beliebiger Wert für F_1 gezeichnet. Mit den beiden Kraftwirkungslinien des Abspannseiles $K_0 - K_1$ und $K_1 - K_2$ ergibt sich das Krafteck lt. Bild;

hieraus: $F_{\text{Abspannseil K0-K1}} = 6{,}52 \cdot F_1$

$F_{\text{Abspannseil K1-K2}} = 6{,}03 \cdot F_1$

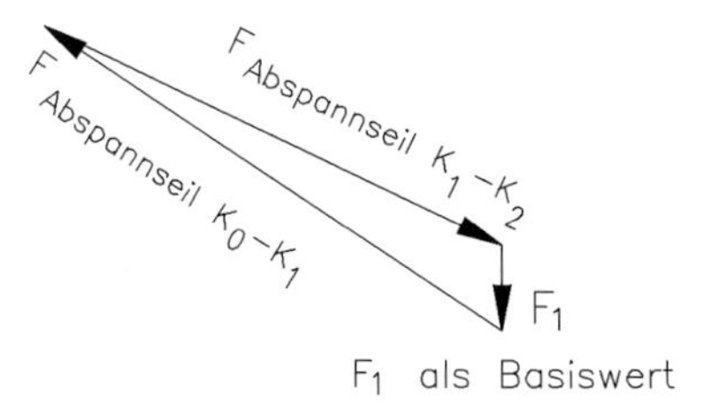

Knoten K_0:

Mit der Gegenkraft von $F_{\text{Abspannseil K0-K1}}$ wird ein neues Krafteck für den Knoten K_0 gezeichnet. Aus ihm ergeben sich die Pylonen- und die Ankerseilkraft;

hieraus: $F_{\text{Ankerseil}} = 8{,}2 \cdot F_1$

$F_{\text{Pylone}} = 9{,}6 \cdot F_1$

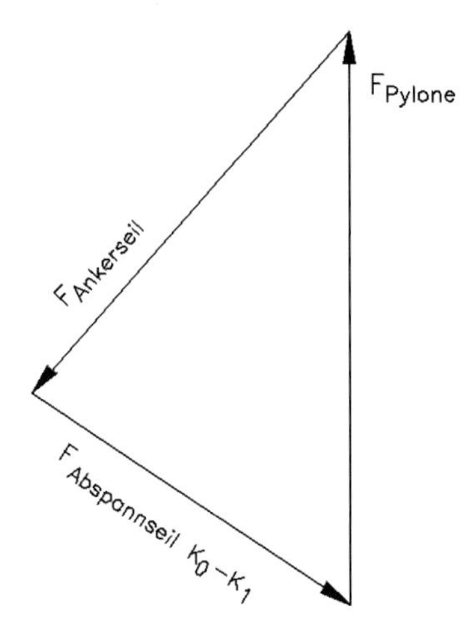

Hinweis: Sollten sich bei der eigenständigen Lösung Abweichungen ergeben, dann kann das an der unterschiedlichen Winkelübertragung aus der Fotografie liegen.

Lösung Aufgabe 14

Zu 1.: Entwicklung eines Tragwerksmodells

Eine Strukturskizze des Montagewagens zeigt das folgende Bild. Auf bauliche Einzelheiten wird verzichtet. Die Strichlinie verbindet die Symmetrie- bzw. Schwerelinien der einzelnen Baugruppen und ist Grundlage für das Tragwerksmodell (unteres Bild).

Strukturskizze:

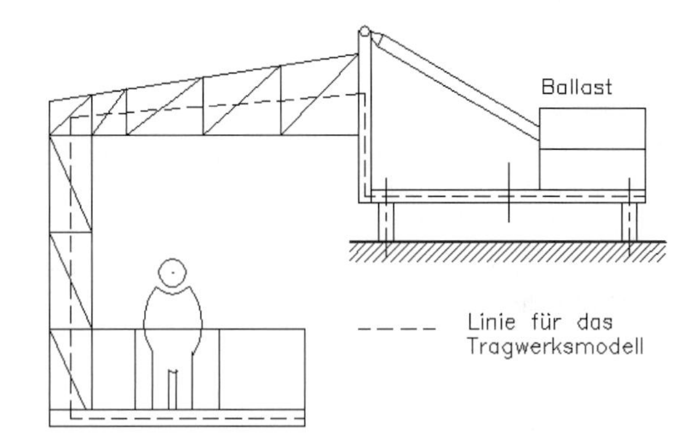

Tragwerksmodell:

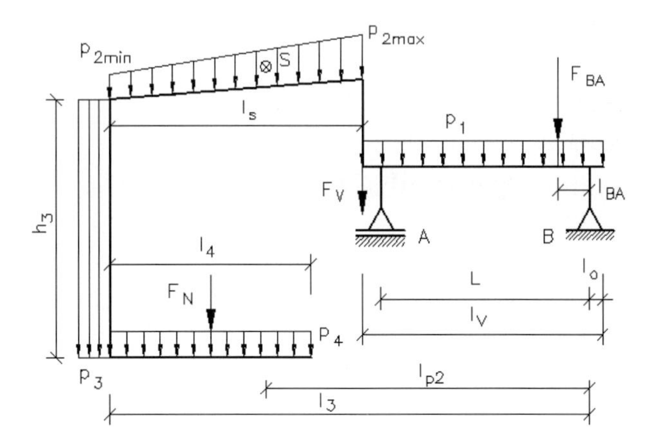

Der Ballast F_{BA}, das Gewicht der vertikalen Trägerkonstruktion im Fahrwerk F_V sowie die Nutzlast F_N sind zu **Einzellasten** reduziert.

Zu **Streckenlasten** ist das Fahrwerk p_1, der senkrechte Gitterträger p_3, die Montageplattform p_4 und der waagerechte Gitterträger p_2 reduziert, letzterer als **ungleichmäßige Last**. Für diese ungleichmäßig verteilte Last p_2 muss der Schwerpunkt S gesondert berechnet werden.

Zu 2.: Lösungsalgorithmus zur Kraftermittlung

- Die Einzellast des Ballastes F_{BA} errechnet sich aus dem Standsicherheitsnachweis und beträgt im vorliegenden Fall z. B. 45 kN (≈ 4,5 t).
- Die Einzellast der vertikalen Trägerkonstruktion F_V ist aus der Konstruktion zu ermitteln.
- Die Nutzlast F_N ist vom Hersteller in Abhängigkeit von Einsatzgebiet, Montageart und Lage der Last festgelegt. Üblich sind (3 … 7) kN.
- Die gleichmäßig verteilten Lasten p_1, p_3 und p_4 sind näherungsweise aus $\frac{\sum F_i}{l}$ zu ermitteln. Dabei sind z. B. beim Fahrwerk alle Träger, Befestigungselemente, Seilzüge, Räder, Bremsen usw. zu erfassen.
- Die ungleichmäßig verteilten Lasten p_{2max} und p_{2min} errechnet man günstig aus dem Mittelwert der Streckenlast $p_{2mittel} = F_{ges}/l_{ges} = \frac{1}{2} \cdot (p_{2max} + p_{2min})$ und der Gewichtsverteilung des Gitterträgers.
- Für die Berechnung der Radkräfte können die drei Gleichgewichtsbedingungen angesetzt werden:

$$\sum M_B = 0 = +F_{BA} \cdot l_{BA} + p_1 \cdot l_V \cdot (\tfrac{1}{2} l_V - l_0) + F_V \cdot (l_V - l_0)$$
$$+ \tfrac{1}{2}(p_{2max} + p_{2min}) \cdot l_s \cdot l_{p2} + p_3 \cdot h_3 \cdot l_3$$
$$+ (F_N + p_4 \cdot l_4) \cdot (l_3 - \tfrac{1}{2} l_4) - F_A \cdot L\,; \quad \textbf{hieraus: } F_A$$

$$\sum F_V = 0 = -F_{BA} - p_1 \cdot l_V - F_V - \tfrac{1}{2}(p_{2max} + p_{2min}) \cdot l_s - p_3 \cdot h_3 - F_N - p_4 \cdot l_4$$
$$+ F_A + F_{Bv}\,; \quad \textbf{hieraus: } F_{Bv}$$

$$\sum F_H = 0 = F_{Bh}\,; \quad \textbf{hieraus: } F_{Bh} = 0$$

Lösung Aufgabe 15

Alle unten angegebenen Kräfte und Abmessungen sind nach der Fotografie geschätzt. Bei anderen Schätzungen ändert sich nicht die Größenordnung der Ergebnisse. Die Position des losen Lagers ist willkürlich bei B gewählt.

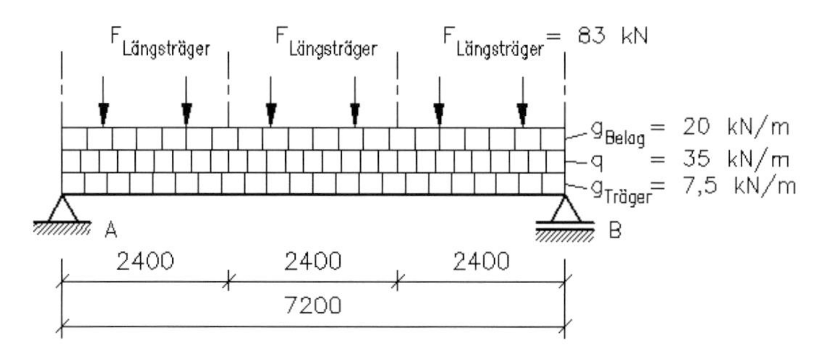

Als Belastungen werden angenommen:

– **für den Träger mit Rechteckquerschnitt:**

Stahlbeton C20/25 ; $l_{\text{Träger}} = 7{,}2$ m;

Querschnitt 0,5 m × 0,6 m ; $F_{\text{Träger}} = (0{,}5 \cdot 0{,}6 \cdot 7{,}2)\ \text{m}^3 \cdot 25\ \text{kN/m}^3 = 54\ \text{kN}$;

$g_{\text{Träger}} = F_{\text{Träger}}/l_{\text{Träger}} = 7{,}5\ \text{kN/m}$

– **für die Nutzlast:**

$q = 3{,}5\ \text{kN/m}^2$; $F_q = 3{,}5\ \text{kN/m}^2 \cdot 7{,}2\ \text{m} \cdot 10\ \text{m} = 252\ \text{kN}$;

$q = F_q/l_{\text{Träger}} = 35\ \text{kN/m}$

– **für einen Längsträger lt. Skizze:**

Stahlbeton C50/60; 10 m lang;

$F_{\text{Längsträger}} = (2{,}4 \cdot 0{,}16 + 2 \cdot 0{,}7 \cdot 0{,}2)\ \text{m}^2 \cdot 10\ \text{m} \cdot 25\ \text{kN/m}^3$

$= 166$ kN; je Auflager 83 kN

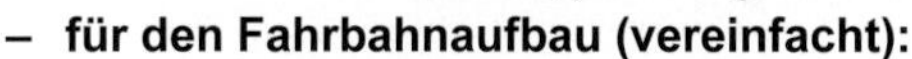

– **für den Fahrbahnaufbau (vereinfacht):**

Stahlbeton C 20/25; 8 cm dick;

$F_{\text{Belag}} = (7{,}2 \cdot 10 \cdot 0{,}08)\ \text{m}^3 \cdot 25\ \text{kN/m}^3 = 144\ \text{kN}$;

$g_{\text{Belag}} = F_{\text{Belag}}/l_{\text{Träger}} = 20\ \text{kN/m}$

Die 9 dargestellten Stützen, davon 8 als Außenstützen, nehmen unterschiedliche Kräfte auf:

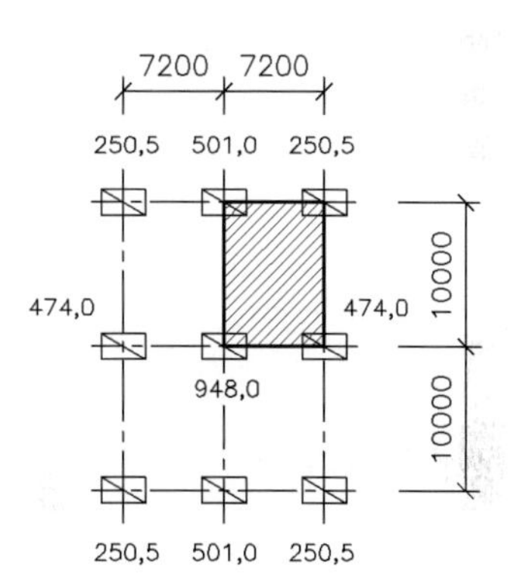

Mittelstützen:

$$F_A = F_B = (20 + 35 + 7{,}5)\ \text{kN/m} \cdot \tfrac{1}{2}\,7{,}2\ \text{m}$$

$$+ 2 \cdot \tfrac{3}{2}\,83\ \text{kN} = 474{,}0\ \text{kN}$$

$$\max F_A = 2 \cdot 474\ \text{kN} = 948{,}0\ \text{kN}$$

Randstützen:

$$F_A = F_B = [7{,}5 + \tfrac{1}{2}(20 + 35)]\ \text{kN/m} \cdot \tfrac{1}{2}\,7{,}2\ \text{m}$$

$$+ 1 \cdot \tfrac{3}{2}\,83\ \text{kN} = 250{,}5\ \text{kN}$$

$$\max F_A = 2 \cdot 250{,}5\ \text{kN} = 501{,}0\ \text{kN}$$

Lösung Aufgabe 16

Die zeichnerische Lösung ergibt sich zweckmäßig mit dem *Kraft- und Seileck-Verfahren.* Der Lösungsalgorithmus enthält folgende Schritte:

- Zeichnen eines maßstäblichen „Lageplanes“
- Aneinanderreihen der gegebenen Kräfte $F_1 – F_n$ in beliebiger Reihenfolge („Kräfteplan“)
- Wahl eines Poles P, rechts neben dem Kräfteplan
- Zeichnen von Polstrahlen 1 bis $(n + 1)$ mit n als Anzahl der Kräfte

- Ersetzen der Kräfte $F_1 - F_n$ durch die zugehörigen beliebig langen Polstrahlen; dabei den ersten Polstrahl durch das feste Lager bis zur Kraftwirkungslinie der ersten Kraft ziehen
- Schnittpunkt des ersten mit dem letzten Pohlstrahl im Lageplan ermitteln; Parallelverschiebung der Resultierenden F_R durch diesen Schnittpunkt
- Zeichnen der Schlusslinie s als Verbindungslinie folgender Schnittpunkte:
  1. Schnittpunkt: festes Lager – erster Polstrahl
  2. Schnittpunkt: Kraftwirkungslinie loses Lager – letzter Polstrahl
- Parallelverschiebung der beliebig langen Schlusslinie s aus dem Lageplan in den Kräfteplan
- Zerlegung der Resultierenden F_R im Kräfteplan in die Auflagerkraft des losen Lagers F_B und die des festen F_A; die Kraftwirkungslinie des losen Lagers ist dabei aus dem Lageplan zu übertragen, und die Zerlegung erfolgt durch die Schlusslinie.

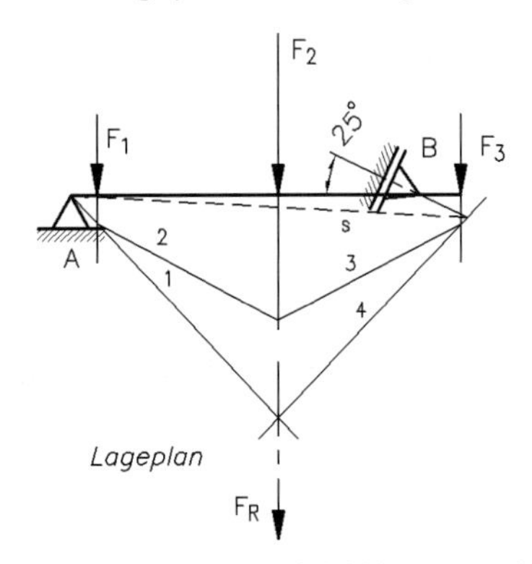

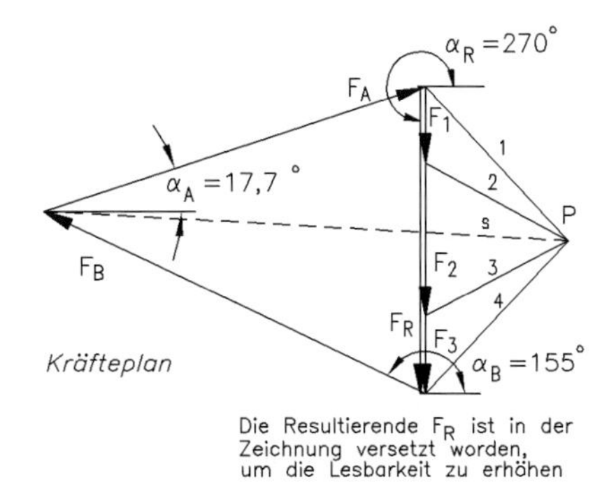

Ergebnisse: $F_R = 24{,}8$ kN ; $\alpha_R = 270°$

$F_A = 33{,}2$ kN ; $\alpha_A = 17{,}7°$

$F_B = 34{,}9$ kN ; $\alpha_B = 155°$

Lösung Aufgabe 17

Da zur Berechnung der Auflagerkräfte die Grundlinienlängen erforderlich sind, müssen sie erst aus den Dachlängen ermittelt werden.

Ermittlung der Grundlinienlängen:

Die Skizze auf der nächsten Seite zeigt die geometrischen Verhältnisse. Aus den rechtwinkligen Dreiecken des Daches folgen:

$$L_a^2 = l_a^2 + y^2$$

$$L_b^2 = l_b^2 + (y + h)^2 \quad \text{mit} \quad l_b = L - l_a$$

Löst man die Gleichungen nach l_a und l_b auf, ergeben sich: $l_a = 14{,}94$ m; $l_b = 18{,}71$ m

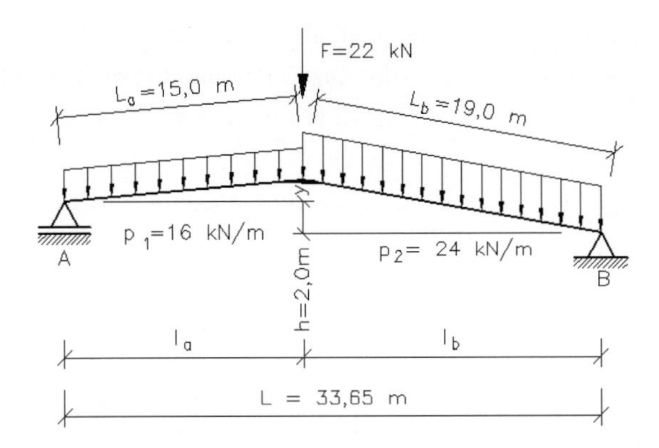

Ermittlung der Auflagerkräfte:

$$\sum M_B = 0 = -F_A \cdot L + F \cdot l_b + p_1 \cdot l_a \cdot (l_b + \tfrac{1}{2}\, l_a) + p_2 \cdot l_b \cdot \tfrac{1}{2}\, l_b$$

$$0 = -F_A \cdot 33{,}65\text{ m} + 22\text{ kN} \cdot 18{,}71\text{ m} + 16\text{ kN/m} \cdot 14{,}94\text{ m}$$

$$\cdot\,(18{,}71 + \tfrac{1}{2} \cdot 14{,}94)\text{ m} + 24\text{ kN/m} \cdot 18{,}71\text{ m} \cdot \tfrac{1}{2} \cdot 18{,}71\text{ m}$$

hieraus: $F_A = 323{,}1\text{ kN}$

$$\sum F_V = 0 = F_A - p_1 \cdot l_a - F - q_2 \cdot l_b + F_B$$

$$0 = 323{,}1\text{ kN} - 16\text{ kN/m} \cdot 14{,}94\text{ m} - 22\text{ kN} - 24\text{ kN/m} \cdot 18{,}71\text{ m} + F_{Bv}$$

hieraus: $F_{Bv} = 387{,}0\text{ kN}$

$$\sum F_H = 0 = F_{Bh} = 0$$

Lösung Aufgabe 18

Anmerkung: Die Größen der Nutz- und Schneelast gelten für das Baujahr des Gebäudes um 1995, so dass die Lösung der Aufgabe Übungscharakter hat.

Es werden zunächst die Kräfte berechnet, die der obere Balkon in die oberen Konsolplatten und die Stützen des oberen Balkons leitet. Danach erfolgt die Berechnung für die unteren Auflager.

Zu 1.: Lagerkräfte unterhalb des oberen Balkons

Die im folgenden Bild angegebenen Kräfte ermitteln sich zu:

$F_V^* = 0{,}267\text{ kN/m} \cdot 1{,}5\text{ m} \cdot 2 = 0{,}801\text{ kN}$ für das Gewicht der beiden 1,5 m langen, vertikalen Stahlstützen

$F_h^* = 0{,}267\text{ kN/m} \cdot 2{,}2\text{ m} = 0{,}587\text{ kN}$ für das Gewicht des 2,2 m langen Querträgers

$s_{k'} = s_k \cdot 2{,}2\text{ m} = 0{,}75\text{ kN/m}^2 \cdot 2{,}2\text{ m} = 1{,}65\text{ kN/m}$ für die Schneelast

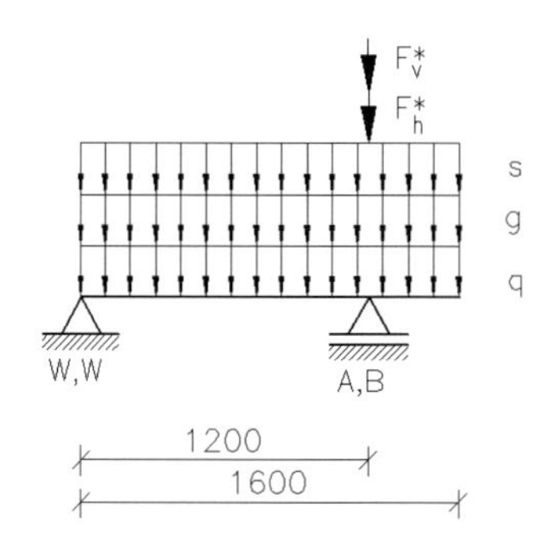

$g = 5\ \text{kN/m}^2 \cdot 2{,}2\ \text{m} = 11\ \text{kN/m}$

für das Eigengewicht der Balkon-Bodenplatte

$q = 5\ \text{kN/m}^2 \cdot 2{,}2\ \text{m} = 11\ \text{kN/m}$

für die Nutzlast

Mit diesen Werten lassen sich mit Hilfe der Gleichgewichtsbedingungen die Lagerkräfte unterhalb des oberen Balkons berechnen:

$$\sum M_{W,W} = 0 = -(11 + 11 + 1{,}65)\ \text{kN/m} \cdot 1{,}6\ \text{m} \cdot 0{,}8\ \text{m}$$
$$-(0{,}587 + 0{,}801)\ \text{kN} \cdot 1{,}2\ \text{m} + F_{A,B,k} \cdot 1{,}2\ \text{m}$$

hieraus: $F_{A,B,k} = 26{,}615\ \text{kN}$; $F_{A,k} = F_{B,k} = 13{,}308\ \text{kN}$

$$\sum F_V = 0 = F_{W,W,k} + F_{A,B,k} - F_v^* - F_h^* - (s + g + q) \cdot 1{,}6\ \text{m}$$

hieraus: $F_{W,W,k} = 12{,}613\ \text{kN}$; $F_{W,k} = 6{,}307\ \text{kN}$

Zu 2.: Auflagerkräfte unterhalb des unteren Balkons

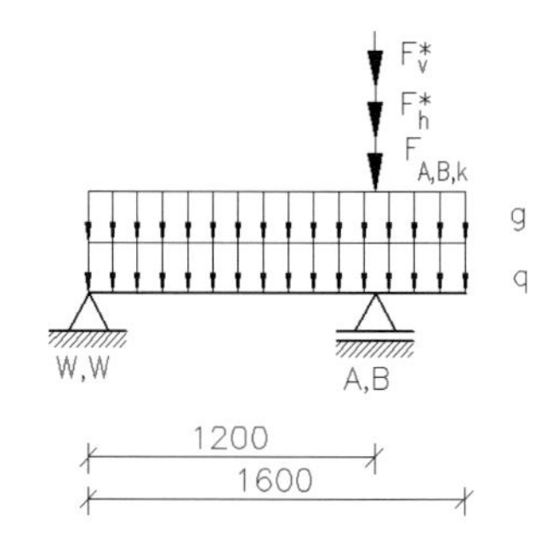

Die im linken Bild angegebenen Kräfte ergeben sich zu:

$F_V^* = 0{,}267\ \text{kN/m} \cdot 2{,}8\ \text{m} \cdot 2 = 1{,}495\ \text{kN}$

für das Gewicht der 2,8 m langen vertikalen Stahlstützen

$F_h^* = 0{,}267\ \text{kN/m} \cdot 2{,}2\ \text{m} = 0{,}587\ \text{kN}$

für das Gewicht des 2,2 m langen Querträgers

$g = 5\ \text{kN/m}^2 \cdot 2{,}2\ \text{m} = 11\ \text{kN/m}$

für das Eigengewicht der Balkon-Bodenplatte

$q = 5\ \text{kN/m}^2 \cdot 2{,}2\ \text{m} = 11\ \text{kN/m}$ für die Nutzlast

$$\sum M_{W,W} = 0 = -(11 + 11)\ \text{kN/m} \cdot 1{,}6\ \text{m} \cdot 0{,}8\ \text{m}$$
$$-(1{,}495 + 0{,}587 + 26{,}615)\ \text{kN} \cdot 1{,}2\ \text{m} + F_{A,B,k} \cdot 1{,}2\ \text{m}$$

hieraus: $F_{A,B,k} = 52{,}164\ \text{kN}$; $F_{A,k} = F_{B,k} = 26{,}082\ \text{kN}$

$$\sum F_V = 0 = F_{W,W,k} + F_{A,B,k} - F_v^* - F_h^* - F_{A,B,k} - (g + q) \cdot 1{,}6\ \text{m}$$

hieraus: $F_{W,W,k} = 11{,}733\ \text{kN}$; $F_{W,k} = 5{,}867\ \text{kN}$

Ergebnisse: max $F_{W,k} = 6{,}307\ \text{kN}$ Vertikalkraft für die obere Wandkonsole

max $F_{A,k} = 26{,}082\ \text{kN}$ Stützkraft unter dem unteren Balkon bei A bzw. B.

Lösung Aufgabe 19

Im Bild (S. 130), sind die Kräfte zusammengetragen, die in die 4 Längsträger eingeleitet werden. Diese Kräfte F_{q1-4} sind abhängig von den Abmessungen des Daches und der Systemweite der Stützen in Längsrichtung. Es bedeuten:

g_k **Eigenlast des Dachbelages**

Es wird eine Metalldeckung mit Stahltrapezprofilen oder Wellblech mit $g_k = 0{,}25$ kN/m angenommen.

$w'_{e,k}$ **Windbelastung**

In Aufgabe 21 ist eine konkrete Situation berechnet. Sinngemäß gilt das für das vorliegende freistehende Pultdach.

Für eine Gebäudehöhe $h \leq 10$ m, Windzone 2 (Binnenland), Geländekategorie III ergibt sich: $q_{p,k} = 0{,}65$ kN/m² Dachfläche (DF)

$\boxed{w_{e,k} = q_{p,k} \cdot c_{pe}}$; c_{pe} ist den gültigen Normen zu entnehmen.

Für ein Mittelfeld ergeben sich die c_{pe}-Werte als resultierende Windbelastung (Gesamtdruckbeiwerte) zu:

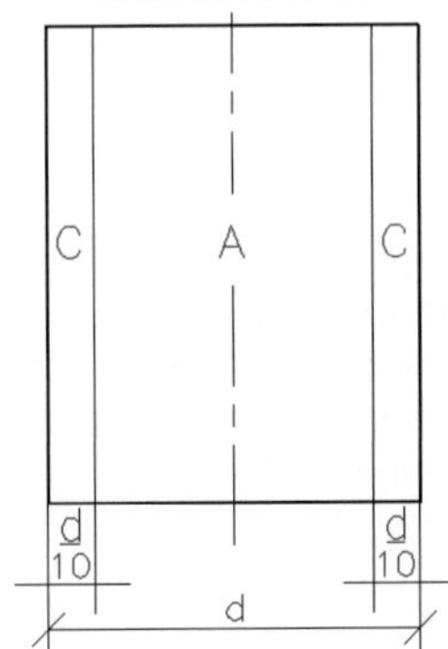

$c_{p,net} = -1{,}4$ für die Dachfläche C

$c_{p,net} = +0{,}6$ für die Dachfläche A,

beides für Neigungswinkel des Daches $\alpha = 0°$ und ein Minimum an Versperrung, $\varphi = 0$.

Damit:

Dachbereich C:

$$w_{e,k} = 0{,}65 \text{ kN/m}^2 \cdot (-1{,}4) = -0{,}91 \text{ kN/m}^2 \quad \text{Windsog}$$

Dachbereich A:

$$w_{e,k} = 0{,}65 \text{ kN/m}^2 \cdot (+0{,}6) = +0{,}39 \text{ kN/m}^2 \quad \text{Winddruck}$$

Die Lasten je Sparren mit einem Sparrenabstand von z. B. $a = 3$ m sind dann:

$$w'_{e,k} = w_{e,k} \cdot a = -0{,}91 \text{ kN/m}^2 \cdot 3 \text{ m} = -2{,}73 \text{ kN/m} \quad \text{für Dachbereich C}$$

$$w'_{e,k} = w_{e,k} \cdot a = +0{,}39 \text{ kN/m}^2 \cdot 3 \text{ m} = +1{,}17 \text{ kN/m} \quad \text{für Dachbereich A}$$

s **Schneebelastung**

Für Schneelastzone III, Meeresspiegelniveauhöhe $A = 160$ m ist die charakteristische Schneelast in kN/m² Grundfläche:

$$s_k = 0{,}25 + 1{,}91 \cdot \left(\frac{A + 140}{760}\right)^2 \leq 0{,}85 \text{ kN/m}^2$$

$s_k = 0{,}25 + 1{,}91 \cdot [(160 + 140)/760]^2 = 0{,}55$ kN/m²

Die Mindestgröße für eine Schneelast ist 0,85 kN/m², folglich $s_k = 0{,}85$ kN/m²

In die weitere Berechnung geht $\boxed{s = \mu_1 \cdot s_k}$ mit $\mu_1 = 0{,}8$ ein:

$\mu_1 \cdot s_k = 0{,}8 \cdot 0{,}85$ kN/m² $= 0{,}68$ kN/m² Grundfläche

$\mu_1 \cdot s_k = 0{,}8 \cdot 0{,}85$ kN/m² $\cdot$ 3 m $= 2{,}04$ kN/m für einen Sparren

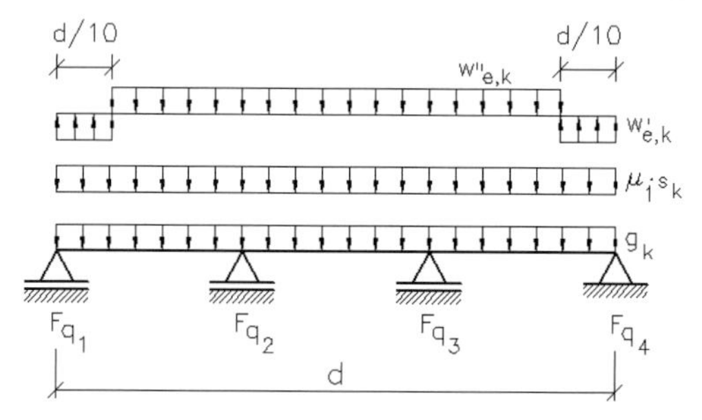

In der obenstehenden Zeichnung sind alle Dachbelastungen, die auf die vier Längsträger einwirken, enthalten.

Im Bild auf S. 131 ist das Tragwerksmodell des Querträgers dargestellt. Die Stütze A wird als fest und die Stütze B als lose betrachtet. Belastet wird dieser Träger auf zwei Stützen durch die Kräfte F_{q1-4} (Gewichts-, Schnee- und Windbelastung), durch die Kräfte F_L, die sich aus dem Eigengewicht der Dachträger (in Längsrichtung) ergeben, sowie das Eigengewicht g_o des Querträgers. Die geringe Krümmung der Oberseite des Trägers ist nicht gezeichnet und bleibt unberücksichtigt. Festgesetzt werden:

g_o **Eigengewicht der Querträger**

Geschätzt wird ein Eigengewicht von $g_{o,k} = 0{,}2$ kN/m in Anlehnung an einen mittelbreiten I-Träger 200 (IPEa). Die Verjüngung des Trägers, die offensichtlich der Ableitung des Niederschlagswassers dient, bildet in Näherung einen „Träger gleicher Normalbeanspruchung". Zur Vereinfachung ist $g_{o,k}$ konstant gewählt.

F_L **Eigenlast der Dachträger**

Geschätzt wird $g_L = 0{,}16$ kN/m in Anlehnung an einen U-Träger 140.

$F_L = g_{l,k} \cdot l = 0{,}16$ kN/m $\cdot$ 3 m $= 0{,}48$ kN

Die Kräfte F_{q1-4} sind für unterschiedliche Lastfälle näherungsweise proportional den belastenden Dachflächen zu berechnen (z. B. mit und ohne Windbelastung).

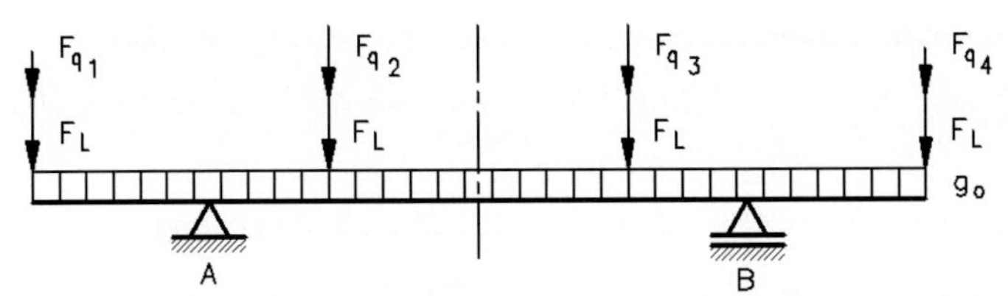

Lösung Aufgabe 20

Die Gesamtkraft F_k bzw. F_d, die die abgehängte Platte in die drei Aufhängungen einleitet, ergibt sich zu:

$$F_{Pl,k} = g_{Pl} \cdot A_{Pl} = 0{,}5\ \text{kN/m}^2 \cdot 1{,}3\ \text{m} \cdot 2{,}2\ \text{m} = 1{,}430\ \text{kN}$$

$$F_{s,k} = \mu_1 \cdot s_k \cdot A_{Pl} = 0{,}75\ \text{kN/m}^2 \cdot 1{,}3\ \text{m} \cdot 2{,}2\ \text{m} = 2{,}145\ \text{kN}$$

$$F_k = (1{,}430 + 2{,}145)\ \text{kN} = 3{,}575\ \text{kN} \quad \text{als charakteristische Einwirkung}$$

$$F_d = \gamma_G \cdot F_{Pl,k} + \gamma_Q \cdot F_{s,k} = (1{,}35 \cdot 1{,}430 + 1{,}5 \cdot 2{,}145)\ \text{kN}$$
$$= 5{,}148\ \text{kN} \quad \text{als Bemessungswert.}$$

Es wird angenommen, dass die mittlere Aufhängung die Hälfte dieser Last aufnimmt. Wegen der Symmetrie der vertikalen Verbindungsstücke tragen diese dann eine Last von

$$F_v = \tfrac{1}{2} F \cdot 0{,}5 = 0{,}894\ \text{kN bzw. } 1{,}287\ \text{kN}$$

Der Bemessungswert von g_T ist $g_{T,d} = 0{,}22$ kN/m · 1,35 = 0,297 kN/m.

Mit diesen Werten ergibt sich das Tragwerksmodell wie folgt:

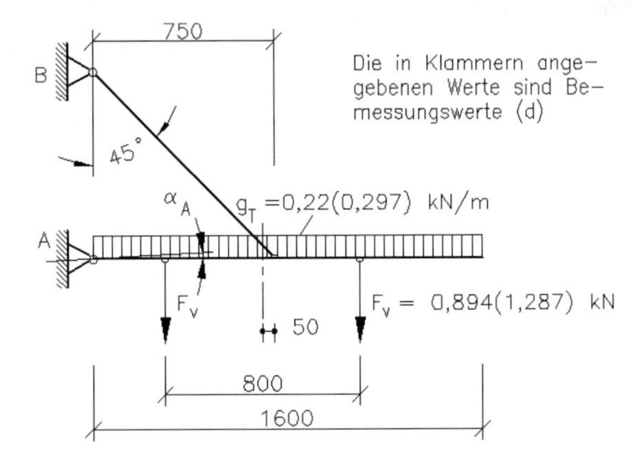

Zu 1.: Charakteristische Auflagerkräfte und zugehörige Winkel

$$\sum M_A = 0 = -g_{T,k} \cdot 1{,}6\ \text{m} \cdot 0{,}8\ \text{m} + F_{B,k} \cdot \sin 45° \cdot 0{,}75\ \text{m} - F_{V,k} \cdot 0{,}3\ \text{m} - F_{V,k} \cdot 1{,}1\ \text{m}$$

hieraus: $F_{B,k} = 2{,}891$ kN ; $\alpha_B = 135{,}0°$ gem. Zeichnung

$$\sum F_V = 0 = F_{Av,k} + F_{B,k} \cdot \sin 45° - 2 \cdot F_V - g_{T,k} \cdot 1{,}6\ \text{m}$$

hieraus: $F_{Av,k} = 0{,}096$ kN

$$\sum F_H = 0 = F_{Ah,k} - F_{B,k} \cdot \cos 45°$$

hieraus: $F_{Ah,k} = 2{,}044$ kN

Aus $F_{A,k} = \sqrt{F_{Ah,k}^{\ 2} + F_{Av,k}^{\ 2}}$ folgt die Lagerkraft in A:

$F_{A,k} = 2{,}046$ kN und der zugehörige Winkel mit

$\alpha_A = \arctan\,(F_{Av,k}/F_{Ah,k})$ zu:

$\alpha_A = 2{,}7°$ (s. Bild auf Seite 131)

Zu 2.: Bemessungswerte der Auflagerkräfte und zugehörige Winkel

Setzt man in die obigen Gleichgewichtsbedingungen anstelle der charakteristischen die Bemessungswerte ein, ergeben sich:

$F_{B,d} = 4{,}114$ kN ; $\alpha_B = 135{,}0°$ gem. Zeichnung

$F_{Av,d} = 0{,}137$ kN ; $F_{Ah,d} = 2{,}909$ kN ; $F_{A,d} = 2{,}912$ kN

$\alpha_A = \arctan\,(F_{Av,d}/F_{Ah,d}) = 2{,}7°$

Lösung Aufgabe 21

Aus dem Bild in der Aufgabenstellung geht die Sparrenlänge nicht unmittelbar hervor. Sie wird aber zur Berechnung der Windkraft benötigt. Die Ermittlung soll hier rechnerisch durchgeführt werden und kann zeichnerisch überprüft werden.

Zu 1.: Berechnung der Neigungswinkel α_1, α_2 und Sparrenlängen L_1 und L_2

Mit den Bezeichnungen des folgenden Bildes kann geschrieben werden:

$h_2 = H \cdot (L_2/L) = 2\ \text{m} \cdot (5\ \text{m}/8\ \text{m}) = 1{,}25$ m

$l_1 = \sqrt{L_1^{\,2} + (h_1 + h_2 - H)^2} = 3{,}178$ m

$l_2 = \sqrt{L_2^{\,2} + (h_1 + h_2)^2} = 5{,}857$ m

$\alpha_1 = \arctan\,[(h_1 + h_2 - H)/L_1] = 19{,}29°$

$\alpha_2 = \arctan\,[(h_1 + h_2)/L_2] = 31{,}38°$

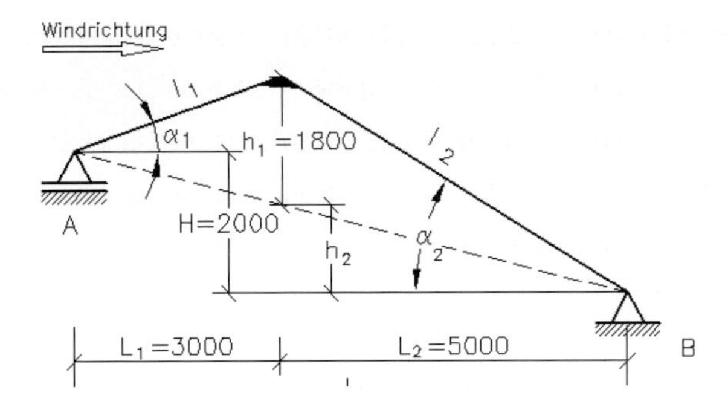

Zu 2.: Charakteristische Wind-, Schnee- und Gewichtslasten

Ermittlung der Windlasten

$$w_{e,k} = q_{p,k} \cdot c_{pe}$$

$w_{e,k}$ charakteristischer Winddruck auf Außenflächen in kN je m² Dachfläche (DF)

$q_{p,k}$ charakteristischer Böengeschwindigkeitsdruck in kN/m² DF

c_{pe} aerodynamischer Beiwert

Alle Daten sind Normen oder Bautabellen zu entnehmen.

Für die in der Aufgabenstellung angegebenen Bedingungen ergibt sich:

$q_{p,k} = 0{,}65$ kN/m² Winddruck.

Dieser Winddruck wird über die c_{pe}-Werte modifiziert.

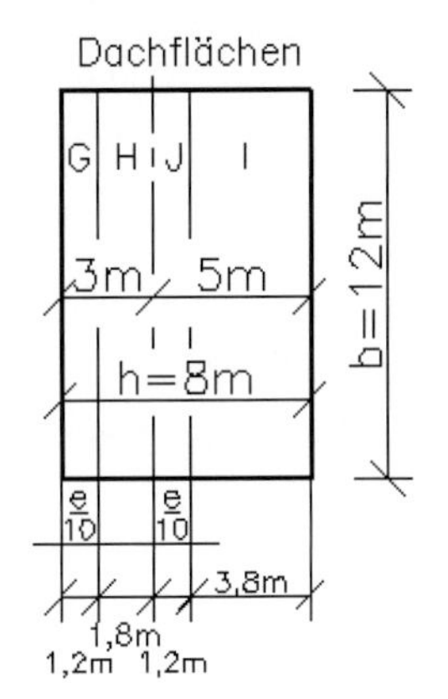

c_{pe} –Beiwerte

	Neigungs-winkel/°	Dachflächen G	H	J	I
	15	−0,8	+0,2		
	30	−0,5	+0,4	−0,5	−0,4
	45			−0,3	−0,2
li.Dachseite	19,29	−0,72	+0,26		
re.Dachseite	31,38			−0,49	−0,39

interpoliert

Die Breite der Dachzonen *G*, *H*, *J* und *I* ist abhängig von *e*:

$e = b$ oder $e = 2\ h_G$

$e = 12$ m oder $e = 17$ m $\Rightarrow$ min $e = 12$ m

$w_{e,k} = 0{,}65\ \text{kN/m}^2 \cdot (-0{,}72) = -0{,}51\ \text{kN/m}^2$ für die Dachfläche G

$w_{e,k} = 0{,}65\ \text{kN/m}^2 \cdot (+0{,}26) = +0{,}14\ \text{kN/m}^2$ für die Dachfläche H

$w_{e,k} = 0{,}65\ \text{kN/m}^2 \cdot (-0{,}49) = -0{,}33\ \text{kN/m}^2$ für die Dachfläche J

$w_{e,k} = 0{,}65\ \text{kN/m}^2 \cdot (-0{,}39) = -0{,}26\ \text{kN/m}^2$ für die Dachfläche I

Multipliziert man die Werte mit dem Sparrenabstand $a = 0{,}8$ m, dann erhält man die Winddrücke je Meter Sparrenlänge:

$w'_{e,k} = 0{,}8\ \text{m} \cdot (-0{,}51) = -0{,}41\ \text{kN/m}$ für die Dachfläche G

$w'_{e,k} = 0{,}8\ \text{m} \cdot (+0{,}14) = +0{,}11\ \text{kN/m}$ für die Dachfläche H

$w'_{e,k} = 0{,}8\ \text{m} \cdot (-0{,}33) = -0{,}26\ \text{kN/m}$ für die Dachfläche J

$w'_{e,k} = 0{,}8\ \text{m} \cdot (-0{,}26) = -0{,}21\ \text{kN/m}$ für die Dachfläche I

Ermittlung der Schneelasten

$$s_k = 0{,}25 + 1{,}91 \left(\frac{A + 140}{760}\right)^2 \geq 0{,}85\ \text{kN/m}^2 \text{ Grundfläche (GF)}$$

s_k charakteristische Schneelast in kN/m² GF

A Geländehöhe über dem Meeresniveau in Meter

Alle Daten sind Normen oder Bautabellen zu entnehmen.

Für die in der Aufgabenstellung angegebenen Bedingungen ergibt sich:

$s_k = 0{,}25 + 1{,}91\ [(120 + 140)/760]^2\ \text{kN/m}^2 = 0{,}47\ \text{kN/m}^2 \leq 0{,}85\ \text{kN/m}^2$

$s_k = 0{,}85\ \text{kN/m}^2$ GF

$$s = \mu_1 \cdot C_e \cdot C_t \cdot s_k$$

s charakteristischer Wert der Schneelast auf dem Dach

μ_1 Formbeiwert; $\mu_1 = \text{f}(\alpha)$

$\mu_1 = 0{,}8$ für linkes Dachteil

$\mu_1 = 0{,}8 \cdot (60° - \alpha)/30° = 0{,}8 \cdot (60° - 31{,}38°) = 0{,}76$ für rechtes Dachteil

C_e ; C_t Koeffizienten ; $C_e = C_t = 1$

Damit

links: $s = \mu_1 \cdot s_k = 0{,}8 \cdot 0{,}85\ \text{kN/m}^2 = 0{,}68\ \text{kN/m}^2$ GF

$s = \mu_1 \cdot s_k = 0{,}68\ \text{kN/m}^2 \cdot 0{,}8\ \text{m} = 0{,}54\ \text{kN/m}$ für $a = 0{,}8$ m Sparrenabstand

rechts: $s = \mu_1 \cdot s_k = 0{,}76 \cdot 0{,}85\ \text{kN/m}^2 = 0{,}65\ \text{kN/m}^2$ GF

$s = \mu_1 \cdot s_k = 0{,}65\ \text{kN/m}^2 \cdot 0{,}8\ \text{m} = 0{,}52\ \text{kN/m}$ für $a = 0{,}8$ m Sparrenabstand

Ermittlung der Dachlasten aus Gewicht

Mit $g = 1{,}6$ kN/m² DF Gewicht des Dachaufbaus folgt die Last je Sparren zu:

links: $g' = \dfrac{g}{\cos\alpha} \cdot a = 1{,}6\ \text{kN/m}^2/\cos 19{,}29° \cdot 0{,}8\ \text{m} = 1{,}36\ \text{kN/m}$

rechts: $g' = \dfrac{g}{\cos\alpha} \cdot a = 1{,}6\ \text{kN/m}^2/\cos 31{,}38° \cdot 0{,}8\ \text{m} = 1{,}50\ \text{kN/m}$

Zu 3.: Berechnung der charakteristischen Auflagerkräfte in den Lagern A und B

Tragwerksmodell:

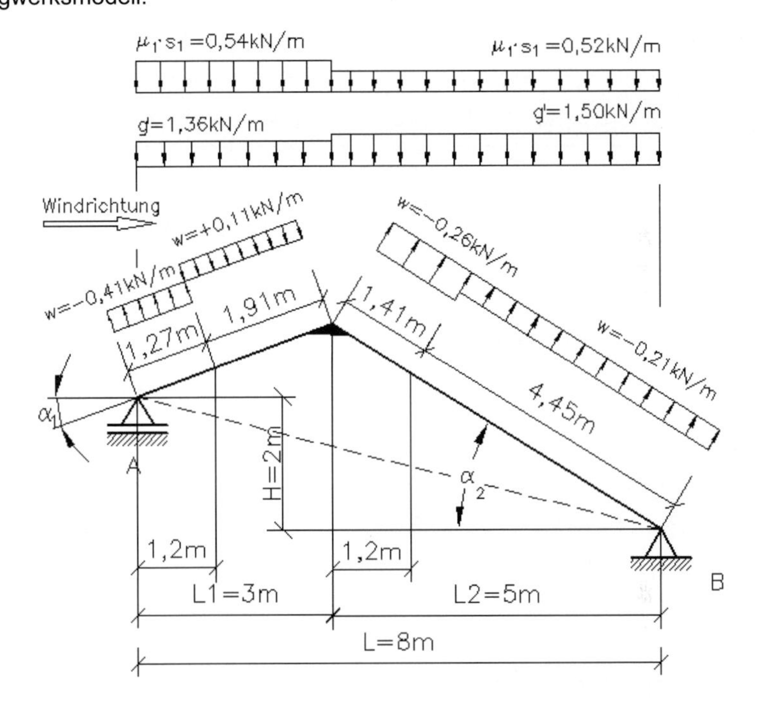

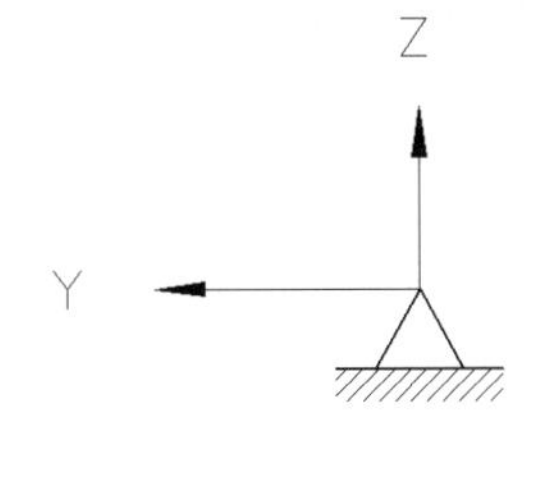

Zur Ermittlung der Auflagerkräfte in den Lagern A und B ist es zweckmäßig, alle Streckenlasten in äquivalente Einzelkräfte umzurechnen und gleichzeitig den Schwerpunkt dieser Einzelkräfte – gemessen vom Lager B – zu ermitteln. Die Abstände sind auf das Koordinatensystem lt. Bild bezogen.

In der Tabelle sind die Daten zusammengestellt:

	Kraft	Beträge der Einzellast in kN $F_i = p_i \times l_i$	Beträge der Horizontal-komponente	Beträge der Vertikal-komponente	Koordinaten in Meter y	Koordinaten in Meter z
links	$F_{g'}$	1,36x3,00=4,08	0,00	4,08	6,50	–
links	$F_{\mu_1 \cdot s_k}$	0,54x3,00=1,62	0,00	1,62	6,50	–
links	$F_{w',e,k}$	0,41x1,27=0,52	0,17	0,49	7,40	2,21
links	$F_{w',e,k}$	0,11x1,91=0,21	0,07	0,20	5,90	2,74
rechts	$F_{g'}$	1,50x5,00=7,50	0,00	7,50	2,50	–
rechts	$F_{\mu_1 \cdot s_k}$	0,52x5,00=2,60	0,00	2,60	2,50	–
rechts	$F_{w',e,k}$	0,26x1,41=0,37	0,19	0,32	4,40	2,68
rechts	$F_{w'',e,k}$	0,21x4,45=0,93	0,48	0,79	1,90	1,16

$$\sum F_V = +14{,}40 \text{ kN}$$

$$\sum F_H = +0{,}57 \text{ kN}$$

$$\sum M_B = 0 = -F_A \cdot 8 \text{ m} + (4{,}08 \cdot 6{,}5 + 1{,}62 \cdot 6{,}5 + 0{,}17 \cdot 2{,}21 - 0{,}49 \cdot 7{,}4$$

$$- 0{,}07 \cdot 2{,}74 + 0{,}2 \cdot 5{,}9 + 7{,}5 \cdot 2{,}5 + 2{,}6 \cdot 2{,}5 - 0{,}19 \cdot 2{,}68$$

$$- 0{,}32 \cdot 4{,}4 - 0{,}48 \cdot 1{,}16 - 0{,}79 \cdot 1{,}9) \text{ kNm} = 0$$

hieraus: $F_A = 56{,}06 \text{ kNm}/8 \text{ m} = 7{,}01 \text{ kN}$

$F_{Bv} = 14{,}40 \text{ kN} - F_A = 7{,}39 \text{ kN}$

$F_{Bh} = -0{,}57 \text{ kN}$

Lösung Aufgabe 22

Zu 1.: Gleichmäßig verteilte Lasten *p*

Es werden zunächst die Gesamtkräfte des Daches als charakteristische Kräfte (Index k) und als Bemessungswerte (Index d) berechnet. Aus ihnen ergeben sich dann p_k bzw. p_d als Addition von Eigen- und Schneelast:

$F_{g,k} = 0{,}35\ \text{kN/m}^2 \cdot 2{,}6\ \text{m} \cdot 1{,}6\ \text{m} = 1{,}456\ \text{kN}$ Eigengewicht des Daches

$F_{g,d} = \gamma_{F,G} \cdot F_{g,k} = 1{,}35 \cdot 1{,}456\ \text{kN} = 1{,}966\ \text{kN}$

$F_{s,k} = 0{,}75\ \text{kN/m}^2 \cdot 2{,}6\ \text{m} \cdot 1{,}6\ \text{m} = 3{,}12\ \text{kN}$ Schneelast

$F_{s,d} = \gamma_{F,Q} \cdot F_{s,k} = 1{,}5 \cdot 3{,}12\ \text{kN} = 4{,}68\ \text{kN}$

$F_{Dach,k} = (3{,}12 + 1{,}456)\ \text{kN} = 4{,}576\ \text{kN}$ Gesamtlast des Daches

$F_{Dach,d} = (4{,}68 + 1{,}966)\ \text{kN} = 6{,}646\ \text{kN}$

$p_k = (F_{Dach,k} \cdot 0{,}8\ \text{m}/1{,}3\ \text{m})/2{,}6\ \text{m} = 1{,}083\ \text{kN/m}$ Belastung des Rohrträgers

$p_d = (F_{Dach,d} \cdot 0{,}8\ \text{m}/1{,}3\ \text{m})/2{,}6\ \text{m} = 1{,}573\ \text{kN/m}$

Zu 2.: Einzelkräfte $F_1 - F_5$

Es wird angenommen, dass die Kräfte $F_2 - F_4$ doppelt so groß wie die Kräfte F_1 bzw. F_5 sind. Hieraus:

$p \cdot 2{,}6\ \text{m} = 3 \cdot F + 2 \cdot 0{,}5 \cdot F = 4F$; $F_k = p_k \cdot 2{,}6\ \text{m}/4 = 0{,}704\ \text{kN}$

$F_d = p_d \cdot 2{,}6\ \text{m}/4 = 1{,}023\ \text{kN}$

folglich: $F_{2,k} = F_{3,k} = F_{4,k} = 0{,}704\ \text{kN}$

$F_{2,d} = F_{3,d} = F_{4,d} = 1{,}023\ \text{kN}$

$F_{1,k} = F_{5,k} = 0{,}352\ \text{kN}$

$F_{1,d} = F_{5,d} = 0{,}511\ \text{kN}$

Zu 3.: Auflagerkräfte in *A* und *B*

Beide Lagerkräfte sind gleich groß: $F_A = F_B = \frac{1}{2}\ p \cdot 2{,}6\ \text{m}$. Damit:

$F_{A,k} = F_{B,k} = 1{,}408\ \text{kN}$

$F_{A,d} = F_{B,d} = 2{,}045\ \text{kN}$

Zu 4.: Charakteristische Kraft an der Fassade

Die von der Fassade aufzunehmende charakteristische Kraft berechnet sich aus

$$\sum F_V = 0 = F_{A,k} + F_{B,k} + F_{Fassade,k} - F_{Dach,k}$$

hieraus: $F_{Fassade,k} = 1{,}76\ \text{kN}$

Lösung Aufgabe 23

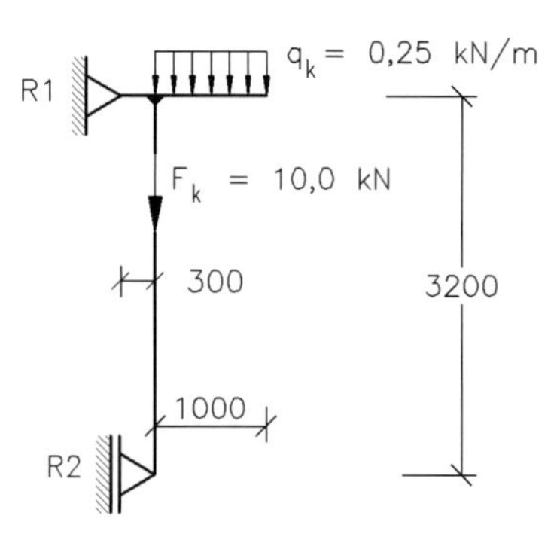

Während die Rolle R1 Kräfte in allen Richtungen aufnehmen kann, also ein festes Lager ist, nimmt die Rolle R2 nur waagerechte Kräfte auf, erfüllt deshalb die Funktion eines losen Lagers.

Das linke Bild zeigt das Tragwerksmodell.

$$\sum M_{R1} = 0 = F_{R2} \cdot 3{,}2\text{ m} - F_k \cdot 0{,}3\text{ m} - q_k \cdot 1\text{ m} \cdot 0{,}8\text{ m}$$

hieraus: $F_{R2} = 1{,}0$ kN

$$\sum F_H = 0 = F_{R1h} + F_{R2}$$

hieraus: $F_{R1h} = -1{,}0$ kN

$$\sum F_V = 0 = F_{R1v} - F_k - q_k \cdot 1\text{ m}$$

hieraus: $F_{R1v} = 10{,}25$ kN

Die resultierende Gesamtkraft im Lager R1 ist dann:

$$F_{R1} = \sqrt{F_{R1h}^{\ 2} + F_{R1v}^{\ 2}} = 10{,}3\text{ kN}$$

Lösung Aufgabe 24

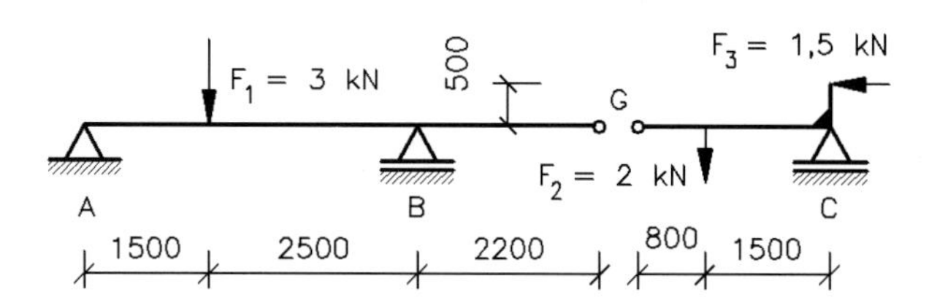

Der gegebene *Gerber*-Träger wird im Gelenk G getrennt, und für die beiden einzelnen Trägerteile werden die drei Gleichgewichtsbedingungen aufgestellt. Die Gelenkkräfte G_h und G_v müssen dabei an den einen Trägerteil positiv und an den anderen negativ angetragen werden (s. das folgende Bild):

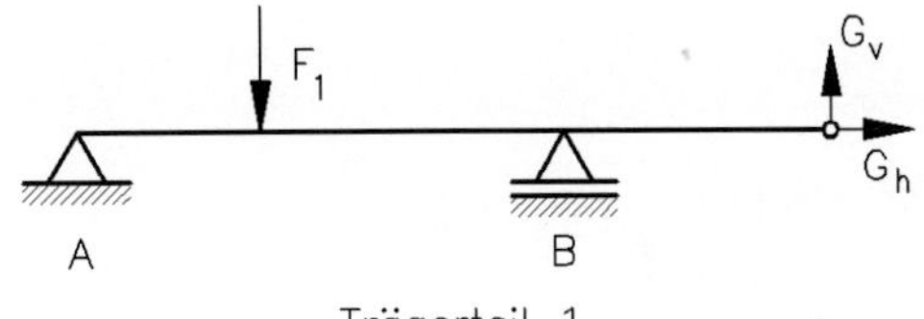

Trägerteil 1

Trägerteil 2

Damit sind die Gelenkkräfte Gegenkräfte, die auf die Lagerkräfte in A, B und C keinen Einfluss mehr haben, aber für die Lösung der Aufgabe notwendig sind. Durch die Trennung im Gelenk kann eine weitere Gleichgewichtsbedingung $\sum M_G = 0$ aufgestellt werden, so dass 4 Gleichungen für die Lösung von 4 unbekannten Lagerkräften zur Verfügung stehen. Die Reihenfolge für das Ansetzen der Gleichgewichtsbedingungen ist beliebig. Hier wird eine Reihenfolge gewählt, die schnell zu Ergebnissen führt.

Für den Trägerteil 2 gilt:

$$\sum F_H = 0 = -F_3 - G_h = -1{,}5 \text{ kN} - G_h$$

hieraus: $G_h = -1{,}5 \text{ kN}$

$$\sum M_G = 0 = -F_2 \cdot 0{,}8 \text{ m} + F_C \cdot 2{,}3 \text{ m} + F_3 \cdot 0{,}5 \text{ m}$$

hieraus: $F_C = +0{,}37 \text{ kN}$

$$\sum F_V = 0 = -G_v - F_2 + F_C$$

hieraus: $G_v = -1{,}63 \text{ kN}$

Für den Trägerteil 1 gilt:

$$\sum F_H = 0 = F_{Ah} + G_h$$

hieraus: $F_{Ah} = 1{,}5 \text{ kN}$

$$\sum M_A = 0 = -F_1 \cdot 1{,}5 \text{ m} + F_B \cdot 4{,}0 \text{ m} + G_v \cdot 6{,}2 \text{ m}$$

hieraus: $F_B = +3{,}65 \text{ kN}$

$$\sum F_V = 0 = G_v - F_1 + F_B + F_{Av}$$

hieraus: $F_{Av} = 0{,}98 \text{ kN}$

$$F_A = \sqrt{F_{Ah}^2 + F_{Av}^2} = 1{,}79 \text{ kN}$$

Für den Gesamtträger muss gelten:

$$\sum F_V = 0 = -F_1 - F_2 + F_{Av} + F_B + F_C$$

$$= (-3 - 2 + 0{,}98 + 3{,}65 + 0{,}37) \text{ kN} = 0$$

Lösung Aufgabe 25

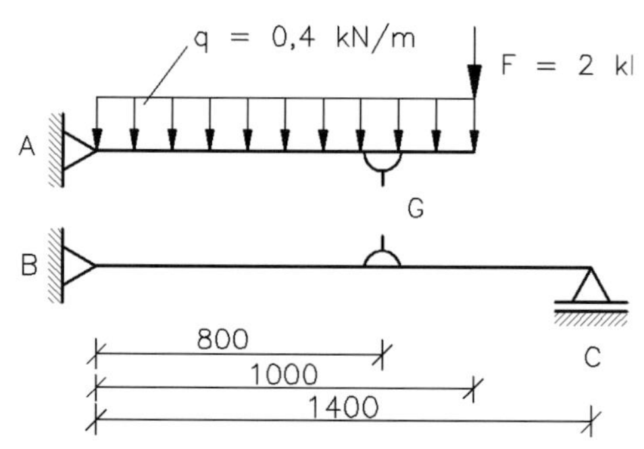

Analog zur Aufgabe 24, Seite 138, werden die beiden (durch das Gelenk G verbundenen) Träger getrennt und jeweils gesondert berechnet. Dabei sind wiederum die Gelenkkräfte F_G in beiden Trägerteilen gleich groß, aber entgegengesetzt gerichtet.

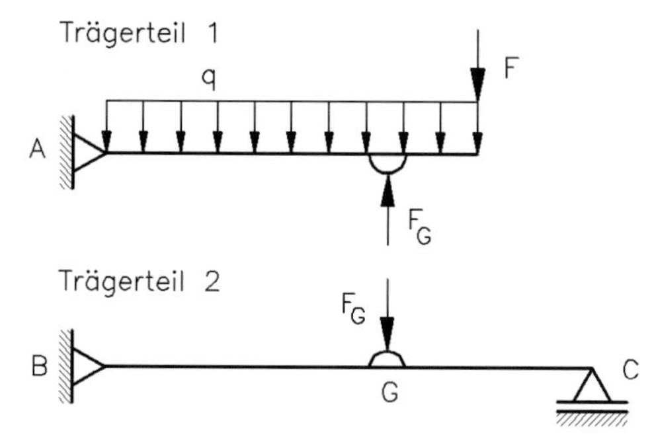

Für den Trägerteil 1 gilt:

$$\sum F_H = 0 = F_{Ah}$$

hieraus: $F_{Ah} = 0$ kN

$$\sum M_A = 0 = -F \cdot 1\ \text{m} + F_G \cdot 0{,}8\ \text{m} - q \cdot 1\ \text{m} \cdot 0{,}5\ \text{m}$$

hieraus: $F_G = 2{,}75$ kN

$$\sum F_V = 0 = -F + F_G - q \cdot 1\ \text{m} + F_{Av}$$

hieraus: $F_{Av} = F_A = -0{,}35$ kN

Für den Trägerteil 2 gilt:

$$\sum F_H = 0 = F_{Bh}$$

hieraus: $F_{Bh} = 0$ kN

$\sum M_B = 0 = -F_G \cdot 0{,}8\ m + F_C \cdot 1{,}4\ m$

hieraus: $F_C = 1{,}57\ kN$

$\sum F_V = 0 = F_{Bv} - F_G + F_C$

hieraus: $F_{Bv} = F_B = 1{,}18\ kN$

Lösung Aufgabe 26

Zu 1.: Zeichnerische Übersicht der auftretenden Einwirkungen; Tragwerksmodell

Im folgenden Bild sind alle Einwirkungen auf einen Rahmen eines **Mittelfeldes** zusammengestellt.

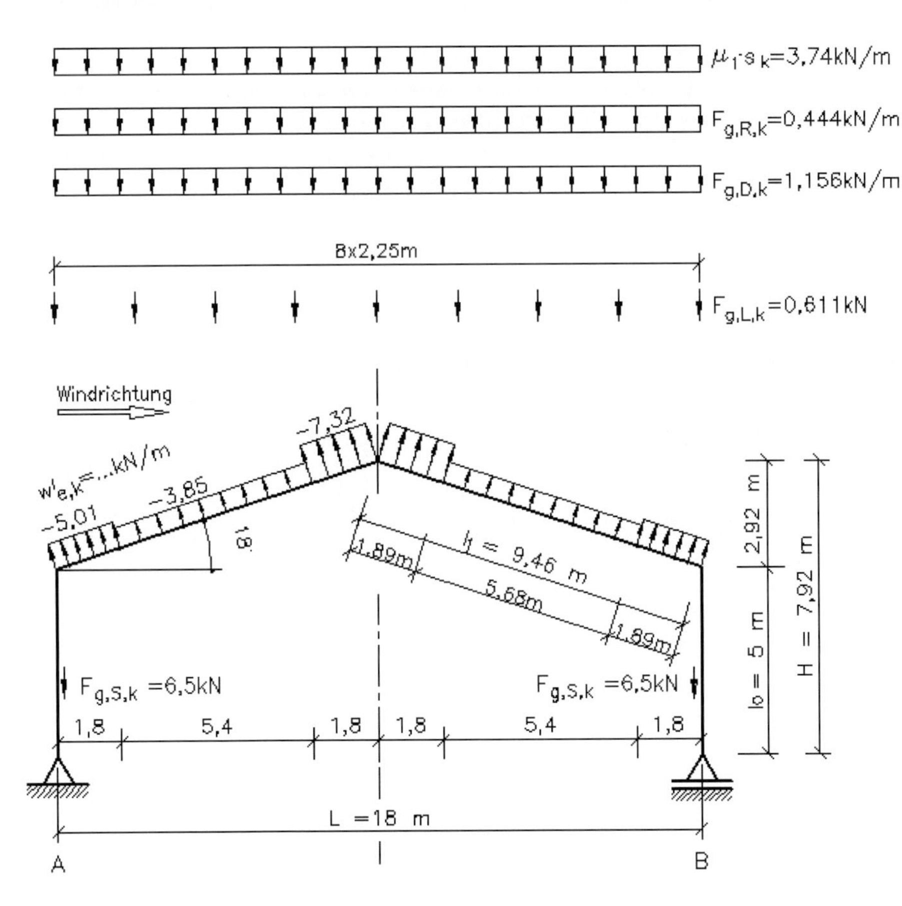

Zu 2.: Ermittlung der charakteristischen Einwirkungen

- **Eigenlast des Stieles**

$$F_{g,S,k} = g_0 \cdot l_0 = 1{,}25 \text{ kN/m} \cdot 5 \text{ m} = 6{,}25 \text{ kN};$$

die Kraft wird auf $F_{g,S,k} = 6{,}50$ kN aufgerundet, um die Eckaussteifung und die Fußplatte mit zu berücksichtigen.

- **Eigenlast eines Riegels**

$$F_{g,R,k} = g_1 \cdot 2l_1/L = 0{,}422 \text{ kN/m} \cdot 2 \cdot 9{,}46 \text{ m}/18 \text{ m} = 0{,}444 \text{ kN/m}$$

- **Eigenlast des Dachaufbaus**

$$F_{g,D,k} = (0{,}2 \text{ kN/m}^2 \cdot 5{,}5 \text{ m} \cdot 2 \cdot 9{,}46 \text{ m})/18 \text{ m} = 1{,}156 \text{ kN/m}$$

- **Eigenlast der Längsträger**

$$F_{g,L,k} = 0{,}111 \text{ kN/m} \cdot 5{,}5 \text{ m} = 0{,}611 \text{ kN}$$

- **Berechnung der Windlast** (s. hierzu Aufgabe 21)

Das Satteldach ist freistehend, und die Einwirkungen sollen für den Lastfall „Unversperrtes Dach ($\varphi = 0$), keine Einlagerung“ ermittelt werden.

Die aerodynamischen Beiwerte $c_{p,net}$ sind Gesamtdruckbeiwerte. Da ein Mittelfeld betrachtet wird ($a = 5{,}5$ m), entfallen die Randbereiche.

$$\boxed{w_{e,k} = q_{p,k} \cdot c_{pe}}$$

Für die in der Aufgabenstellung angegebenen Bedingungen ergibt sich:

$$q_{p,k} = 0{,}65 \text{ kN/m}^2$$

Dieser Winddruck wird über die c_{pe}-Werte modifiziert:

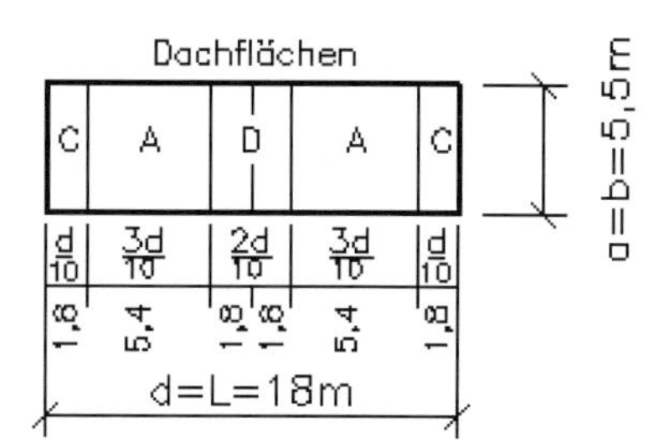

$c_{pe,net}$ –Beiwerte

Neigungswinkel/°	Dachflächen C	A	D
15	–1,4	–0,9	–1,8
20	–1,4	–1,2	–2,2
18	–1,40	–1,08	–2,04

$w_{e,k} = 0{,}65 \text{ kN/m}^2 \cdot (-1{,}4) = -0{,}91 \text{ kN/m}^2$ für die Dachfläche C

$w_{e,k} = 0{,}65 \text{ kN/m}^2 \cdot (-1{,}08) = -0{,}70 \text{ kN/m}^2$ für die Dachfläche A

$w_{e,k} = 0{,}65 \text{ kN/m}^2 \cdot (-2{,}04) = -1{,}33 \text{ kN/m}^2$ für die Dachfläche D

Multipliziert man die Werte mit dem Sparrenabstand a = 5,5 m, dann erhält man die Winddrücke je Meter Sparrenlänge:

$w'_{e,k} = 5{,}5\ \text{m} \cdot (-0{,}91) = -5{,}01\ \text{kN/m}$ für die Dachfläche C

$w'_{e,k} = 5{,}5\ \text{m} \cdot (-0{,}70) = -3{,}85\ \text{kN/m}$ für die Dachfläche A

$w'_{e,k} = 5{,}5\ \text{m} \cdot (-1{,}33) = -7{,}32\ \text{kN/m}$ für die Dachfläche D

Berechnung der Schneelast (s. hierzu Aufgabe 21)

$$s_k = 0{,}25 + 1{,}91\left(\frac{A+140}{760}\right)^2 \geq 0{,}85\ \text{kN/m}^2\ \text{Grundfläche (GF)}$$

Für die in der Aufgabenstellung angegebenen Bedingungen ergibt sich:

$s_k = 0{,}25 + 1{,}91\ [(130 + 140)/760]^2\ \text{kN/m}^2 = 0{,}49\ \text{kN/m}^2 \leq 0{,}85\ \text{kN/m}^2$

$s_k = 0{,}85\ \text{kN/m}^2\ \text{GF}$

$$s = \mu_1 \cdot C_e \cdot C_t \cdot s_k$$

μ_1 Formbeiwert; $\mu_1 = f(\alpha)$

$\mu_1 = 0{,}8$

C_e ; C_t Koeffizienten ; $C_e = C_t = 1$

Damit:

$s = \mu_1 \cdot s_k = 0{,}8 \cdot 0{,}85\ \text{kN/m}^2 = 0{,}68\ \text{kN/m}^2\ \text{GF}$

$s = \mu_1 \cdot s_k = 0{,}68\ \text{kN/m}^2 \cdot 5{,}5\ \text{m} = 3{,}74\ \text{kN/m}$ für a = 5,5 m Sparrenabstand

Zu 3.: Charakteristische Auflagerkräfte

Rechenvereinfachung: Da in der vorliegenden Aufgabe alle Abmessungen und Einwirkungen symmetrisch sind, kann man die Auflagerkräfte mit einem gewichteten Mittelwert $\bar{c}_{p,net} = -(\frac{2}{10} \cdot 1{,}4 + \frac{6}{10} \cdot 1{,}08 + \frac{2}{10} \cdot 2{,}04)/\frac{10}{10} = -1{,}34$ und $w'_{e,k} = 4{,}79$ kN/m einfacher ermitteln:

$$\sum M_A = 0 = \Big[w'_{e,k} \cdot 2l_1 \cdot L/2 \cdot \cos 18° - F_{g,S,k} \cdot L - 9 \cdot F_{g,L,k} \cdot L/2$$

$$-(\mu_1 \cdot s_k + F_{g,D,k} + F_{g,R,k}) \cdot \frac{L^2}{2}\Big] + F_{B,k} \cdot L$$

$$0 = [4{,}79 \cdot 2 \cdot 9{,}46 \cdot 9 \cdot \cos 18° - 6{,}5 \cdot 18 - 9 \cdot 0{,}611 \cdot 9$$

$$-(3{,}74 + 1{,}156 + 0{,}444) \cdot 18 \cdot 9]\ \text{kNm} + F_{B,k} \cdot 18\ \text{m}$$

hieraus: $F_{B,k} = 14{,}35\ \text{kN}$

$F_{Av,k} = 14{,}35\ \text{kN}$

$$\sum F_H = 0 = F_{Ah} + \sum H$$

hieraus: $F_{Ah} = 0\ \text{kN}$

Lösung Aufgabe 27

Das Sparrendach ist ein Dreigelenktragwerk mit der Besonderheit, dass die Höhe der beiden symmetrischen Sparren von den Fußpunkten bis zum First bei gleicher Dicke linear abnimmt. Näherungsweise ergibt sich jeweils ein Dreieck, weswegen die Trägereigenlast $\frac{1}{2}\,g_1 \cdot l_1$ ebenfalls dreieckförmigen Verlauf hat. In diesem Ausdruck ist g_1 die größte spezifische Last im Dreieck; die kleinste soll null sein.

Dreigelenktragwerke sind statisch bestimmt: Die 6 unbekannten Lagerkräfte (in A, B und G) sind lösbar, weil für das Gesamtsystem und jeden Einzelträger je drei Gleichgewichtsbedingungen aufgestellt werden können. Es bleibt dem Bearbeiter überlassen, welche 6 Gleichgewichtsbedingungen er in welcher Reihenfolge ansetzt. Bei den Gleichgewichtsbedingungen für das Gesamtsystem bleiben dabei die inneren Kräfte im Gelenk G unberücksichtigt. Zur Vereinfachung der Rechnung soll $p = g'_D + s'$ eingesetzt werden.

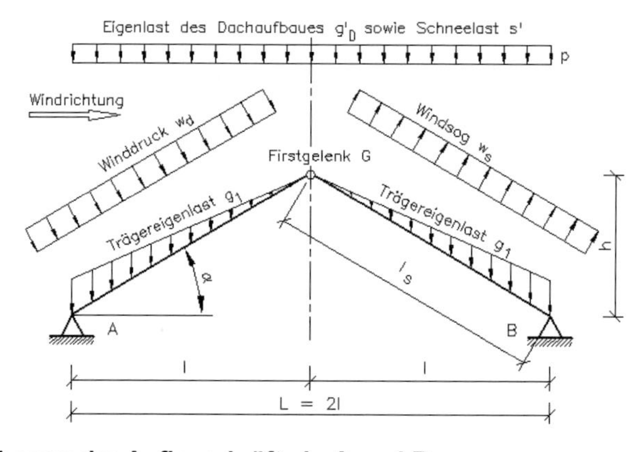

Zu 1.: Berechnung der Auflagerkräfte in A und B

$$\sum M_B = 0 = -F_{Av} \cdot L + p \cdot L \cdot l - w_d \cdot \sin\alpha \cdot l_s \cdot h/2 + w_d \cdot \cos\alpha \cdot l_s \cdot 1{,}5 \cdot l$$

$$- w_s \cdot \sin\alpha \cdot l_s \cdot h/2 - w_s \cdot \cos\alpha \cdot l_s \cdot l/2 + \frac{1}{2} g_1 \cdot l_s \cdot \left(l + \frac{2}{3}\,l\right)$$

$$+ \frac{1}{2} g_1 \cdot l_s \cdot \frac{1}{3}\,l; \quad \text{durch Auflösen nach } F_{Av} \text{ folgt:}$$

$$F_{Av} = p \cdot l - (w_d + w_s) \cdot \sin\alpha \cdot \frac{l_s \cdot h}{4 \cdot l} + \frac{3}{2}\left(w_d - \frac{1}{3}\,w_s\right) \cdot \cos\alpha \cdot \frac{1}{2}\,l_s + \frac{1}{2}\,g_1 \cdot l_s$$

bzw.

$$F_{Av} = p \cdot l - (w_d + w_s)\,\frac{h^2}{4 \cdot l} + \frac{3}{4}\left(w_d - \frac{1}{3}\,w_s\right) \cdot l + \frac{1}{2}\,g_1 \cdot l_s$$

$$\sum F_V = 0 = -p \cdot L - w_d \cdot \cos\alpha \cdot l_s + w_s \cdot \cos\alpha \cdot l_s - 2 \cdot \frac{1}{2} \cdot g_1 \cdot l_s + F_{Av} + F_{Bv}$$

hieraus: $F_{Bv} = p \cdot L + l \cdot (w_d - w_s) + g_1 \cdot l_s - F_{Av}$

$$\sum M_G = 0 = -F_{Av} \cdot l + F_{Ah} \cdot h + p \cdot l \cdot \frac{1}{2} l + w_d \cdot l_s \cdot \frac{1}{2} l_s + \frac{1}{2} g_1 \cdot l_s \cdot \frac{2}{3} l$$

hieraus: $F_{Ah} = \dfrac{F_{Av} \cdot l - p \cdot \frac{1}{2} l^2 - w_d \cdot \frac{1}{2} l_s^2 - \frac{1}{3} g_1 \cdot l_s \cdot l}{h}$

$$\sum F_H = 0 = F_{Ah} + F_{Bh} + w_d \cdot \sin\alpha \cdot l_s + w_s \cdot \sin\alpha \cdot l_s$$

hieraus: $F_{Bh} = -F_{Ah} - (w_d + w_s) \cdot h$

Zu 2.: Berechnung der Gelenkkräfte

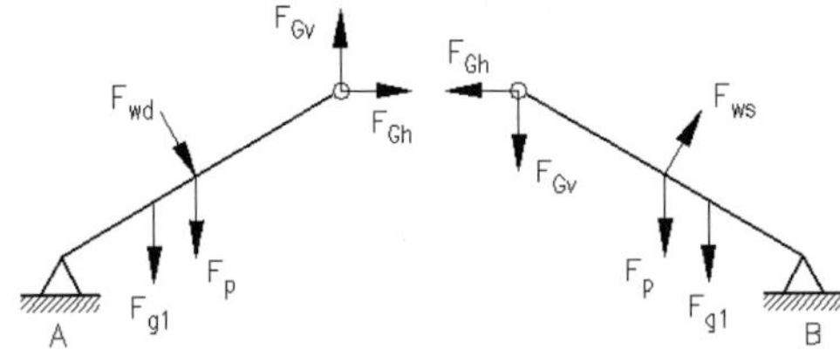

F_{g1} resultierende Trägereigenlast bei 1/3 l
F_p resultierende Dach- und Schneelast bei l/2
F_{wd} resultierende Windlast (Winddruck) bei $l_s/2$
F_{ws} resultierende Windlast (Windsog) bei $l_s/2$
F_{Gh} horizontale Gelenkkraft
F_{Gv} vertikale Gelenkkraft

Das Bild vereinfacht das vorherige, in dem die verteilten Lasten durch resultierende Einzellasten dargestellt sind. Alle spezifischen Lasten, Winkel und Längen sind dem obigen Bild zu entnehmen. Bildet man

$$\sum M_A = 0 \text{ und } \sum M_B = 0$$

und löst diese beiden Gleichungen nach F_{Gh} und F_{Gv} auf, dann folgen die Gelenkkräfte, die immer Gegenkräfte sind (vgl. Aufgabe 24):

$$\sum M_A = 0 = -F_p \cdot \frac{1}{2} l - F_{wd} \cdot \frac{1}{2} l_s - F_{g1} \cdot \frac{1}{3} l - F_{Gh} \cdot h + F_{Gv} \cdot l$$

$$= -\frac{p \cdot l^2}{2} - \frac{w_d \cdot l_s^2}{2} - \frac{g_1 \cdot l_s \cdot l}{6} - F_{Gh} \cdot h + F_{Gv} \cdot l$$

$$\sum M_B = 0 = +F_p \cdot \frac{1}{2} l - F_{ws} \cdot \frac{1}{2} l_s + F_{g1} \cdot \frac{1}{3} l + F_{Gh} \cdot h + F_{Gv} \cdot l$$

$$= +\frac{p \cdot l^2}{2} - \frac{w_s \cdot l_s^2}{2} - \frac{g_1 \cdot l_s \cdot l}{6} + F_{Gh} \cdot h + F_{Gv} \cdot l$$

hieraus: $F_{Gh} = \dfrac{1}{2 \cdot h} \cdot \left[-p \cdot l^2 - \dfrac{g_1 \cdot l_s \cdot l}{3} + \dfrac{l_s^2}{2} \cdot (w_s - w_d) \right]$

$$F_{Gv} = \frac{l_s^2}{4 \cdot l} \cdot (w_s + w_d)$$

Lösung Aufgabe 28

Die 5 Seile bilden gemeinsam mit der Stütze ein zentrales, räumliches Kraftsystem, dessen Zentrum im Schnittpunkt der Seilstränge liegt. Das System ist statisch nicht bestimmt, so dass man mit elementaren Mitteln nur Näherungslösungen erhält.

Solche Näherungslösungen könnten sein:

1. Die Gesamtlast wird durch 6 Auflagerpunkte geteilt; dann ergibt sich, dass jeder Aufhängepunkt ca. 17 % der Gesamtlast aufnimmt (s. erste Zahlenreihe).
2. Es werden proportionale Flächen den Aufhängepunkten zugeordnet, z. B. für das Seil 1 eine Fläche von 2,8 m × 1,75 m. Falls, wie im vorliegenden Fall, die Kräfte annähernd proportional den Dachflächen sind, ergibt sich eine Lastverteilung nach der zweiten Zahlenreihe.
3. Die Seile 1–3 seien Lager für einen Träger auf drei Stützen, wobei die Seile 1, 3, 4 und 6 an der äußeren Dachkante angeordnet sein sollen. Für diesen Fall sind in Nachschlagebüchern Lagerkräfte ablesbar (s. dritte Zahlenreihe).
4. Eine hier nicht wiedergegebene Rechnung, die die statische Unbestimmtheit berücksichtigt, liefert die Werte in der vierten Zahlenreihe.

Mit den vertikalen Kraftanteilen können dann die Seilkräfte berechnet werden. Vgl. hierzu Lösung zur Aufgabe 11, Seite 120.

Ergebnisse: In dem Bild sind die Ergebnisse als Näherungswerte für die Varianten 1–4 aufgeführt. Die Mittellinien beziehen sich auf Variante 4.

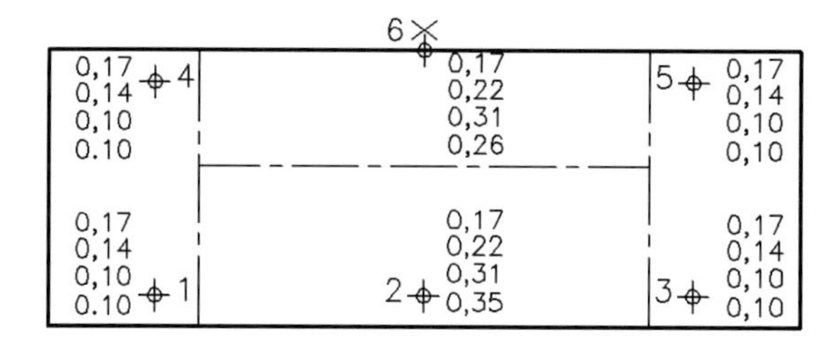

Hinweis: Für den Tragsicherheitsnachweis der Seile und Befestigungsmittel ist es ausreichend, die Kräfte der am stärksten belasteten Elemente (hier bei 2) stellvertretend für alle übrigen der Berechnung zu Grunde zu legen.

Lösung Aufgabe 29

Das feste Lager ist willkürlich bei B gewählt worden, das Lager A sei lose. Nachdem überflüssige konstruktive Angaben entfernt sind, können die drei Gleichgewichtsbedingungen angesetzt werden.

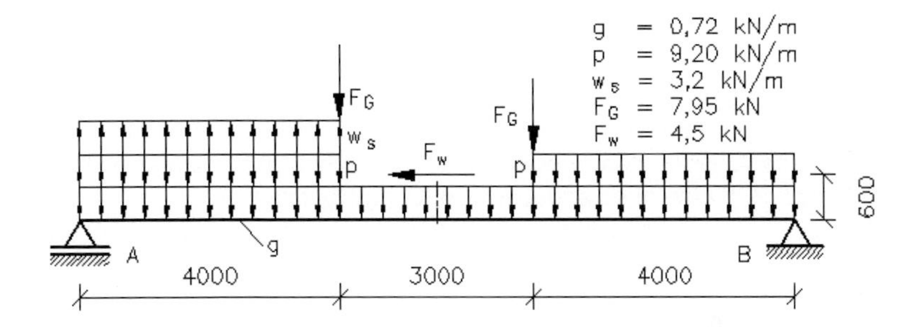

$$\sum M_B = 0 = g \cdot 11\text{ m} \cdot 5{,}5\text{ m} + p \cdot 4\text{ m} \cdot 2\text{ m} + p \cdot 4\text{ m} \cdot 9\text{ m} + F_G \cdot 4\text{ m}$$

$$+ F_G \cdot 7\text{ m} + F_W \cdot 0{,}6\text{ m} - w_s \cdot 4\text{ m} \cdot 9\text{ m} - F_{k,A} \cdot 11\text{ m}$$

hieraus: $F_{A,k} = 38{,}48\text{ kN}$

$$\sum F_H = 0 = F_{Bh,k} - F_w$$

hieraus: $F_{Bh,k} = 4{,}5\text{ kN}$

$$\sum F_V = 0 = F_{A,k} + F_{Bv,k} + w_s \cdot 4\text{ m} - p \cdot 4\text{ m} - p \cdot 4\text{ m} - g \cdot 11\text{ m} - 2 \cdot F_G$$

hieraus: $F_{Bv,k} = 46{,}14\text{ kN}$

Zur Kontrolle kann $\sum M_A = 0$ gebildet werden. Dann muss sich für $F_{Bh,k}$ der oben angegebene Wert ergeben:

$$\sum M_A = 0 = -g \cdot 11\text{ m} \cdot 5{,}5\text{ m} - p \cdot 4\text{ m} \cdot 2\text{ m} - p \cdot 4\text{ m} \cdot 9\text{ m} - F_G \cdot 4\text{ m}$$

$$- F_G \cdot 7\text{ m} + w_s \cdot 4\text{ m} \cdot 2\text{ m} + F_w \cdot 0{,}6\text{ m} + F_{Bv,k} \cdot 11\text{ m}$$

hieraus: $F_{Bv,k} = 46{,}14\text{ kN}$

Lösung Aufgabe 30

Schwerpunktermittlung

Die Berechnung von Kraft-, Körper-, Flächen- oder Linienschwerpunkten ist in der Baustatik häufig erforderlich. Für alle drei Schwerpunkte gilt die Gleichung:

$$S_{z;y} = \frac{\sum(G_i \cdot l_i)}{\sum G_i} \quad \text{mit} \quad i = 1 \text{ bis } n$$

Die Größe G kann eine Kraft, Masse, Fläche oder Linie sein, l_i ist die Koordinate des Schwerpunktes einer Einzelgröße G_i in einem selbst zu wählenden Achsensystem. Für den waagerechte Abstand des Schwerpunkte y_s in einem Koordinatensystem y-z ergibt sich dann z. B. für die oben angegebenen Schwerpunkte:

$$y_s = \frac{\sum(F_i \cdot l_i)}{\sum F_i}\ ;\quad y_s = \frac{\sum(m_i \cdot l_i)}{\sum m_i}\ ;\quad y_s = \frac{\sum(A_i \cdot l_i)}{\sum A_i}\ ;\quad y_s = \frac{\sum(L_i \cdot l_i)}{\sum L_i}$$

Kraft-schwerpunkt, Masse-schwerpunkt, Flächen-schwerpunkt, Linien-schwerpunkt

Im vorliegenden Beispiel soll der Abstand y_s des Flächenschwerpunktes des Kragträgers berechnet werden. Die Ordinatenachse wird in A gelegt. Die Gesamtfläche wird in eine Rechteck- und eine Dreieckfläche zerlegt:

Dann folgt:

$$y_s = \frac{\sum(A_i \cdot y_i)}{\sum A_i} = \frac{(0{,}2 \cdot 1{,}05 \cdot 0{,}525 + \frac{1}{2} \cdot 0{,}1 \cdot 1{,}05 \cdot 0{,}35)\,\text{m}^3}{(0{,}2 \cdot 1{,}05 + \frac{1}{2} \cdot 0{,}1 \cdot 1{,}05)\,\text{m}^2} = 0{,}49\ \text{m}$$

Hinweis: Der Schwerpunktabstand der beiden Einzelflächen zur Ordinatenachse liegt beim Rechteck bei $\frac{1}{2} \cdot 1{,}05\ \text{m} = 0{,}525\ \text{m}$ und beim Dreieck bei $\frac{1}{3} \cdot 1{,}05\ \text{m} = 0{,}35\ \text{m}$.

Eigengewicht des Kragträgers

Es ergibt sich zu:

$$F_{G,k} = V_{Beton} \cdot \gamma_{Beton}$$

Das spezifische Gewicht für Stahlbeton C20/25, kann Bautabellen zu $\gamma_{Beton} = 25\ \text{kN/m}^3$ entnommen werden. Damit:

$$F_{G,k} = \frac{1}{2} \cdot (0{,}2 + 0{,}3)\ \text{m} \cdot 0{,}12\ \text{m} \cdot 1{,}05\ \text{m} \cdot 25\ \text{kN/m}^3 = 0{,}79\ \text{kN}$$

Vertikalkraft und Biegemoment

Im Querschnitt A entsteht eine Vertikalkraft, die eine Abscherspannung hervorruft:

$$F_{A,k} = F_{G,k} + q_k \cdot (1{,}5 - 0{,}25)\ \text{m} + F_k = 16{,}59\ \text{kN}$$

Die Vertikalkraft erzeugt im Querschnitt A ein Biegemoment $M_{A,k}$ von:

$$M_{A,k} = -F_{G,k} \cdot 0{,}49\ \text{m} - q_k \cdot 0{,}5 \cdot (1{,}5 - 0{,}25)^2\ \text{m}^2 - F_k \cdot (1{,}5 - 0{,}25)\ \text{m}$$

$$M_{A,k} = -10{,}76\ \text{kNm}$$

Lösung Aufgabe 31

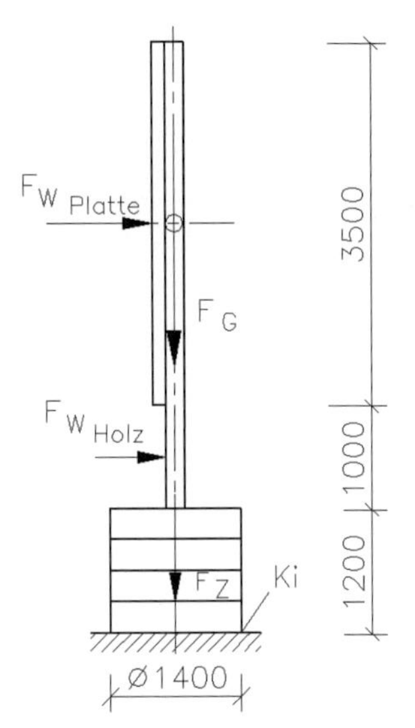

Die Eigengewichte F_Z der drei verfüllten Betonringe sowie der gesamten Bautafel F_G erzeugen das Standmoment M_{St}, während die Windlasten auf Platte und Holz versuchen, die Bautafel mit dem Kippmoment M_{Ki} zu kippen. Die Kippkante Ki geht dabei durch die äußersten Punkte der Betonringe. Die Windlast auf die Betonzylinder wird vernachlässigt.

Die **spezifische Windlast** beträgt:

$$F'_w = q_p \cdot c_f = 0{,}65\ \text{kN/m}^2 \cdot 1{,}8 = 1{,}17\ \text{kN/m}^2$$

Das **Standmoment** ist:

$$M_{St} = (F_Z + F_G) \cdot 0{,}65\ \text{m}$$

$$F_Z = 3 \cdot 1{,}4^2 \cdot \pi/4\ \text{m}^2 \cdot 1{,}2\ \text{m} \cdot 23{,}5\ \text{kN/m}^3$$

$$F_Z = 130{,}2\ \text{kN}$$

$$M_{St} = (130{,}2 + 3{,}5)\ \text{kN} \cdot 0{,}7\ \text{m}$$

$$M_{St} = 93{,}61\ \text{kNm}$$

Das **Kippmoment** ergibt sich zu:

$$M_{Ki} = F'_w \cdot [A_{Holz} \cdot 1{,}7\ \text{m} + A_{Tafel} \cdot (3{,}5/2 + 2{,}2)\ \text{m}]$$

$$= 1{,}17\ \text{kN/m}^2 \cdot [0{,}15 \cdot 1{,}0\ \text{m}^2 \cdot 3 \cdot 1{,}7\ \text{m} + 5{,}0 \cdot 3{,}5\ \text{m}^2 \cdot 3{,}95\ \text{m}] = 81{,}8\ \text{kNm}$$

Damit folgt für die **Standsicherheit**:

$$\boxed{\text{vorh } S = M_{St}/M_{Ki}}$$

$$\text{vorh } S = 93{,}617\ \text{kNm}/81{,}8\ \text{kNm} = 1{,}14$$

$\text{vorh } S = 1{,}14 < \text{erf } S = 1{,}5$ ⟹ Lagesicherung erforderlich

Lösung Aufgabe 32

Es werden zwei Kippfälle untersucht:

1 Der Wind wirkt von vorn auf die Platte (im Bild S. 40 rechts)

2 Der Wind wirkt von hinten auf die Platte (im Bild S. 40 links)

In beiden Fällen soll die Windkraft auf die Räder und den Fahrzeugrahmen nicht berücksichtigt werden. Die Kippachsen sollen jeweils durch die Spurweite von 1,95 m gegeben sein.

Kippfall 1:

$$M_{St} = F_{Hä} \cdot (1{,}95 - 1{,}05)\ m + F_{Pl} \cdot (1{,}95 + 0{,}2)\ m$$

$$= 14{,}95\ kN \cdot 0{,}90\ m + 0{,}633\ kN \cdot 2{,}15\ m = 14{,}816\ kNm$$

$$M_{Ki} = F_w \cdot 2{,}55\ m = 7{,}45\ kN \cdot 2{,}55\ m = 18{,}998\ kNm$$

$$\text{vorh } S = M_{St}/M_{Ki} = 14{,}816\ kN/18{,}998\ kNm = 0{,}78 < \text{erf } S = 1{,}5$$

Kippfall 2:

$$M_{St} = F_{Hä} \cdot 1{,}05\ m = 14{,}95\ kN \cdot 1{,}05\ m = 15{,}698\ kNm$$

$$M_{Ki} = F_w \cdot 2{,}55\ m + F_{Pl} \cdot 0{,}2\ m = 7{,}45\ kN \cdot 2{,}55\ m + 0{,}633\ kN \cdot 0{,}2\ m$$

$$M_{Ki} = 19{,}124\ kNm$$

$$\text{vorh } S = M_{St}/M_{Ki} = 15{,}698\ kN/19{,}124\ kNm = 0{,}82 < \text{erf } S = 1{,}5$$

Die Ergebnisse zeigen, dass in beiden Kippfällen der Anhänger durch Wind umgestoßen werden kann.

Lösung Aufgabe 33

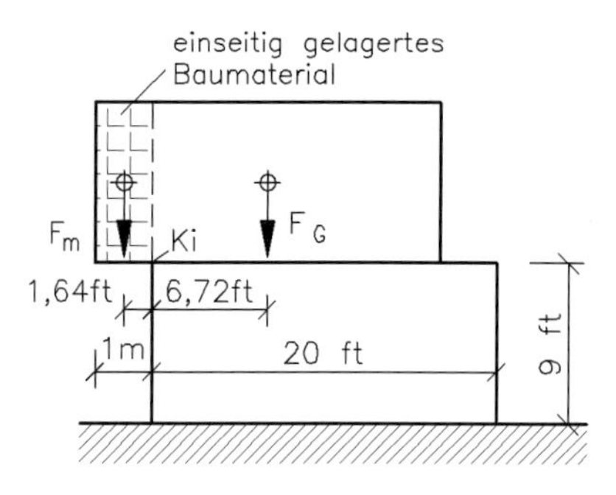

Das Standmoment wird durch die Eigenmasse des Containers erbracht, während das einseitig gelagerte Baumaterial den Container zum Kippen bringt. Die Kippkante Ki ist im Bild angegeben.

Aus Nachschlagewerken kann die Umrechnung von britischem Fuß (foot) in Meter entnommen werden: 1 foot (ft) ≈ 0,305 m.

Das Kippen des oberen Containers um die Kippachse tritt ein, wenn die Standsicherheit

$$\boxed{S = M_{St}/M_{Ki} \le 1}$$

ist:

$$S = M_{St}/M_{Ki} = (m_g \cdot g \cdot 6{,}72 \text{ ft})/(m \cdot g \cdot 1{,}64 \text{ ft}) = 1$$

hieraus: $m = 10{,}65$ t

Hinweis: Würde man z. B. Betonsteine, wie im Bild dargestellt, einseitig lagern, dann stünde bei 8,8 ft Containerbreite ein Volumen von etwa 7,5 m^3 zur Verfügung. Dieses Volumen ausgefüllt überschreitet weit die Masse, die zum Kippen führt.

Lösung Aufgabe 34

Für die Berechnung der Standsicherheit z. B. für Fertigteilhäuser, Fertigteilgaragen, unausgesteifte Fassadenelemente, Turmhauben usw. wird das Kippmoment infolge Windeinwirkung benötigt. Grundlage dafür ist der Flächenschwerpunkt, der in der Aufgabe für die Achsen y und z berechnet wird. Alle im Bild angegebenen Abstände der 6 gebildeten Teilflächen A_i beziehen sich auf diese Achsen. Die eingetragenen Zahlen geben die Größe der Teilfläche A_i in m^2 und die Koordinaten y_i und z_i ihres Schwerpunktes (gemessen vom frei wählbaren Koordinatensystem) in Meter an. Die Schwerpunkte der Teilflächen sind mit dem Symbol × gekennzeichnet, der zu berechnende Gesamtschwerpunkt mit dem Symbol ⊗. Zu beachten ist, dass Fensterflächen bezüglich der Druckeinwirkung wie Mauerwerk betrachtet werden. Die Schutzgitter auf dem Balkon werden vernachlässigt.

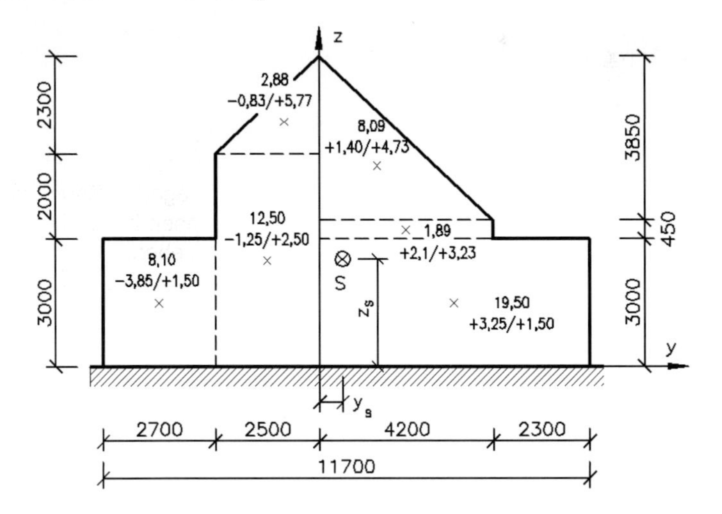

Der **Schwerpunkt** y_s ergibt sich zu: $\boxed{y_s = \frac{\sum(A_i \cdot y_i)}{\sum A_i}}$

$$y_s = \frac{[19{,}5 \cdot 3{,}25 + 1{,}89 \cdot 2{,}1 + 8{,}09 \cdot 1{,}4 + 2{,}88 \cdot (-0{,}83) + 12{,}5 \cdot (-1{,}25) + 8{,}1 \cdot (-3{,}85)]\ \text{m}^3}{52{,}96\,\text{m}^2}$$

$y_s = +0{,}56$ m

Der **Schwerpunkt** z_s ergibt sich zu:

$$z_s = \frac{\sum(A_i \cdot z_i)}{\sum A_i}$$

$$z_s = \frac{(19{,}5 \cdot 1{,}5 + 1{,}89 \cdot 3{,}23 + 8{,}09 \cdot 4{,}73 + 2{,}88 \cdot 5{,}77 + 12{,}5 \cdot 2{,}5 + 8{,}1 \cdot 1{,}5)\ \text{m}^3}{52{,}96\ \text{m}^2}$$

$z_s = +\ 2{,}52$ m

$\boxed{F_w = q_p \cdot c_{pe,10} \cdot A}$

Mit $h/b = 7{,}3$ m/11,7 m = 0,62 < 5 ist der Außendruckbeiwert $c_{pe,10} = 1{,}4$.

Der Böengeschwindigkeitsdruck beträgt für eine Gebäudehöhe < 10 m und Windzone 3 (Binnenland) $q_p = 0{,}8$ kN/m².

Damit:

$F_w = 1{,}4 \cdot 0{,}8$ kN/m² $\cdot$ 52,96 m² = 59,32 kN   Windkraft an der Fassade

Die Windkraft wirkt näherungsweise im Schwerpunkt S und erzeugt ein Moment von:

$M_w = F_w \cdot z_s = 59{,}32$ kN $\cdot$ 2,52 m = 149,5 kNm

Lösung Aufgabe 35

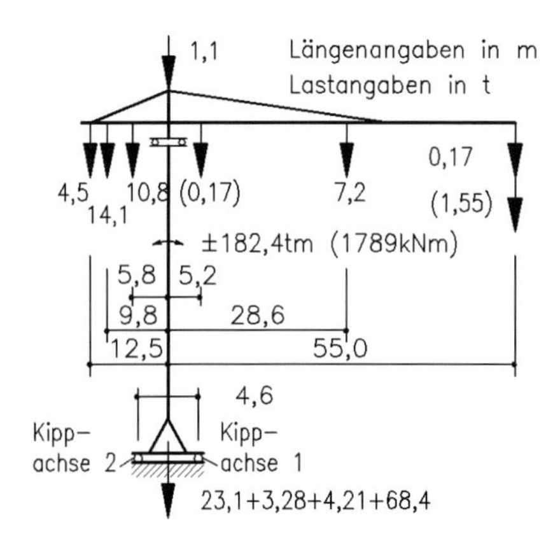

Im Bild ist die statische Struktur des Turmdrehkranes dargestellt. Zu beachten ist, dass beim Standsicherheitsnachweis im Kippfall „Mit Nutzlast“ der Abstand für die Laufkatze 55 m und im Kippfall „Ohne Nutzlast“ 5,2 m ist (jeweils zur Turmmitte gemessen).

Die Standsicherheit berechnet sich zu:

$\boxed{S = M_{St}/M_{Ki}}$

Welche Kräfte oder Massen in das Stand- bzw. Kippmoment eingehen, hängt von der gewählten Kippachse ab (Kippachse 1 oder 2).

Kippfall 1 „Mit Nutzlast“

$$S_1 = \frac{[4{,}5 \cdot 14{,}8 + 14{,}1 \cdot 12{,}1 + 10{,}8 \cdot 8{,}1 + (1{,}1 + 23{,}1 + 3{,}28 + 4{,}21 + 68{,}4) \cdot 2{,}3]\ \text{tm}}{[7{,}2 \cdot 26{,}3 + (0{,}17 + 1{,}55) \cdot 52{,}7 + 182{,}4]\ \text{tm}}$$

$S_1 = 1{,}20$ (1.98) mit (ohne) Moment M_w

Kippfall 2 „Ohne Nutzlast“

$$S_2 = \frac{[0{,}17 \cdot 7{,}5 + 7{,}2 \cdot 30{,}9 + (1{,}1 + 23{,}1 + 3{,}28 + 4{,}21 + 68{,}4) \cdot 2{,}3]\ \text{tm}}{(4{,}5 \cdot 10{,}2 + 14{,}1 \cdot 7{,}5 + 10{,}8 \cdot 3{,}5 + 182{,}4)\ \text{tm}}$$

$S_2 = 1{,}22$ (2,39) mit (ohne) Moment M_w

Lösung Aufgabe 36

Bei der Lösung ist darauf zu achten, dass an der Seilrolle die Kraft von zwei Seilsträngen wirkt, also $F_{Rollenbolzen} = 2 \cdot F_{Seil} = 2 \cdot m \cdot g$. Um nach der Gegenmasse aufzulösen, muss $S = 3$ gesetzt werden:

$S = M_{St}/M_{Ki} = 3 = (m_{Gegen} \cdot g \cdot 4\ \text{m})/(2 \cdot 200\ \text{kg} \cdot g \cdot 1{,}25\ \text{m})$

hieraus: $m_{Gegen} = 375$ kg

Lösung Aufgabe 37

Zu 1.: Tragwerksmodell und Ermittlung der Knotenkraft

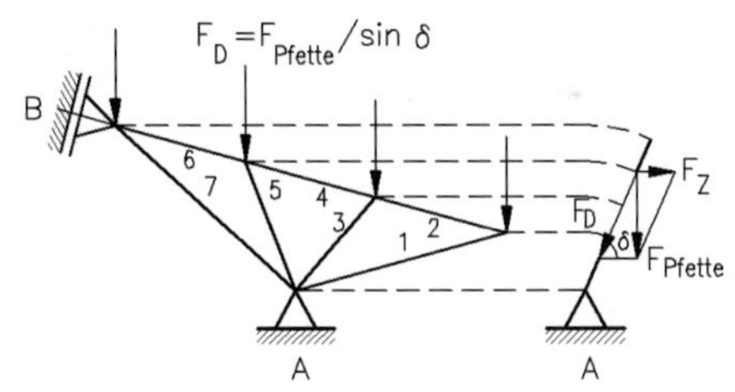

Das auskragende Dach ruht auf einem Stabtragwerk, das seinerseits aus zwei Fachwerkscheiben besteht. Das gesamte Tragwerk bildet ein zentrales, räumliches Kraftsystem. Das Zentrum befindet sich an der Spitze der Säule (Lager A).

Will man auf entsprechende Software für die räumliche Stabkraftermittlung verzichten, kann man die Pfettenkräfte in Richtung der Tragwerksscheiben zerlegen und die Ermittlung der Stabkräfte wie bei einem ebenen Fachwerk vornehmen. Im Bild ist die relativ zur Pfette senkrechte Kraft F_{Pfette} in die Kraft F_D in Richtung der Fachwerkscheibe und eine Kraft F_Z in Längsrichtung der Pfette zerlegt.

Es ergeben sich:

$F_D = F_{Pfette}/\sin \delta$

$F_Z = F_{Pfette}/\tan \delta$

Die Zugkräfte F_Z werden von beiden Fachwerkscheiben in die Pfetten eingeleitet, beanspruchen also das Fachwerk nicht. Im statischen Sinne ist das Fachwerk eine Pendelstütze, die nur durch die Kräfte F_D belastet wird.

Zu 2.: Schwerpunktabstand y_s

Das Fachwerk ist aus Stahlrohr gleichen Querschnitts gefertigt; es wird für die Berechnung in 5 Einzelstücke zerlegt. Ihre Längen entsprechen den Fertigungslängen. Befestigungsbleche u. Ä. werden vernachlässigt. Die Schwerpunkte der 5 einzelnen Rohre sind durch ein × gekennzeichnet und bemaßt.

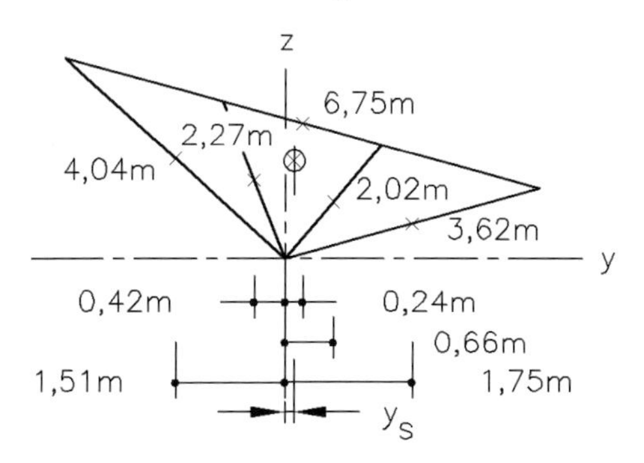

In der Lösung zu Aufgabe 30, Seite 148, ist die allgemeine Gleichung zur Ermittlung eines Masseschwerpunktes angegeben:

$$y_s = \frac{\sum (m_i \cdot l_i)}{\sum m_i}$$

Weil bei der vorliegenden Konstruktion die Einzelmassen der Rohre wegen der gleichen Querschnitte proportional zu den Rohrlängen sind, kann der Schwerpunkt mit der Gleichung für Linienschwerpunkte berechnet werden:

$$\boxed{y_s = \frac{\sum (L_i \cdot l_i)}{\sum L_i}}$$

Ist das nicht der Fall, sind die Einzelmassen bzw. Gewichte zu ermitteln und in die erste Gleichung einzusetzen.

Mit den Angaben des obigen Bildes wird:

$$y_s = \frac{[3{,}62 \cdot 1{,}75 + 2{,}02 \cdot 0{,}66 + 6{,}75 \cdot 0{,}24 + 2{,}27 \cdot (-0{,}42) + 4{,}04 \cdot (-1{,}51)]\ \text{m}^2}{(3{,}62 + 2{,}02 + 6{,}75 + 2{,}27 + 4{,}04)\ \text{m}}$$

$y_s = 0{,}12$ m

Der Schwerpunktabstand ist im Bild eingezeichnet. Der Schwerpunkt ist mit ⊗ gekennzeichnet. Abhängig von der Wahl des Koordinatensystems können Abstände l_i auch negativ sein. Sinngemäß gilt das ebenso für nicht vorhandene Linien oder Flächen, z. B. infolge von Aussparungen oder Durchbrüchen.

Die Ermittlung des vertikalen Schwerpunktabstandes z_s erfolgt analog mit den im oberen Bild nicht eingetragenen vertikalen Einzelschwerpunktabständen.

Lösung Aufgabe 38

– Zeichnerische Ermittlung der Stabkräfte nach *Cremona*

Ein „*Cremona*-Plan“ (genannt nach *Luigi Cremona,* ital., 1830–1903) ist gut geeignet, um sich eine Übersicht über die Größe der Stabkräfte innerhalb eines Fachwerkes (Stabtragwerkes) zu verschaffen. Die notwendigen Voraussetzungen für die Anwendung des Verfahrens können Band 1, Kap. 9, entnommen werden.

Folgende **Lösungsschritte** sind zu empfehlen:

1. Überprüfen, ob statische Bestimmtheit vorliegt. Es muss $\boxed{S = 2 \cdot K - 3}$ erfüllt sein (S: Anzahl der Stäbe, K: Anzahl der Knoten). Dabei ist ein Stab stets die Verbindung zweier Knoten, selbst dann, wenn der Stab baulich über mehrere Knoten geführt wird.
2. Berechnen der Auflagerkräfte. Das ist nicht unbedingt nötig, gestattet aber eine Kontrolle für die sich ergebende zeichnerische Lösung.
3. Wahl eines Umlaufsinnes, der bei allen Knoten gleich bleiben muss, z. B. im Uhrzeiger- oder gegen den Uhrzeigersinn.
4. Beginn der Lösung an einem Knoten, an dem nicht mehr als zwei unbekannte Stabkräfte vorhanden sind. Aus dem **Lageplan** werden nur die Kraftwirkungslinien übertragen.
5. Übertragen der im **Kräfteplan** gewonnenen Pfeilrichtungen in den Lageplan, danach Antragen der Pfeile an den gegenüberliegenden Knoten in entgegengesetzter Richtung.
6. Fortfahren mit einem Knoten, an dem auch höchstens zwei unbekannte Stabkräfte vorhanden sind. Dabei immer mit der ersten bekannten Knotenpunktkraft (gegebene oder bereits ermittelte) in Richtung des Umlaufsinnes beginnen.
7. Fortfahren, bis für alle Knoten ein Krafteck gezeichnet wurde. Das äußere Krafteck $F_A - (F_1 \ldots F_n) - F_B$ muss sich stets schließen.

   Anfertigen einer Stabkrafttabelle.

Zu 1.: $S = 2 \cdot K - 3$

$7 = 2 \cdot 5 - 3 = 7$; damit ist nachgewiesen, dass das Fachwerk statisch bestimmt ist.

Zu 2.: Aus $\sum M_A = 0 = F_B \cdot 2L - F_h \cdot L/2 - F_1 \cdot L/2 - F_2 \cdot 1{,}5\,L - F_3 \cdot L$

folgt: $F_B = 23{,}25$ kN

Aus $\sum F_V = 0 = F_{Av} + F_B - F_1 - F_2 - F_3$

folgt: $F_{Av} = 20{,}75$ kN

Aus $\sum F_H = 0 = F_h + F_{Ah}$

folgt: $F_{Ah} = -5$ kN

Zu 3.: Gewählt wird Rechtsumlauf, also im Uhrzeigersinn.

Zu 4.–7.: *maßstäblicher Lageplan*

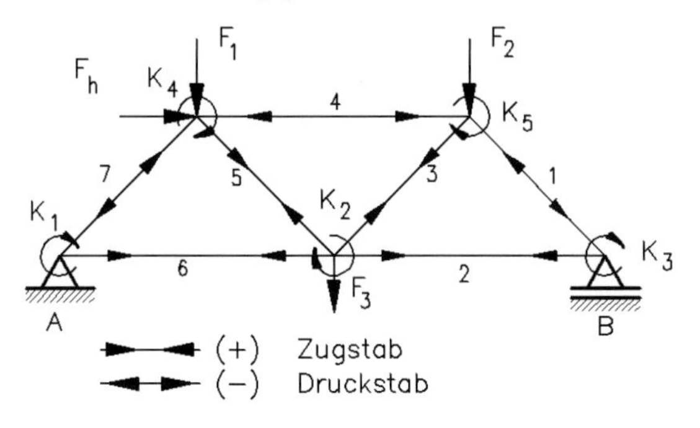

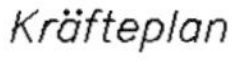

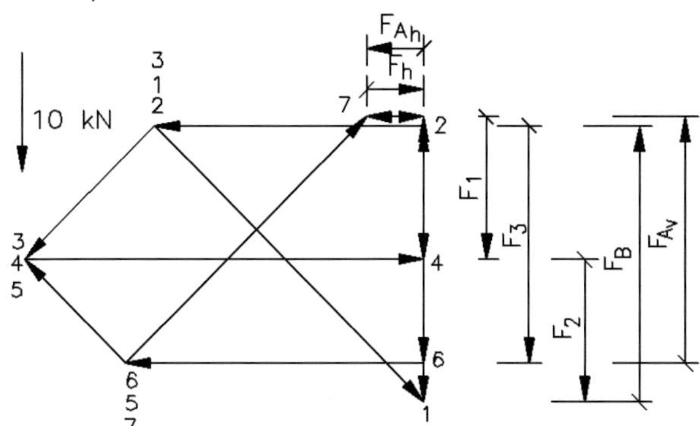

Aus der Zeichnung ergeben sich folgende Stabkräfte:

Stab.-Nr.	1	2	3	4	5	6	7
S/kN	–33	+23	+16	–35	+12	+26	–30

(+) Zugstab

(–) Druckstab

Die größte Zugkraft tritt mit 26 kN im Stab 6 auf, während die größte Druckkraft mit –35 kN im Stab 4 herrscht.

– **Rechnerische Ermittlung der Stabkräfte nach *Ritter***

Sollen alle Stabkräfte rechnerisch nach *Ritter* (genannt nach August *Ritter*, dt., 1826–1903) ermittelt werden, dann sind folgende **Lösungsschritte** zu empfehlen:

1. In der Reihe der zeichnerischen Lösung werden die Gleichgewichtsbedingungen $\sum F_H = 0$ und $\sum F_V = 0$ für jeden Knoten angesetzt. Der Knoten wird dabei „freigeschnitten", und an den Schnittstellen werden die inneren Kräfte durch äußere Zugkräfte ($+S_i$) ersetzt.
2. Mit den beiden Gleichgewichtsbedingungen können an jedem Knoten zwei unbekannte Stabkräfte ermittelt werden. Ergibt die Lösung einen negativen Wert, ist der Stab ein Druckstab, ergibt sie null, dann ist der Stab ein Nullstab (ein Stab also, in dem weder Zug- nach Druckkräfte auftreten).
3. Bei allen weiteren Knoten werden wiederum die Stabkräfte positiv eingetragen (als Zugstäbe). Die vorher ermittelten Vorzeichen gehen in die weitere Berechnung ein.
4. Es ist zweckmäßig, alle Stabwinkel aus den Angaben des **Lageplanes** zu berechnen und an die horizontale Achse anzutragen.
5. Der letzte Knoten enthält in der Regel bereits alle Stabkräfte. Er kann zur Kontrolle verwendet werden, ob alle Kräfte richtig berechnet wurden. Die bei der zeichnerischen Lösung berechneten Auflagerkräfte werden von dort für die vorliegende Berechnung verwendet.

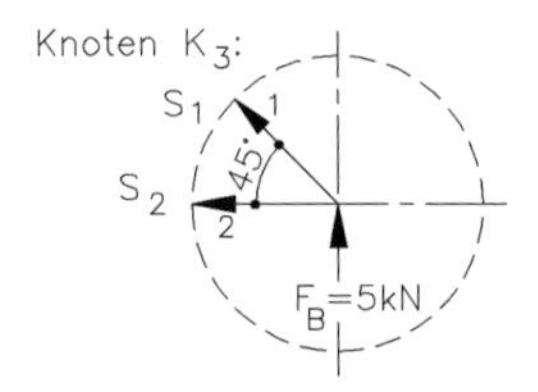

$\sum F_H = 0 = -S_1 \cdot \cos 45° - S_2$

$S_2 = -S_1 \cdot \cos 45°$

$\sum F_V = 0 = +F_B + S_1 \cdot \sin 45°$

hieraus: $S_1 = -32{,}88$ kN (Druckstab)

$S_2 = +23{,}25$ kN (Zugstab)

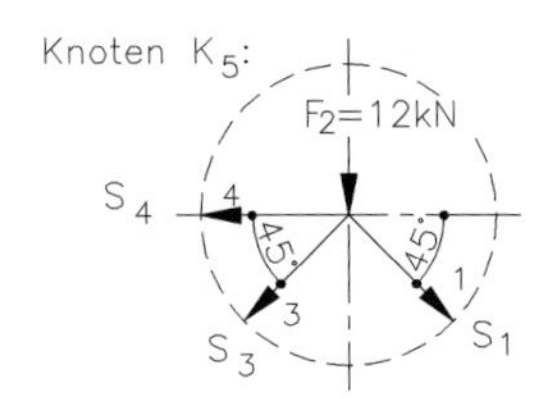

$\sum F_H = 0 = S_1 \cdot \cos 45° - S_3 \cdot \cos 45° - S_4$

$S_4 = S_1 \cdot \cos 45° - S_3 \cdot \cos 45° = (S_1 - S_3) \cdot \cos 45°$

$\sum F_V = 0 = -F_2 - S_3 \cdot \sin 45° - S_1 \cdot \sin 45°$

$S_3 = -S_1 - F_2/\sin 45°$

hieraus: $S_3 = +15{,}91$ kN (Zugstab)

$S_4 = -34{,}50$ kN (Druckstab)

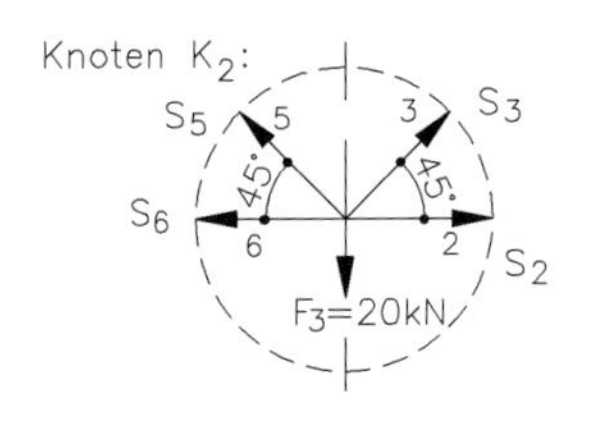

$\sum F_H = 0 = -S_5 \cdot \cos 45° + S_3 \cdot \cos 45° - S_6 + S_2$

$S_6 = (S_3 - S_5) \cdot \cos 45° + S_2$

$\sum F_V = 0 = -F_3 + S_5 \cdot \sin 45° + S_3 \cdot \sin 45°$

$S_5 = (F_3 - S_3 \cdot \sin 45°)/\sin 45°$

hieraus: $S_5 = +12{,}37$ kN (Zugstab)

$S_6 = +25{,}75$ kN (Zugstab)

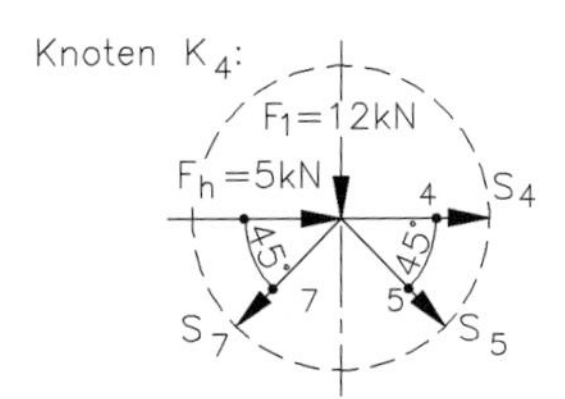

$\sum F_H = 0 = S_4 + S_5 \cdot \cos 45° - S_7 \cdot \cos 45° + F_h$

$S_7 = (S_4 + F_h + S_5 \cdot \cos 45°)/\cos 45°$

hieraus: $S_7 = -29{,}35$ kN (Druckstab)

$\sum F_V = 0 = -F_1 - S_7 \cdot \sin 45° - S_5 \cdot \sin 45° = 0{,}0$ kN

Hinweis: Diese Gleichgewichtsbedingung brauchte nicht angewendet zu werden, da schon alle Stabkräfte bekannt sind. Sie sollte dennoch aufgestellt werden, um zu überprüfen, ob sich alle Kräfte zu null addieren. Gleiches gilt für den folgenden Knoten K_1.

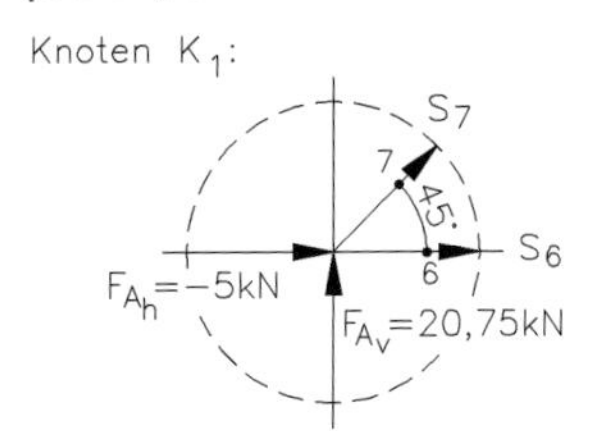

$\sum F_H = 0 = S_6 + S_7 \cdot \cos 45° + F_{Ah}$

$= 25{,}75 \text{ kN} + (-29{,}345) \cdot \cos 45° + (-5{,}0) \text{ kN}$

$0 = 0$

$\sum F_V = 0 = S_7 \cdot \sin 45° + F_{Av}$

$= (-29{,}35) \cdot \sin 45° + 20{,}75 \text{ kN}$

$0 = 0$

Lösung Aufgabe 39

Die beiden Fachwerkscheiben sind identisch, weswegen die Stabkräfte nur für eine Scheibe ermittelt werden, hier die rechte. Die Lösungsschritte 1–7 für die zeichnerische Stabkraftermittlung und 1–5 für die rechnerische sind analog denen der Aufgabe 38.

- **Zeichnerische Ermittlung der Stabkräfte nach *Cremona***

Zu 1.: $S = 2 \cdot K - 3$

$7 = 2 \cdot 5 - 3 = 7$

Damit ist nachgewiesen, dass das Fachwerk statisch bestimmt ist.

Zu 2.: Aus den in der Aufgabenstellung angegebenen konstruktiven Abmessungen des Fachwerkes lassen sich die Koordinaten *x* und *y* der 5 Knoten berechnen. Basispunkt ist das Lager A mit $x = y = 0$.

Diese Koordinaten werden für die Berechnung der Drehmomente der Einzelkräfte und der *x*- und *y*-Komponente der unbekannten Lagerkraft F_B benötigt. Des Weiteren dienen sie zum Zeichnen des Fachwerkes in einem Rechenprogramm. Es ergeben sich:

K_i	*x*/m	*y*/m
1	±0,000	±0,000
2	−3,020	+2,685
3	−0,847	+2,103
4	+1,327	+1,520
5	+3,500	+0,938

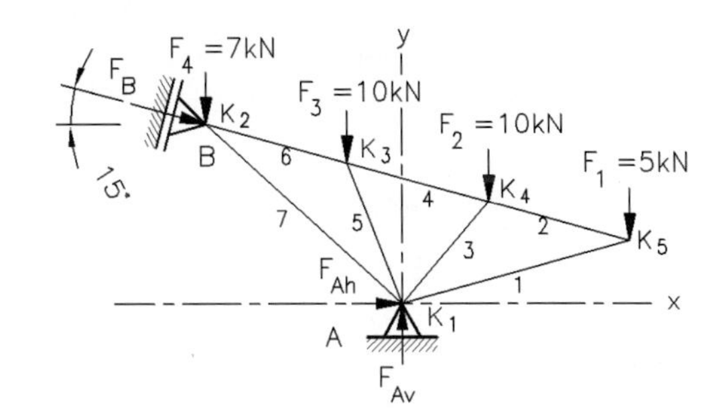

$$\sum M_A = 0 = (-F_1 \cdot 3{,}500 - F_2 \cdot 1{,}327 + F_3 \cdot 0{,}847 + F_4 \cdot 3{,}020$$

$$- F_B \cdot \cos 15° \cdot 2{,}685 + F_B \cdot \sin 15° \cdot 3{,}020)\ \text{m}$$

hieraus: $F_B = -0{,}64$ kN

$|F_{Bh}| = |F_B| \cdot \cos 15° = 0{,}64\ \text{kN} \cdot \cos 15° = 0{,}62\ \text{kN}$

$|F_{Bv}| = |F_B| \cdot \sin 15° = 0{,}64\ \text{kN} \cdot \sin 15° = 0{,}17\ \text{kN}$

Hinweis:

Die Lagerkraft F_B wirkt wegen des Minuszeichens entgegen der Zeichnung, „zieht" also an dem Lager B.

$$\sum F_H = 0 = F_{Ah} + F_{Bh}$$

$F_{Ah} = -F_B \cdot \cos 15° = -(-0{,}640)\ \text{kN} \cdot \cos 15°$

hieraus: $F_{Ah} = 0{,}62$ kN

$$\sum F_V = 0 = -F_{Bv} - F_4 - F_3 - F_2 - F_1 + F_{Av}$$

$$= [-(-0{,}64) \cdot \sin 15° - 7 - 10 - 10 - 5]\ \text{kN} + F_{Av}$$

hieraus: $F_{Av} = 31{,}83$ kN

Zu 3.: Gewählt wird Rechtsumlauf, also im Uhrzeigersinn.

Zu 4.–7.: Die Skizzen zeigen den Lage- und Kräfteplan.

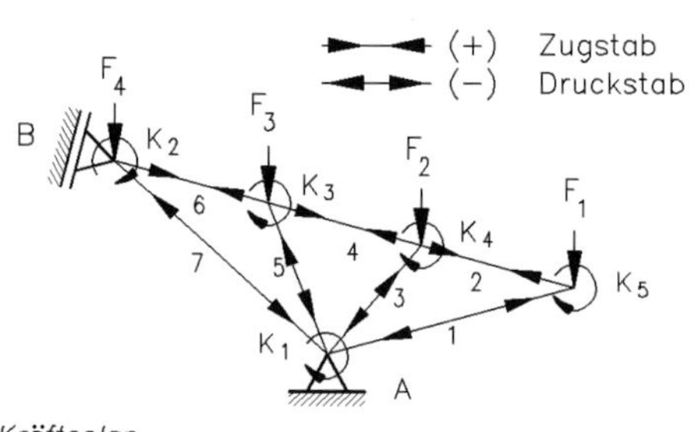

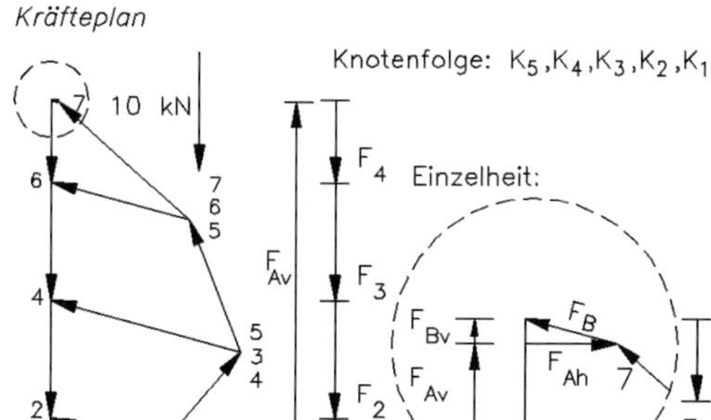

Aus der Lösung ergeben sich folgende Stabkräfte:

Stab.-Nr.	1	2	3	4	5	6	7
S/kN	−9,7	+9,7	−10,8	+17,0	−12,1	+12,3	−15,1

(+) Zugstab

(−) Druckstab

– Rechnerische Ermittlung der Stabkräfte nach *Ritter*

Die Berechnung erfolgt analog zur Lösung der Aufgabe 38. In der Reihenfolge der zeichnerischen Lösung K_5, K_4, K_3, K_2, K_1 werden für jeden Knoten die beiden Gleichgewichtsbedingungen $\sum F_H = 0$ und $\sum F_V = 0$ angesetzt. Empfehlenswert ist, alle Stabwinkel zu berechnen und so in die Skizzen einzutragen, dass sie jeweils zur Horizontalen angegeben werden:

$\alpha = \arctan(1{,}520/1{,}327) = 48{,}48°$ für Stab-Nr. 3

$\beta = \arctan(2{,}103/0{,}847) = 68{,}06°$ für Stab-Nr. 5

$\gamma = \arctan(2{,}685/3{,}020) = 41{,}64°$ für Stab-Nr. 7

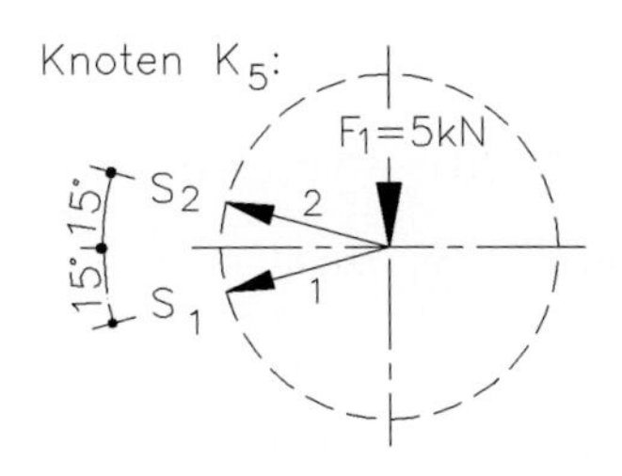

$\sum F_H = 0 = -S_1 \cdot \cos 15° - S_2 \cdot \cos 15°$

$S_1 = -S_2$

$\sum F_V = 0 = -F_1 - S_1 \cdot \sin 15° + S_2 \cdot \sin 15°$

hieraus: $S_1 = -9{,}66$ kN (Druckstab)

$S_2 = +9{,}66$ kN (Zugstab)

Knoten K4:

$\sum F_H = 0 = S_2 \cdot \cos 15° - S_4 \cdot \cos 15° - S_3 \cdot \cos \alpha$

$S_4 = S_2 - S_3 \cdot (\cos \alpha / \cos 15°)$

$\sum F_V = 0 = -F_2 + S_4 \cdot \sin 15° - S_3 \cdot \sin \alpha$

$- S_2 \cdot \sin 15°$

Setzt man in die zweite Gleichung für S_4 den Wert aus der ersten, dann ergibt sich:

$S_3 = -F_2/(\cos \alpha \cdot \tan 15° + \sin \alpha)$

hieraus: $S_3 = -10{,}76$ kN (Druckstab)

$S_4 = +16{,}99$ kN (Zugstab)

Knoten K3:

$\sum F_H = 0 = -S_6 \cdot \cos 15° + S_4 \cdot \cos 15° + S_5 \cdot \cos \beta$

$S_6 = S_4 + S_5 \cdot (\cos \beta / \cos 15°)$

$\sum F_V = 0 = -F_3 + S_6 \cdot \sin 15° - S_4 \cdot \sin 15°$

$- S_5 \cdot \sin \beta$

Setzt man in die zweite Gleichung für S_6 den Wert aus der ersten, dann ergibt sich:

$S_5 = F_3/(\cos \beta \cdot \tan 15° - \sin \beta)$

hieraus: $S_5 = -12{,}09$ kN (Druckstab)

$S_6 = +12{,}31$ kN (Zugstab)

Knoten K2:

$\sum F_H = 0 = S_6 \cdot \cos 15° + F_B \cdot \cos 15° + S_7 \cdot \cos \gamma$

$S_7 = -(S_6 + F_B) \cdot \cos 15° / \cos \gamma$

hieraus: $S_7 = -15{,}08$ kN (Druckstab)

$\sum F_V = 0 = -F_B \cdot \sin 15° - S_6 \cdot \sin 15°$

$- S_7 \cdot \sin \gamma - F_4 = 0{,}002 \approx 0$

Siehe hierzu Anmerkung in Aufgabe 38, Knoten K4.

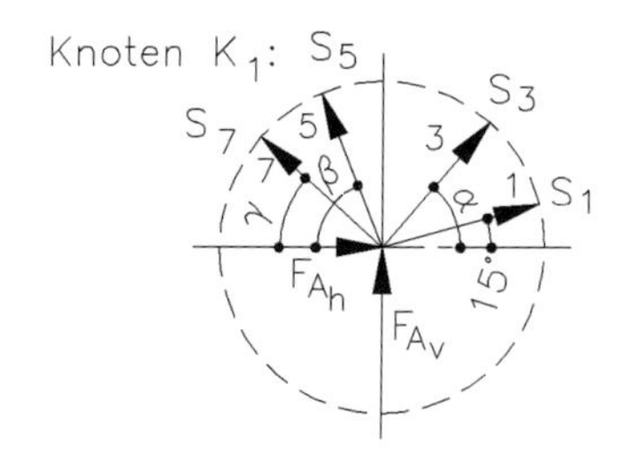

$$\sum F_H = 0 = S_1 \cdot \cos 15° + F_{Ah} + S_3 \cdot \cos \alpha$$

$$- S_5 \cdot \cos \beta - S_7 \cdot \cos \gamma = 0{,}003 \approx 0$$

$$\sum F_V = 0 = F_{Av} + S_1 \cdot \sin 15° + S_3 \cdot \sin \alpha$$

$$+ S_5 \cdot \sin \beta + S_7 \cdot \sin \gamma = -0{,}006 \approx 0$$

Es gelten auch hier die obigen Anmerkungen mit der Ergänzung, dass die Größe der Abweichung von null stets von der Genauigkeit der Einzelwerte abhängt. Die hier angegebenen Werte brauchen für praktische Aufgaben nicht erreicht zu werden.

Lösung Aufgabe 40

Im Band 1 dieser Statikreihe wird unter dem Stichwort **„Einflusslinien"** das Problem behandelt, dass z. B. der Brückenkran in Längsrichtung verfahren wird, wenn Belastungen örtlich veränderlich sind, wie in der vorliegenden Aufgabe. Dort werden für solche Fälle besondere Lösungsverfahren angegeben.

In der nachfolgenden Lösung soll nur für die Mittelposition ein *Cremona*-Plan gezeichnet werden, weil erwartet wird, dass bei ihr größte Normalkräfte in den Stäben 6, 7, 34 und 35 auftreten. Um die Veränderung der Stabkräfte beim Verschieben des Fahrwerkes zu erkennen, sollen eigenständig einige andere Positionen rechnergestützt simuliert werden. Befinden sich die Räder zwischen zwei Knoten, muss die Radkraft nach einem Träger auf zwei Stützen auf die Knoten verteilt werden.

Bei der folgenden Lösung wird nach den Lösungsschritten 1 bis 7 nach Aufgabe 38 verfahren:

Zu 1.: $S = 2 \cdot K - 3$

$37 = 2 \cdot 20 - 3 = 37$,

womit statische Bestimmtheit des Fachwerkes nachgewiesen ist.

Zu 2.: Es ist offensichtlich, dass

$$F_A = F_B = \frac{1}{2} \cdot 2F = F$$

Zu 3.: Gewählt wird Rechtsumlauf, also im Uhrzeigersinn.

Zu 4.–7.: Lageplan s. unten, Kräfteplan befindet sich auf der nächsten Seite.

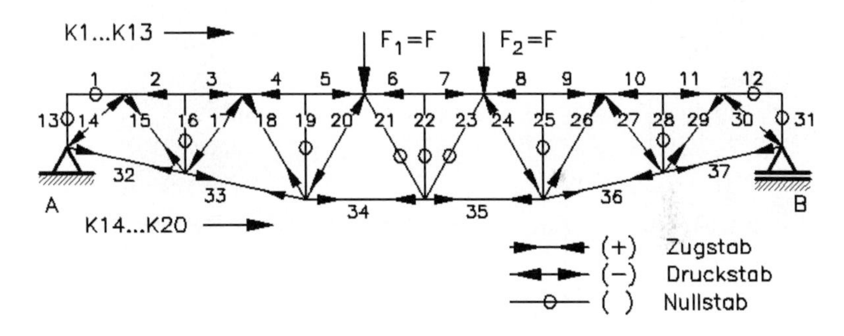

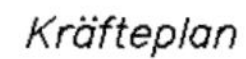

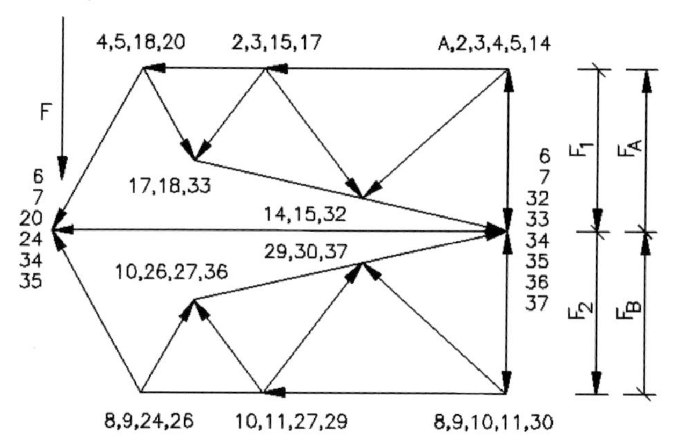

Knotenfolge:
$K_{20}, K_{12}, K_{19}, K_{10}, K_{18}, K_8, K_{17}, K_6, K_{16}, K_4, K_{15}, K_2, K_{14}$

Stab.-Nr.	1;12	2;11	3;10	4;9	5;8	6;7	13;31	14;30
k	0,00	–1,54	–1,54	–2,31	–2,31	–2,89	0,00	–1,22

15;29	16:28	17;27	18;26	19;25	20;24	21;23	22
+1,01	0,00	–0,72	+0,66	0,00	–1,16	0,00	0,00

32;37	33;36	34;35
+0,95	+2,03	+2,89

(+) Zugstab
(–) Druckstab

Die Stabkraft ergibt sich zu: $F_{Stab} = k \cdot F$ mit F als beliebiger Radlast.

6 Lösungen zur Festigkeitslehre

Lösung Aufgabe 41

Die Zugspannung in dem 5 Meter langen Ankerstab ergibt sich zu:

$$\sigma_z = \frac{F_z}{A} = \frac{50000\ \text{N}}{(20^2 \cdot \pi/4)\ \text{mm}^2} = 159{,}2\ \text{N/mm}^2$$

Aus der Längenänderung Δl und der ursprünglichen Länge l_0 des Ankerstabes folgt für die Dehnung ε als spezifische Längenänderung:

$$\varepsilon = \frac{\Delta l}{l_0} = \frac{4\ \text{mm}}{5000\ \text{mm}} = 0{,}0008 = 0{,}08\ \%$$

Mit dem für Stahl gültigen *Hooke*'schen Gesetz (nach Robert *Hooke;* 1635–1703; englischer Naturwissenschaftler) lässt sich der Elastizitätsmodul E berechnen:

$$\sigma_z = \varepsilon \cdot E; \quad \textbf{hieraus:}\ E = \frac{\sigma_z}{\varepsilon} = \frac{159{,}2\ \text{N/mm}^2}{0{,}0008} = 199000\ \text{N/mm}^2$$

Es handelt sich offensichtlich um einen Baustahl, dessen charakteristischer Wert in DIN EN 10025-2 mit $E = 210000\ \text{N/mm}^2$ festgesetzt ist.

Lösung Aufgabe 42

Zur Dämpfung von Schwingungen gibt es unterschiedliche Verfahren. Im vorliegenden Fall wird das Fundament auf Gummifedern gelagert, für die die Gültigkeit des *Hooke*'schen Gesetzes unterstellt wird. Die Berechnungen sollen jeweils mit und ohne Nennbelastung (hier eine Versuchsmaschine) erbracht werden.

Die vereinfachte Berechnung der Eigenfrequenz f_0 für diese beiden Fälle ist häufig nötig, um Resonanzerscheinungen zu verhindern. Die Erregung könnte z. B. von der Versuchsmaschine ausgehen.

Zu 1.: Vorhandene Druckspannung in den Gummizylindern

$$\text{vorh}\ \sigma_d = \frac{F_{ges}}{A} = \frac{F_F + F_S + F_N}{A_E}; \quad \text{mit}\quad n = 96\ \text{Gummizylindern folgt:}$$

$$\text{vorh}\ \sigma_d = \frac{2{,}6 \cdot 1{,}6 \cdot 0{,}85\ \text{m}^3 \cdot 25\ \text{kN/m}^3 + (3{,}6 + 30) \cdot 9{,}81\ \text{kN}}{96 \cdot (55^2 \cdot \pi/4)\ \text{mm}^2} = 1{,}83\ (0{,}54)\ \text{N/mm}^2$$

Hinweise: Die Indizes der Kräfte beziehen sich auf die Skizze in der Aufgabenstellung, und das in Klammern angegebene Ergebnis ist die vorhandene Druckspannung ohne Nennbelastung F_N. Für Gummi ist die zulässige Druckspannung etwa (3–5) N/mm^2.

Zu 2.: Zusammendrückung der Gummizylinder bei ruhender Gesamtbelastung

Die Federrate (auch *Federkonstante*) ist definiert zu $c = \Delta F/\Delta l$; hieraus:

$$\Delta l = \frac{F_{\text{ges}}}{c} = \frac{\frac{1}{96}\cdot 418{,}02\ \text{kN}}{360\ \text{N/mm}} = 12{,}1\ \text{mm} \quad \text{mit} \quad F_{\text{ges}} = 418{,}02\ \text{kN}$$

Zu 3.: Elastizitätsmodul des Gummis

Nach dem *Hooke*'schen Gesetz folgt:

$$E = \frac{\sigma_\text{d}}{\varepsilon} = \frac{\sigma_\text{d}}{\frac{\Delta l}{l}} = \frac{1{,}83\ \text{N/mm}^2}{12{,}1\,\text{mm} / 50\ \text{mm}} = 7{,}56\ \text{N/mm}^2$$

Zu 4.: Eigenfrequenz des Schwingfundamentes

Aus Nachschlagewerken erhält man die Eigenfrequenz für lineare Federschwinger zu:

$$f_0 = \frac{1}{2\cdot\pi}\cdot\sqrt{\frac{c}{m}}$$

Es werden in der vorliegenden Aufgabe die Eigenfrequenzen für zwei Zustände berechnet:

- **Eigenfrequenz *f* mit Nennbelastung:**

$$f = \frac{1}{2\cdot\pi}\cdot\sqrt{\frac{c}{m}} = \frac{1}{2\cdot\pi}\cdot\sqrt{\frac{360\ \text{N/mm}}{\frac{1}{96}\cdot 418{,}02\ \text{kN}/9{,}81\,\text{m/s}^2}} = 4{,}53\ \text{Hz}$$

- **Eigenfrequenz f_o ohne Nennbelastung:**

$$f_0 = \frac{1}{2\cdot\pi}\cdot\sqrt{\frac{c}{m_o}} = \frac{1}{2\cdot\pi}\cdot\sqrt{\frac{360\ \text{N/mm}}{\frac{1}{96}\cdot 123{,}72\ \text{kN}/9{,}81\,\text{m/s}^2}} = 8{,}34\ \text{Hz}$$

Da Gummi nur annähernd dem *Hooke*'schen Gesetz folgt, sind die berechneten Eigenfrequenzen ungenau, für die grundsätzliche Einschätzung des Schwingungsverhaltens aber zunächst ausreichend (s. fünfte Teillösung).

Zu 5.: Resonanzdrehzahl der Versuchsmaschine

Das Schwingfundament kann in Resonanz mit einer aufgebauten Maschine, z. B. Verbrennungsmaschine, Kompressor, Pumpenaggregat, Turbine u. Ä. kommen, wenn die Drehzahl dieser Maschine mit der Eigenfrequenz des Fundamentes einschließlich Aufbaues übereinstimmt. Diese Drehzahlen ergeben sich durch einfache Umrechnung zu:

$n = 60\ \text{s/min}\cdot 4{,}53\ \text{Hz} = 272\ \text{min}^{-1}$ mit Nennbelastung

$n_0 = 60\ \text{s/min}\cdot 8{,}34\ \text{Hz} = 500\ \text{min}^{-1}$ ohne Nennbelastung

Diese Resonanzdrehzahlen müssen vermieden oder schnell durchfahren werden.

Lösung Aufgabe 43

Die Kanalbrücke ist links fest gelagert und ruht bei 120 m auf Pendelstützen. Bei der vorliegenden Konstruktion sind auf beiden Seiten der Pendelstützen Kugelkalotten eingebaut, die dafür sorgen, dass sich die Kanalbrücke in Richtung Schiffshebewerk ungehindert ausdehnen kann.

Für die Längenänderung infolge Temperaturänderung gilt die Gleichung:

$$\Delta l = l_0 \cdot \alpha_T \cdot \Delta T$$

Δl Längenänderung

l_0 Ausgangslänge

α_T Längenausdehnungskoeffizient (Temperaturdehnzahl);
lt. Bautabellen:
$\alpha_T = 12 \cdot 10^{-6}\ K^{-1}$ für Stahl
$\alpha_T = 10 \cdot 10^{-6}\ K^{-1}$ für Stahlbeton
$\alpha_T = 6 \cdot 10^{-6}\ K^{-1}$ für Mauerziegel

ΔT Temperaturdifferenz $= t_{Anfang} - t_{Ende}$

- **Längenänderung der Gesamtbrücke**

$$\Delta l_{ges} = l_{ges} \cdot \alpha_T \cdot \Delta T = 157\ m \cdot 12 \cdot 10^{-6}\ K^{-1} \cdot 40\ K = 75{,}4\ mm$$

- **Längenänderung an den Pendelstützen und zugehöriger Winkel**

$$\Delta l_p = l_p \cdot \alpha_T \cdot \Delta T = 120\ m \cdot 12 \cdot 10^{-6}\ K^{-1} \cdot 40\ K = 57{,}6\ mm$$

oder: $\Delta l_p = 75{,}4\ mm \cdot (120/157) = 57{,}6\ mm$

Für kleine Winkel gilt:

$$\varphi = \arctan \frac{\Delta l_p}{H_p} = \arctan \frac{57{,}6\ mm}{12000\ mm} = 0{,}28°$$

mit $H_p = 12\ m$ Pendelstützenlänge

Lösung Aufgabe 44

Wie in der Aufgabestellung erwähnt, treten bei Behinderung von Wärmedehnungen mechanische Spannungen auf. Dieser Vorgang kann sowohl ungewollt als auch gewollt auftreten. Letzteres z. B. bei Schrumpfankern oder bei Nietverbindungen. Sollen Wärmespannungen verhindert werden, z. B. bei Brücken, dann werden elastische Auflager (im Sinne der Statik **Lose Auflager**) und Dehnungsfugen eingebaut.

Bei vollständiger Behinderung der Längenänderung entsteht eine Spannung:

$$\sigma = \Delta T \cdot \alpha_T \cdot E \quad \text{mit:} \quad \Delta T = t_{Anfang} - t_{Ende}$$

Damit ergeben sich:

$\sigma_z = +48\ K \cdot 12 \cdot 10^{-6}\ K^{-1} \cdot 210000\ N/mm^2 = +121\ N/mm^2$ im Winter

$\sigma_d = -37\ K \cdot 12 \cdot 10^{-6}\ K^{-1} \cdot 210000\ N/mm^2 = -93\ N/mm^2$ im Sommer

Lösung Aufgabe 45

Zu 1.: Druckspannung in den Mittelstützen

$$\text{vorh } \sigma_d = \frac{F}{A} = \frac{2{,}2 \cdot 10^5\ N}{17900\ mm^2} = 12{,}3\ N/mm^2$$

Hinweis: Der erforderliche Nachweis der Knicksicherheit wird in Aufgabe 92 gezeigt.

Zu 2.: Längenänderung infolge der Stützenkraft

$$\varepsilon = \Delta l / l_0 = \frac{\sigma_d}{E} = \frac{12{,}3\ N/mm^2}{210000\ N/mm^2} = 5{,}9 \cdot 10^{-5}$$

$$\Delta l_F = \varepsilon \cdot l_0 = 5{,}9 \cdot 10^{-5} \cdot 4200\ mm = 0{,}25\ mm$$

Zu 3.: Längenänderung infolge Temperaturänderung und Drehwinkel des Brückenträgers

$$\Delta l_T = l_0 \cdot \alpha_T \cdot \Delta T = 4200\ mm \cdot 12 \cdot 10^{-6}\ K^{-1} \cdot 65\ K = 3{,}28\ mm$$

für $\Delta T = t_A - t_E = [35 - (-30)]\ K = 65\ K$ Temperaturunterschied

Nimmt man als Grenzwerte die unbelastete Brücke im Sommer und die belastete Brücke im Winter, dann ist $\Delta l_{ges} = 0{,}25\ mm + 3{,}28\ mm = 3{,}53\ mm$.

Für kleine Winkel gilt:

$$\varphi = \arctan\ (\Delta l_{ges}/L) = \arctan \frac{3{,}53\ mm}{\frac{1}{2} \cdot 20{,}2\ m} = 0{,}02°$$

Lösung Aufgabe 46

Die Zugspannung und die Längenänderung ergeben sich zu:

$$\sigma_z = \frac{F_k}{A} = \frac{15000\ N}{(16^2 \cdot \pi / 4)\ mm^2} = 74{,}6\ N/mm^2$$

$\varepsilon = \sigma_z / E = 74{,}6\ N/mm^2 / 210000\ N/mm^2 = 0{,}000355$ mit $E = 210000\ N/mm^2$

für den Elastizitätsmodul von Baustahl nach DIN EN 10025-2

$$\varepsilon = \frac{\Delta l}{l_0}$$

hieraus: $\Delta l = 0{,}000355 \cdot 2300\ mm = 0{,}82\ mm$

Lösung Aufgabe 47

Die Druckspannung berechnet sich zu:

$$\text{vorh } \sigma_d = \frac{F}{A} = \frac{30\,000\text{ N}}{120^2\text{ mm}^2} = 2{,}08\text{ N/mm}^2$$

Die Längenänderung infolge Krafteinwirkung folgt näherungsweise aus dem *Hooke*'schen Gesetz:

$$\sigma = \varepsilon \cdot E = \frac{\Delta l}{l_0} \cdot E$$

hieraus: $\Delta l = \frac{\sigma_d}{E} \cdot l_0 = \frac{2{,}08\text{ N/mm}^2}{11000\text{ N/mm}^2} \cdot 2400\text{ mm}$

$$\Delta l = 0{,}45\text{ mm}$$

Hinweis: Der für die Stützen zu erbringende Stabilitätsnachweis (Knicknachweis) wird bei Aufgabe 91, Seite 263, durchgeführt. Für die vorliegende Aufgabe ergibt sich 0,46 < 1.

Lösung Aufgabe 48

Die vorhandene Zugspannung und die Sicherheit des Seiles gegen Bruch sind:

$$\text{vorh } \sigma_z = \frac{F}{A} = \frac{(1000 \cdot 9{,}81)\text{ N}}{6 \cdot 7 \cdot (1{,}1^2 \cdot \pi/4)\text{ mm}^2} = 246\text{ N/mm}^2$$

$$S_B = R_m/\text{vorh } \sigma_z = 1520\text{ N/mm}^2/246\text{ N/mm}^2 = 6{,}4$$

Lösung Aufgabe 49

Im Sinne von DIN 1053-1, Pkt. 2.3, ist der im Bild dargestellte „Pfeiler“ keine tragende „Kurze Wand“, weil er die Bedingung 400 cm² < A < 1000 cm² nicht erfüllt. Die folgende Berechnung entspricht der einer tragenden Wand.

Zu 1.: Spannungsnachweis ohne tragfähigen Kern

$$\text{vorh } \sigma_d = F/A = \frac{F_m + F_{\text{Pfeiler}}}{A}$$

mit $F_m = 15000\text{ kg} \cdot 9{,}81\text{m/s}^2 = 147{,}15\text{ kN}$

$F_{\text{Pfeiler}} = (0{,}365^2 - 0{,}135^2)\text{ m}^2 \cdot 2{,}5\text{ m} \cdot 18\text{ kN/m}^3 = 5{,}175\text{ kN}$

$A_{\text{Pfeiler}} = (0{,}365^2 - 0{,}135^2)\text{ m}^2 = 0{,}115\text{ m}^2$

werden:

$$\text{vorh } \sigma_d = \frac{147{,}15 \text{ kN}}{0{,}115 \text{ m}^2} = 1279 \text{ kN/m}^2 = 1{,}28 \text{ N/mm}^2 \quad \text{am Pfeilerende}$$

$$\text{vorh } \sigma_d = \frac{(147{,}15 + 5{,}175) \text{ kN}}{0{,}115 \text{ m}^2} = 1325 \text{ kN/m}^2 = 1{,}33 \text{ N/mm}^2 \quad \text{am Pfeilerfußpunkt}$$

$$\text{vorh } \sigma_d = 1{,}28(1{,}33) \text{ N/mm}^2 > \text{zul } \sigma_d = 1{,}2 \text{ N/mm}^2$$

Änderungsvorschläge: s. nächste Seite

Die zulässige Spannung ist bei Mauerwerk von verschiedenen Faktoren abhängig und muss gesondert ermittelt werden. Sie ergibt sich nach DIN 1053-1 zu:

$$\text{zul } \sigma = k \cdot \sigma_0$$

Der Abminderungsfaktor $k = k_1 \cdot k_2$ sowie der Grundwert der zulässigen Druckspannung σ_0 können DIN 1053-1 entnommen werden:

$k_1 = 1$

$k_2 = 1$ folgt aus $h_k = \beta \cdot h_s = 1{,}0 \cdot 2{,}5 \text{ m} = 2{,}5 \text{ m}$

$h_k/d = 2{,}5 \text{ m}/0{,}365 \text{ m} = 6{,}85 < 10$ falls

$h_k/d > 10$, dann $k_2 = (25 - h_k/d)/15$

$\sigma_0 = 1{,}2 \text{ N/mm}^2$

$k = 1 \cdot 1 = 1$

$\text{zul } \sigma = k \cdot \sigma_0 = 1 \cdot 1{,}2 \text{ MPa} = 1{,}2 \text{ N/mm}^2$

Wie auf der vorhergehenden Seite ermittelt, war der Spannungsnachweis nicht erfolgreich, weil vorh σ_d > zul σ. Um den Spannungsnachweis erfolgreich zu führen, könnten z. B. diese Änderungen neben anderen vorgenommen werden:

- Erhöhen der zulässigen Spannung durch Wahl einer anderen Mörtelgruppe oder Steinfestigkeitsklasse
- Verminderung der vorhandenen Spannung durch Lastabsenkung oder Einbeziehen des Pfeilerkernes als tragfähige Fläche.

Zu 2.: Spannungsnachweis mit tragfähigem Kern

$$\text{vorh } \sigma_d = F/A = \frac{F_m + F_{Pfeiler}}{A} \quad \text{mit} \quad F_m = 147{,}15 \text{ kN} \quad \text{wie oben}$$

$F_{Pfeiler} = 5{,}175 \text{ kN}$ wie oben

$F_{Kern} = 0{,}135^2 \text{ m}^2 \cdot 2{,}5 \text{ m} \cdot 25 \text{ kN/m}^3 = 1{,}14 \text{ kN}$

$A_{Pfeiler} = 0{,}365^2 \text{ m}^2 = 0{,}133 \text{ m}^2$

werden:

$$\text{vorh } \sigma_d = \frac{147{,}15 \text{ kN}}{0{,}133 \text{ m}^2} = 1105 \text{ kN/m}^2 = 1{,}11 \text{ N/mm}^2 \quad \text{am Pfeilerende}$$

$$\text{vorh } \sigma_d = \frac{(147{,}15 + 5{,}175 + 1{,}14) \text{ kN}}{0{,}133 \text{ m}^2} = 1154 \text{ kN/m}^2 = 1{,}15 \text{ N/mm}^2 \quad \text{am Pfeilerfußpunkt}$$

$\text{vorh } \sigma_d = 1{,}11 \text{ N/mm}^2 < \text{zul } \sigma_d = 1{,}2 \text{ N/mm}^2$ für das Pfeilerende;

$1{,}11/1{,}2 = 0{,}93 < 1$

$\text{vorh } \sigma_d = 1{,}15 \text{ N/mm}^2 < \text{zul } \sigma_d = 1{,}2 \text{ N/mm}^2$ für den Pfeilerfußpunkt;

$1{,}15/1{,}2 = 0{,}96 < 1$

Die **Schlankheit** einer Wand ist das Verhältnis aus Knicklänge h_k und Wanddicke d. Die Knicklänge der Wand ist:

$h_k = \beta \cdot h_s = 1 \cdot 2{,}5 \text{ m} = 2{,}5 \text{ m}$ mit h_s als lichter Wandhöhe

Damit ergibt sich für die Schlankheit der Wand:

$h_k/d = 2{,}5 \text{ m}/0{,}365 \text{ m} = 6{,}85 < 10$

Lösung Aufgabe 50

Zu 1.: Bemessungswert der Druckspannung in der Fuge Betonsäule – Fundament

In der Fuge Betonsäule – Fundament wirken folgende vertikalen Kräfte, die nur durch Druckspannungen im Beton aufgenommen werden sollen:

Eingeleitete Last aus dem Bauwerk:

$F_{Vert,d} = 780 \text{ kN}$ nach Aufgabenstellung

Eigenlast der Betonsäule ohne Verblendung:

$F_{Beton,k} = 0{,}45^2 \text{ m}^2 \cdot 3 \text{ m} \cdot 25 \text{ kN/m}^3 = 15{,}188 \text{kN}$

$F_{Beton,d} = F_{Beton,k} \cdot \gamma_G = 15{,}188 \text{kN} \cdot 1{,}35 = 20{,}504 \text{ kN}$

Eigenlast der Verblendung:

$F_{Verbl,k} = (0{,}59^2 - 0{,}45^2) \text{ m}^2 \cdot 3 \text{ m} \cdot 15 \text{ kN/m}^3 = 6{,}552 \text{ kN}$

$F_{Verbl,d} = 6{,}552 \text{ kN} \cdot 1{,}35 = 8{,}845 \text{ kN}$

Gesamtlast:

$$\sum F_d = (780 + 20{,}504 + 8{,}845) \text{ kN} = 809{,}35 \text{ kN}$$

Hieraus berechnet sich der Bemessungswert der Betondruckspannung zu:

$$\sigma_d = \frac{\sum F_d}{A_{Stütze}} = \frac{809{,}35 \text{ kN}}{0{,}45^2 \text{ m}^2} = 3997 \text{ kN/m}^2 = 4 \text{ N/mm}^2$$

Der Bemessungswert der Betondruckfestigkeit (s. Aufgabe 95, Pkt. 4) ist:

$$f_{cd} = \alpha_{cc} \cdot f_{ck}/\gamma_c = 0{,}85 \cdot 20 \text{ N/mm}^2/1{,}5 = 11{,}3 \text{ N/mm}^2 \quad \text{für} \quad \text{C20/25}$$

Nachweis: $\boxed{\sigma_d/f_{cd} \leq 1}$; $4/11{,}3 = 0{,}35 < 1$

Zu 2.: Sohldrucknachweis Fundament – Baugrund

Der Sohldrucknachweis erfolgt als vereinfachter Nachweis, der bei Regelfällen und Flachgründungen verwendet werden darf.

Es ist nachzuweisen, dass $\boxed{\sigma_{E,d} < \sigma_{R,d}}$

Zusätzlich zu der oben berechneten Kraft wirkt im Baugrund die Eigenlast des Fundamentes:

$$F_{Fund,d} = 1{,}65^2 \text{ m}^2 \cdot 1{,}4 \text{ m} \cdot 24 \text{ kN/m}^3 \cdot 1{,}35 = 123{,}49 \text{ kN}$$

$$F_{ges,d} = (809{,}35 + 123{,}49) \text{ kN} = 932{,}84 \text{ kN}$$

Daraus folgt der Sohldruck zu:

$$\sigma_{Ed} = \frac{F_{ges,d}}{A'} = \frac{932{,}84 \text{ kN}}{1{,}65^2 \text{ m}^2} = 342{,}6 \text{ kN/m}^2$$

Hinweis: $A' = a' \cdot b' = a^2$, weil mittiger Lastangriff auf quadratischer Sohlfläche vorliegt.

Der Bemessungswert des Sohlwiderstandes $\sigma_{R,d}$ ist für eine Fundamentbreite $b' = 1{,}65$ m und eine Einbindetiefe $d = 1{,}4$ m aus Diagrammen zu entnehmen und beträgt:

$$\sigma_{R,d(B,G)} = 776 \text{ kN/m}^2$$

Dieser Basiswert für Grundbruch kann vergrößert bzw. verkleinert werden:

$$\boxed{\sigma_{R,d(G)} = \sigma_{R,d(B,G)} \cdot (1 + V_L + V_G - A_G) \cdot F_A}$$

$\sigma_{R,d(G)}$	Sohlwiderstand in nichtbindigem Boden für Grundbruch
$\sigma_{R,d(B,G)}$	Basiswert des Sohlwiderstandes für Grundbruch
V_L, V_G	Parameter zur Vergrößerung des Basiswertes
A_G, F_A	Parameter zur Verminderung des Basiswertes

Für die vorliegende Aufgabe wird der Bemessungswert nicht modifiziert.

Damit:

$$\sigma_{Ed} < \sigma_{R,d}$$

$$342{,}6 < 776$$

$$342{,}6/776 = 0{,}44 < 1$$

Zu 3.: Minimale Fundamenthöhe des unbewehrten Fundamentes

Zentrisch belastete Streifen- und Einzelfundamente können unbewehrt ausgeführt werden, wenn sie eine Mindesthöhe min h_F haben.

Bedingungen:

$$\frac{0{,}85 \min h_F}{a} \geq \sqrt{\frac{3\sigma_{gd}}{f_{ctd,pl}}} \; ; \quad \frac{h_F}{a} \geq 1$$

b_Stütze
a
a
b_F

min h_F Mindesthöhe des Fundamentes

h_F Fundamenthöhe

a Fundamentüberstand von der Stützenseite

$a = (b_F - b_{Stütze})/2$; mit b_F = Fundamentbreite

$b_{Stütze}$ = Stützenbreite

σ_{gd} Bemessungswert des Sohldruckes

$f_{ctd,pl}$ Bemessungswert der Betonzugfestigkeit

$f_{ctd,pl} = f_{ctd} = \alpha_{ct,pl} \cdot f_{ctk;0,05}/\gamma_c$

$\alpha_{ct,pl} = 0{,}7$ Beiwert für Langzeitauswirkungen

$f_{ctk;0,05} = 1{,}5$ N/mm² für C 20/25

charakteristischer Wert der Betonzugfestigkeit

$\gamma_c = 1{,}5$ Teilsicherheitsbeiwert für Beton

$f_{ctd,pl} = 0{,}7 \cdot 1{,}5 \text{ N/mm}^2/1{,}5 = 0{,}7 \text{ N/mm}^2$ für C20/25

$$\frac{0{,}85 \min h_F}{0{,}6 \text{ m}} \geq \sqrt{\frac{3 \cdot 342{,}6 \text{ kN/m}^2}{0{,}7 \text{ N/mm}^2}}$$

mit $a = (b_F - b_{Stütze})/2 = (1{,}65 - 0{,}45) \text{ m}/2 = 0{,}6$ m

hieraus: min $h_F = 0{,}86$ m

Zu erfüllende Bedingungen:

min $h_F = 0{,}86 \text{ m} < h_F = 1{,}4$ m ; $\frac{h_F}{a} = 1{,}4/0{,}6 = 2{,}33 > 1$

Lösung Aufgabe 51

Zu 1.: Stabilitätsnachweis für die Holzstützen (s. hierzu Lösung zur Aufgabe 91).

Es ist nachzuweisen, dass

$$\boxed{\frac{N_d / A_n}{k_c \cdot f_{c,0,d}} \geq 1}$$

$N_d = F_{v,d} + N_{Stütze,d} = 23{,}4 \text{ kN} + 0{,}25^2 \cdot 3{,}8 \text{ m}^3 \cdot 410 \text{ kg/m}^3 \cdot 1{,}35 = 24{,}72 \text{ kN}$

$f_{c,0,d} = k_{mod} \cdot f_{c,0,k} / \gamma_M$

k_{mod} Modifikationsbeiwert; $k_{mod} = 0{,}65$ für NKL = 3 und KLED = mittel

$f_{c,0,k}$ charakteristischer Wert für Brettschichtholz Gl 28(h); $f_{c,0,k} = 26{,}5 \text{ N/mm}^2$

γ_M Teilsicherheitsbeiwert für Holz und Holzwerkstoffe, $\gamma_M = 1{,}3$

$f_{c,0,d} = 0{,}65 \cdot 26{,}5 \text{ N/mm}^2/1{,}3 = 13{,}25 \text{ N/mm}^2$

$l_{ef} = \beta \cdot l = 1 \cdot 3{,}8 \text{ m} = 3{,}8 \text{ m}$

mit *Euler*-Fall 2, wenn der Stab an seinen Enden als beweglich gelagert angenommen wird.

Für einen ungeschwächten quadratischen Querschnitt mit der Kantenlänge a ist der Trägheitsradius min $i = a/\sqrt{12} = 0{,}25 \text{ m}/\sqrt{12} = 0{,}0722 \text{ m}$;

damit:

$$\lambda = \frac{l_{ef}}{i_{min}} = 3{,}8 \text{ m}/0{,}0722 \text{ m} = 52{,}7\text{ ; lt. Bautabellen: } k_c = 0{,}87$$

$$\frac{N_d / A_n}{k_c \cdot f_{c,0,d}} = (24{,}72 \text{ kN}/0{,}25^2 \text{ m}^2)/(0{,}87 \cdot 13{,}25 \text{ N/mm}^2) = 0{,}04 < 1$$

Zu 2.: Sohldrucknachweis für den bindigen Baugrund

Der Sohldrucknachweis erfolgt als vereinfachter Nachweis, der bei Regelfällen und Flachgründungen verwendet werden darf.

Es ist nachzuweisen, dass $\boxed{\sigma_{E,d} < \sigma_{R,d}}$

$$\sigma_{E,d} = \frac{F_{ges,d}}{A'}$$

$F_{ges.,d} = N_d + F_{Fund.,d} = 24{,}72 \text{ kN} + 0{,}6^2 \text{ m}^2 \cdot 0{,}8 \text{ m} \cdot 24 \text{ kN/m}^3 \cdot 1{,}35 = 34{,}05 \text{ kN}$

$A' = a' \cdot b' = 0{,}55 \text{ m} \cdot 0{,}60 \text{ m} = 0{,}33 \text{ m}^2$

mit $a' = a - 2e_x = (0{,}6 - 2 \cdot 0{,}025)\ \text{m}^2 = 0{,}55\ \text{m}$ infolge exzentrischer Lasteintragung

$b' = b = 0{,}6\ \text{m}$

$\sigma_{E,d} = 34{,}05\ \text{kN}/0{,}33\ \text{m}^2 = 103{,}2\ \text{kN/m}^2$

Der Basiswert des Sohlwiderstandes $\sigma_{R,d(B)} = 234\ \text{kN/m}^2$ ist für $d = 0{,}8$ m Einbindetiefe Tabellen zu entnehmen.

Dieser Basiswert kann vergrößert bzw. verkleinert werden:

$$\boxed{\sigma_{R,d} = \sigma_{R,d(B)} \cdot (1 + V - A)}$$

$\sigma_{R,d}$ Sohlwiderstand in bindigem Boden

$\sigma_{R,d(B)}$ Basiswert des Sohlwiderstandes

V Parameter zur Vergrößerung des Basiswertes

A Parameter zur Abminderung des Basiswertes

Für die vorliegende Aufgabe wird der Bemessungswert nicht modifiziert.

Damit:

$\sigma_{Ed} < \sigma_{R,d}$

$103{,}2 < 234$; $\quad 103{,}2/234 = 0{,}44 < 1$

Lösung Aufgabe 52

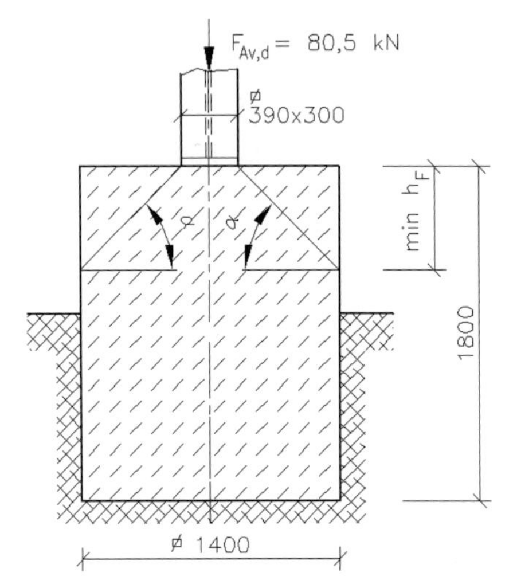

Zu 1: Maximale vertikale Lagerkräfte

In der Lösung von Aufgabe 26, Seite 141, sind die Auflagerkräfte auf die Fundamente unter Berücksichtigung aller Einwirkungen ermittelt worden. Wegen der Entlastung der Stiele infolge Wind muss die Windkraft bei der Berechnung der maximalen Auflagerkraft deshalb unberücksichtigt bleiben.

Als vertikale Kräfte sind nur noch die Eigenlasten von Stiel, Riegel und Dachaufbau sowie die Schneelast wirksam.

Zu 1.: Tragsicherheitsnachweis für die Druckspannung im Stiel

Es wird in dieser Aufgabe nur die Druckspannung nachgewiesen, also kein Knicksicherheitsnachweis durchgeführt. Knicksicherheitsnachweise werden in Aufgabe 92 ff. behandelt.

Nachzuweisen ist:

$$\boxed{\frac{N_{Ed}}{N_{c,Ed}} \leq 1}$$

$N_{Ed} = F_{Av,d} = 80,5$ kN

$\boxed{N_{c,Ed} = A \cdot f_y/\gamma_{Mo}}$ $\quad N_{c,Ed} = 159\ cm^2 \cdot 235\ N/mm^2/1,0 = 3737$ kN

$$\frac{N_{Ed}}{N_{c,Ed}} = 80,5/3737 = 0,02 < 1$$

Zu 2.: Erforderliche Kantenlänge *a*, Druckspannungsnachweis

In die folgende Berechnung (s.Lösung zur Aufgabe 95, Pkt. 4) wird der Bemessungswert von F_{Av} eingesetzt, da der Bemessungswert des Betons

$$f_{cd} = \alpha_{cc} \cdot f_{ck}/\gamma_c = 0,85 \cdot 20\ N/mm^2/1,5 = 11,3\ N/mm^2$$

Basis für die Ermittlung der minimalen Kantenlänge *a* ist.

Aus $f_{cd} = \frac{F}{A} = \frac{F_{Av,d}}{a^2}$ erhält man:

$$a = \sqrt{\frac{F_{Av,d}}{f_{cd}}} = \sqrt{\frac{80,5 \cdot 10^3\ N}{11,3\ N/mm^2}} = 84,4\ mm$$

Gewählt wird konstruktiv bedingt eine Fußplatte von der Größe der äußeren Abmessungen des Profils HEA 400: 390 mm × 300 mm.

Damit:

$$\sigma_d = \frac{80,5 \cdot 10^3\ N}{390\ mm \cdot 300\ mm} = 0,69\ N/mm^2 < f_{cd} = 11,3\ N/mm^2$$

Es ist nachzuweisen, dass $\boxed{\sigma_d/f_{cd} \leq 1}$; $\quad 0,69/11,3 = 0,06 < 1$

Zu 3.: Sohldrucknachweis für den Baugrund

Der Sohldrucknachweis erfolgt als vereinfachter Nachweis, der bei Regelfällen und Flachgründungen verwendet werden darf.

Es ist nachzuweisen, dass $\boxed{\sigma_{E,d} < \sigma_{R,d}}$

$$F_{ges,d} = F_{Av,d} + F_{Fundament,k} \cdot \gamma_G = 80{,}5\ \text{kN} + 1{,}4^2 \cdot 1{,}8\ \text{m}^3 \cdot 24\ \text{kN/m}^3 \cdot 1{,}35$$

$$= 165{,}2\ \text{kN}$$

$$\sigma_{E,d} = \frac{F_{ges,d}}{A'}$$

$$A' = a' \cdot b' = 1{,}4^2\ \text{m}^2 = 1{,}96\ \text{m}^2$$

mit $a' = a$ und $b' = b$

$$\sigma_{E,d} = 165{,}2\ \text{kN}/1{,}96\ \text{m}^2 = 84{,}3\ \text{kN/m}^2$$

Der Basiswert des Sohlwiderstandes $\sigma_{R,d(B)} = 250\ \text{kN/m}^2$ ist für bindigen Baugrund (gemischtkörnig, steif) und eine Einbindetiefe von $d = 1$ m Tabellen zu entnehmen.

Dieser Basiswert kann vergrößert bzw. verkleinert werden:

$$\boxed{\sigma_{R,d} = \sigma_{R,d(B)} \cdot (1 + V - A)}$$

$\sigma_{R,d}$ Sohlwiderstand in bindigem Boden

$\sigma_{R,d(B)}$ Basiswert des Sohlwiderstandes

V Parameter zur Vergrößerung des Basiswertes

A Parameter zur Abminderung des Basiswertes

Für die vorliegende Aufgabe wird der Bemessungswert nicht modifiziert.

Damit:

$$\sigma_{Ed} < \sigma_{R,d}$$

$$84{,}3 < 250\ ; \qquad 84{,}3/250 = 0{,}34 < 1$$

Zu 4 .: Mindestfundamenthöhe

Zentrisch belastete Streifen- und Einzelfundamente können unbewehrt ausgeführt werden, wenn sie eine Mindesthöhe min h_F haben (s. Aufgabe 50, Pkt. 3).

Bedingungen:

$$\boxed{\frac{0{,}85 \cdot \min h_F}{a} \geq \sqrt{\frac{3\sigma_{gd}}{f_{ctd,pl}}}\ ; \qquad \frac{h_F}{a} \geq 1}$$

σ_{gd} Bemessungswert des Sohldruckes

$f_{ctd,pl}$ Bemessungswert der Betonzugfestigkeit

$$f_{ctd,pl} = f_{ctd} = \alpha_{ct,pl} \cdot f_{ctk;0,05}/\gamma_c$$

$\alpha_{ct,pl} = 0{,}7$ Beiwert für Langzeitauswirkungen

$f_{ctk;0,05} = 1{,}5\ \text{N/mm}^2$ für C20/25; charakteristischer Wert der Betonzugfestigkeit

$\gamma_c = 1{,}5$ Teilsicherheitsbeiwert für Beton

$f_{ctd,pl} = 0{,}7 \cdot 1{,}5$ N/mm²/1,5 = 0,7 N/mm² für C20/25

$\sigma_{gd} = \sigma_{E,d} = 84{,}3$ kN/m²

$$\frac{0{,}85 \cdot \min h_F}{0{,}55\ \text{m}} \geq \sqrt{\frac{3 \cdot 84{,}3\ \text{kN/m}^2}{0{,}7\ \text{N/mm}^2}}$$

mit $a = (b_F - b_{Stütze})/2 = (1{,}4\ \text{m} - 0{,}3\ \text{m})/2 = 0{,}55$ m

hieraus: $\min h_F = 0{,}39$ m

Zu erfüllende Bedingungen:

$$\min h_F = 0{,}39\ \text{m} < h_F = 1{,}8\ \text{m}\ ; \qquad \frac{h_F}{a} = 1{,}8/0{,}55 = 3{,}3 > 1$$

Lösung Aufgabe 53

Mit der zulässigen Flächenpressung von zul σ_d = 72,8 N/mm²/υ = 72,8 N/mm²/4 = 18,2 N/mm² für Sandstein lässt sich die erforderliche Fläche der Lastverteilungsplatte berechnen:

$$\text{erf}\ A = F/\text{zul}\ \sigma_d = 380\ \text{kN}/18{,}2\ \text{N/mm}^2 = 209\ \text{cm}^2$$

hieraus: $\text{erf}\ a = \sqrt{\text{erf}\ A} = \sqrt{209\ \text{cm}^2} = 14{,}5$ cm

gewählt: a = 400 mm, um die größeren Abmessungen des Stützenfußes zu berücksichtigen.

Mit der gewählten Plattengröße wird:

$$\text{vorh}\ \sigma_d = \frac{F}{\text{vorh}\ A} = \frac{380 \cdot 10^3\ \text{N}}{400^2\ \text{mm}^2} = 2{,}38\ \text{N/mm}^2 < \text{zul}\ \sigma_d = 18{,}2\ \text{N/mm}^2$$

Nachweis: vorh σ_d/zul σ_d = 2,38/18,2 = 0,13 < 1

Lösung Aufgabe 54

Die Berechnung des Schwerpunktes erfolgt in Analogie zu den Aufgaben 30–34. Der Koordinatenursprung wird in A gelegt, weswegen die y-Koordinaten der drei Einzelschwerpunkte negativ sind. Der **Masseschwerpunkt** berechnet sich dann zu:

$$y_s = \frac{\sum(m_i \cdot l_{y,i})}{\sum m_i} = \frac{[6 \cdot (-4{,}55) + 5 \cdot (-5{,}75) + 4{,}6 \cdot (-6{,}75)]\ \text{tm}}{(6 + 5 + 4{,}6) \cdot \text{t}} = -5{,}58\ \text{m}$$

$$z_s = \frac{\sum(m_i \cdot l_{z,i})}{\sum m_i} = \frac{[6 \cdot 1{,}35 + 5 \cdot 3{,}95 + 4{,}6 \cdot 6{,}35]\ \text{tm}}{(6 + 5 + 4{,}6) \cdot \text{t}} = +3{,}66\ \text{m}$$

Die gesamte Gewichtskraft der drei Container beträgt

$$F_{ges} = m_{ges} \cdot g = 15600 \text{ kg} \cdot 9{,}81 \text{ m/s}^2 = 153{,}04 \text{ kN}$$

Mit Hilfe der dritten Gleichgewichtsbedingung werden die Kräfte berechnet, die in die Holzbohlen bei A und B eingeleitet werden. Danach erfolgt die Ermittlung der Bohlenbreite b aus der zulässigen Bodenpressung. Die berechneten Werte sind Mindestbreiten.

$$\sum M_A = 0 = 153{,}04 \text{ kN} \cdot 5{,}58 \text{ m} - F_B \cdot 9{,}1 \text{ m}$$

hieraus: $F_B = 93{,}84$ kN

$F_A = 59{,}20$ kN

$$\text{erf } A_A = \frac{F_A}{\sigma_{zul}} = \frac{59{,}2 \text{ kN}}{100 \text{ kN/m}^2} = 0{,}592 \text{ m}^2; \qquad \text{erf } b_A = 0{,}592 \text{ m}^2/2{,}7 \text{ m} = 0{,}22 \text{ m}$$

$$\text{erf } A_B = \frac{F_B}{\sigma_{zul}} = \frac{93{,}84 \text{ kN}}{100 \text{ kN/m}^2} = 0{,}938 \text{ m}^2; \qquad \text{erf } b_B = 0{,}938 \text{ m}^2/2{,}7 \text{ m} = 0{,}35 \text{ m}$$

Lösung Aufgabe 55

Die Säulen wurden häufig ohne Fundament oder Lastverteilungsplatte auf eine dünne Kiesschüttung gesetzt. Wie das Rechenergebnis zeigt, ist die zulässige Sohlpressung dadurch erheblich überschritten:

$$\text{vorh } \sigma_{E,d} = \frac{(F_{D,k} + F_{E,k}) \cdot \gamma_F}{A_n} = \frac{(5{,}9 + 1{,}4) \text{ kN} \cdot 1{,}35}{(0{,}14^2 - 2 \cdot 0{,}06 \cdot 0{,}034) \cdot \text{m}^2} = 635 \text{ kN/m}^2$$

$$\text{vorh } \sigma_{E,d} = 635 \text{ kN/m}^2 > \sigma_{R,d} = 130 \text{ kN/m}^2$$

$$\text{erf } A = \frac{F_{D,d} + F_{E,d}}{\sigma_{R,d}} = \frac{9{,}86 \text{ kN}}{130 \text{ kN/m}^2} = 0{,}076 \text{ m}^2$$

$$\text{erf } a = \sqrt{0.076 \text{ m}^2} = 280 \text{ mm}$$

gewählt: 300 mm × 300 mm

Lösung Aufgabe 56

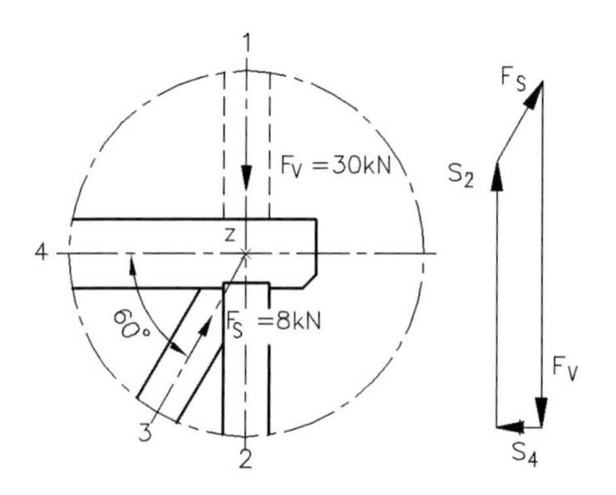

Um für die Ermittlung der Stabkräfte vereinfachend ein zentrales Kraftsystem zu bilden, denkt man sich die Stütze 1 nach links in das Zentrum Z verschoben (gestrichelte Position). Für die übrigen Untersuchungen (Scherung, Biegung u. a.) bleibt der Stab 1 in seiner tatsächlichen Position. Im rechten Bildteil ist die zeichnerische Lösung der Stabkräfte dargestellt.

Die weiteren Lösungen erfolgen rechnerisch:

$\sum F_H = 0 = F_s \cdot \cos 60^\circ - S_4$; **hieraus:** $S_4 = 4{,}00$ kN (Zugstab)

$\sum F_V = 0 = -F_V + F_S \cdot \sin 60^\circ - S_2$; **hieraus:** $S_2 = -23{,}07$ kN (Druckstab)

Zu 1.: Zug- bzw. Druckspannungen in den Stäben 1–4

Die kleinsten Querschnittflächen der Stäbe 1–4 betragen:

$$A_1 = A_2 = A_3 = 14 \text{ cm} \cdot 14 \text{ cm} = 196 \text{ cm}^2$$

$$A_4 = (20 - 1{,}5) \text{ cm} \cdot 14 \text{ cm} = 259 \text{ cm}^2$$

Damit werden die Normalspannungen in den Stäben 1–4:

$\sigma_1 = F_V/A_1 = -30 \text{ kN}/196 \text{ cm}^2 = -1{,}53 \text{ N/mm}^2$ Druckspannung

$\sigma_2 = S_2/A_2 = -23{,}07 \text{ kN}/196 \text{ cm}^2 = -1{,}18 \text{ N/mm}^2$ Druckspannung

$\sigma_3 = F_S/A_3 = -8 \text{ kN}/196 \text{ cm}^2 = -0{,}41 \text{ N/mm}^2$ Druckspannung

$\sigma_4 = S_4/A_4 = +4 \text{ kN}/259 \text{ cm}^2 = +0{,}15 \text{ N/mm}^2$ Zugspannung

Zu 2.: Scherspannungen im Längsträger 4

Abscherspannung infolge F_V:

Der Stab 1 erzeugt in seiner tatsächlichen Position im kleinsten Querschnitt A_4 eine Abscherspannung τ_a und eine Biegespannung σ_b. Die Biegespannung $\sigma_b = M_b/W$ hat eine Größe von 2,63 N/mm² und wird bei späteren Aufgaben berechnet.

$$\tau_{a\perp} = F_V/A_4 = 30 \text{ kN}/259 \text{ cm}^2 = 1{,}16 \text{ N/mm}^2$$

$$\tau_{a\|} = S_4/A_{\text{Vorholz}} = \frac{4 \text{ kN}}{(14 - 4 + 1{,}5)\,\text{cm} \cdot 14 \text{ cm}} = 0{,}25 \text{ N/mm}^2$$

Hierbei wird angenommen, dass der Stab 2 so am Vorholz des Stabes 4 anliegt, dass die gesamte Horizontalkomponente $F_{S,h} = S_4 = 4$ kN am Vorholz aufgenommen wird. Liegt fertigungsbedingt Stab 2 nicht am Vorholz an, dann wird die Horizontalkomponente $F_{S,h}$ durch Reibung übertragen, da $F_{Reibung} = \mu \cdot S_2 \geq 13{,}8$ kN > $F_{S,h}$. Damit ist $\tau_{a||} = 0$. Die obige Berechnung bleibt davon unberührt.

Lösung Aufgabe 57

Die Abscherspannung τ_a errechnet sich zu:

$$\text{vorh } \tau_a = \frac{F_{ges}}{A_S} = \frac{F_S + F_p}{a \cdot b} = \frac{(22+13)\cdot 10^3 \text{ N}}{(240 \cdot 620)\text{ mm}^2} = 0{,}24 \text{ N/mm}^2$$

$$\text{vorh } \tau_a = 0{,}24 \text{ N/mm}^2 < \text{zul } \tau_a = 0{,}25 \text{ N/mm}^2$$

$$\text{vorh } \tau_a = 0{,}24/0{,}25 = 0{,}96 < 1$$

Hinweis: Die zulässige Abscherspannung ist für Naturstein (hier Sandstein) nicht als Rechenwert festgelegt. Man kann sie jedoch mit etwa 10 % von σ_0 ansetzen. Hierin ist σ_0 der Grundwert der zulässigen Druckspannung für Natursteinmauerwerk.

Mit $\sigma_0 = 2{,}5$ N/mm^2 ist zul $\tau_a = 0{,}1 \cdot 2{,}5 = 0{,}25$ N/mm^2

Lösung Aufgabe 58

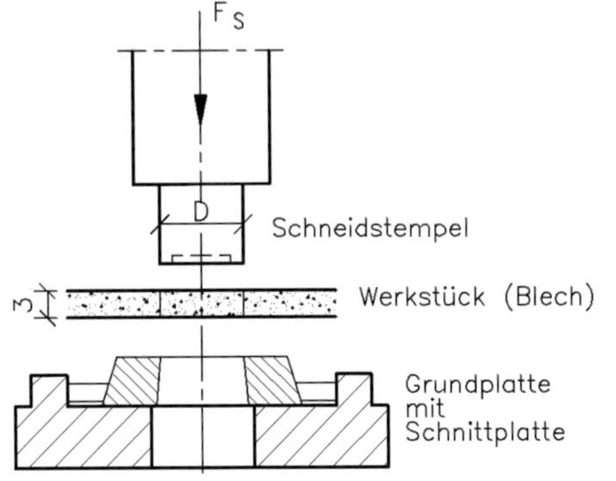

Das Prinzip des Schneidens (Ausstanzens oder Lochens) zeigt das linke Bild. Beim Ausschneiden muss die Scher-Bruchspannung erreicht werden. Die erforderliche Schnittkraft wird dann:

$$F_S = \tau_{a,B} \cdot A_{Scherfläche}$$

$$= 320 \text{ N/mm}^2 \cdot D \cdot \pi \cdot 3 \text{ mm}$$

$$F_S = 3016 \text{ N/mm} \cdot D$$

Die Druckspannung im Schneidstempel ergibt sich daraus zu:

$$\sigma_d = \frac{F_S}{A_{Schneidstempel}} = \frac{3016 \text{ N/mm} \cdot D}{D^2 \cdot \pi / 4} = \frac{3840}{D} \text{ N/mm}$$

Setzt man für σ_d = zul σ_d = 220 N/mm^2 ein, folgt $D \geq 17{,}5$ mm.

Aus dieser Sicht können die Durchbrüche, wie in der Aufgabenstellung beschrieben, hergestellt werden, wenn ihr Durchmesser ≥17,5 mm ist. Es gibt jedoch eine Reihe Verfahren, die wirtschaftlicher wären.

Lösung Aufgabe 59

Zu 1.: Abscherspannung im Deckenbalken

Die Abscherspannung im Deckenbalken wird durch die Querkraft an der ausgesparten Querschnittsebene hervorgerufen. Zu ihrer Berechnung sind die Vertikalkomponente $F_{v,d}$ der Kraft F_d und der kleinste Querschnitt einzusetzen:

Spannungsnachweis: $$1{,}5 \cdot \frac{V_d}{A_n} \leq f_{v,d}$$

$$f_{v,d} = (k_{mod}/\gamma_M) \cdot f_{v,k} = (0{,}6/1{,}3) \cdot 2{,}0 \text{ N/mm}^2$$

$$= 0{,}92 \text{ N/mm}^2 \quad \text{mit} \quad k_{mod} = 0{,}6$$

$$\gamma_M = 1{,}3$$

$$f_{v,k} = 2 \text{ N/mm}^2$$

$$\tau_d = 1{,}5 \cdot \frac{F_{V,d}}{A_{min}} = 1{,}5 \cdot \frac{6{,}5 \cdot 10^3 \text{ N} \cdot \sin 60^\circ}{(120-20)\text{ mm} \cdot 100 \text{ mm}} = 0{,}84 \text{ N/mm}^2 < 0{,}92$$

$$0{,}84/0{,}92 = 0{,}91 < 1$$

Zu 2.: Versatztiefe erf t_v ; Vorholzlänge erf l_v,

Die Horizontalkomponente $F_{h,d}$ von F_d versucht, das Vorholz mit der Länge l_v in Faserrichtung zu scheren.

Die erforderliche **Versatztiefe** t_v für den Stirnversatz ist:

$$\text{erf } t_v = \frac{D_d}{b \cdot f^*_{SV,d}}$$

D_d Strebenkraft F_d

b Breite des Versatzes

$$f^*_{SV,d} = f^*_{SV,k} \cdot (k_{mod}/\gamma_M) = 13{,}5 \text{ N/mm}^2 \cdot 0{,}462 \quad \text{(aus Bautabellen)}$$

$$= 6{,}24 \text{ N/mm}^2$$

$$\text{erf } t_v = 6500 \text{ N}/(100 \text{ mm} \cdot 6{,}24 \text{ N/mm}^2) = 10{,}4 \text{ mm}$$

$$t_v \leq \frac{h}{4} \cdot \left(1 - \frac{\gamma - 50°}{30°}\right) = 120/4 \text{ mm} \cdot \left(1 - \frac{60° - 50°}{30°}\right) = 20 \text{ mm}$$

$$\text{erf } t_v = 10{,}4 \text{ mm} < 20 \text{ mm}$$

Die erforderliche **Vorholzlänge** erf l_v ergibt sich zu:

$$\text{erf } l_v = \frac{D_d}{b \cdot f^*_{v,d}}$$

$$f^*_{v,d} = f^*_{v,k} \cdot (k_{mod}/\gamma_M) = 4{,}00 \text{ N/mm}^2 \cdot 0{,}462 = 1{,}85 \text{ N/mm}^2$$

$$\text{erf } l_v = 6500 \text{ N}/(100 \text{ mm} \cdot 1{,}85 \text{ N/mm}^2) = 35{,}2 \text{ mm}$$

$$35{,}2 \text{ mm} < 8 \cdot t_v = 8 \cdot 20 \text{ mm} = 160 \text{ mm}$$

Gewählt wird mit Rücksicht auf mögliche Trockenrisse $l_v = 200$ mm.

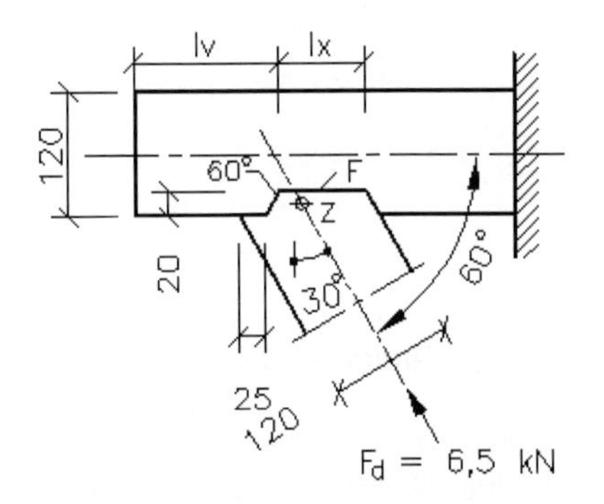

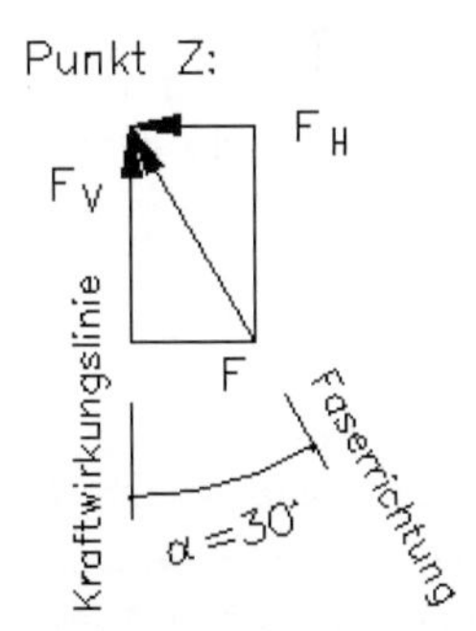

Zu 3.: Druckspannungsnachweis in der Fuge *F* für den Sparren

In der Fuge *F* tritt eine Druckspannung infolge $F_{v,d}$ auf. Sie wirkt im Deckenbalken unter 90° zur Faserrichtung und im Sparren unter 30° (das ist der Winkel zwischen der Kraftwirkungslinie von $F_{v,d}$ und der Faserrichtung). Zur Ermittlung der Anpressfläche ist die Berechnung von l_x notwendig:

$$l_x = l_A = 120 \text{ mm}/\cos 30° - 25 \text{ mm} - 2 \cdot 20 \text{ mm}/\tan 60° = 90{,}5 \text{ mm}$$

$$l_{A,ef} = l_A + 30 \text{ mm} \cdot \sin 30° = 90{,}5 + 30 \text{ mm} \cdot \sin 30° = 105{,}5 \text{ mm}$$

$$A_{ef} = 100 \text{ mm} \cdot 105.5 \text{ mm} = 10550 \text{ mm}^2$$

Nachweis: $$\frac{N_{\alpha,d}}{A_{ef}} \leq k_{c,\alpha} \cdot f_{c,\alpha,d}$$

Für $\alpha = 90° - \gamma = 90^{o} - 60° = 30°$ ergeben sich:

$k_{c,\alpha} = 1{,}25$ Beiwert lt. Bautabellen

$f_{c,\alpha,k} = 6{,}76\ N/mm^2$ charakteristische Festigkeit für Druck unter dem Winkel α

$f_{c,\alpha,d} = f_{c,\alpha,k} \cdot (k_{mod}/\gamma_M) = 6{,}76\ N/mm^2 \cdot 0{,}462 = 3{,}12\ N/mm^2$

$k_{c,\alpha} \cdot f_{c,\alpha,d} = 1{,}25 \cdot 3{,}12\ N/mm^2 = 3{,}90\ N/mm^2$

$$\frac{N_{\alpha,d}}{A_{ef}} = (6{,}5\ kN \cdot \cos 30°)/10550\ mm^2 = 0{,}534\ N/mm^2$$

$0{,}534\ N/mm^2 < 3{,}90\ N/mm^2$; $0{,}534/3{,}90 = 0{,}14 < 1$

Lösung Aufgabe 60

Die in der Aufgabenstellung gezeigte Nietverbindung ist an älteren Bauwerken zu finden. Unter Beachtung des **Hinweises** in der Aufgabenstellung soll die folgende Berechnung nach einem (für Neubauten nicht mehr gültigen) Verfahren, dem „σ_{zul}-Verfahren“ nach DIN 18 800 (03.81) durchgeführt werden. Vom Grundsatz her sind die folgenden Lösungsschritte bei derzeitigen Berechnungsverfahren die gleichen. Im Einzelnen sind zu führen:

1. **Nachweis der Abscherspannung.** Der Nachweis wird für die Verbindungselemente (Bolzen, Schraubenschaft, Niet, Stift) geführt.

   Zu beachten ist, dass bei warm eingezogenen Nieten der geschlagene Nietdurchmesser (gleich Lochdurchmesser) in die Berechnung eingeht. Alle Nietdurchmesser, Lochabstände und Materialkennwerte sind älteren Bautabellen zu entnehmen.

2. **Nachweis der Lochleibung** (Flächenpressung). Er wird für die Anpressflächen zwischen Verbindungselement und Knotenblech bzw. Anschlussträger geführt. Als Anpressfläche ist die Projektionsfläche der Lochwandung einzusetzen.

   Dabei ist der Lochdurchmesser bei voll ausgefüllter Bohrung (Passschraube, Passbolzen oder warm geschlagener Niet) bzw. der Bolzendurchmesser bei Lochspiel (1 mm, 2 mm oder >2 mm) mit der Blechdicke zu multiplizieren.

3. **Nachweis der Zugspannung.** Der Nachweis wird für das Knotenblech oder den Anschlussträger geführt. In die Berechnung ist der Nettoquerschnitt einzusetzen.

   Bei hintereinander angeordneten Verbindungselementen ist der ungünstigste Querschnitt zu berechnen. Dieser hängt von der dort herrschenden Kraft und der Querschnittsschwächung ab.

Zu 1.: Nachweis der Abscherspannung im Nietquerschnitt

$$\text{vorh } \tau_a = \frac{F}{A} = \frac{280 \cdot 10^3 \text{ N}}{2 \cdot 6 \cdot 21^2 \cdot \pi / 4 \text{ mm}^2} = 67{,}4 \text{ N/mm}^2 < \text{zul } \tau_a = 140 \text{ N/mm}^2$$

Hinweis: Die 6 warm eingezogenen Niete werden wegen der zwei angeschlossenen U-Träger zweischnittig beansprucht. Bei 20 mm Nietdurchmesser ist der Lochdurchmesser (Bohrungsdurchmesser) 21 mm.

Zu 2.: Lochleibung im U-Träger und im Knotenblech

– **für den U-Träger:**

$$\text{vorh } \sigma_l = \frac{F}{A} = \frac{280 \cdot 10^3 \text{ N}}{21 \text{ mm} \cdot 8{,}5 \text{ mm} \cdot 2 \cdot 6} = 130{,}7 \text{ N/mm}^2 < \text{zul } \sigma_l = 320 \text{ N/mm}^2$$

Hinweis: Die Stegdicke des U-Trägers, $s = 8{,}5$ mm, ist Bautabellen zu entnehmen.

– **für das Knotenblech**

$$\text{vorh } \sigma_l = \frac{F}{A} = \frac{280 \cdot 10^3 \text{ N}}{21 \text{mm} \cdot 12 \text{ mm} \cdot 6} = 185{,}2 \text{ N/mm}^2 < \text{zul } \sigma_l = 320 \text{ N/mm}^2$$

Hinweis: Die Blechdicke des Knotenbleches, $s = 12$ mm, ist der Skizze in der Aufgabenstellung zu entnehmen.

Zu 3.: Zugspannung im U-Träger, Knotenblech und in der Schweißnaht für den U-Träger:

$$\text{vorh } \sigma_z = \frac{F}{A} = \frac{280 \cdot 10^3 \text{ N}}{2 \cdot (3220 - 2 \cdot 21 \cdot 8{,}5) \text{ mm}^2} = 48{,}9 \text{ N/mm}^2 < \text{zul } \sigma_z = 160 \text{ N/mm}^2$$

Hinweis: Die Querschnittsfläche des U-Trägers, $A = 32{,}2 \text{ cm}^2$, ist Bautabellen entnehmen.

– **für das Knotenblech:**

$$\text{vorh } \sigma_z = \frac{F}{A} = \frac{280 \cdot 10^3 \text{ N}}{(290 - 2 \cdot 21) \cdot 12 \text{ mm}^2} = 94{,}1 \text{ N/mm}^2 < \text{zul } \sigma_z = 160 \text{ N/mm}^2$$

Hinweis: Die Breite des Knotenbleches ist der Skizze in der Aufgabenstellung zu entnehmen.

– **für die Schweißnaht:**

$$\text{vorh } \sigma_{z,s} = \frac{F}{A_s} = \frac{280 \cdot 10^3 \text{ N}}{(2 \cdot 375 + 2 \cdot 12) \cdot 4 \text{ mm}^2} = 90{,}4 \text{ N/mm}^2 < \text{zul } \sigma_{z,s} = 160 \text{ N/mm}^2$$

Hinweis: Die Höhe des Knotenbleches an der Schweißnaht ist $h = 200$ mm $+ 2 \cdot 45$ mm $\cdot$ (350/180) $= 375$ mm.

Die Schweißnahtfläche ist $A_s = \sum a_i \cdot l_i$. In der vorliegenden Aufgabe beträgt die Schweißnahtdicke $a = 4$ mm lt. Skizze (s. Aufgabenstellung) und die gesamte Schweißnahtlänge $l_{ges} = 2 \cdot h + 2 \cdot s = 774$ mm.

Lösung Aufgabe 61

Für Schraub- und Nietverbindungen sind auf der Basis von Eurocode 3 aus Bautabellen für alle üblichen Verbindungsarten (hier vorzugsweise „Scher-/Lochleibungsverbindung; keine Vorspannung", bzw. „Gleitfeste Verbindung; vorgespannt") Grenzkräfte zu entnehmen.

Das sind:

Kategorie A: Scher-/Lochleibungsverbindung ohne Vorspannung

- Grenzabscherkraft $F_{v,Rd}$ für die Beanspruchbarkeit eines Schraubenquerschnittes auf Abscheren
- Grenzlochleibungskraft $F_{b,Rd}$ für die Beanspruchbarkeit der Anschlussbleche auf Flächenpressung zwischen Verbindungselement und Blech.

Kategorie C: Gleitfeste Verbindung mit Vorspannung

- Grenzgleitkraft $F_{s,Rd}$ für die Beanspruchbarkeit ohne Gleiten
- Grenzlochleibungskraft $F_{b,Rd}$ für die Beanspruchbarkeit eines Schraubenquerschnittes auf Lochleibung
- Grenzzugkraft des Nettoquerschnittes $F_{net,Rd}$ $0{,}9 \cdot A_{net} \cdot f_u/\gamma_{M2}$

Für alle Nachweise gilt, dass der Bemessungswert der Abscherkraft $\boxed{F_{v,Ed} \leq F_{i,Rd}}$ ist.

Diese und andere Nachweise können mit den gut handhabbaren Tabellenwerten geführt werden. Dazu wählt der Bearbeiter Verbindungsart, Festigkeitsklasse, Schrauben- bzw. Nietgröße, Lochabstände, Nennlochspiel u. a.

In der Aufgabenstellung ist angegeben, dass diese Stirnplattenverbindung 8 Schrauben enthält. Die Bemessungswerte der Tragfähigkeit der Schraubverbindung sollen für Abscheren und Lochleibung ermittelt werden:

– Abscheren

Aus Bautabellen erhält man für eine Schraube M 20, Kategorie A, Schaft in der Scherfuge und Schraubenfestigkeitsklasse 8.8 eine Grenzabscherkraft je Scherfuge von 120,6 kN. Damit:

$$\sum F_{v,Rd} = 8 \cdot F_{v,Rd} = 8 \cdot 120{,}6\ \text{kN} = 964{,}8\ \text{kN}$$

– Lochleibung

Die Lochabstände in Kraftrichtung betragen lt. Aufgabenstellung:

$e_1 = 45$ mm als Randabstand in Kraftrichtung

$p_1 = 100$ mm als Lochabstand in Kraftrichtung

Der Lochdurchmesser ist für M 20 und 2 mm Lochspiel $d_0 = 22$ mm.

Die Bedingungen für die minimalen Lochabstände:

$\min e_1 \geq 1{,}2 \cdot d_0 = 1{,}2 \cdot 22\text{ mm} = 26{,}4\text{ mm}$ Randabstand in Kraftrichtung

$\min p_1 \geq 2{,}2 \cdot d_0 = 2{,}2 \cdot 22\text{ mm} = 48{,}4\text{ mm}$ Lochabstand in Kraftrichtung

sind erfüllt.

Für die o. a. Schraube kann eine Grenzlochleibungskraft von $F_{b,Rd} = 98{,}18$ kN abgelesen werden. Da die Blechdicke in der vorliegenden Aufgabe 20 mm ist, muss der Ablesewert um den Faktor 2 vergrößert werden. Damit wird:

$$\sum F_{b,Rd} = 8 \cdot F_{b,Rd} \cdot 2 = 8 \cdot 98{,}18\text{ kN} \cdot 2 = 1570{,}9\text{ kN}$$

Maßgeblich ist die Abscherung.

Lösung Aufgabe 62

In der Lösung zur Aufgabe 61 sind Hinweise zur Berechnung von Schraubverbindungen enthalten. Danach gehört die vorliegende Aufgabe zur Kategorie A „Scher-/Lochleibungs verbindung ohne Vorspannung". Der Tragsicherheitsnachweis wird auf Abscheren und Lochleibung durchgeführt.

– Tragsicherheitsnachweis auf Abscheren

Es ist nachzuweisen, dass $\boxed{F_{v,Ed} \leq F_{v,Rd}}$, $\boxed{\dfrac{F_{v,Ed}}{F_{v,Rd}} \leq 1}$

$$\sum F_{v,Ed} = F_d = 77{,}1\text{ kN}\ ; \qquad F_{v,Ed} = F_d/n = 77{,}1\text{ kN}/8 = 9{,}64\text{ kN}$$

mit $n = 8$ Scherflächen

Für eine Schraube M16, Kategorie A, Schraubenfestigkeitsklasse 8.8, Gewinde in der Scherfuge, ergibt sich die Grenzabscherkraft $F_{v,Rd}$ nach Tabelle zu:

$$F_{v,Rd} = 60{,}3\text{ kN}$$

und damit:

$$F_{v,Ed}/F_{v,Rd} = 9{,}64\text{ kN}/60{,}3\text{ kN} = 0{,}16 < 1$$

– Tragsicherheitsnachweis auf Lochleibung

Die Lochabstände in Kraftrichtung betragen lt Aufgabenstellung:

$e_1 = 120$ mm als Randabstand in Kraftrichtung für die Stirnplatte

$e_1 =$ begrenzt auf $4 \cdot t + 40\text{ mm} = (4 \cdot 11 + 40\ )\text{ mm} = 84\text{ mm}$
als Randabstand in Kraftrichtung für den Steg der Stiele

$p_1 = 150$ mm als Lochabstand in Kraftrichrung

Der Lochdurchmesser ist für M16 und 2 mm Lochspiel $d_0 = 18$ mm.

Die Bedingungen für die minimalen Lochabstände:

$\min e_1 \geq 1{,}2 \cdot d_0 = 1{,}2 \cdot 18 \text{ mm} = 21{,}6 \text{ mm}$ Randabstand in Kraftrichtung

$\min p_1 \geq 2{,}2 \cdot d_0 = 2{,}2 \cdot 18 \text{ mm} = 39{,}6 \text{ mm}$ Lochabstand in Kraftrichtung

sind erfüllt.

Es ist nachzuweisen, dass $\boxed{F_{\text{v,Ed}} \leq F_{\text{b,Rd}}}$, $\boxed{\dfrac{F_{\text{v,Ed}}}{F_{\text{b,Rd}}} \leq 1}$

$F_{\text{v,Ed}} = 9{,}64$ kN mit $n = 8$ Leibungsflächen

Die Grenzlochleibungskräfte ergeben sich für $e_1 = 120$ mm Randabstand der Stirnplatte und $e_1 = 84$ mm Randabstand des Steges zu:

$F_{\text{b,Rd}} = 115{,}1 \cdot 1{,}2 = 138{,}1$ kN für die Stirnplatte mit $s = 12$ mm

$$\frac{9{,}64}{138{,}1} = 0{,}07 < 1$$

$F_{\text{b,Rd}} = 115{,}1 \cdot 1{,}1 = 126{,}6$ kN für die Stirnplatte mit $s = 11$ mm

$$\frac{9{,}64}{126{,}6} = 0{,}08 < 1$$

Lösung Aufgabe 63

- **Schraubverbindung 1 im Lager *A***

In der Schraubverbindung 1 des Lagers *A* wirkt die Kraft $F_{1,\text{d}} = \dfrac{F_\text{d}}{\sin\alpha}$ (s. a. Bild am Ende der Aufgabe).

Hierin ist α der Neigungswinkel der Verbindungslinie $A-B$. Mit dieser Kraft sind folgende Nachweise zu führen:

- **Nachweis auf Abscheren:**

Es ist nachzuweisen, dass $\boxed{F_{\text{v,Ed}} \leq F_{\text{v,Rd}}}$, $\boxed{\dfrac{F_{\text{v,Ed}}}{F_{\text{v,Rd}}} \leq 1}$ mit $\sum F_{\text{v,Ed}} = F_{1,\text{d}}$, weil eine einschnittige Verbindung vorliegt.

– Nachweis auf Lochleibung:

Es ist nachzuweisen, dass $\boxed{F_{v,Ed} \leq F_{b,Rd}}$, $\boxed{\dfrac{F_{v,Ed}}{F_{b,Rd}} \leq 1}$

Die für einschnittige Anschlüsse mit einer Schraubenreihe vorgegebene Regelung

$$F_{b,Rd} \leq 1{,}5 \cdot f_u \cdot d \cdot t/\gamma_{M2}$$

wird für die vorliegende Verbindung angewendet:

mit f_u charakteristische Zugfestigkeit

d Schaftdurchmesser der Schraube

t Bauteildicke

$\gamma_{M2} = 1{,}25$; Teilsicherheitsbeiwert

– Nachweis auf Zug:

Die größte Zugbeanspruchung tritt in den geschwächten Querschnitten infolge der Bohrungen auf. Das betrifft sowohl das Knotenblech als auch das Anschlussblech.

Es ist nachzuweisen, dass

$$\boxed{\frac{N_{t,Ed}}{N_{t,Rd}} \leq 1}$$

$N_{t,Ed}$ Bemessungskraft der Zugkraft

$N_{t,Rd}$ Grenzzugkraft

$N_{t,Rd} = N_{pl,Rd}$ bzw. $N_{u,Rd}$; der kleinere Wert ist maßgebend

$$N_{pl,Rd} = A \cdot f_y/\gamma_{M0}$$

$$N_{u,Rd} = 0{,}9 \cdot A_{net} \cdot f_u$$

mit A Bruttoquerschnittsfläche

A_{net} Nettoquerschnittsfläche

f_y charakteristische Festigkeit der Streckgrenze

f_u Charakteristischer Wert der Zugfestigkeit

γ_{M0}, γ_{M2} Teilsicherheitsbeiwerte

– Spannschraube (Gewinde 2)

Der aufgeschweißte Gewindebolzen wird auf Zug beansprucht.

Es ist nachzuweisen, dass $\boxed{F_{t,Ed} \leq F_{t,Rd}}$, $\boxed{\dfrac{F_{t,Ed}}{F_{t,Rd}} \leq 1}$

– Schraubverbindung 3 im Lager B

Die Schraubverbindung 3 im Lager B ist identisch mit der Schraubverbindung 1. Die Funktion des Knotenbleches übernimmt in dem Lager B die Wandplatte mit aufgeschweißtem Steg.

– Wandbefestigungsschrauben 4 im Lager B

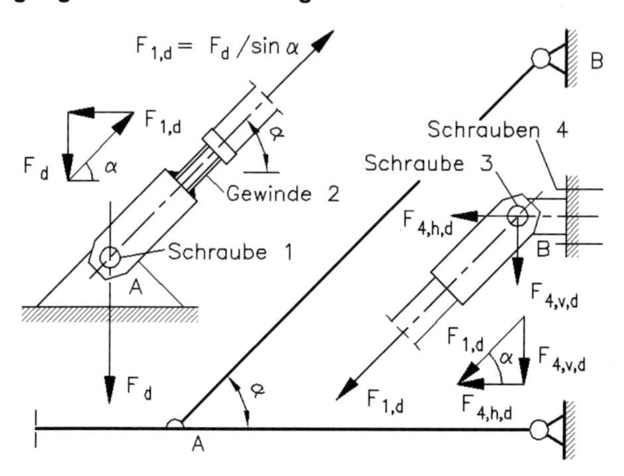

Die Kraft $F_{1,d}$ kann im Lager B in eine Horizontal- und eine Vertikalkomponente zerlegt werden:

Die Horizontalkomponente $F_{4,h,d}$ beansprucht die Wandbefestigungsschrauben 4 auf Zug mit der Kraft

$$F_{4,h,d} = F_{1,d} \cdot \cos\alpha = F_d \cdot \cos\alpha/\sin\alpha = F_d/\tan\alpha$$

Die Vertikalkomponente $F_{4,v,d}$ beansprucht die Wandbefestigungsschrauben 4 auf Abscheren mit der Kraft

$$F_{4,v,d} = F_{1,d} \cdot \sin\alpha = F_d \cdot \sin\alpha/\sin\alpha = F_d$$

Mit der Zugkraft $F_{4,h,d}$ ist der Nachweis für die beiden Schrauben oder Gewindebolzen zu erbringen. Dieser Nachweis unterscheidet sich nicht von dem beim **Befestigungsgewinde 2** angegebenen. Mit der Vertikalkomponente erfolgt der Nachweis auf Abscheren.

Zu beachten ist, dass zusätzlich zum Nachweis auf Zug und Abscheren folgender Nachweis zu führen ist:

$$\frac{F_{v,Ed}}{F_{v,Rd}} + \frac{F_{t,Ed}}{1{,}4 \cdot F_{t,Rd}} \le 1$$

Lösung Aufgabe 64

Vorbemerkung: Der Träger soll als homogenes Bauteil betrachtet werden. Basis ist KVH C 35 mit NKL = 3 und KLED = mittel.

Mit Hilfe des Satzes von *Steiner* wird zunächst das Flächenmoment 2. Grades I_y (Flächenträgheitsmoment) berechnet, um dann das Widerstandsmoment W_y zu ermitteln.

Für die Anwendung der Biegespannungsgleichung $\sigma_b = \frac{M}{W}$ ist ferner die Berechnung des größten Biegemomentes M erforderlich.

Der Satz von *Steiner* gestattet, Flächenmomente 2. Grades von zusammengesetzten Flächen zu berechnen. Bezüglich der *y*-Achse ergibt sich z. B:

$$I_y = \sum (I_{y,i} + A_i \cdot \Delta z_i^2)$$

hierin bedeuten:

- I_y das Flächenmoment 2. Grades der Gesamtfläche A bezüglich ihrer Schwerachse y
- $I_{y,i}$ das Flächenmoment 2. Grades einer Teilfläche A_i bezüglich ihrer eigenen Schwerachse y_i. Ermittelt wird es durch Formeln, z. B. für ein Rechteck zu $\frac{b \cdot h^3}{12}$ oder es wird für Halbzeuge als Zahlenwert aus Bautabellen entnommen
- A_i eine Teilfläche
- Δz_i der (vertikale) Abstand der Schwerachsen von der Gesamt- zur Teilfläche; $\Delta z_i = |y_s - y_i|$

Bei der zu lösenden Aufgabe werden 3 Teilflächen A_i gebildet:

Teilfläche 1: obere Rechteckfläche mit

$$A_1 = 8\text{ cm} \cdot 4\text{ cm} = 32\text{ cm}^2\,; \qquad \Delta z_1 = 8\text{ cm}$$

$$I_{y,1} = \frac{b_1 \cdot h_1^3}{12} = 8\text{ cm} \cdot 4^3\text{ cm}^3/12 = 42{,}67\text{ cm}^4$$

Teilfläche 2: mittlere Rechteckfläche mit

$$A_2 = 3{,}2\text{ cm} \cdot 12\text{ cm} = 38{,}4\text{ cm}^2\,; \qquad \Delta z_2 = 0\text{ cm}$$

$$I_{y,1} = \frac{b_2 \cdot h_2^3}{12} = 3{,}2\text{ cm} \cdot 12^3\text{ cm}^3/12 = 460{,}8\text{ cm}^4$$

Teilfläche 3: untere Rechteckfläche mit

$$A_3 = 8\text{ cm} \cdot 4\text{ cm} = 32\text{ cm}^2\,; \quad \Delta z_1 = 8\text{ cm}$$

$$I_{y,3} = \frac{b_3 \cdot h_3^{\,3}}{12} = 8\text{ cm} \cdot 4^3\text{ cm}^3/12 = 42{,}67\text{ cm}^4$$

Damit:

$$I_y = [(42{,}67 + 32 \cdot 8^2) + (460{,}8 + 38{,}4 \cdot 0^2) + (42{,}67 + 32 \cdot 8^2)]\text{ cm}^4 = 4642{,}1\text{ cm}^4$$

Das Widerstandsmoment ist:

$$W_y = \frac{I_y}{e}$$

hierin bedeuten:

- I_y das Flächenmoment 2. Grades der Gesamtfläche A bezüglich ihrer Schwerachse y
- e der (senkrechte) Abstand zwischen Gesamtschwerachse und der Ebene, in der die Spannung gesucht ist. Das ist i. d. R der äußerste Abstand $z_{max} = e$

$$W_y = \frac{4642\text{ cm}^3}{10\text{ cm}} = 464{,}2\text{ cm}^3$$

Das größte **Biegemoment** tritt zwischen der 3. und der 4. Einzelkraft auf. In diesem Bereich ist es gleichbleibend. Es berechnet sich zu:

$$M = \sum F_i \cdot l_i$$

worin l_i der senkrechte Abstand von der Kraftwirkungslinie der biegenden Kraft F_i zum Schwerpunkt des Trägerquerschnittes ist, für den die Biegespannung berechnet werden soll.

Vorzeichenregel:

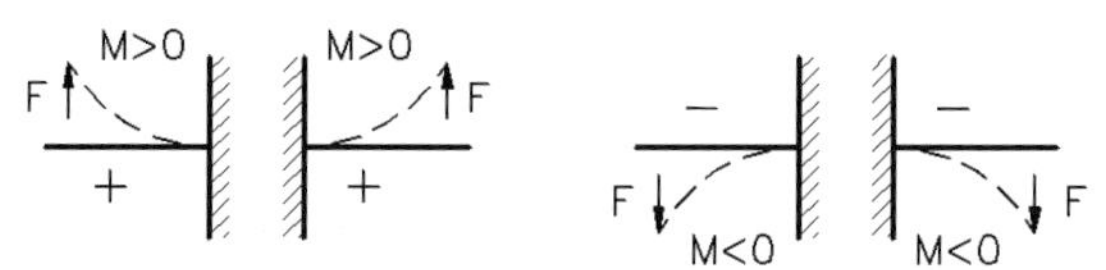

$$M_d = (F_A \cdot 2{,}5 - F_d \cdot 2{,}5 - F_d \cdot 1{,}5 - F_d \cdot 0{,}5)\text{ m}$$

$$M_d = (3 \cdot F_d \cdot 2{,}5 - F_d \cdot 2{,}5 - F_d \cdot 1{,}5 - F_d \cdot 0{,}5)\text{ m} = 6\text{ kNm}$$

Tragfähigkeitsnachweis:

Für einachsige Biegung ist nachzuweisen: $\boxed{\dfrac{M_d}{W_n} \le f_{m,d}}$

$f_{m,d} = k_{mod} \cdot f_{m,k}/\gamma_M$ Bemessungswert der Tragfähigkeit mit k_{mod} Modifikationsbeiwert; $k_{mod} = 0{,}65$

f_{mk} charakteristischer Wert für Holzart $f_{m,k} = 35$ N/mm^2

γ_M Teilsicherheitsbeiwert für Holz und Holzwerkstoffe;

$\gamma_M = 1{,}3$ für NKL = 3; KLED = mittel; Konstruktionsvollholz C 35

$$f_{m,d} = k_{mod} \cdot f_{m,k}/\gamma_M$$

$$= 0{,}65 \cdot 35\ \text{N/mm}^2/1{,}3 = 17{,}5\ \text{N/mm}^2$$

$$\frac{M_d}{W_n} = 6\ \text{kNm}/464{,}2\ \text{cm}^3 = 12{,}93\ \text{N/mm}^2 < 17{,}5\ \text{N/mm}^2$$

$$12{,}93/17{,}5 = 0{,}74 < 1$$

Lösung Aufgabe 65

Für die Lösung der Aufgabe ist es wegen der Vielzahl der Einzelflächen günstig, die Teilfächen tabellarisch mit den zugehörigen Abständen zusammenzufassen. Der Abstand z_i ist jeweils von der unteren Kante des Gesamtquerschnittes bis zum Schwerpunkt der Einzelfläche A_i gemessen.

Bezeichnung	Anzahl n	Fläche A_i cm^2	$n \cdot A_i$ cm^2	Abstand z_i cm	$n \cdot A_i \cdot z_i$ cm^3
unterer Winkelstahl	2	45,70	91,40	4,29	392,11
oberer Winkelstahl	2	45,70	91,40	75,71	6919,89
Deckplatte	1	150,40	150,40	80,80	12152,32
Stegplatte	4	80,00	320,00	40,00	12800,00
Summe	9	322,40	653,20		32264,32

- **Ermittlung der Eigenmasse je Meter Trägerlänge**

$$m' = \left(\sum A_i\right) \cdot l \cdot \rho \cdot 1{,}15 = 653{,}2\ \text{cm}^2 \cdot 100\ \text{cm} \cdot 7{,}85\ \text{g/cm}^3 \cdot 1{,}15$$

$$m' = 590\ \text{kg} \quad \text{(je Meter Trägerlänge)}$$

Hinweis: Die Zahl 1,15 berücksichtigt den in der Aufgabenstellung angegebenen Zuschlag für Niete, Querversteifungen u. a.

– Ermittlung des Schwerpunktes z_s

In der Lösung zur Aufgabe 30, Seite 148, ist der Lösungsweg für die Berechnung von Schwerpunktabständen angegeben. Danach ist:

$$z_s = \frac{\sum(n \cdot A_i \cdot z_i)}{\sum n \cdot A_i} = \frac{32264{,}32 \text{ cm}^3}{653{,}2 \text{ cm}^2} = 49{,}39 \text{ cm}$$

– Ermittlung des Flächenmomentes 2. Grades und der Widerstandsmomente

In der folgenden Tabelle sind die Einzelwerte für die notwendige Berechnung zusammengestellt. Für Halbzeuge (z. B. Winkelstahl) sind die Querschnittskennwerte aus Bautabellen zu entnehmen. Für Rechtecke oder andere symmetrische Flächen können sie nach bekannten Formeln berechnet werden, z. B. das Flächenmoment 2. Grades für ein Rechteck mit $b \cdot h^3/12$.

Bezeichnung	Anzahl n	Fläche A_i cm²	$n \cdot I_{y,i}$ cm⁴	$(z_s - z_i)^2$ cm²	$n \cdot A_i \cdot (z_s - z_i)^2$ cm⁴
unterer Winkelstahl	2	45,70	1898,00	2034,01	185908,52
oberer Winkelstahl	2	45,70	1898,00	692,74	63316,66
Deckplatte	1	150,40	32,09	986,59	148382,85
Stegplatte	4	80,00	170666,68	88,17	28215,08
Summe	9	322,40	174494,77		425823,11

Das gesamte Flächenmoment 2. Grades berechnet sich mit dem *Steiner*'schen Satz zu:

$$I_y = \sum(I_{y,i} + A_i \cdot \Delta z_i^2) = \sum[n \cdot I_{y,i} + n \cdot A_i \cdot (z_s - z_i)^2]$$

$$= (174494{,}77 + 425823{,}11) \text{ cm}^4$$

$$I_y = 600318 \text{ cm}^4$$

Das Widerstandsmoment ist:

$$W_y = \frac{I_y}{e}$$

Bei dem vorliegenden Gesamtquerschnitt gibt es zwei unterschiedliche Randabstände e:

$$e_{oben} = 81{,}6 \text{ cm} - 49{,}39 \text{ cm} = 32{,}21 \text{ cm}$$

$$e_{unten} = 49{,}39 \text{ cm}$$

und damit auch zwei Widerstandsmomente:

$$W_{y,oben} = 600318 \text{ cm}^4/32,21 \text{ cm} = 18638 \text{ cm}^3$$

$$W_{y,unten} = 600318 \text{ cm}^4/49,39 \text{ cm} = 12155 \text{ cm}^3$$

Lösung Aufgabe 66

Die Berechnung von Flächenmomenten 2. Ordnung oder Widerstandsmomenten bezüglich der Schwerachsen setzt stets die Kenntnis des Schwerpunktes voraus. Ist er nicht offensichtlich, wie z. B bei symmetrischen Profilen, muss er rechnerisch, zeichnerisch oder experimentell ermittelt werden.

– Ermittlung des Flächenschwerpunktes z_s

Aus der folgenden Tabelle kann abgelesen werden, dass der Querschnitt in drei Einzelflächen zerlegt worden ist. Zwei dieser Einzelflächen sind jeweils doppelt. Die Bohrung wird zu einer Rechteckfläche vereinfacht und ist negativ. Der Abstand z_i wird von der unteren Kante gemessen.

Bezeichnung	Anzahl n	Fläche A_i cm²	$n \cdot A_i$ cm²	Abstand z_i cm	$n \cdot A_i \cdot z_i$ cm³
U-Stahl	2	32,200	64,40	10,000	644,000
Deckplatte	1	25,000	25,00	20,500	512,500
Bohrung	2	–4,515	–9,03	19,925	–179,923
Summe	9	52,685	80,37		976,577

Mit den Tabellenwerten wird:

$$z_S = \frac{\sum (n \cdot A_i \cdot z_i)}{\sum n \cdot A_i} = \frac{976,577 \text{ cm}^3}{80,37 \text{ cm}^2} = 12,15 \text{ cm}$$

– Ermittlung des Flächenmomentes 2. Grades und der Widerstandsmomente

In der folgenden Tabelle sind die Einzelwerte für die notwendige Berechnung zusammengestellt. Für den U-Stahl findet man Querschnittskennwerte in Tabellen, und für die Deckplatte werden sie nach bekannten Formeln berechnet.

Bezeichnung	Anzahl n	Fläche A_i cm²	$n \cdot I_{y,i}$ cm⁴	$(z_s - z_i)^2$ cm²	$n \cdot A_i \cdot (z_s - z_i)^2$ cm⁴
U-Stahl	2	32,200	3820,00	4,63	298,17
Deckplatte	1	25,000	2,08	69,72	1743,00
Bohrung	2	–4,515	–3,48	60,45	–545,86
Summe	9	52,685	3818,60		1495,31

Das gesamte Flächenmoment 2. Grades berechnet sich mit den Tabellenwerten und dem *Steiner*schen Satz zu:

$$I_y = \sum (I_{y,i} + A_i \cdot \Delta z_i^2) = \sum [n \cdot I_{y,i} + n \cdot A_i \cdot (z_s - z_i)^2]$$

$$= (3818{,}60 + 1495{,}31)\ \text{cm}^4$$

$$I_y = 5313{,}5\ \text{cm}^4$$

Das Widerstandsmoment ist:

$$W_y = \frac{I_y}{e}$$

Bei dem vorliegenden Gesamtquerschnitt gibt es zwei unterschiedliche Randabstände e:

$$e_{\text{oben}} = 21\ \text{cm} - 12{,}15\ \text{cm} = 8{,}85\ \text{cm}$$

$$e_{\text{unten}} = 12{,}15\ \text{cm}$$

und damit auch zwei Widerstandsmomente:

$W_{y,1} = 5313{,}5\ \text{cm}^4/8{,}85\ \text{cm} = 600{,}4\ \text{cm}^3$ für die obere Trägerkante

$W_{y,2} = 5313{,}5\ \text{cm}^4/12{,}15\ \text{cm} = 437{,}3\ \text{cm}^3$ für die untere Trägerkante

Lösung Aufgabe 67

Wegen der Symmetrie des Querschnittes braucht der Schwerpunkt S nicht berechnet zu werden. Er befindet sich bei $z_s = 120$ mm.

Nach dem Satz von *Steiner* wird das Flächenmoment 2. Grades:

$$I_y = \sum (I_{y,i} + A_i \cdot \Delta z_i^2)$$

$$I_{y,1} = I_{y,2} = b \cdot h^3/12 = 8\ \text{cm} \cdot 6^3\ \text{cm}^3/12 = 144\ \text{cm}^4$$

$$A_1 = A_2 = 8 \cdot 6 \text{ cm}^2 = 48 \text{ cm}^2$$

$$\Delta z_1 = \Delta z_2 = 9 \text{ cm}$$

$$I_y = 2 \cdot (144 + 48 \cdot 9^2) \text{ cm}^4 = 8064 \text{ cm}^4$$

Die Widerstandsmomente werden dann:

$$W_y = \frac{I_y}{e}$$

Da sowohl für die obere als auch für die untere Trägerkante $e = 12$ cm beträgt, folgt:

$$W_y = \frac{8064 \text{ cm}^4}{12 \text{ cm}} = 672 \text{ cm}^3$$

Für die weitere Berechnung wird für den Gitterträger Konstruktionsvollholz C 30, NKL = 3, KLED = mittel angesetzt.

Nachweis:

$$\boxed{\frac{M_d}{W_n} \leq f_{m,d}} \; ; \; f_{m,d} = k_{mod} \cdot f_{m,k}/\gamma_M \quad \text{Bemessungswert der Tragfähigkeit}$$

k_{mod} Modifikationsbeiwert; $k_{mod} = 0{,}65$

f_{mk} charakteristischer Wert für Holzart ; $f_{m,k} = 30 \text{ N/mm}^2$

γ_M Teilsicherheitsbeiwert ; $\gamma_M = 1{,}3$

$$f_{m,d} = 0{,}65 \cdot 30 \text{ N/mm}^2/1{,}3 = 15 \text{ N/mm}^2$$

$$\text{zul } M_d = W_y \cdot f_{m,d} = 672 \cdot 10^3 \text{ mm}^3 \cdot 15 \text{ N/mm}^2 = 10{,}1 \text{ kNm}$$

Hinweise: Der Bemessungswert zul $M_d = 10{,}1$ kNm ergibt einen charakteristischen Wert von etwa $M_k = 10{,}1 \text{ kNm}/1{,}4 = 7{,}2$ kNm und liegt damit in der Größenordnung der Werksangabe.

Die Diagonalstäbe haben nahezu keinen Einfluss auf das Flächenmoment 2. Ordnung. Sie sind jedoch erforderlich, um Schubspannungen zu übertragen. Nur unter dieser Bedingung entsteht ein Biegeträger mit dem oben berechneten Widerstandsmoment (s. a. Schubspannung bei Biegung, Aufgabe 84, Seite 94).

Lösung Aufgabe 68

Bei der vorliegenden Aufgabe wird auf die Führung eines Tragsicherheitsnachweises verzichtet. An seiner Stelle wird nachgewiesen, dass die Schwächung des Trägers wegen des notwendigen Durchbruchs durch zwei Verstärkungsbleche kompensiert wird.

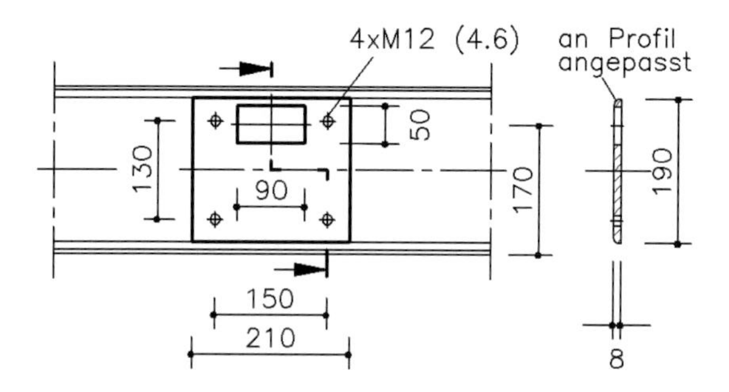

Maßgeblicher Wert ist das Widerstandsmoment W_y, das vor und nach dem Umbau annähernd die gleiche Größe haben soll. Da sich die Trägerbelastung nicht ändert, bleibt (unter Vernachlässigung von auftretenden Kerbwirkungsspannungen u. a.) die Biegespannung in den Randzonen konstant.

– Istzustand

Aus Bautabellen entnimmt man für das Profil I 220, DIN 1025, folgende Werte:

$$A = 39{,}5\ \text{cm}^2\ ; \quad z_s = 11\ \text{cm}\ ; \quad I_y = 3060\ \text{cm}^2\ ;$$

$$W_{y,1} = 278\ \text{cm}^3\ ; \quad W_{y,2} = 278\ \text{cm}^3$$

Der Index „1“ gilt für die obere und der Index „2“ für die untere Kante des Profils.

– Sollzustand

Für den Sollzustand benötigt man die Stegdicke $s = 8{,}1$ mm, die in Bautabellen angegeben ist. Alle weiteren Abmessungen für die Berechnung des Schwerpunktes z_s, des Flächenmomentes 2. Grades I_y und der Widerstandsmomente $W_{y,1}$ und $W_{y,2}$ können dem Bild auf der nächsten Seite entnommen werden.

$$A = 39{,}5\ \text{cm}^2 - s \cdot 5\ \text{cm} = 39{,}5\ \text{cm}^2 - 0{,}81\ \text{cm} \cdot 5\ \text{cm} = 35{,}45\ \text{cm}^2$$

$$z_s = \frac{\sum(A_i \cdot z_i)}{\sum A_i} = \frac{[39{,}5 \cdot 11 + (-0{,}81 \cdot 5) \cdot 17]\ \text{cm}^3}{35{,}45\ \text{cm}^2} = 10{,}31\ \text{cm} = 103{,}1\ \text{mm}$$

$$I_y = \sum(I_{y,i} + A_i \cdot \Delta z_i^2) = \{[3060 + 39{,}5 \cdot (10{,}31 - 11)^2]$$

$$- [0{,}81 \cdot 5^3/12 + 0{,}81 \cdot 5 \cdot (10{,}31 - 17)^2]\}\ \text{cm}^4$$

$$I_y = 2889\ \text{cm}^4$$

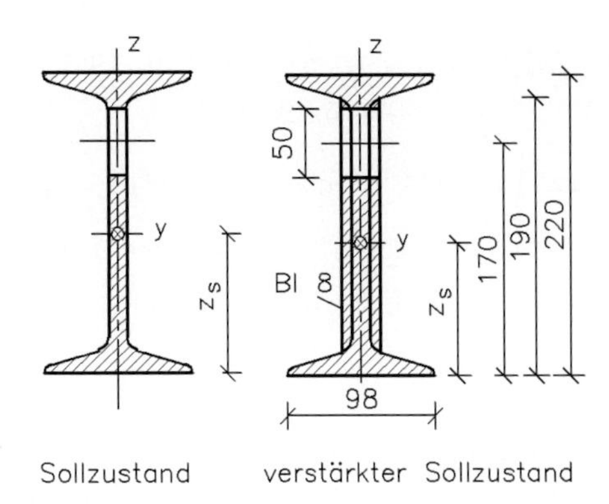

Aus den berechneten Werten für z_s und I_y ermitteln sich die Widerstandsmomente zu:

$$W_{y,1} = \frac{I_y}{e_1} = \frac{2889\ \text{cm}^4}{(22 - 10{,}31)\ \text{cm}} = 247{,}1\ \text{cm}^3 \quad \text{für die obere Materialkante}$$

$$W_{y,2} = \frac{I_y}{e_2} = \frac{2889\ \text{cm}^4}{10{,}31\ \text{cm}} = 280{,}2\ \text{cm}^3 \quad \text{für die untere Materialkante}$$

Hinweise:

1. In der bisherigen und in der folgenden Berechnung tritt eine „nicht vorhandene Fläche“ auf. Das ist die Querschnittsfläche des Durchbruchs. Solche Flächen werden bei der Berechnung von Schwerpunkten und von Flächenmomenten 2. Ordnung negativ in die Berechnungen eingesetzt.
2. Die Abstände e_1 und e_2 sind jeweils die Abstände von der Gesamtschwerpunktachse, um die gebogen wird (in der vorliegenden Aufgabe die y-Achse) zu einer parallelen Linie, in der die Biegespannung gesucht ist (in der vorliegenden Aufgabe die äußerste Materialkante).

– **Verstärkter Sollzustand**

Durch den Einbau der 8 mm dicken Verstärkungsbleche ergeben sich neue Werte für die Querschnittsfläche A und den Schwerpunktabstand z_S.

Damit ändern sich auch das Flächenmoment 2. Grades I_y sowie die Widerstandsmomente $W_{y,1}$ und $W_{y,2}$:

$$A = 39{,}5\ \text{cm}^2 - (s + 2 \cdot 0{,}8\ \text{cm}) \cdot 5\ \text{cm} + 2 \cdot 0{,}8\ \text{cm} \cdot 19\ \text{cm}$$

$$A = 39{,}5\ \text{cm}^2 - (2{,}41 \cdot 5)\ \text{cm}^2 + 30{,}4\ \text{cm}^2 = 57{,}85\ \text{cm}^2$$

$$z_s = \frac{\sum(A_i \cdot z_i)}{\sum A_i} = \frac{[39{,}5 \cdot 11 + (-2{,}41 \cdot 5) \cdot 17 + 2 \cdot 0{,}8 \cdot 19 \cdot 11]\ \text{cm}^3}{57{,}85\ \text{cm}^2} = 9{,}75\ \text{cm}$$

$$I_y = \sum(I_{y,i} + A_i \cdot \Delta z_i^2) = \{[3060 + 39{,}5 \cdot (9{,}75 - 11)^2]$$

$$- [2{,}41 \cdot 5^3/12 + 2{,}41 \cdot 5 \cdot (9{,}75 - 17)^2]$$

$$+ 2 \cdot [0{,}8 \cdot 19^3/12 + 0{,}8 \cdot 19 \cdot (9{,}75 - 11)^2]\}\ \text{cm}^4$$

$$I_y = 3425\ \text{cm}^4$$

$$W_{y,1} = \frac{I_y}{e_1} = \frac{3425\ \text{cm}^4}{(22 - 9{,}75)\ \text{cm}} = 279{,}6\ \text{cm}^3 \quad \text{für die obere Materialkante}$$

$$W_{y,2} = \frac{I_y}{e_2} = \frac{3425\ \text{cm}^4}{9{,}75\ \text{cm}} = 351{,}3\ \text{cm}^3 \quad \text{für die untere Materialkante}$$

Maßgebender Wert ist das kleinste Widerstandsmoment im verstärkten Sollzustand. Dieser Wert tritt an der oberen Materialkante auf. Er ist mit 279,6 cm^3 größer als der des Istzustandes:

$$W_{y,1} = 279{,}6\ \text{cm}^3 > W_{\text{Istzustand}} = 278\ \text{cm}^3$$

Mit dieser indirekten Nachweisführung wird wegen der nicht bekannten Belastungen die Anfertigung eines Tragsicherheitsnachweises umgangen.

Hinweis: Für die Befestigung der beiden Verstärkungsbleche wurden 4 Durchgangsschrauben M 12 verwendet. Die Schrauben sorgen für die Lagesicherheit der Verstärkungsbleche. Um den Kraftschluss zum Träger zu gewährleisten, enthält die Montageskizze den Hinweis, dass die Bleche an den Träger angepasst werden müssen.

Lösung Aufgabe 69

Das gezeigte Gebäude ist in den zwanziger Jahren des 20. Jahrhunderts errichtet worden und steht unter Denkmalschutz, weswegen die aufwändige Rekonstruktion untersucht werden soll. Inwieweit ein Auswechseln des Stahltragwerkes erforderlich ist, hängt von einer Bauzustandsanalyse ab.

Für alle folgenden Berechnungen wird vereinfachend angenommen, dass die gesamte gegebene Last von

$$F_{\text{ges,k}} = F_{\text{D,k}} + F_{\text{R,k}} + F_{\text{G,k}} + F_{\text{q,k}} = (13{,}5 + 1{,}2 + 0{,}5 + 23{,}8)\ \text{kN} = 39\ \text{kN}$$

gleichmäßig über die Balkongrundfläche von $A = 4{,}76\ \text{m}^2$ verteilt ist und im Abstand von 0,7 m von der Fassade angreift.

Hieraus folgen die Lagerkräfte in den Rohrstützen zu:

$$F_{A,k} + F_{B,k} = F_{ges,k} \cdot (0{,}7\ m/1{,}3\ m) = 39\ kN \cdot (0{,}7/1{,}3) = 21{,}0\ kN$$

$$F_{A,k} = F_{B,k} = \tfrac{1}{2} \cdot 21{,}0\ kN = 10{,}5\ kN$$

Die gleichmäßig verteilte Last auf dem mit 21,0 kN belasteten 3,4 m langen Längsträger errechnet sich zu:

$$p_k = 21{,}0\ kN/3{,}4\ m = 6{,}18\ kN/m$$

Das Tragwerksmodell für den Längsträger zeigt das folgende Bild:

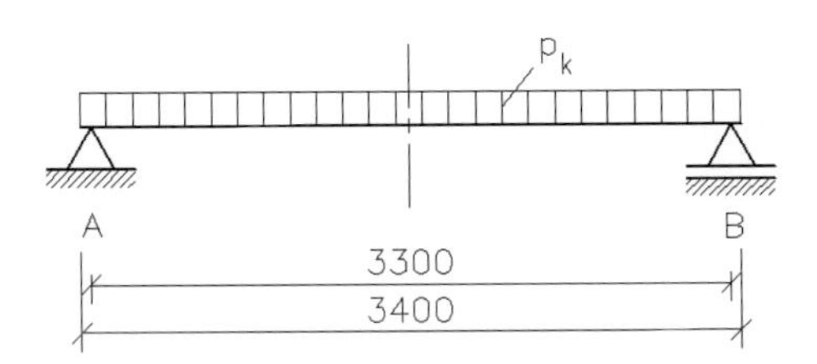

Es ist offensichtlich, dass das größte Biegemoment in der Mitte des Trägers und nicht über den Lagern auftritt.

Die Berechnung von Biegemomenten ist in der Lösung zur Aufgabe 64, Seite 191, angegeben. Danach berechnet es sich zu:

$$\max M_k = M_{Mitte,k} = F_{A,k} \cdot 1{,}65\ m - p_k\ 1{,}7\ m \cdot \tfrac{1}{2} \cdot 1{,}7\ m$$

$$= 10{,}5\ kN \cdot 1{,}65\ m - 6{,}18\ kN/m \cdot \tfrac{1}{2} \cdot 1{,}7^2\ m^2$$

$$\max M_k = 8{,}4\ kNm$$

Aus Bautabellen entnimmt man das Widerstandsmoment für das angegebene Trägerprofil zu $W_y = 116\ cm^3$ und reduziert es wegen Abrostung auf 90 %. Dann ist die vorhandene Biegespannung in der Trägermitte:

$$\text{vorh}\ \sigma_k = \frac{\max M_k}{W_y} = \frac{8{,}4 \cdot 10^6\ Nmm}{116 \cdot 10^3\ mm^3 \cdot 0{,}9} = 80{,}5\ N/mm^2$$

Hinweis: Der Faktor von 0,9 ist vom Bearbeiter nach Erfahrung festgelegt. Die Untersuchung der Gebrauchstauglichkeit, also die Ermittlung der Durchbiegung des Längsträgers, wird in der Lösung zur Aufgabe 70, S. 202, gezeigt.

Lösung Aufgabe 70

Die vorliegende Aufgabe ergänzt die Aufgabe 69. Dort wurden bereits die gleichmäßig verteilte Last p_k sowie die Auflagerkräfte $F_{A,k}$ und $F_{B,k}$ berechnet. Diese Werte werden für die weitere Lösung der Aufgabe angesetzt.

Zu 1.: Charakteristischer Querkraft- und Biegemomentenverlauf

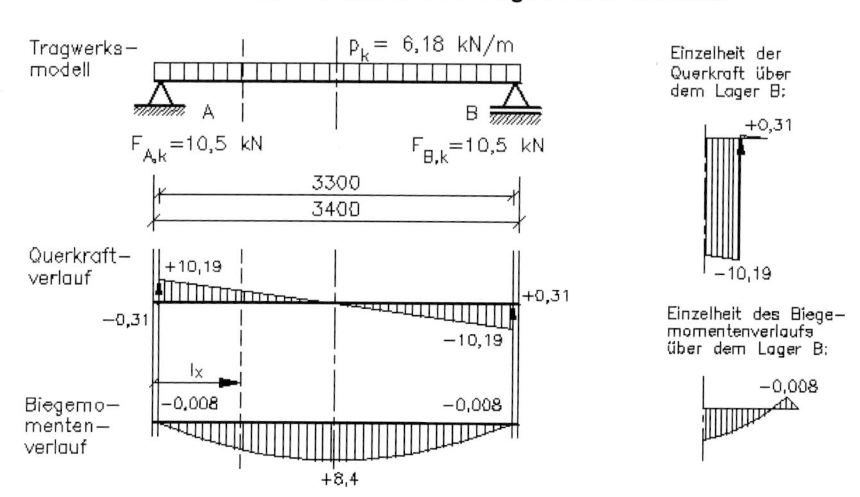

– Querkraftverlauf

An einer beliebigen Stelle l_x beträgt die Querkraft $F_{Q,x}$:

$$F_{Q,x} = \sum F_{V,i}$$

worin $F_{V,i}$ die zur Trägerachse senkrechten Einzel- oder Streckenlasten sind. Die Vorzeichenregel ist identisch mit der der zweiten Gleichgewichtsbedingung $\sum F_V = 0$, wenn man das linke Schnittufer betrachtet (s. a. 1.2.2).

Für die obige Aufgabe ergibt sich die charakteristische Querkraft in einem beliebigen Abstand l_x zu:

$$F_{Q,lx,k} = \sum F_{V,i} = -p_k \cdot l_x \qquad \text{für} \quad 0 \text{ m} \leq l_x < 0{,}05 \text{ m}$$

$$F_{Q,lx,k} = \sum F_{V,i} = -p_k \cdot l_x + F_{A,k} \qquad \text{für} \quad 0{,}05 \text{ m} < l_x < 3{,}35 \text{ m}$$

$$F_{Q,lx,k} = \sum F_{V,i} = -p_k \cdot l_x + F_{A,k} + F_{B,k} \qquad \text{für} \quad 3{,}35 \text{ m} < l_x \leq 3{,}4 \text{ m}$$

Denkt man sich das Lager punktförmig, darf das Zeichen < durch ≤ ersetzt werden.

Wird in die erste obere Gleichung für $l_x = 0{,}05$ m eingesetzt, folgt unmittelbar **links** vom Lager A eine Querkraft von –0,31 kN.

Wird in die zweite Gleichung für $l_x = 0{,}05$ m eingesetzt, ergibt sich unmittelbar **rechts** vom Lager A eine Querkraft von +10,19 kN. Der weitere Verlauf der Querkraft ist dem Bild auf der vorherigen Seite zu entnehmen.

Soll die Stelle l_x ermittelt werden, bei der die Querkraftlinie zwischen den Lagern einen Nulldurchgang hat, setzt man

$$F_{Q,lx,k} = \sum F_{V,i} = -\,p_k \cdot l_x + F_{A,k} = 0$$

$$= -6{,}18\ \text{kN/m} \cdot l_x + 10{,}5\ \text{kN}$$

und erhält $l_x = 10{,}5$ kN/(6,18 kN/m) = 1,7 m. Wegen der Symmetrie der Längsträgerbelastung ist das genau die Mitte.

Wie aus dem Band 2 dieser Buchreihe hervorgeht, sind Nulldurchgänge der Querkraft Stellen, an denen die Biegemomente Extremwerte haben. Das Gesagte gilt also auch für die Nulldurchgänge in den Lagern A und B.

– **Biegemomentenverlauf**

In den Aufgaben 64 und 69 wird angegeben, wie Biegemomente berechnet werden. Für einen beliebigen Abstand l_x wird:

$$M = \sum F_i \cdot l_i$$

Hierin ist l_i der Abstand von der Kraftwirkungslinie der biegenden Kraft F_i bis zu der Stelle, für die das Biegemoment berechnet werden soll. Für die vorliegende Aufgabe folgt:

$$M_{A,k} = -\,p_k \cdot 0{,}05\ \text{m} \cdot \tfrac{1}{2}\,0{,}05\ \text{m} = -6{,}18\ \text{kN/m} \cdot 0{,}05^2\ \text{m}^2/2 = -0{,}008\ \text{kNm}$$

$$M_{B,k} = M_{A,k}$$

$$M_{lx,k} = -\,p_k \cdot l_x^2/2 + F_{A,k} \cdot (l_x - 0{,}05\ \text{m})$$

Diese Gleichung ergibt, wie bei allen gleichmäßig verteilten Lasten, einen parabolischen Verlauf des Biegemomentes. In dem Bild der vorherigen Seite ist der Biegemomentenverlauf dargestellt.

Setzt man für l_x den oben berechneten Wert für den Nulldurchgang der Querkraft ($l_x = 1{,}7$ m) ein, erhält man:

$$M_{lx=1,7m} = -6{,}18\ \text{kN/m} \cdot 1{,}7^2\ \text{m}^2/2 + 10{,}5\ \text{kN} \cdot (1{,}7 - 0{,}05)\ \text{m} = 8{,}4\ \text{kNm}$$

Der Maximalwert des Biegemomentes wird durch Vergleich aller Extremwerte gefunden. In der vorliegenden Aufgabe ist $M_{lx=1,7m} > M_{A,k}$ und folglich:

$$\max M_k = M_{Mitte,k} = 8{,}4\ \text{kNm}$$

Zu 2.: Gebrauchstauglichkeitsnachweis

Mit dem Nachweis der Gebrauchstauglichkeit soll gesichert werden, dass die Durchbiegung des Längsträgers ein zulässiges Maß von zul $w = l/300$ nicht überschreitet.

Für die Berechnung der vorhandenen Durchbiegung werden die über die Lager A und B hinauskragenden Trägerteile von je 5 cm vernachlässigt. Der berechnete Wert der Durchbiegung in der Trägermitte wird dann etwas größer.

Aus Taschenbüchern erhält man:

$$\max w_k = w_{Mitte} = \frac{5 \cdot p_k \cdot l^4}{384 \cdot E \cdot I_y} = \frac{5 \cdot 6{,}18\ \text{kN/m} \cdot 3{,}3^4\ \text{m}^4}{384 \cdot 210\,000\ \text{N/mm}^2 \cdot (0{,}86 \cdot 925)\ \text{cm}^4}$$

$$\max w_k = w_{Mitte} \approx 6\ \text{mm} \quad \text{mit} \quad E = 210000\ \text{N/mm}^2$$

$$I_y = 925\ \text{cm}^4 \quad \text{lt. Bautabellen}$$

$$\text{zul } w_k = l/300 = 3300\ \text{mm}/300 = 11\ \text{mm}^{*)}$$

$$\frac{\max w_k}{\text{zul } w_k} = 6\ \text{mm}/11\ \text{mm} = 0{,}56 < 1$$

*) Quantitative Festlegungen sind in EC 3 nicht vorhanden, weswegen bezüglich einer zulässigen Verformung eine Anlehnung an den Holzbau erfolgte.

Hinweis: In der Rechnung ist, wie in Aufgabe 69, die Abrostung des Trägers berücksichtigt worden. Wegen der unterschiedlichen Potenzen beim Berechnen der Flächenmomente 2. Grades sinkt der Faktor. Mit 0,9 für das Widerstandsmoment kann für das Flächenmoment 2. Grades mit einem Faktor von etwa 0,86 gerechnet werden.

Lösung Aufgabe 71

Zu 1.: Charakteristische Einwirkungen der Windlast, Schneelast und Eigenlast

(s. Lösungsalgorithmus nach Aufgabe 21)

- **Windlasten**

$$\boxed{w_{e,k} = q_{p,k} \cdot c_{pe}}$$

$w_{e,k}$ charakteristischer Winddruck auf Außenflächen in kN je m^2 Dachfläche (DF)

$q_{p,k}$ charakteristischer Böengeschwindigkeitsdruck in kN/m^2 DF

c_{pe} aerodynamischer Beiwert

Alle Daten sind Normen oder Bautabellen zu entnehmen.

$q_{p,k} = 0{,}65$ kN/m^2 Winddruck für Windzone 2 (Binnenland)

Dieser Winddruck wird über die c_{pe}-Werte modifiziert.

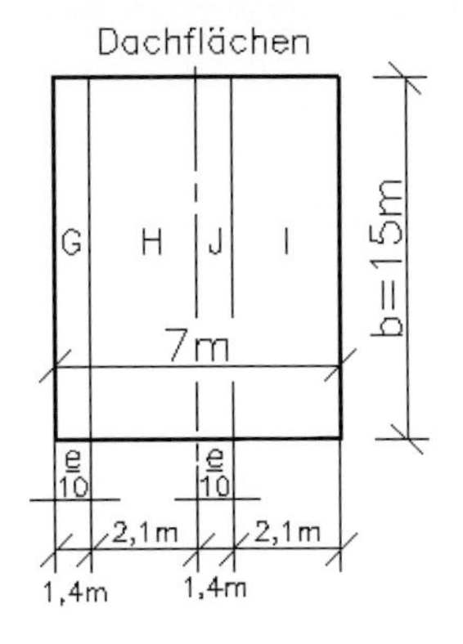

c_{pe} –Beiwerte

Neigungs-winkel/°	Dachflächen G	H	J	I
30	+0,7	+0,4	−0,5	−0,4
45	+0,7	+0,6	−0,3	−0,2
39	+0,70	+0,52	−0,38	−0,28

Die Breite der Dachzonen G, H, J und I ist abhängig von der Größe e:

$e = b$ oder $e = 2\,h$; der kleinere Wert ist maßgebend; Gebäudehöhe $h = 7$ m

$e = 15$ m oder $e = 14$ m $\Rightarrow$ min $e = 14$ m

$w_{e,k} = 0{,}65$ kN/m$^2 \cdot (+0{,}70) = +0{,}46$ kN/m^2 für die Dachfläche G

$w_{e,k} = 0{,}65$ kN/m$^2 \cdot (+0{,}52) = +0{,}34$ kN/m^2 für die Dachfläche H

$w_{e,k} = 0{,}65$ kN/m$^2 \cdot (-0{,}38) = -0{,}25$ kN/m^2 für die Dachfläche J

$w_{e,k} = 0{,}65$ kN/m$^2 \cdot (-0{,}28) = -0{,}18$ kN/m^2 für die Dachfläche I

Multipliziert man die Werte mit dem Sparrenabstand $a = 0{,}80$ m, dann erhält man die Winddrücke je Meter Sparrenlänge:

$w'_{e,k} = +0{,}46$ kN/m$^2 \cdot 0{,}8$ m $= +0{,}36$ kN/m für die Dachfläche G

$w'_{e,k} = +0{,}34$ kN/m$^2 \cdot 0{,}8$ m $= +0{,}27$ kN/m für die Dachfläche H

$w'_{e,k} = -0{,}25$ kN/m$^2 \cdot 0{,}8$ m $= -0{,}20$ kN/m für die Dachfläche J

$w'_{e,k} = -0{,}18$ kN/m$^2 \cdot 0{,}8$ m $= -0{,}15$ kN/m für die Dachfläche I

– **Schneelasten**

$$s_k = 0{,}25 + 1{,}91\left(\frac{A+140}{760}\right)^2 \geq 0{,}85 \text{ kN/m}^2 \text{ Grundfläche (GF)}$$

s_k charakteristische Schneelast in kN/m^2 GF

A Geländehöhe über dem Meeresniveau in Meter

Alle Daten sind Normen oder Tabellenbüchern zu entnehmen.

Für die in der Aufgabenstellung angegebenen Bedingungen wird:

$$s_k = 0{,}25 + 1{,}91\ [(350+140)/760]^2\ \text{kN/m}^2 = 1{,}05\ \text{kN/m}^2 > 0{,}85\ \text{kN/m}^2$$

folglich:

$$s_k = 1{,}05\ \text{kN/m}^2\ \text{GF}$$

$$\boxed{s = \mu_1 \cdot C_e \cdot C_t \cdot s_k}$$

s charakteristischer Wert der Schneelast auf dem Dach

μ_1 Formbeiwert; $\mu_1 = f(\alpha)$

$$\mu_1 = 0{,}8 \cdot (60^\circ - \alpha)/30^\circ = 0{,}8 \cdot (60^\circ - 39^\circ)/30^\circ = 0{,}56$$

$C_e; C_t$ Koeffizienten ; $C_e = C_t = 1$

Damit:

$$s = \mu_1 \cdot s_k = 0{,}56 \cdot 1{,}05\ \text{kN/m}^2 = 0{,}59\ \text{kN/m}^2\ \text{GF}$$

$$s = \mu_1 \cdot s_k = 0{,}59\ \text{kN/m}^2 \cdot 0{,}80\ \text{m} = 0{,}47\ \text{kN/m}$$ für $a = 0{,}80$ m Sparrenabstand

– **Eigenlasten**

Betondachsteine, einschließlich Lattung und Vermörtelung	$g_D = 0{,}62\ \text{kN/m}^2$ DF
Wärmedämmung, PE-Folie, Sparschalung, Gipskartonplatte	$g_W = 0{,}25\ \text{kN/m}^2$ DF
Sparren, 10/20, KVH C 30, mit 0,1 kN/m	$g_{Sp} = 0{,}13\ \text{kN/m}^2$ DF
	DF: Dachfläche
Sparrenabstand	$a = 0{,}8$ m
Dachneigung	$\alpha = 39^\circ$
Sparrenlänge	$l_S = 4{,}50$ m
Grundlinienlänge	$l = 3{,}50$ m
vertikale Sparrenlänge	$h = 2{,}83$ m

Hieraus ergeben sich:

– **Eigenlasten:**

$$g_{ges} = (g_D + g_W + g_{Sp}) \cdot a$$

$$g_{ges} = (0{,}62 + 0{,}25 + 0{,}13)\ \text{kN/m}^2 \cdot 0{,}8\ \text{m} = 0{,}8\ \text{kN/m Sparrenlänge}$$

$$g' = \frac{g_{ges}}{\cos\alpha} = \frac{0{,}8\ \text{kN/m}}{\cos 39^\circ} = 1{,}03\ \text{kN/m Grundlinienlänge}$$

Zu 2.: Charakteristische Kräfte in den Lagern A, B und G

Das Bild zeigt das Tragwerksmodell. Die Knoten bei A und B sind feste Lager, und die Sparren sind in G gelenkig miteinander verbunden. Im Sinne der Statik ist also das Sparrendach ein Dreigelenktragwerk.

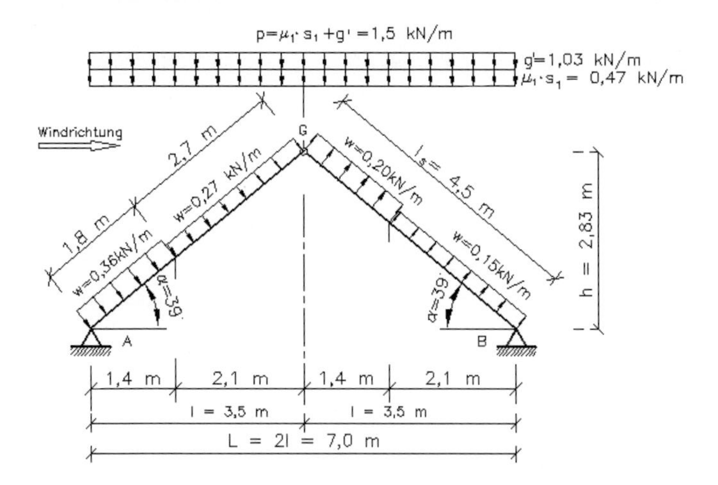

Zur Anwendung der nachstehenden Gleichungen sind die beiden vertikalen Einwirkungen Eigenlast und Schneelast unter *p* zusammengefasst worden.

$$p = g' + (\mu_1 \cdot s_k) = (1{,}03 + 0{,}47)\ \text{kN/m} = 1{,}5\ \text{kN/m}$$

Ebenso sind die unterschiedlichen Windlasten zur Vereinfachung der Rechnung gemittelt worden:

$$|w_d| = (0{,}36\ \text{kN/m} \cdot l_1 + 0{,}27\ \text{kN/m} \cdot l_2)/l_s$$

$$= (0{,}36 \cdot 1{,}8 + 0{,}27 \cdot 2{,}7)/4{,}5\ \text{kN/m} = 0{,}31\ \text{kN/m}$$

$$|w_s| = (0{,}15\ \text{kN/m} \cdot l_1 + 0{,}20\ \text{kN/m} \cdot l_2)/l_s$$

$$= (0{,}15 \cdot 2{,}1 + 0{,}20 \cdot 1{,}8)/4{,}5\ \text{kN/m} = 0{,}18\ \text{kN/m}$$

In der Lösung zu Aufgabe 27, Seite 144, sind die Gleichungen für die Berechnung der Lagerkräfte eines Dreigelenktragwerkes hergeleitet worden (wobei die dort zusätzlich vorhandene Dreieckslast g_1 für die vorliegende Aufgabe null ist). Setzt man alle zu lösenden Kräfte **positiv** an, ergeben sich folgende Gleichungen:

$$F_{Av} = p \cdot l - (w_d + w_s)\ \frac{h^2}{4 \cdot l} + \frac{3}{4}\left(w_d - \frac{1}{3} w_s\right) \cdot l \quad \text{Vertikalkraft im Lager A}$$

$$F_{Ah} = \frac{F_{Av} \cdot l - p \cdot \frac{1}{2} l^2 - w_d \cdot \frac{1}{2} l_s^2}{h} \quad \text{Horizontalkraft im Lager A}$$

$F_{Bv} = p \cdot L + l \cdot (w_d - w_s) - F_{Av}$ Vertikalkraft im Lager B

$F_{Bh} = - F_{Ah} - (w_d + w_s) \cdot h$ Horizontalkraft im Lager B

$F_{Gv} = \dfrac{l_s^2}{4 \cdot l} \cdot (w_d + w_s)$ Vertikalkraft im Gelenk G

$F_{Gh} = \dfrac{1}{2 \cdot h} \cdot \left[-p \cdot l^2 + \dfrac{l_s^2}{2} \cdot (w_s - w_d) \right]$ Horizontalkraft im Gelenk G

$$F_{Av} = p \cdot l - (w_d + w_s)\ \frac{h^2}{4 \cdot l} + \frac{3}{4}\left(w_d - \frac{1}{3} w_s\right) \cdot l$$

$$= \left[1{,}5 \cdot 3{,}5 - (0{,}31 + 0{,}18) \cdot \frac{2{,}83^2}{4 \cdot 3{,}5} + \frac{3}{4}\left(0{,}31 - \frac{1}{3} \cdot 0{,}18\right) \cdot 3{,}5 \right] \text{kN}$$

$F_{Av} = 5{,}626$ kN Vertikalkraft im Lager A

$$F_{Ah} = \frac{F_{Av} \cdot l - p \cdot \frac{1}{2} l^2 - w_d \cdot \frac{1}{2} l_s^2}{h}$$

$$= \left[\frac{5{,}626 \cdot 3{,}5 - 1{,}5 \cdot \frac{1}{2} 3{,}5^2 - 0{,}31 \cdot \frac{1}{2} 4{,}5^2}{2{,}83} \right] \text{kN}$$

$F_{Ah} = 2{,}602$ kN Horizontalkraft im Lager A

$$F_{Bv} = p \cdot L + l \cdot (w_d - w_s) - F_{Av}$$

$$= [1{,}5 \cdot 7{,}0 + 3{,}5 \cdot (0{,}31 - 0{,}18) - 5{,}626] \text{ kN}$$

$F_{Bv} = 5{,}329$ kN Vertikalkraft im Lager B

$$F_{Bh} = - F_{Ah} - (w_d + w_s) \cdot h$$

$$= [-2{,}602 - (0{,}31 + 0{,}18) \cdot 2{,}83] \text{ kN}$$

$F_{Bh} = -3{,}989$ N Horizontalkraft im Lager B

$$F_{Gv} = \frac{l_s^2}{4 \cdot l} \cdot (w_d + w_s) = \left[\frac{4{,}5^2}{4 \cdot 3{,}5} \cdot (464 + 384) \right] \text{kN}$$

$F_{Gv} = 0{,}709$ kN Vertikalkraft im Gelenk G

$$F_{Gh} = \frac{1}{2 \cdot h} \cdot \left[-p \cdot l^2 + \frac{l_s^2}{2} \cdot (w_s - w_d) \right]$$

$$= \left\{ \frac{1}{2 \cdot 2{,}83} \cdot \left[-1{,}5 \cdot 3{,}5^2 + \frac{4{,}5^2}{2} \cdot (0{,}18 - 0{,}31) \right] \right\} \text{kN}$$

$F_{Gh} = -3{,}479$ N Horizontalkraft im Gelenk G

Im folgenden Bild sind die beiden Sparren A und B getrennt und mit allen Einwirkungen (in ihrer tatsächlichen Wirkungsrichtung) dargestellt, um eine Kontrolle der obigen Ergebnisse durchzuführen. Die gegebenen Einwirkungen sind in ihre horizontalen und vertikalen Anteile zerlegt:

$F_p = p \cdot l = 1{,}5\ \text{kN/m} \cdot 3{,}5\ \text{m} = 5{,}250\ \text{kN}$

$F_{wd,h} = w_d \cdot l_s \cdot \sin\alpha = 0{,}31\ \text{kN/m} \cdot 4{,}5\ \text{m} \cdot \sin 39° = 0{,}878\ \text{kN}$ für den Sparren A

$F_{wd,v} = w_d \cdot l_s \cdot \cos\alpha = 0{,}31\ \text{kN/m} \cdot 4{,}5\ \text{m} \cdot \cos 39° = 1{,}084\ \text{kN}$ für den Sparren A

$F_{ws,h} = w_s \cdot l_s \cdot \sin\alpha = 0{,}18\ \text{kN/m} \cdot 4{,}5\ \text{m} \cdot \sin 39° = 0{,}510\ \text{kN}$ für den Sparren B

$F_{ws,v} = w_s \cdot l_s \cdot \cos\alpha = 0{,}18\ \text{kN/m} \cdot 4{,}5\ \text{m} \cdot \cos 39° = 0{,}629\ \text{kN}$ für den Sparren B

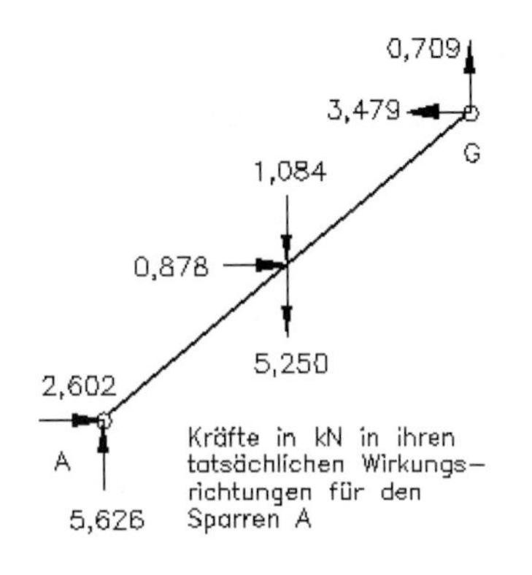

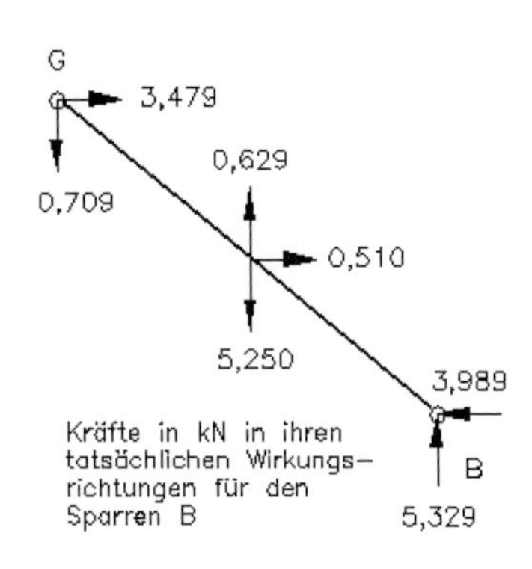

Kontrollrechnung

$\sum F_H = 2{,}602 + 0{,}878 - 3{,}479$

$\sum F_H = 0{,}001 \approx 0$

$\sum F_V = 5{,}626 - 5{,}250 - 1{,}084 + 0{,}709$

$\sum F_V = 0{,}001 \approx 0$

$\sum F_H = -3{,}989 + 0{,}510 + 3{,}479$

$\sum F_H = 0$

$\sum F_V = 5{,}329 - 5{,}250 + 0{,}629 - 0{,}709$

$\sum F_V = -1 \approx 0$

Die Abweichungen von null sind relativ zur Größenordnung der zu addierenden Einzelkräfte gering. Sie resultieren hauptsächlich aus den Rundungen der Konstruktionsmaße für l, l_s und h. Solche Abweichungen treten auch in der folgenden Berechnung auf, haben aber für die Festigkeitsnachweise eine vernachlässigbare Größe.

Zu 3.: Charakteristische Normalkräfte, Querkräfte und Biegemomente

– **Normalkräfte und Querkräfte**

Normalkräfte F_N treten als Zug- oder Druckkräfte im Sparren auf. Zugkräfte sind positiv und Druckkräfte negativ gekennzeichnet.

Querkräfte F_Q treten senkrecht zur Stabachse auf und beanspruchen die Sparren auf Abscheren. Die Vorzeichenregel ist identisch mit der der zweiten Gleichgewichtsbedingung $\sum F_V = 0$, wenn man das linke Schnittufer betrachtet (s. a. 1.2.2).

Es empfiehlt sich, die im oberen Bild eingezeichneten vertikalen und horizontalen Lagerkräfte in den Punkten *A*, *B* und *G* jeweils in Längs- und Querrichtung zu zerlegen, um dann die Komponenten zu addieren. Die Vorzeichen ordnet man visuell zu. Die nachfolgenden Bilder zeigen die Ergebnisse:

– **Normal- und Querkräfte für den Sparren A:**

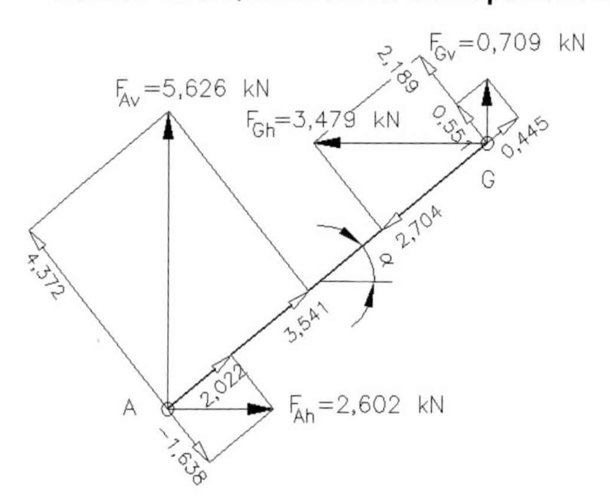

$F_{N,A} = -(F_{Ah} \cdot \cos\alpha + F_{Av} \cdot \sin\alpha)$
$= -(2{,}022 + 3{,}541)$ kN
$F_{N,A} = -5{,}54$ kN (Druck)
$F_{N,G} = -F_{Gh} \cdot \cos\alpha + F_{Gv} \cdot \sin\alpha$
$= (-2{,}704 + 0{,}445)$ kN
$F_{N,G} = -2{,}26$ kN (Druck)
$F_{Q,A} = -F_{Ah} \cdot \sin\alpha + F_{Av} \cdot \cos\alpha$
$= (-1{,}638 + 4{,}372)$ kN
$F_{Q,A} = 2{,}73$ kN
$F_{Q,G} = -(F_{Gh} \cdot \sin\alpha + F_{Gv} \cdot \cos\alpha)$
$= -(2{,}189 + 0{,}551)$ kN
$F_{Q,G} = -2{,}74$ kN (abgerundet)

– **Normal- und Querkräfte für den Sparren B:**

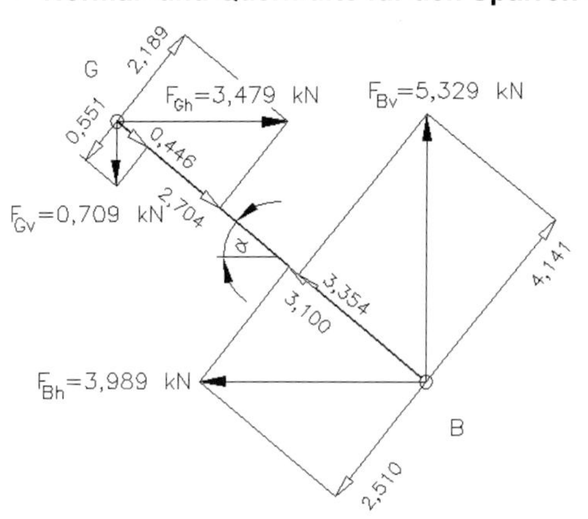

$F_{N,B} = -(F_{Bh} \cdot \cos\alpha + F_{Bv} \cdot \sin\alpha)$
$= -(3{,}100 + 3{,}354)$ kN
$F_{N,B} = -6{,}45$ kN (Druck)
$F_{N,G} = -(F_{Gh} \cdot \cos\alpha + F_{Gv} \cdot \sin\alpha)$
$= -(2{,}704 + 0{,}446)$ kN
$F_{N,G} = -3{,}15$ kN (Druck)
$F_{Q,B} = F_{Bh} \cdot \sin\alpha - F_{Bv} \cdot \cos\alpha$
$= (2{,}510 - 4{,}141)$ kN
$F_{Q,B} = -1{,}63$ kN (aufgerundet)
$F_{Q,G} = F_{Gh} \cdot \sin\alpha - F_{Gv} \cdot \cos\alpha$
$= (2{,}189 - 0{,}551)$ kN
$F_{Q,G} = 1{,}64$ kN

– Biegemomente

Für die Berechnung von geneigten Stäben (hier Sparren) wird häufig für den Träger mit der Länge l_s ein „Ersatzträger" mit der Projektionslänge (Grundlinienlänge) $l = l_s \cdot \cos \alpha$ zu Grunde gelegt. Die vertikalen Einwirkungen sind dann auf diesen Träger umzurechnen. Die Umrechnung erfolgte unter dem ersten Lösungsschritt:

$g' = 1{,}03$ kN/m Grundlinienlänge

$s' = 0{,}47$ kN/m Grundlinienlänge

Bei der Berechnung des Biegemomentes gehen die Windlasten mit der wahren Länge l_s des Sparrens ein. Wegen der Mittelwertbildung für die Windkräfte wird der Nulldurchgang der Querkraft und damit die Stelle des größten Biegemomentes verschoben. Gleichzeitig tritt eine Lastverschiebung auf. Die Abweichungen sind nicht wesentlich. Näherungsweise gilt:

$$\max M = \frac{1}{8}\left[(g' + s') \cdot l^2 \pm w_d \cdot l_s^2\right] \qquad + \text{ für Winddruck } w_d$$

$$- \text{ für Windsog } w_s$$

$$\max M_A = \frac{1}{8}\left[(1{,}03 + 0{,}47)\ \text{kN/m} \cdot 3{,}5^2\ \text{m}^2 + 0{,}31\ \text{kN/m} \cdot 4{,}5^2\ \text{m}^2\right] = 3{,}08\ \text{kNm}$$

für den Sparren A

$$\max M_B = \frac{1}{8}\left[(1{,}03 + 0{,}47)\ \text{kN/m} \cdot 3{,}5^2\ \text{m}^2 - 0{,}18\ \text{kN/m} \cdot 4{,}5^2\ \text{m}^2\right] = 1{,}84\ \text{kNm}$$

für den Sparren B

– Normalkraft-, Querkraft- und Biegemomentenverlauf

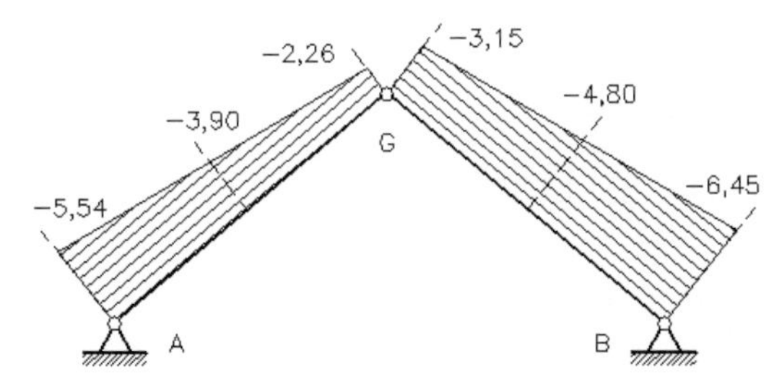

Die im Bild angegebenen Zahlenwerte sind die auf der vorherigen Seite berechneten **Normalkräfte** (Druckkräfte) in kN.

Die Größe der Normalkraft in der Stabmitte ist jeweils der Mittelwert aus den Kräften der Stabenden:

$F_{N,Am} = -3{,}90$ kN

$F_{N,Bm} = -4{,}80$ kN

Die im Bild angegebenen Zahlenwerte sind die auf der vorherigen Seite berechneten **Querkräfte** in kN.

Wegen der angenommenen gleichmäßigen Verteilung der Einwirkungen über die Sparrenlänge geht die Querkraft in der Sparrenmitte durch null.

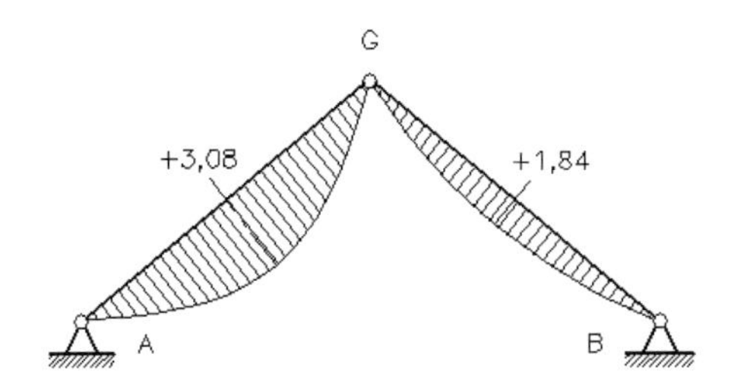

Die im Bild angegebenen Zahlenwerte geben die **Biegemomente** in kNm an.

Der größte Wert des Biegemomentes geht annähernd durch die Trägermitte.

Zu 4.: Tragfähigkeitsnachweis

In der Trägermitte zwischen den beiden Lagern A und B tritt Biegung und Druck auf. Für solche Stäbe ist nachzuweisen, dass die Bedingungen

$$\left(\frac{\frac{N_d}{A_n}}{f_{c,0,d}}\right)^2 + \frac{\frac{M_{y,d}}{W_{y,n}}}{f_{m,y,d}} \le 1 \quad \text{und} \quad \left(\frac{\frac{N_d}{A_n}}{f_{c,0,d}}\right)^2 + k_{red} \cdot \frac{\frac{M_{y,d}}{W_{y,n}}}{f_{m,y,d}} \le 1$$

erfüllt werden.

Für die vorliegende Aufgabe ergeben sich:

$$N_d = \gamma_G \cdot g_k + 1{,}35 \cdot (s_k + w_k), \text{ s. DIN 1052 }; \qquad \gamma_G = 1{,}35$$

$$N_d = N_k \cdot 1{,}35 = 3{,}90 \text{ kN} \cdot 1{,}35 = 5{,}27 \text{ kN}$$

$$M_{y,d} = M_{y,k} \cdot 1{,}35 = 3{,}08 \text{ kNm} \cdot 1{,}35 = 4{,}16 \text{ kNm}$$

Die Bemessungswerte der Tragfähigkeit ergeben sich zu:

$$\boxed{f_{m,y,d} = f_{m,y,k} \cdot (k_{mod}/\gamma_M)} \; ; \qquad \boxed{f_{c,0,d} = f_{c,0,k} \cdot (k_{mod}/\gamma_M)}$$

k_{mod} Modifikationsbeiwert

$k_{mod} = 0{,}7$ für NKL = 1 und KLED = lang

γ_M Teilsicherheitsbeiwert für Holz und Holzwerkstoffe, $\gamma_M = 1{,}3$

$(k_{mod}/\gamma_M) = 0{,}7/1{,}3 = 0{,}538$

k_{red} Beiwert; für $h/b = 20/10 = 2 \le 4$ ist $k_{red} = 0{,}7$

$f_{c,0,k}$ charakteristischer Wert für Druck; $f_{c,0,k} = 23$ N/mm²

$f_{m,y,k}$ charakteristischer Wert für Biegung; $f_{m,y,k} = 30$ N/mm²

damit:

$$f_{c,0,d} = 23 \text{ N/mm}^2 \cdot 0{,}538 = 12{,}4 \text{ N/mm}^2$$

$$f_{m,y,d} = 30 \text{ N/mm}^2 \cdot 0{,}538 = 16{,}2 \text{ N/mm}^2$$

$$\left(\frac{\frac{5{,}27\ \text{kN}}{200\ \text{cm}^2}}{12{,}4\ \text{N/mm}^2}\right)^2 + \frac{\frac{4{,}16\ \text{kNm}}{667\ \text{cm}^3}}{16{,}2\ \text{N/mm}^2} \le 1 \quad \text{und} \quad \left(\frac{\frac{5{,}27\ \text{kN}}{200\ \text{cm}^2}}{12{,}4\ \text{N/mm}^2}\right)^2 + 0{,}7 \cdot \frac{\frac{4{,}16\ \text{kNm}}{667\ \text{cm}^3}}{16{,}2\ \text{N/mm}^2} \le 1$$

$0{,}00 + 0{,}39 = 0{,}39 < 1$ $\qquad$ $0{,}00 + 0{,}7 \cdot 0{,}39 = 0{,}27 < 1$

Zu 5.: Gebrauchstauglichkeitsnachweis

Die Durchbiegungen dürfen mit charakteristischen Einwirkungen berechnet werden. Für einen Einfeldträger ist die Gebrauchsfähigkeit erfüllt, wenn:

$\boxed{w_{\text{EFT,G}} = k_w \cdot g_k}$ für ständige Einwirkungen

$\boxed{w_{\text{EFT,Q}} = k_w \cdot q_k}$ für veränderliche Einwirkungen

$w_{\text{EFT(G+Q)}} \le \dfrac{l}{300}$ für Schadensvermeidung

$\le \dfrac{l}{200}$ für Sicherstellung des optisches Erscheinungsbildes

erfüllt sind.

k_w Beiwert; z. B. für einen Einfeldträger:

$$k_w = \frac{5}{384} \cdot \frac{l^4}{E_{0,\text{mean}} \cdot I}$$

l Trägerlänge

I Flächenmoment 2. Ordnung

$E_{0,\text{mean}}$ Elastizitätsmodul

Im Folgenden soll vereinfachend die größte Durchbiegung $w_{\text{EFT(G+Q)}}$ ermittelt werden, indem die obige Gleichung umgeformt wird. Ersetzt man das Biegemoment durch $(q_k + g_k) \cdot l_s^2/8$, das Flächenträgheitsmoment I_y durch $W_y \cdot h/2$ und die Biegespannung σ durch M_k/W_y, dann ergibt sich die Gleichung

$$\boxed{w_{\text{EFT(G+Q)}} = \frac{5}{24} \cdot \frac{\sigma_k \cdot l_s^2}{E_{0,\text{mean}} \cdot h}}$$

mit $\sigma_k = \max M_k/W_y = 3{,}08\ \text{kNm}/667\ \text{cm}^3 = 4{,}62\ \text{N/mm}^2$

$h = 200$ mm Querschnittshöhe des Sparrens

$E_{0,\text{mean}} = 11000\ \text{N/mm}^2$

ergibt sich:

$$w_{EFT(G+Q)} = \frac{5}{24} \cdot \frac{\sigma_k \cdot l_s^2}{E_{0,mean} \cdot h} = \frac{5}{24} \cdot \frac{4{,}62\ \text{N/mm}^2 \cdot 4{,}5^2\ \text{m}^2}{11000\ \text{N/mm}^2 \cdot 200\ \text{mm}} = 8{,}9\ \text{mm}$$

Nachweis: 8,9 mm < 4500 mm/300 = 15 mm

8,9 mm < 4500 mm/200 = 22,5 mm

Lösung Aufgabe 72

Zu 1.: Charakteristische Einwirkungen der Wind-, Schnee- und Eigenlasten

– Windlasten

Für Bremen ergeben sich Windzone 3 (Binnenland), Geländekategorie II, innerstädtische Bebauung sowie gem. Aufgabenstellung $h \leq 10$ m. Nach dem Lösungsalgorithmus, der in Aufgabe 21 angegeben ist, folgt:

$$\boxed{w_{e,k} = q_{p,k} \cdot c_{pe}}$$

$w_{e,k}$ charakteristischer Winddruck auf Außenflächen in kN je m^2 Dachfläche (DF)

$q_{p,k}$ charakteristischer Böengeschwindigkeitsdruck in kN/m^2 DF

c_{pe} aerodynamischer Beiwert

Alle Daten sind Normen oder Tabellenbüchern zu entnehmen.

$\boxed{q_{p,k} = 0{,}80\ \text{kN/m}^2}$ Winddruck für Windzone 3 (Binnenland)

Dieser Winddruck wird über die c_{pe}-Werte modifiziert.

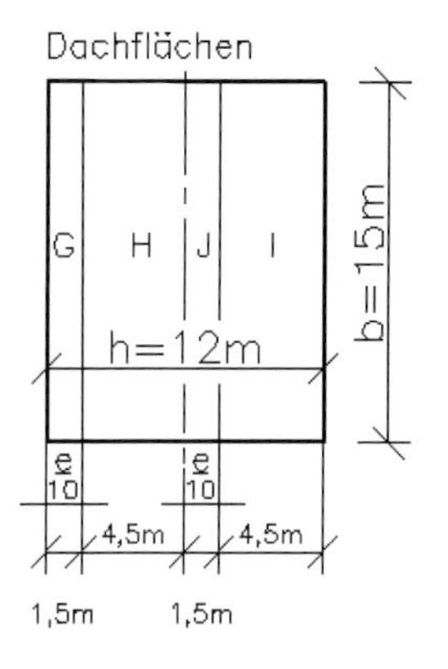

c_{pe} –Beiwerte

Neigungswinkel/°	Dachflächen G	H	J	G
30	+0,7	+0,4	−0,5	−0,4
45	+0,7	+0,6	−0,3	−0,2
42	+0,70	+0,56	−0,34	−0,24

Die Breite der Dachzonen G, H, J und I ist abhängig von der Größe e:

$e = b$ oder $e = 2\,h$; der kleinere Wert ist maßgebend;
Gebäudehöhe $h = 12$ m

$e = 15$ m oder $e = 24 \text{ m} \Rightarrow \min e = 15$ m

$w_{e,k} = 0{,}80 \text{ kN/m}^2 \cdot (+0{,}70) = +0{,}56 \text{ kN/m}^2$ für die Dachfläche G

$w_{e,k} = 0{,}80 \text{ kN/m}^2 \cdot (+0{,}56) = +0{,}45 \text{ kN/m}^2$ für die Dachfläche H

$w_{e,k} = 0{,}80 \text{ kN/m}^2 \cdot (-0{,}34) = -0{,}27 \text{ kN/m}^2$ für die Dachfläche J

$w_{e,k} = 0{,}80 \text{ kN/m}^2 \cdot (-0{,}24) = -0{,}19 \text{ kN/m}^2$ für die Dachfläche I

Multipliziert man die Werte mit dem Sparrenabstand $a = 0{,}75$ m, dann erhält man die Winddrücke je Meter Sparrenlänge:

$w'_{e,k} = 0{,}75 \text{ m} \cdot (+0{,}56) = +0{,}42 \text{ kN/m}$ für die Dachfläche G

$w'_{e,k} = 0{,}75 \text{ m} \cdot (+0{,}45) = +0{,}34 \text{ kN/m}$ für die Dachfläche H

$w'_{e,k} = 0{,}75 \text{ m} \cdot (-0{,}27) = -0{,}20 \text{ kN/m}$ für die Dachfläche J

$w'_{e,k} = 0{,}75 \text{ m} \cdot (-0{,}19) = -0{,}14 \text{ kN/m}$ für die Dachfläche I

– **Schneelasten**

$$s_k = 0{,}25 + 1{,}91 \left(\frac{A + 140}{760}\right)^2 \geq 0{,}85 \text{ kN/m}^2 \text{ Grundfläche (GF)}$$

s_k charakteristische Schneelast in kN/m² GF

A Geländehöhe über dem Meeresniveau in Meter

Alle Daten sind Normen oder Tabellenbüchern zu entnehmen.

Für die in der Aufgabenstellung angegebenen Bedingungen wird:

$s_k = 0{,}25 + 1{,}91\,[(30 + 140)/760]^2 \text{ kN/m}^2 = 0{,}35 \text{ kN/m}^2 \leq 0{,}85 \text{ kN/m}^2$

folglich:

$s_k = 0{,}85 \text{ kN/m}^2$ GF

$$s = \mu_1 \cdot C_e \cdot C_t \cdot s_k$$

s charakteristischer Wert der Schneelast auf dem Dach

μ_1 Formbeiwert; $\mu_1 = f(\alpha)$

$\mu_1 = 0{,}8 \cdot (60° - \alpha)/30° = 0{,}8 \cdot (60° - 42°)/30° = 0{,}48$

C_e; C_t Koeffizienten; $C_e = C_t = 1$

Damit:

$s = \mu_1 \cdot s_k = 0{,}48 \cdot 0{,}85 \text{ kN/m}^2 = 0{,}41 \text{ kN/m}^2$ GF

$s = \mu_1 \cdot s_k = 0{,}41 \text{ kN/m}^2 \cdot 0{,}75 \text{ m} = 0{,}31 \text{ kN/m}$ für $a = 0{,}75$ m Sparrenabstand

– Eigenlasten

In der Aufgabenstellung ist ein bereits ermittelter charakteristischer Wert für den kompletten Dachaufbau angegeben worden. Hieraus:

$$g_{ges} = 1{,}69\ \text{kN/m}^2 \quad \text{Dachfläche}$$

$$g'_{ges} = g_{ges} \cdot a = 1{,}69\ \text{kN/m}^2 \cdot 0{,}75\ \text{m} = 1{,}27\ \text{kN/m} \quad \text{Sparrenlänge}$$

$$g' = \frac{g'_{ges}}{\cos\alpha} = \frac{1{,}27\ \text{kN/m}}{\cos 42°} = 1{,}71\ \text{kN/m} \quad \text{Grundlinienlänge}$$

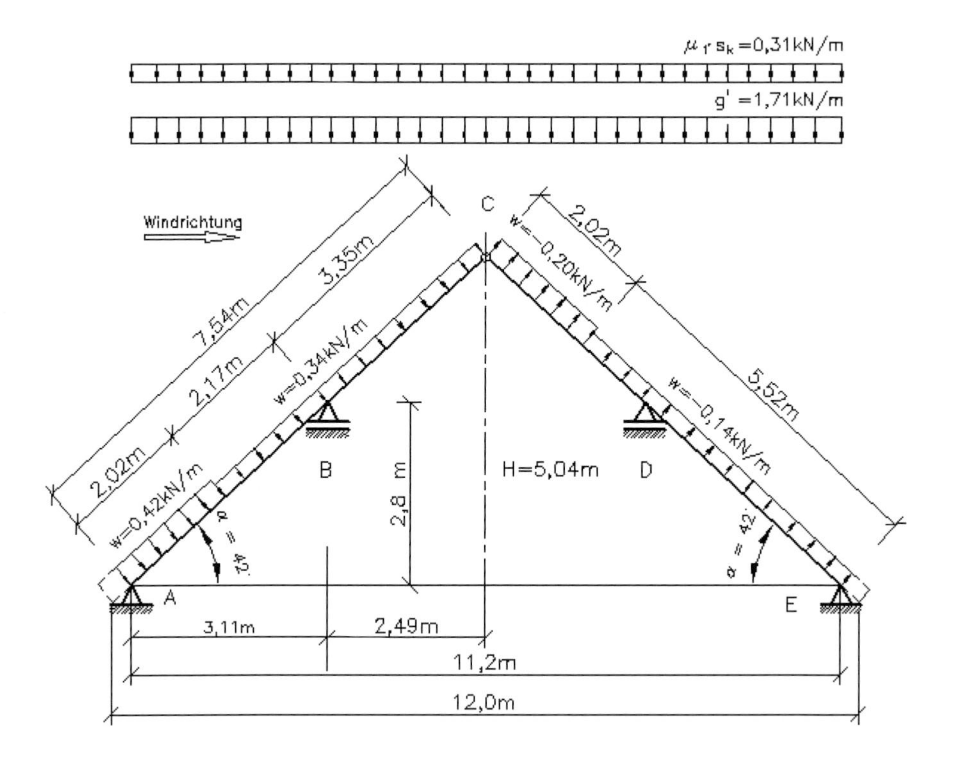

Zu 2.: Charakteristische Kräfte in den Auflagern A und B

Für die Wahl eines Tragwerksmodells kann der gesamte Sparren als Träger auf drei Stützen mit Kragträger strukturiert werden. Dieses System liefert weitgehend genaue Ergebnisse.

Eine fehlerbehaftete, aber leicht zu handhabende Annahme ist die Zerlegung des Trägers. Dabei wird vereinfachend davon ausgegangen, dass durch die Ausklinkung bei B die Durchlaufwirkung des Sparrens aufgehoben wird und der längere (untere)

Teil des Sparrens als geneigter Träger auf zwei Stützen mit einem festen Lager bei A und einem losen bei B betrachtet wird. Ebenso wird dabei der auskragende Teil des Sparrens an der Traufkante vorerst vernachlässigt.

Dieses Tragwerksmodell wird der Rechnung zu Grunde gelegt. Im fünften Lösungsschritt erfolgt eine Einschätzung des Fehlers infolge der Vernachlässigung des Kragträgers.

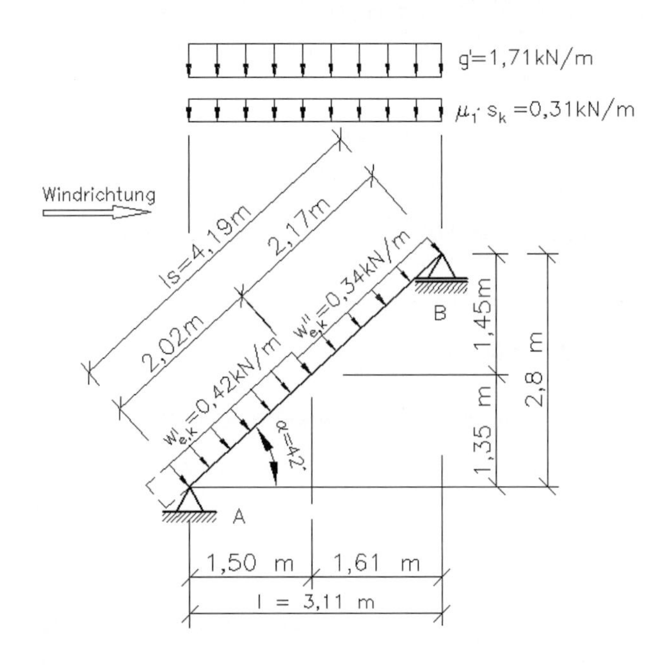

$$\sum F_H = 0 = F_{Ah} + w'_{e,k} \cdot 1{,}35 \text{ m} + w''_{e,k} \cdot 1{,}45 \text{ m}$$

hieraus: $F_{Ah} = -1{,}06$ kN

Wegen des lose angenommenen Lagers B ist:

$$F_{Bh} = 0$$

$$\sum M_A = 0 = -(g' + \mu_1 \cdot s_k) \cdot \frac{l^2}{2} - w'_{e,k} \cdot \frac{2{,}02^2 \text{ m}^2}{2} - w''_{e,k} \cdot 2{,}17 \text{ m} \cdot \left(2{,}02 + \frac{2{,}17}{2}\right) \text{m} + F_{Bv} \cdot l$$

hieraus: $F_{Bv} = \dfrac{12{,}92 \text{ kN}}{3{,}11 \text{ m}} = 4{,}15$ kN

$$\sum M_B = 0 = +(g' + \mu_1 \cdot s_k) \cdot \frac{l^2}{2} + w'_{e,k} \cdot \frac{2{,}17^2\,m^2}{2} + w''_{e,k} \cdot 2{,}02\ m$$

$$\cdot \left(2{,}17 + \frac{2{,}02}{2}\right) m + F_{Ah} \cdot 2{,}8\ m - F_{Av} \cdot l$$

hieraus: $F_{Av} = \dfrac{10{,}30\ kNm}{3{,}11\,m} = 3{,}31\ kN$

Kontrollrechnung:

$$\sum F_V = 0 = F_{Av} + F_{Bv} - (g' + \mu_1 \cdot s_k) \cdot 3{,}11\ m$$

$$- w''_{e,k} \cdot 2{,}02\ m \cdot \cos 42° - w''_{e,k} \cdot 2{,}17\ m \cdot \cos 42°$$

$$\sum F_V = (-7{,}46\ kN + 7{,}46\ kN) = 0$$

$$\sum F_h = 0 = (w'_{e,k} \cdot 2{,}02\ m + w''_{e,k} \cdot 2{,}17\ m) \cdot \sin 42° + F_{Ah}$$

$$\sum F_h = (1{,}06\ kN - 1{,}06\ kN) = 0$$

Zu 3.: Charakteristische Normalkräfte, Querkräfte, und Biegemomente

In der Lösung zu Aufgabe 71 sind Hinweise gegeben, wie Normal- und Querkräfte ermittelt werden. Danach sind die Lagerkräfte in A und B in Längs- und Querrichtung zu zerlegen, um dann die Komponenten zu addieren:

- **Normalkräfte und Querkräfte**

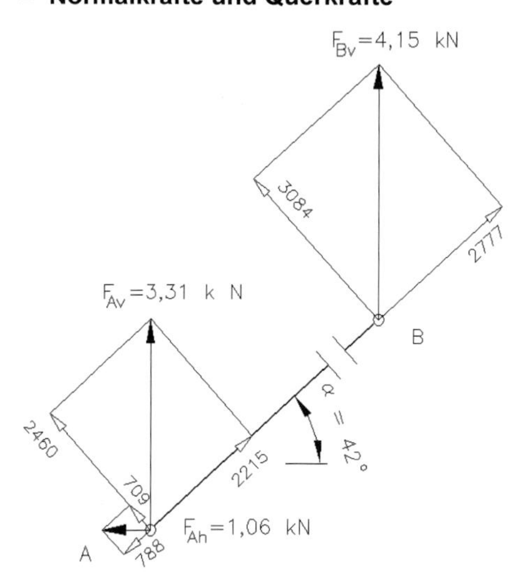

$F_{N,A} = F_{Ah} \cdot \cos\alpha - F_{Av} \cdot \sin\alpha$

$= (0{,}778 - 2{,}215)\ kN$

$F_{N,A} = -1{,}437\ kN$ (Druck)

$F_{N,B} = F_{Bv} \cdot \sin\alpha$

$F_{N,B} = 2{,}777\ kN$ (Zug)

$F_{Q,A} = F_{Ah} \cdot \sin\alpha + F_{Av} \cdot \cos\alpha$

$= (0{,}709 + 2{,}460)\ kN$

$F_{Q,A} = 3{,}169\ kN$

$F_{Q,B} = -F_{Bv} \cdot \cos\alpha$

$F_{Q,B} = -3{,}084\ kN$

– **Biegemomente**

Es wird, wie es in Aufgabe 71 schon gezeigt wurde, wiederum ein „Ersatzträger“ mit der Projektionslänge (Grundlinienlänge) $l = l_s \cdot \cos \alpha$ zu Grunde gelegt, der mit den vertikalen Einwirkungen g' und $\mu_1 \cdot s_k$ belastet wird. Dieses Biegemoment überlagert sich mit dem des Winddruckes $w'_{e,k}$, bzw.$w''_{e,k}$ der auf die Länge l_s bezogen ist.

Das größte Biegemoment tritt annähernd in Trägermitte auf und berechnet sich zu:

$$\max M = \tfrac{1}{8}\,[(g' + \mu_1 \cdot s_k) \cdot l^2 + w''_{e,k} \cdot l_s^{\,2}] + \Delta M$$

mit $\Delta M = [(w'_{e,k} - w''_{e,k}) \cdot 2{,}02^2\ \text{m} \cdot 0{,}5/l_S] \cdot 2{,}17\ \text{m}$

$$\max M = \tfrac{1}{8}\,[(1{,}71 + 0{,}31)\ \text{kN/m} \cdot 3{,}11^2\ \text{m}^2 + 0{,}34\ \text{kN/m} \cdot 4{,}19^2\ \text{m}^2]$$

$$+ [(0{,}42 - 0{,}34)\ \text{kN/m} \cdot 2{,}02^2\ \text{m}^2 \cdot 0{,}5/4{,}19\ \text{m}] \cdot 2{,}17\ \text{m}$$

$$\max M = (3{,}19 + 0{,}085)\ \text{kNm} = 3{,}268\ \text{kNm}$$

– **Normalkraft-, Querkraft- und Biegemomentenverlauf**

Hinweis: In den folgenden Bildern ist das Lager B um 180° gedreht worden, um den Bildinhalt vollständig zu zeigen. Davon bleibt die Funktion eines losen Lagers, nur in Richtung einer Kraftwirkungslinie (hier senkrechte) Kräfte aufzunehmen, unberührt.

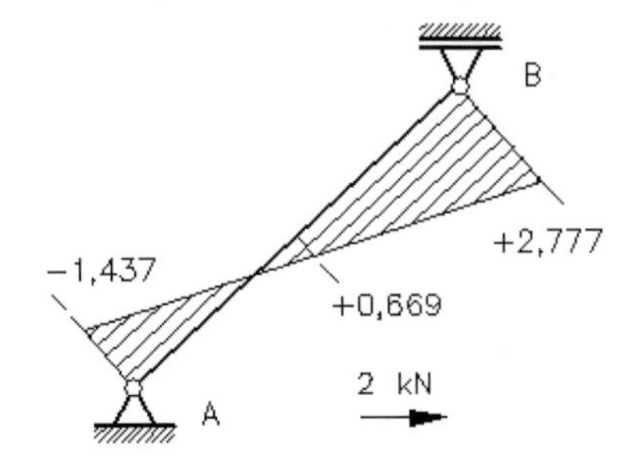

Die im Bild angegebenen Zahlenwerte sind die auf der vorherigen Seite berechneten **Normalkräfte** in kN.

Oberhalb des Lagers A treten Druck- und unterhalb des Lagers B Zugkräfte auf. Weil im vierten Lösungsschritt der Tragsicherheitsnachweis für die Stabmitte erbracht wird, ist im linken Bild die dort herrschende Normalkraft angegeben. Sie berechnet sich aus den elementaren Dreiecksverhältnissen zu:

$$F_{N,m} = +0{,}669\ \text{kN} \quad \text{(Zugkraft)}$$

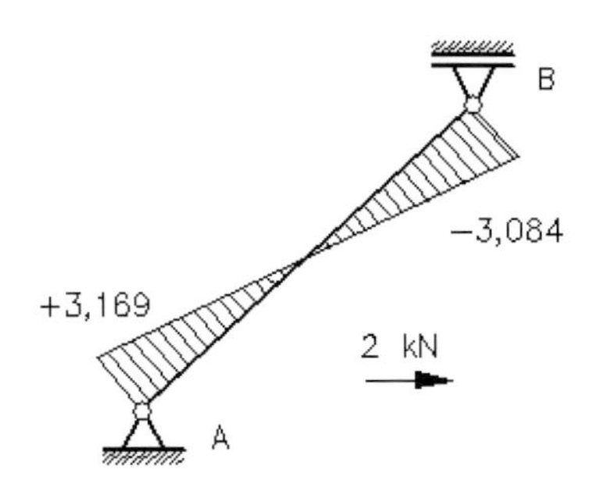

Die im Bild angegebenen Zahlenwerte sind die auf der vorherigen Seite berechneten **Querkräfte** in kN.

Infolge der ungleichmäßig verteilten Einwirkungen über die Sparrenlänge von A nach B geht die Querkraft 0,025 m außerhalb der Sparrenmitte durch null.

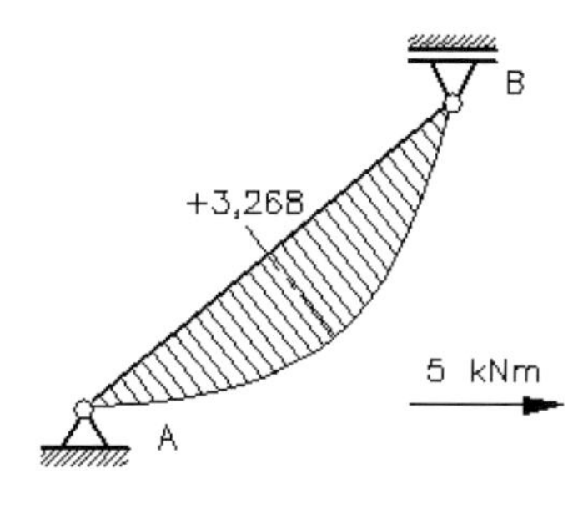

Der im Bild angegebene Zahlenwert gibt das annähernd größte **Biegemoment** in kNm an.

Weil sich für den Sparren im Abschnitt von A bis B der Nulldurchgang der Querkraft etwa in der Mitte befindet, ist dort ein Extremwert des Biegemomentes, der hier ein Maximalwert ist.

Für diese Stelle ist bereits die Längskraft zu $F_{N,m} = +0{,}669$ kN als Zugkraft ermittelt worden.

Zu 4.: Tragfähigkeits- und Gebrauchstauglichkeitsnachweis

– Tragfähigkeitsnachweis

In der Trägermitte zwischen den beiden Lagern A und B tritt Biegung und Zug auf. Für solche Stäbe ist nachzuweisen, dass die Bedingungen

$$\left(\frac{\frac{N_d}{A_n}}{f_{t,0,d}}\right) + \frac{\frac{M_{y,d}}{W_{y,n}}}{f_{m,y,d}} \leq 1 \quad \text{und} \quad \left(\frac{\frac{N_d}{A_n}}{f_{t,0,d}}\right) + k_{red} \cdot \frac{\frac{M_{y,d}}{W_{y,n}}}{f_{m,y,d}} \leq 1$$

erfüllt werden.

Für die vorliegende Aufgabe ergeben sich:

$N_d = \gamma_G \cdot g_k + 1{,}35 \cdot (s_k + w_k)$ s. DIN 1052 ; $\gamma_G = 1{,}35$

$N_d = N_k \cdot 1{,}35 = 0{,}669 \text{ kN} \cdot 1{,}35 = 0{,}903 \text{ kN}$

$M_{y,d} = M_{y,k} \cdot 1{,}35 = 3{,}28 \text{ kNm} \cdot 1{,}35 = 4{,}43 \text{ kNm}$

Die Bemessungswerte der Tragfähigkeit berechnen sich zu:

$\boxed{f_{t,0,d} = f_{t,0,k} \cdot (k_{mod}/\gamma_M)}$; $\boxed{f_{m,y,d} = f_{m,y,k} \cdot (k_{mod}/\gamma_M)}$

k_{mod} Modifikationsbeiwert

$k_{mod} = 0{,}6$ für NKL = 1 und KLED = ständig

γ_M Teilsicherheitsbeiwert für Holz und Holzwerkstoffe,

$\gamma_M = 1{,}3$; $(k_{mod}/\gamma_M) = 0{,}6/1{,}3 = 0{,}462$

k_{red} Beiwert; für $h/b = 20/10 = 2 \leq 4$ ist $k_{red} = 0{,}7$

$f_{t,0,k}$ charakteristischer Wert für Zug; $f_{t,0,k} = 18 \text{ N/mm}^2$

$f_{m,y,k}$ charakteristischer Wert für Biegung; $f_{m,y,k} = 30 \text{ N/mm}^2$

damit:

$f_{t,0,d} = 18 \text{ N/mm}^2 \cdot 0{,}462 = 8{,}31 \text{ N/mm}^2$

$f_{m,y,d} = 30 \text{ N/mm}^2 \cdot 0{,}462 = 13{,}85 \text{ N/mm}^2$

$$\frac{\left(\dfrac{0{,}903\,\text{kN}}{200\,\text{cm}^2}\right)}{8{,}31\,\text{N/mm}^2} + \frac{\dfrac{4{,}43\,\text{kNm}}{667\,\text{cm}^3}}{13{,}85\,\text{N/mm}^2} \le 1 \quad \text{und} \quad \frac{\left(\dfrac{0{,}903\,\text{kN}}{200\,\text{cm}^2}\right)}{8{,}31\,\text{N/mm}^2} + 0{,}7 \cdot \frac{\dfrac{4{,}43\,\text{kNm}}{667\,\text{cm}^3}}{13{,}85\,\text{N/mm}^2} \le 1$$

$0{,}01 + 0{,}48 = 0{,}49 < 1$ $\qquad$ $0{,}01 + 0{,}7 \cdot 0{,}48 = 0{,}34 < 1$

– **Gebrauchstauglichkeitsnachweis**

Die Durchbiegungen dürfen mit charakteristischen Einwirkungen berechnet werden. Für einen Einfeldträger ist die Gebrauchsfähigkeit erfüllt, wenn:

$\boxed{w_{EFT,G} = k_w \cdot g_k}$ für ständige Einwirkungen

$\boxed{w_{EFT,Q} = k_w \cdot q_k}$ für veränderliche Einwirkungen

$w_{EFT(G+Q)} \le \dfrac{l}{300}$ für Schadensvermeidung

$\le \dfrac{l}{200}$ für Sicherstellung des optisches Erscheinungsbildes

erfüllt sind.

k_w Beiwert; z. B. für einen Einfeldträger:

$$k_w = \frac{5}{384} \cdot \frac{l^4}{E_{0,mean} \cdot I}$$

l Trägerlänge

I Flächenmoment 2. Ordnung

$E_{0,mean}$ Elastizitätsmodul

Im Folgenden soll vereinfachend die größte Durchbiegung $w_{EFT(G+Q)}$ ermittelt werden, indem die obige Gleichung umgeformt wird. Ersetzt man das Biegemoment durch $(q_k + g_k) \cdot l_s^2/8$, das Flächenträgheitsmoment I_y durch $W_y \cdot h/2$ und die Biegespannung σ durch M_k und W_y, dann ergibt sich die Gleichung

$$\boxed{w_{EFT(G+Q)} = \frac{5}{24} \cdot \frac{\sigma_k \cdot l_s^2}{E_{0,mean} \cdot h}}$$

mit $\sigma_k = \max M_k/W_y = 3{,}28\ \text{kNm}/667\ \text{cm}^3 = 4{,}92\ \text{N/mm}^2$

$h = 200$ mm Querschnittshöhe des Sparrens

$E_{0,mean} = 11000\ \text{N/mm}^2$

ergibt sich:

$$w_{EFT(G+Q)} = \frac{5}{24} \cdot \frac{4{,}92\,\text{N/mm}^2 \cdot 4{,}19^2\,\text{m}^2}{11000\,\text{N/mm}^2 \cdot 200\,\text{mm}} = 8{,}2\ \text{mm}$$

Nachweis: 8,2 mm < 4190 mm/300 = 14 mm

8,2 mm < 4190 mm/200 = 21 mm

Zu 5.: Fehlereinschätzung

Bei der Festlegung des statischen Systems wurde das auskragende Sparrenteil an der Traufkante vernachlässigt. Aus diesem Grund und durch andere Vereinfachungen sind die geführten Nachweise fehlerbehaftet.

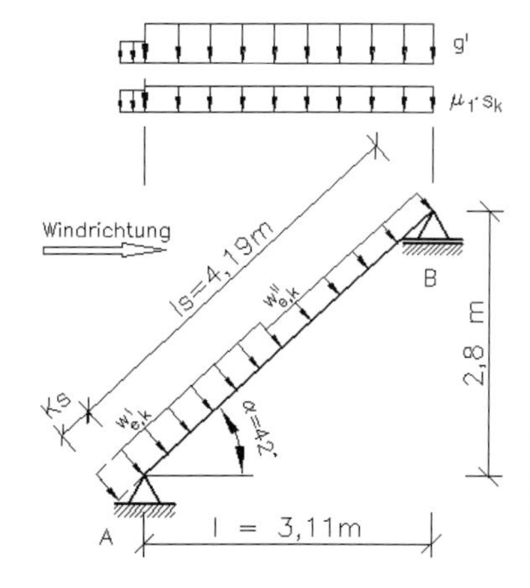

In dem maßstäblichen Bild ist der Sparren über das Lager A hinaus um $K_S = 0{,}54$ m verlängert. Dieser auskragende Teil wird in der Regel mit gleicher oder veränderter Wind-, Schnee- und Gewichtskraft belastet, so dass die Größenordnung erhalten bleibt.

Während sich die vertikale Lagerkraft in A erhöht, vermindert sie sich in B um etwa 0,05 kN.

Das Biegemoment $M_{b,A}$ ist ca. 0,20 kNm. Es erzeugt in dem durch die Ausklinkung bei A geschwächten Sparrenquerschnitt eine Biegespannung von näherungsweise 0,45 N/mm^2, die bei einer erweiterten Berechnung nachzuweisen wäre.

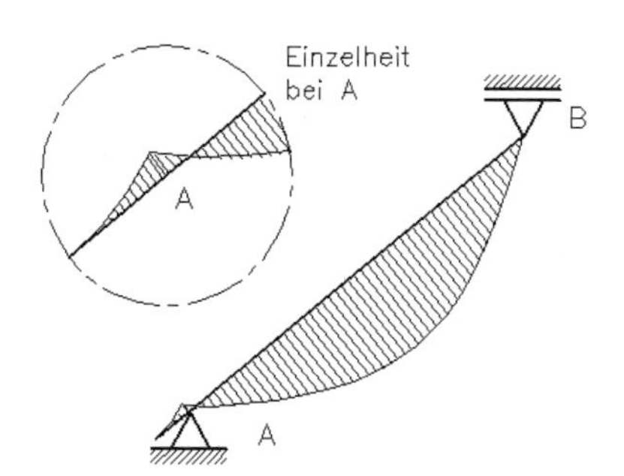

Diese unmaßstäbliche linke Skizze zeigt den **Biegemomentenverlauf** und lässt erkennen, dass das Biegemoment im Feld bei dem gewählten kleinen Sparrenüberstand K_S keine großen Änderungen in seiner Lage erfährt.

Sein Extremwert verschiebt sich zum Lager B und sinkt geringfügig um ≈ 2 % des in den Nachweisen verwendeten Wertes. Sinngemäß gilt das auch für die kleiner werdende größte Durchbiegung.

Zu beachten ist, dass im vorliegenden Nachweis lediglich der Sparren von A nach B untersucht wurde. Bei rechnergestützten Lösungen (s. Kap. 8) kann der Sparrenabschnitt mit der größten Belastung selektiert werden. Das könnte z. B. der Sparren zwischen B und C sein.

Lösung Aufgabe 73

Die gesamte Treppe kann als starres Gebilde betrachtet werden, auf dem $5 \times 7 = 35$ Einzelkräfte F mit je $F_k = 0{,}5$ kN wirken. Die Lastannahmen entsprechen nicht EC 5. Danach wird eine Nutzlast von $q_k = 3$ kN/m^2 Grundrissfläche angesetzt. Mit dieser Belastung soll der unten durchgeführte Spannungsnachweis mit 5 Einzelkräften für eine Trittstufe verglichen werden.

Zu 1.: Schraubenkräfte F_{Wv} und F_j

Die Justierschrauben (J) nehmen nur vertikale Kräfte auf und sind folglich lose Lager. Während die unteren Wandbefestigungsschrauben mit üblichem Lochspiel feste Lager sind (W), können die oberen wegen der verwendeten Langlöcher nur waagerechte Kräfte aufnehmen, die aber in der Konstruktion nicht auftreten. Die oberen Schrauben haben deshalb keine statische Funktion, sondern dienen der Lagefixierung der Treppe.

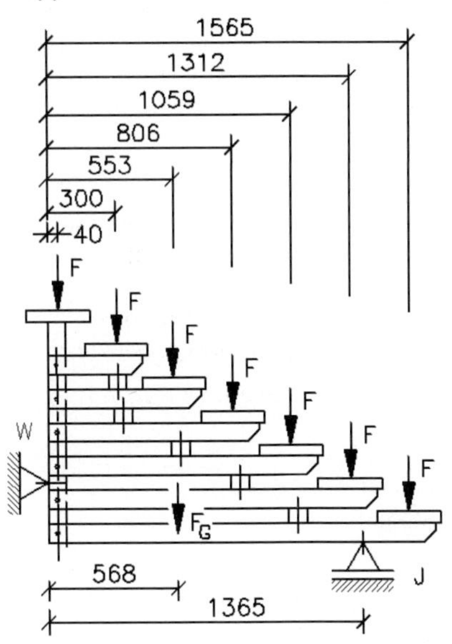

Mit diesen Annahmen ergibt sich das bildlich ausgeformte statische System nach der nebenstehenden Skizze.

Das eingezeichnete Eigengewicht der Treppe lässt sich aus dem Holzverbrauch ermitteln: Mit 0,31 m^3 für die Trittstufen, 0,07 m^3 für das Tragwerk, 5 kN/m^3 (einschließlich Befestigungsmittel) für das spezifische Gewicht des ungeschützten Holzes und einem Zuschlag von 10 % für erweiterte Befestigungsmittel, ermittelt sich das Eigengewicht der Treppen zu $F_G = F_{G,k} = 2{,}1$ kN bei einem Schwerpunktabstand von 1/3 der Treppenlänge (in Näherung an den Schwerpunkt eines Dreieckes).

Bei der folgenden Berechnung wird die Hälfte der Kräfte berücksichtigt, und damit die Kraft je Einzellager ermittelt:

$$\sum M_w = 0 = -2{,}5 \cdot F \cdot (40 + 300 + 553 + 806 + 1059 + 1312 + 1565) \text{ mm}$$

$$- 0{,}5 \cdot F_G \cdot 568 \text{ mm} + F_{J,k} \cdot 1365 \text{ mm}$$

$$0 = - 7{,}044 \text{ kNm} - 0{,}60 \text{ kNm} + F_{J,k} \cdot 1{,}365 \text{ m}$$

hieraus: $F_{J,k} = 5{,}6$ kN (für ein Lager)

$$\sum F_V = 0 = -0{,}5 \cdot 35 \cdot F - 0{,}5 \cdot F_G + F_{J,k} + F_{W,v,k}$$

$$= -8{,}75 \text{ kN} - 1{,}05 \text{ kN} + F_{J,k} + F_{W,v,k}$$

hieraus: $F_{W,v,k} = 4{,}2$ kN (für ein Lager)

$$\sum F_H = 0 = F_{Wh} = 0$$

Zu 2.: Biegetragfähigkeitsnachweis für eine Trittstufe

– Belastung der Trittstufe mit Einzellasten $F = F_k$ und Eigenlast $g = g_k$

Die Eigenlast der Trittstufe als gleichmäßig verteilte Last kann aus den Abmessungen der Stufe zu $g_k \approx 0{,}08$ kN/m berechnet werden. Dann ergibt sich:

$$F_{A,v,k} = F_{B,v,k} = \tfrac{1}{2}\,(g_k \cdot 2{,}54 \text{ m} + 5 \cdot F_k) = \tfrac{1}{2}\,(0{,}08 \text{ kN/m} \cdot 2{,}54 \text{ m} + 5 \cdot 0{,}5 \text{ kN})$$

$$F_{A,v,k} = F_{B,v,k} = 1{,}352 \text{ kN}$$

Die Biegemomente an den Lagern und in der Mitte der Stufe berechnen sich zu:

$$M_A = M_B = -g_k \cdot 0{,}48 \text{ m} \cdot 0{,}24 \text{ m} - F_k \cdot 0{,}224 \text{ m}$$

$$= -0{,}08 \text{ kN/m} \cdot 0{,}48 \cdot 0{,}24 \text{ m}^2 - 0{,}5 \text{ kN} \cdot 0{,}224 \text{ m}$$

$$M_A = M_B = -0{,}121 \text{ kNm}$$

$$M_{Mitte} = -g_k \cdot 1{,}27 \text{ m} \cdot 0{,}635 \text{ m} - F_k \cdot 1{,}014 \text{ m} - F_k \cdot 0{,}507 \text{ m} + F_{Av,k} \cdot 0{,}79 \text{ m}$$

$$= -0{,}08 \text{ kN/m} \cdot 1{,}27 \cdot 0{,}635 \text{ m}^2 - 0{,}5 \text{ kN} \cdot 1{,}014 \text{ m} - 0{,}5 \text{ kN} \cdot 0{,}507 \text{ m}$$

$$+ 1{,}352 \text{ kN} \cdot 0{,}79 \text{ m}$$

$$M_{Mitte} = 0{,}243 \text{ kNm} = \max M_k$$

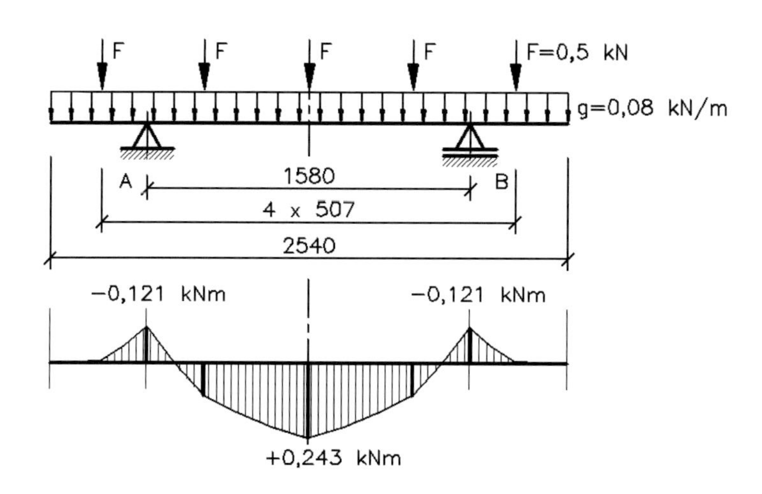

Im Bild ist der charakteristische Biegemomentenverlauf eingezeichnet. Zwischen den Einzelkräften liegen eigenständige Parabeläste vor. Mit dem größten Biegemoment M_{Mitte} ergibt sich die charakteristische Spannung zu:

$$\sigma_{b,k} = \frac{\max M_k}{W} = \frac{0{,}243 \cdot 10^6 \text{ Nmm}}{275 \text{ mm} \cdot 48^2 \text{ mm}^2/6} = 2{,}3 \text{ N/mm}^2$$

Mit der Lastkombination $\gamma_G \cdot g_k + \gamma_Q \cdot Q_k = 1{,}35\, g_k + 1{,}50\, Q_k$ ergibt sich:

$g_d = 1{,}35 \cdot 0{,}08 \text{ kN/m} = 0{,}108 \text{ kN/m}$

$F_d = 1{,}50 \cdot 0{,}5 \text{ kN} = 0{,}75 \text{ kN}$

In Analogie zur Berechnung der charakteristischen Werte ergeben sich:

$F_{A,v,d} = F_{B,v,d} = 2{,}012 \text{ kN}$

$\max M_d = 0{,}362 \text{ kNm}$

$\sigma_{b,d} = 3{,}42 \text{ N/mm}^2$

Nachweis:

$$\boxed{\frac{M_d}{W_n} \leq f_{m,d}} \; ; \qquad \boxed{\frac{M_d/W_n}{f_{m,d}} \leq 1}$$

$f_{m,d} = k_{mod} \cdot f_{m,k}/\gamma_M$ Bemessungswert der Tragfähigkeit

mit

k_{mod} Modifikationsbeiwert; $k_{mod} = 0{,}5$

f_{mk} charakteristischer Wert für Nadelholz mit $f_{m,k} = 30 \text{ N/mm}^2$

γ_M Teilsicherheitsbeiwert für Holz und Holzwerkstoffe,

$\gamma_M = 1{,}3$ für NKL = 3 ; KLED = ständig ; Konstruktionsvollholz C 30

$$f_{m,d} = k_{mod} \cdot f_{m,k}/\gamma_M$$
$$= 0{,}5 \cdot 30 \text{ N/mm}^2/1{,}3 = 11{,}54 \text{ N/mm}^2$$

$$\frac{M_d}{W_n} = 3{,}42 \text{ N/mm}^2 < f_{m,d} = 11{,}54 \text{ N/mm}^2 \; ; \qquad 3{,}42/11{,}54 = 0{,}30 < 1$$

– **Belastung der Trittstufe mit Eigenlast *g* und Nutzlast *q***

Eigenlast: $g_d = \gamma_G \cdot g_k = 1{,}35 \cdot 0{,}08 \text{ kN/m} = 0{,}108 \text{ kN/m}$

Nutzlast: $q_d = \gamma_Q \cdot q_k = 1{,}50 \cdot 3 \text{ kN/m}^2 \cdot 0{,}275 \text{ m} = 1{,}24 \text{ kN/m}$

(Trittbreite = 0,275 m)

Daraus:

$$F_{A,v,d} = F_{B,v,d} = \frac{1}{2}\,(g_d + q_d) \cdot 2{,}54\text{ m} = \frac{1}{2}\,(0{,}108 + 1{,}24)\text{ kN/m} \cdot 2{,}54\text{ m}$$

$$F_{A,v,d} = F_{B,v,d} = 1{,}71\text{ kN}$$

Die Biegemomente an den Lagern und in der Mitte der Stufe berechnen sich zu:

$$M_{A,d} = M_{B,d} = -(g_d + q_d) \cdot 0{,}48\text{ m} \cdot 0{,}24\text{ m}$$

$$M_{A,d} = M_{B,d} = -(0{,}108 + 1{,}24)\text{ kN/m} \cdot 0{,}48 \cdot 0{,}24\text{ m}^2 = -0{,}16\text{ kNm}$$

$$M_{Mitte,d} = -(g_d + q_d) \cdot 1{,}27\text{ m} \cdot 0{,}635\text{ m} + F_{A,v,d} \cdot 0{,}79\text{ m}$$

$$= -(0{,}108 + 1{,}24)\text{ kN/m} \cdot 1{,}27 \cdot 0{,}635\text{ m}^2 + 1{,}71\text{ kN} \cdot 0{,}79\text{ m}$$

$$M_{Mitte,d} = 0{,}27\text{ kNm}$$

Im Bild ist der Bemessungswert des Biegemomentenverlaufs eingezeichnet. Mit dem größten Biegemoment M_{Mitte} wird der Nachweis der Biegetragfähigkeit geführt:

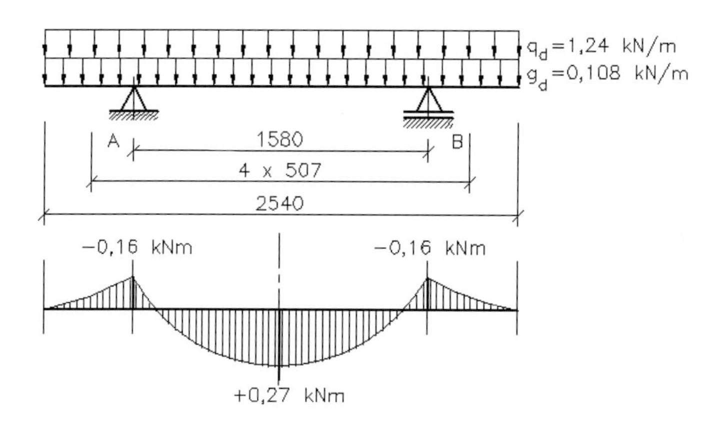

$$\frac{M_d}{W_n} = 0{,}27\text{ kNm}/(275 \cdot 48^2/6)\text{ mm}^3 = 2{,}56\text{ N/mm}^2 < f_{m,d} = 11{,}54\text{ N/mm}^2$$

$$2{,}56/11{,}54 = 0{,}22 < 1$$

Lösung Aufgabe 74

In dem Bildausschnitt der Aufgabenstellung soll gezeigt werden, dass die Wände nur in die Stahlprofile eingeschoben werden, so dass die Stützen nicht zusätzlich auf Druck beansprucht werden. Die gesamte Windkraft (s. Lösung der Aufgabe 21), die senkrecht auf die Wand wirkt, ist:

$$\boxed{w_{e,k} = q_{p,k} \cdot c_{pe}}$$

$w_{e,k}$ charakteristischer Winddruck in kN/m²

$q_{p,k}$ charakteristischer Böengeschwindigkeitsdruck in kN/m² Wandfläche

c_{pe} aerodynamischer Beiwert

Für die in der Aufgabenstellung angegebenen Bedingungen ergibt sich:

$$\boxed{q_{p,k} = 0{,}65 \text{ kN/m}^2} \quad \text{Winddruck}$$

Für freistehende Wände ist der aerodynamische resultierende Beiwert $c_{p,net}$ maßgebend.

Er ergibt sich als Funktion von l/h. Im ungünstigsten Wandbereich ist $l/h > 10$ und damit:

$$c_{p,net} = 2{,}1$$

$$w_{e,k} = q_{p,k} \cdot c_{p,net} = 0{,}65 \text{ kN/m}^2 \cdot 2{,}1 = 1{,}37 \text{ kN/m}^2 \quad \text{Wandfläche}$$

Die Windkraft für ein 4 m breites und 5 m hohes Feld ist dann:

$$F_{w,k} = 1{,}37 \text{ kN/m}^2 \cdot 20 \text{ m}^2 = 27{,}3 \text{ kN}$$

Neben der Windkraft $F_{W,k}$ tritt am Stützenfuß eine Druckkraft $F_{G,k}$ durch das Eigengewicht der Stütze auf. Mit dem spezifischen Gewicht des Profils von 0,512 kN/m lt. Bautabellen ist

$$F_{G,k} = 0{,}512 \text{ kN/m} \cdot 5 \text{ m} = 2{,}56 \text{ kN}$$

Mit den Teilsicherheitsbeiwerten $\gamma_{F,G} = 1{,}35$ für ständige und $\gamma_{F,Q} = 1{,}5$ für veränderliche Einwirkungen ergeben sich die Bemessungswerte der beiden Kräfte zu:

$$F_{w,d} = \gamma_{F,Q} \cdot F_{w,k} = 1{,}5 \cdot 27{,}3 \text{ kN} = 41{,}0 \text{ kN}$$

$$F_{G,d} = \gamma_{F,G}\, F_{G,k} = 1{,}35 \cdot 2{,}56 \text{ kN} = 3{,}5 \text{ kN}$$

Die Windkraft greift annähernd im Schwerpunkt der Fläche an und erzeugt am Stützenfuß ein Biegemoment der Größe:

$$M_{W,d} = F_{W,d} \cdot z_s = 41{,}0 \text{ kN} \cdot 2{,}5 \text{ m} = 102{,}4 \text{ kNm}$$

Ferner beansprucht die Windkraft den Stützenfuß auf Abscheren.

Nach der Elastizitätstheorie kann konservativ für alle Querschnittsklassen (QK) die Tragsicherheit nachgewiesen werden, wenn die Bedingung:

$$\left(\frac{\sigma_{x,Ed}}{f_y/\gamma_{M0}}\right)^2 + \left(\frac{\sigma_{z,Ed}}{f_y/\gamma_{M0}}\right)^2 - \left(\frac{\sigma_{x,Ed}}{f_y/\gamma_{M0}}\right)\cdot\left(\frac{\sigma_{z,Ed}}{f_y/\gamma_{M0}}\right) + 3\left(\frac{\tau_{Ed}}{f_y/\gamma_{M0}}\right)^2 \leq 1$$

erfüllt ist. Die Nachweise sind für alle Querschnittspunkte zu erbringen.

$$\sigma_{x,Ed} = \sigma_{d,d} = \frac{F_{G,d}}{A_{eff}} = \frac{3{,}5\cdot 10^3\ \text{N}}{78{,}1\cdot \text{cm}^2} = 0{,}45\ \text{N/mm}^2$$ für die Druckspannung

$$\sigma_{z,Ed} = \sigma_{b,d} = \frac{M_{w,d}}{W_{el,y}} = 102{,}4\ \text{kNm}/570\ \text{cm}^3 = 179{,}7\ \text{N/mm}^2$$ für die Biegespannung am Stützenfuß

$$\tau_{Ed} = \tau_{a,d} = \frac{F_{w,d}}{A_w} = 41{,}0\ \text{kN}/15{,}3\ \text{cm}^2 = 26{,}8\ \text{N/mm}^2$$ für die Abscherspannung

mit $A_w = h_w \cdot t_w = (h - 2t_f) \cdot t_w = (200 - 2 \cdot 15) \cdot 9\ \text{mm}^2 = 1530\ \text{mm}^2$

$f_y/\gamma_{M0} = 235\ \text{N/mm}^2/1{,}0 = 235\ \text{N/mm}^2$

$(0{,}45/235)^2 + (179{,}7/235)^2 - (0{,}45/235) \cdot (179{,}7/235) + 3 \cdot (26{,}8/235)^2$

$= 0{,}00 + 0{,}58 - 0{,}00 + 0{,}04 = 0{,}62 < 1$

Lösung Aufgabe 75

Die Ergebnisse der Bemessungswerte der Kräfte $F_{1,d}$–$F_{5,d}$ sowie der Lagerkräfte $F_{A,d}$ und $F_{B,d}$ werden der Lösung zur Aufgabe 22 entnommen:

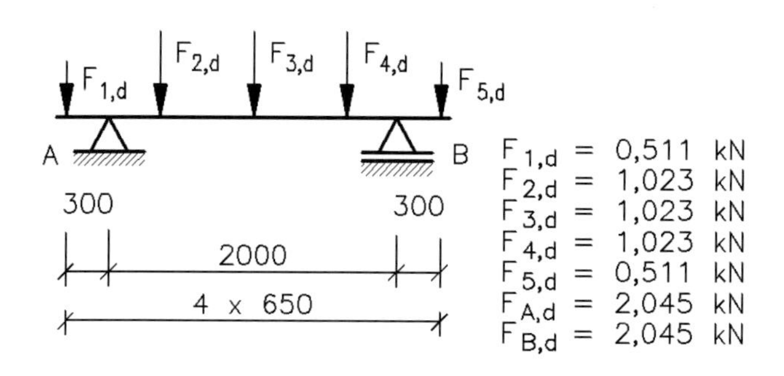

Zu 1.: Querkräfte und Biegemomente

– Querkräfte F_Q

Es werden jeweils die Querkräfte links von F_i und rechts von F_i berechnet. In beiden Fällen wird das linke Schnittufer betrachtet. Dann sind die Vorzeichen mit denen der Gleichgewichtsbedingung $\sum F_V$ identisch. In der Kraftwirkungslinie springt die Querkraft senkrecht zwischen diesen beiden Werten. Bei Lagerungen mit einer Breite $b > 0$ (z. B. bei der Lagerung eines auskragenden Trägers auf einer Mauer) verläuft dieser Übergang näherungsweise linear steigend oder fallend über die Breite b.

links von F_i:

$$F_{Q1,d} = 0$$

$$F_{QA,d} = -F_{1,d} = -0{,}511 \text{ kN}$$

$$F_{Q2,d} = -F_{1,d} + F_{A,d} = 1{,}534 \text{ kN}$$

$$F_{Q3,d} = -F_{1,d} + F_{A,d} - F_{2,d} = 0{,}511 \text{ kN}$$

$$F_{Q4,d} = -F_{1,d} + F_{A,d} - F_{2,d} - F_{3,d} = -0{,}511 \text{ kN}$$

$$F_{QB,d} = -F_{1,d} + F_{A,d} - F_{2,d} - F_{3,d} - F_{4,d} = -1{,}534 \text{ kN}$$

$$F_{Q5,d} = -F_{1,d} + F_{A,d} - F_{2,d} - F_{3,d} - F_{4,d} + F_{B,d} = 0{,}511 \text{ kN}$$

rechts von F_i:

$$F_{Q1,d} = -F_{1,d} = -0{,}511 \text{ kN}$$

$$F_{QA,d} = -F_{1,d} + F_{A,d} = 1{,}534 \text{ kN}$$

$$F_{Q2,d} = -F_{1,d} + F_{A,d} - F_{2,d} = 0{,}511 \text{ kN}$$

$$F_{Q3,d} = -F_{1,d} + F_{A,d} - F_{2,d} - F_{3,d} = -0{,}511 \text{ kN}$$

$$F_{Q4,d} = -F_{1,d} + F_{A,d} - F_{2,d} - F_{3,d} - F_{4,d} = -1{,}534 \text{ kN}$$

$$F_{QB,d} = -F_{1,d} + F_{A,d} - F_{2,d} - F_{3,d} - F_{4,d} + F_{B,d} = 0{,}511 \text{ kN}$$

$$F_{Q5,d} = -F_{1,d} + F_{A,d} - F_{2,d} - F_{3,d} - F_{4,d} + F_{B,d} - F_{5,d} \approx 0$$

Den zeichnerischen Verlauf der Querkraft zeigt die Skizze auf der folgenden Seite.

– Biegemomente M

Biegemomente sind am linken und am rechten Schnittufer gleich groß. Die Vorzeichenregel ist in Abschnitt 1.2.2 zu finden.

$$M_{1,d} = -F_{1,d} \cdot 0 = 0 \; ; \qquad M_{5,d} = M_{1,d}$$

$$M_{A,d} = -F_{1,d} \cdot 0{,}3 \text{ m} = -\,153{,}3 \text{ kNm} \; ; \qquad M_{B,d} = M_{A,d}$$

$$M_{2,d} = -F_{1,d} \cdot 0{,}65 \text{ m} + F_{A,d} \cdot 0{,}35 \text{ m} = 383{,}6 \text{ Nm} \; ; \qquad M_{4,d} = M_{2,d}$$

$$M_{3,d} = -F_{1,d} \cdot 1{,}3 \text{ m} + F_{A,d} \cdot 1{,}0 \text{ m} - F_{2,d} \cdot 0{,}65 \text{ m} = 715{,}8 \text{ Nm}$$

Zwischen $M_{A,d}$ und $M_{2,d}$ wechselt das Biegemoment von −153,3 Nm auf +383,6 Nm. Die Stelle l_x, an der das Biegemoment durch null geht, hat praktische Bedeutung für Trägerstöße u. a. Die Stelle lässt sich ermitteln, wenn M_{lx} null gesetzt wird:

$$M_{lx} = 0 = -F_{1,d} \cdot (0{,}3\ \text{m} + l_x) + F_{A,d} \cdot l_x$$

hieraus: $l_x = 0{,}1$ m

Zu 2.: Querkraft- und Biegemomentenverlauf

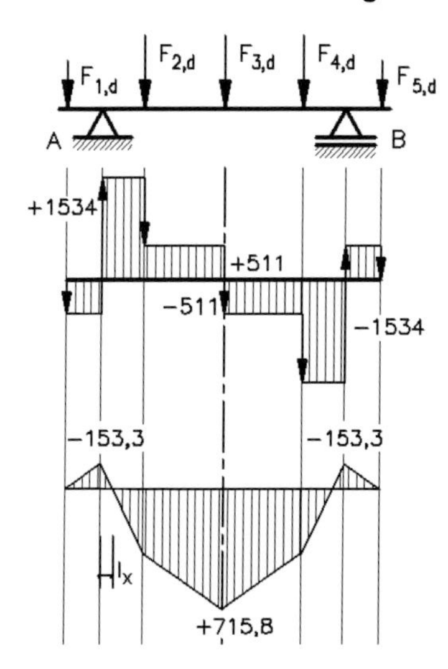

Das Tragwerksmodell wurde bereits diskutiert.

Hier sind die **Querkräfte** in *N* aufgetragen. Gut erkennbar ist, dass bei allen Nulldurchgängen der Querkraft das Biegemoment einen Extremwert hat.

Im Bild sind die **Biegemomente** in Nm aufgetragen. Das Maximum der drei Extremwerte ist in der Trägermitte. Das Maß l_x kennzeichnet den oben berechneten Nulldurchgang des Biegemomentes.

Lösung Aufgabe 76

Zu 1: Statisches System und Lastberechnung

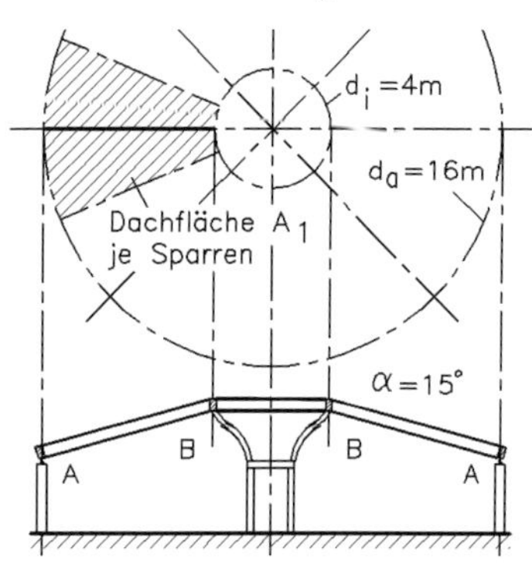

Die Skizze zeigt oben die projizierte Fläche A_1, die von einem Dachsparren getragen wird:

$$A_1 = \frac{1}{8}(d_a^2 - d_i^2) \cdot \frac{\pi}{4}$$

$$= \frac{1}{8}(16^2 - 4^2)\,\frac{\pi}{4}\ \text{m}^2$$

$$A_1 = 23{,}562\ \text{m}^2$$

Aus der Konstruktion des Daches und aus Bautabellen sind die spezifischen Kräfte für Eigengewichte, Schnee- und Windlasten zu ermitteln. Daraus lässt sich eine vertikale Last $F'' = \bar{g} + \bar{s} + w_\perp$ festlegen.

Alle vier Kräfte sollen senkrecht auf die Grundrissfläche bezogen sein. Die Windbelastung $w_\perp$ ist damit vorerst nur in ihrer senkrechten Wirkung erfasst. Die Größe F'' wird nicht als Zahlenwert, sondern als allgemeine Größe in die laufende Berechnung eingeführt.

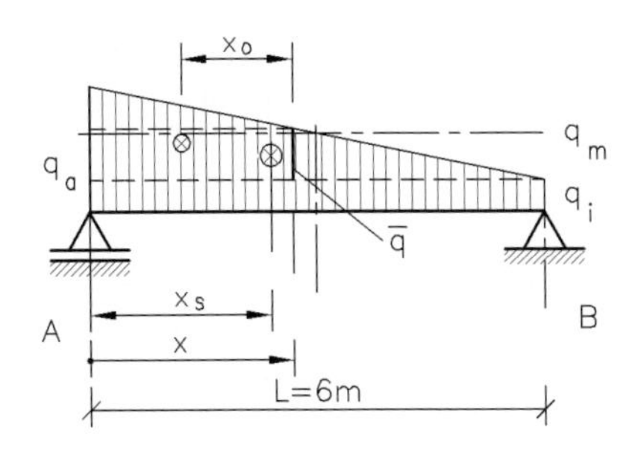

Die Gesamtlast F_1 je Sparren berechnet sich zu:

$$F_1 = A_1 \cdot F'' = 23{,}562\ \text{m}^2 \cdot F''$$

Hieraus ergibt sich ein Mittelwert für die ungleichmäßig verteilte Last von:

$$q_m = F_1/L = F_1/6\ \text{m} = 3{,}927\ \text{m} \cdot F''$$

Die Streckenlasten q_a für „außen“ und q_i für „innen“ verhalten sich wie die Radien des Daches:

$$q_a/q_i = 8\ \text{m}/2\ \text{m} = 4\ ; \qquad q_i = \tfrac{1}{4} q_a$$

Ferner ist:

$$q_m = \tfrac{1}{2}(q_a + q_i) = \tfrac{1}{2}(q_a + \tfrac{1}{4}q_a) = 0{,}625\, q_a$$

$$q_a = q_m/0{,}625 = 1{,}6\, q_m$$

$$q_i = q_a/4 = 0{,}4\, q_m$$

hieraus: $q_a = 6{,}283\ \text{m} \cdot F''$

$q_i = 1{,}571\ \text{m} \cdot F''$

Der **Schwerpunktabstand** x_s der Belastungsfläche ist zu ermitteln aus:

$$x_s = \frac{\sum A_i \cdot x_i}{\sum A_i} = \frac{[q_i \cdot L]\cdot \tfrac{1}{2}L + \left[\tfrac{1}{2}(q_a - q_i)\cdot L\right]\cdot \tfrac{1}{3}L}{[q_i \cdot L] + \left[\tfrac{1}{2}(q_a - q_i)\cdot L\right]} = 0{,}4 \cdot L = 0{,}4 \cdot 6\ \text{m} = 2{,}4\ \text{m}$$

Die Belastungsfläche wird hierbei in eine Rechteck- und eine Dreieckfläche zerlegt. Die Abstände x_i werden vom Lager A aus gemessen und betragen für das Rechteck $L/2$ und für das Dreieck $L/3$.

Zu 2.: Auflagerkräfte und größtes Biegemoment

Nach der dritten Gleichgewichtsbedingung ergibt sich:

$$\sum M_A = 0 = -\,q_m \cdot L \cdot x_s + F_B \cdot L = -\,3{,}927\ \text{m} \cdot F'' \cdot 6\ \text{m} \cdot 0{,}4 \cdot 6\ \text{m} + F_{Bv} \cdot 6\ \text{m}$$

hieraus: $F_{Bv} = 9{,}425\ \text{m}^2 \cdot F''$

$$\sum M_B = 0 = -\,q_m \cdot L \cdot (L - x_s) + F_A \cdot L$$

$$= -\,3{,}927\ \text{m} \cdot F'' \cdot 6\ \text{m} \cdot (6\ \text{m} - 0{,}4 \cdot 6\ \text{m}) + F_{Av} \cdot 6\ \text{m}$$

hieraus: $F_{Av} = 14{,}137\ \text{m}^2 \cdot F''$

Das größte Biegemoment ist an der Stelle, an der die Querkraft durch null geht:

$$F_{Q,x} = 0 = F_{Av} - q_i \cdot x - \frac{q_a - q_i + \bar{q}}{2} \cdot x$$

Aus den geometrischen Abmessungen der Belastungsfläche berechnet sich die Höhe im Dreieck oberhalb q_i zu:

$$\bar{q} = (q_a - q_i) \cdot (1 - x/L)$$

Die Kraft im Lager A lässt sich durch die allgemeine Gleichung

$$F_{Av} = L/6 \cdot (2q_a + q_i)$$

ersetzen.

Damit:

$$F_{Q,x} = 0 = L/6 \cdot (2q_a + q_i) - q_i \cdot x - \frac{q_a - q_i + (q_a - q_i) \cdot (1 - x/L)}{2} \cdot x$$

Durch Umformen dieser quadratischen Gleichung ergibt sich die Lösung für x:

$$x = \frac{q_a \cdot L}{q_a - q_i} - \sqrt{\left(\frac{q_a \cdot L}{q_a - q_i}\right)^2 - \frac{2}{3} L^2 \cdot \frac{q_a + \frac{1}{2} q_i}{q_a - q_i}} = 2{,}709\ \text{m}$$

An diesem Nulldurchgang der Querkraft hat das Biegemoment einen Extremwert:

$$M_x = F_{Av} \cdot x - q_i \cdot x \cdot \frac{x}{2} - \frac{q_a - q_i + \bar{q}}{2} \cdot x \cdot x_o$$

$$M_x = L/6 \cdot (2q_a + q_i) \cdot x - q_i \cdot \frac{x^2}{2} - \frac{q_a - q_i + (q_a - q_i) \cdot (1 - x/L)}{2} \cdot x \cdot x_o$$

Der Schwerpunktabstand x_o ist der Schwerpunkt der Belastungsfläche oberhalb von q_i und links von $\bar{q}$:

$$x_o = \frac{\bar{q} \cdot x \cdot \frac{x}{2} + (q_a - q_i - \bar{q}) \cdot \frac{x}{2} \cdot \frac{2}{3} x}{\bar{q} \cdot x + (q_a - q_i - \bar{q}) \cdot \frac{x}{2}} = 1{,}486\ \text{m}$$

Setzt man für $x = 2{,}709$ m und für $x_o = 1{,}486$ m in die Gleichung für M_x ein, wird das größte Biegemoment infolge aller Vertikalkräfte:

$$\max M_x = 17{,}845\ \text{m}^3 \cdot F''$$

Lösung Aufgabe 77

Die Kraft F, die im losen Lager angreift, wird in zwei Komponenten zerlegt:

- die Kraft F_n senkrecht zum Querschnitt A, die eine Druckspannung σ_d verursacht
- die Kraft F_b senkrecht zur Schwerachse des Trägers, die eine Biegespannung σ_b und eine Abscherspannung τ_a verursacht.

Abscherspannung und Druckspannung:

$$\tau_a = \frac{F}{A} = \frac{F_b}{b \cdot h_A} \; ; \qquad |\sigma_d| = \frac{F}{A} = \frac{F_n}{b \cdot h_A}$$

Biegespannung:

$$\sigma_b = \frac{M}{W} = \frac{F_b \cdot l_{A-P}}{W} \quad \text{mit} \quad W = \frac{b \cdot h_A^{\,2}}{6} \quad \text{lt. Bautabellen}$$

Größte Normalspannung:

Die Druck- und die Biegespannung an der Außenkante addieren sich arithmetisch:

$$|\max \sigma| = \frac{F_b \cdot l_{A-P}}{\frac{b \cdot h_A^{\,2}}{6}} + \frac{F_n}{b \cdot h_A}$$

$$|\min \sigma| = \left| \frac{F_b \cdot l_{A-P}}{\frac{b \cdot h_A^{\,2}}{6}} - \frac{F_n}{b \cdot h_A} \right|$$

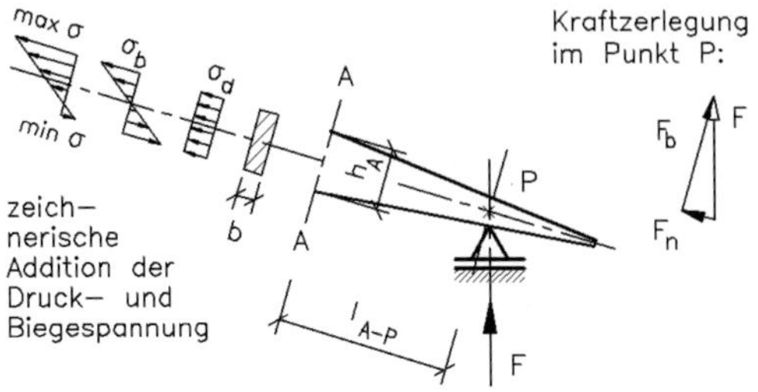

zeichnerische Addition der Druck- und Biegespannung

Kraftzerlegung im Punkt P:

Während die Druckspannung σ_d gleichbleibend ist, wechselt die Biegespannung von Druck auf Zug. Bei reiner Biegung geht dabei die neutrale Faser (spannungsfreie Schicht) durch den Flächenschwerpunkt. Durch die Addition (Überlagerung) der Spannungen verschiebt sich die neutrale Faser und kann auch aus dem Querschnitt heraustreten. Das tritt im hier gezeigten Beispiel auf, wenn $\sigma_d > \sigma_b$ (s. a. Aufgabe 87 ff.).

Lösung Aufgabe 78

Die im Bild angegebenen Bemessungswerte enthalten alle ständigen und veränderlichen Einwirkungen

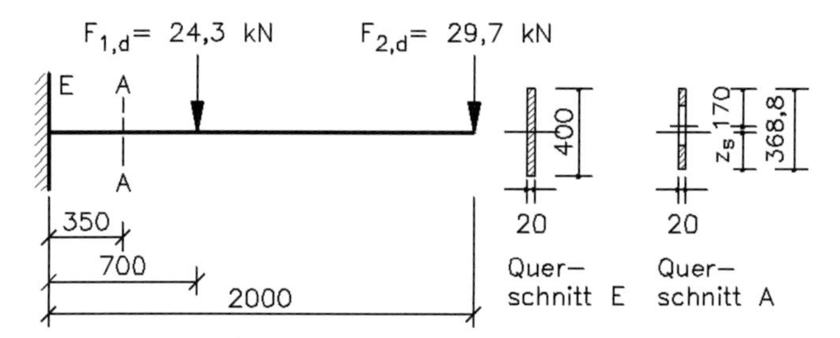

– **Biegetragsicherheitsnachweis für die Einspannstelle E**

Das Biegemoment an der Einspannstelle ist:

$$|M_{E,d}| = F_{1,d} \cdot 0{,}7 \text{ m} + F_{2,d} \cdot 2 \text{ m} = (24{,}3 \cdot 0{,}7 + 29{,}7 \cdot 2) \text{ kNm} = 76{,}41 \text{ kNm}$$

Das Widerstandsmoment an der Einspannstelle mit Rechteckquerschnitt ist:

$$W_{E,y} = \frac{b \cdot h^2}{6} = \frac{20 \cdot 400^2}{6} \text{ mm}^3 = 5{,}333 \cdot 10^5 \text{ mm}^3$$

Nach der Elastizitätstheorie kann konservativ für alle Querschnittsklassen (QK) die Tragsicherheit nachgewiesen werden, wenn die Bedingung:

$$\boxed{\left(\frac{\sigma_{x,Ed}}{f_y/\gamma_{M0}}\right)^2 + \left(\frac{\sigma_{z,Ed}}{f_y/\gamma_{M0}}\right)^2 - \left(\frac{\sigma_{x,Ed}}{f_y/\gamma_{M0}}\right) \cdot \left(\frac{\sigma_{z,Ed}}{f_y/\gamma_{M0}}\right) + 3\left(\frac{\tau_{Ed}}{f_y/\gamma_{M0}}\right)^2 \le 1}$$

erfüllt ist.

$$\sigma_{E,d} = \frac{M_d}{W_y} = \frac{76{,}41 \cdot 10^6 \text{ Nmm}}{5{,}333 \cdot 10^3 \text{ mm}^3} = 143{,}3 \text{ N/mm}^2 \quad \text{für die Biegespannung}$$

$$\tau_{Ed} = \tau_{a,d} = \frac{\Sigma F_d}{A} = \frac{(24{,}3 + 29{,}7) \text{ kN}}{400 \cdot 20 \text{ mm}^2} = 6{,}75 \text{ N/mm}^2 \quad \text{für die Abscherspannung}$$

$$f_y/\gamma_{M0} = 235 \text{ N/mm}^2/1{,}0 = 235 \text{ N/mm}^2$$

$$\left(\frac{0}{235}\right)^2 + \left(\frac{143}{235}\right)^2 - \left(\frac{0}{235}\right) \cdot \left(\frac{143}{235}\right) + 3\left(\frac{6{,}75}{235}\right)^2 \le 1$$

$$0{,}00 + 0{,}370 - 0{,}00 \cdot 0{,}610 + 0{,}003 = 0{,}373 < 1$$

– Biegetragsicherheitsnachweis für den Querschnitt A

Das Biegemoment im Querschnitt A ist:

$$|M_{A,d}| = F_{1,d} \cdot 0{,}35\ \text{m} + F_{2,d} \cdot 1{,}65\ \text{m} = (24{,}3 \cdot 0{,}35 + 29{,}7 \cdot 1{,}65)\ \text{kNm}$$

$$|M_{A,d}| = 57{,}51\ \text{kNm}$$

Um das Widerstandsmoment W_y im Querschnitt A berechnen zu können, müssen vorher der Flächenschwerpunkt z_s sowie mit Hilfe des Satzes von *Steiner* das Flächenmoment 2. Grades I_y berechnet werden:

$$z_s = \frac{\sum (A_i \cdot z_i)}{\sum A_i} = \frac{[20 \cdot 368{,}8 \cdot 368{,}8/2 - 20 \cdot 180 \cdot (368{,}8 - 170)]\ \text{mm}^3}{(20 \cdot 368{,}8 - 20 \cdot 180)\ \text{mm}^2}$$

$$z_s = 170{,}7\ \text{mm}$$

Das gesamte Flächenmoment 2. Grades berechnet sich zu:

$$I_y = \sum (I_{y,i} + A_i \cdot \Delta z_i^2)$$

$$= \{20 \cdot 368{,}8^3/12 + 20 \cdot 368{,}8 \cdot (368{,}8/2 - 170{,}7)^2$$

$$- 20 \cdot 180^3/12 + 20 \cdot 180 \cdot [(368{,}8 - 170) - 170{,}7]^2\}\ \text{mm}^4$$

$$I_y = 7{,}243 \cdot 10^7\ \text{mm}^4 = 7243\ \text{cm}^4$$

Die Widerstandsmomente berechnen sich aus der Gleichung:

$$W_y = \frac{I_y}{e}$$

Bei dem vorliegenden Querschnitt gibt es zwei unterschiedliche Randabstände e:

$$e_{oben} = (368{,}8 - 170{,}7)\ \text{mm} = 198{,}1\ \text{mm} = 19{,}81\ \text{cm}$$

$$e_{unten} = 170{,}7\ \text{mm} = 17{,}07\ \text{cm}$$

und damit auch zwei Widerstandsmomente:

$$W_{y,o} = \frac{7243\ \text{cm}^4}{19{,}81\ \text{cm}} = 365{,}6\ \text{cm}^3 \quad \text{für die obere Trägerkante}$$

$$W_{y,u} = \frac{7243\ \text{cm}^4}{17{,}07\ \text{cm}} = 424{,}3\ \text{cm}^3 \quad \text{für die untere Trägerkante}$$

Die größte Spannung max σ_d tritt als Biegezugspannung an der oberen Trägerkante auf, weil dort das kleinste Widerstandsmoment ist:

$$\sigma_{Ed} = \frac{M_d}{W_{y,o}} = \frac{57{,}51 \cdot 10^6\ \text{Nmm}}{365{,}6 \cdot 10^3\ \text{mm}^3} = 157{,}3\ \text{N/mm}^2$$

Die Abscherspannung im Querschnitt A ist:

$$\tau_{a,Ad} = \frac{F_d}{A} = \frac{(24{,}3 + 29{,}7)\,\text{kN}}{20 \cdot (368{,}8 - 180)\,\text{mm}^2} = 14{,}30\ \text{N/mm}^2$$

Mit der oben angegebenen Gleichung zum Nachweis der Tragsicherheit ergibt sich:

$$(157{,}3/235)^2 + 3 \cdot (14{,}30/235)^2 = 0{,}45 + 0{,}01 = 0{,}46 < 1$$

Lösung Aufgabe 79

Die folgenden Berechnungen sind Grundlagen für einen Tragsicherheitsnachweis, der aber hier nicht erbracht wird. Der gezeigte Ausleger ist ein Biegeträger, dessen Obergurt bei ausgefahrener Laufkatze Zugspannungen und die beiden Untergurte Druckspannungen aufnehmen. Die diagonalen Verstrebungen sichern die Lage der drei Stäbe, die Stabilität der Druckstäbe und erfüllen weitere Aufgaben, z. B. übernehmen sie die Schubspannungen, die bei Biegung auftreten.

Zu 1.: Querschnittskennwerte und ertragbares Biegemoment

– Querschnittskennwerte

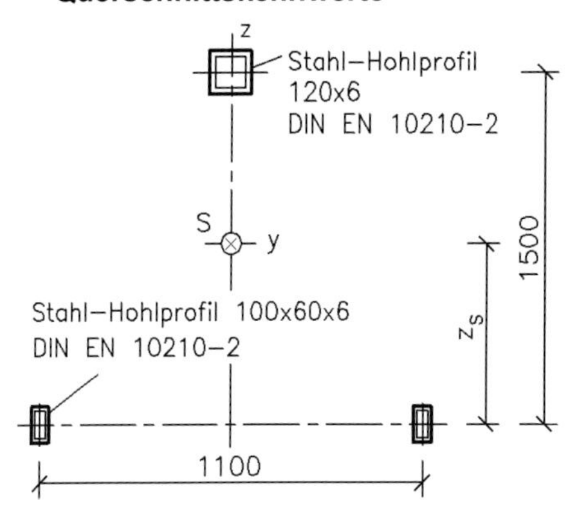

Schwerpunkt z_S:

Aus Bautabellen entnimmt man

- für das Stahlhohlprofil 120 × 6:

  $A = 27\ \text{cm}^2;\quad I_y = 579\ \text{cm}^4$

- für das Stahlhohlprofil 100 × 60 × 6:

  $A = 17{,}4\ \text{cm}^2;\quad I_y = 217\ \text{cm}^4$

Basisachse ist die Verbindungslinie der beiden unteren Stahl-Hohlprofile.

$$z_S = \frac{\sum (A_i \cdot z_i)}{\sum A_i}$$

$$z_S = \frac{(27 \cdot 150 + 2 \cdot 17{,}4 \cdot 0)\,\text{cm}^3}{(27 + 2 \cdot 17{,}4)\,\text{cm}^2} = 65{,}53\ \text{cm}$$

– Flächenmoment zweiten Grades und Widerstandsmomente

$$I_y = \sum (I_{y,i} + A_i \cdot \Delta z_i^2) \quad \text{Satz von } \textit{Steiner}$$

$$= \{[579 + 27 \cdot (65{,}53 - 150)^2] + 2 \cdot [217 + 17{,}4 \cdot (65{,}53 - 0)^2]\}\ \text{cm}^4$$

$$I_y = 343{,}1 \cdot 10^3\ \text{cm}^4$$

Für die Berechnung des Widerstandsmomentes $W_y = \frac{I_y}{e}$ gibt es zwei unterschiedliche Randabstände e:

$$e_{oben} = (150 + 12/2 - 65{,}53)\ \text{cm} = 90{,}47\ \text{cm}$$

$$e_{unten} = (10/2 + 65{,}53)\ \text{cm} = 70{,}53\ \text{cm}$$

und damit auch zwei Widerstandsmomente:

$$W_{y,oben} = \frac{343{,}1 \cdot 10^3\ \text{cm}^4}{90{,}47\ \text{cm}} = 3792\ \text{cm}^3 \quad \text{für die obere Trägerkante (Zugseite)}$$

$$W_{y,unten} = \frac{343{,}1 \cdot 10^3\ \text{cm}^4}{70{,}53\ \text{cm}} = 4865\ \text{cm}^3 \quad \text{für die untere Trägerkante (Druckseite)}$$

- **Ertragbares charakteristisches Biegemoment:**

$$M_k = \max \sigma_b \cdot W_y$$

$$M_{oben,k} = 160\ \text{N/mm}^2 \cdot 3792\ \text{cm}^3 = 606{,}7\ \text{kNm} \quad \text{für die Zugseite}$$

$$M_{b\ unten,k} = 160\ \text{N/mm}^2 \cdot 4865\ \text{cm}^3 = 778{,}4\ \text{kNm} \quad \text{für die Druckseite}$$

Zu 2.: Nutzlast sowie charakteristischer Querkraft- und Biegemomentenverlauf

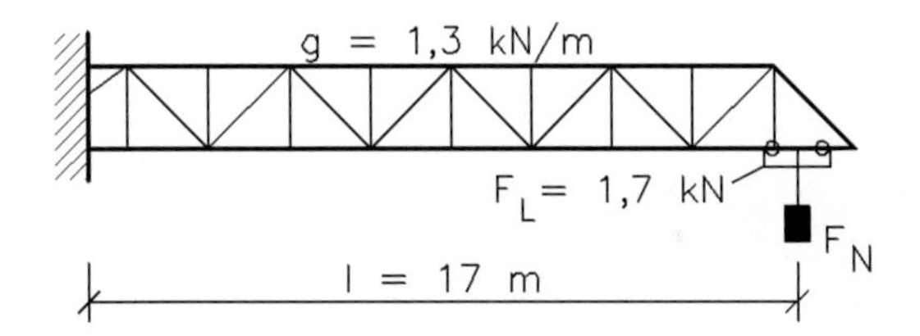

Nutzlast:

Das kleinste ertragbare Biegemoment ist für die Ermittlung der charakteristischen Nutzlast maßgebend:

$$\min M_k = 606{,}7\ \text{kNm} = |-1{,}3\ \text{kN/m} \cdot 17\ \text{m} \cdot 8{,}5\ \text{m} - 1{,}7\ \text{kN} \cdot 17\ \text{m} - k \cdot F_N \cdot 17\ \text{m}|$$

mit $k = 1{,}4$

$$389{,}95\ \text{kNm} = 23{,}8\ \text{m} \cdot F_N$$

hieraus: $F_N = F_{N,k} = 16{,}38\ \text{kN} \quad (m_N \approx 1{,}7\ \text{t})$

Querkraft- und Biegemomentenverlauf:

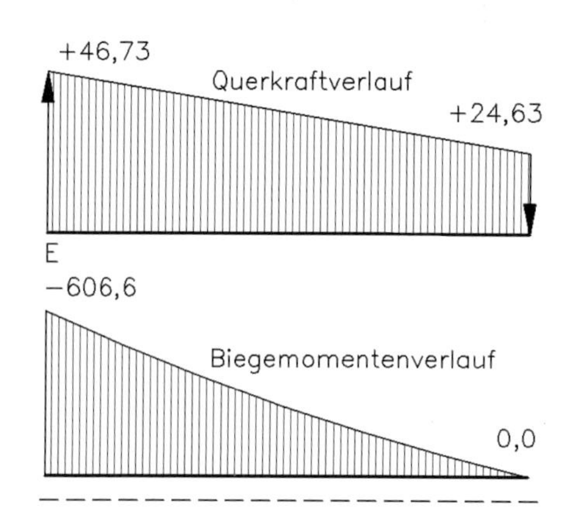

Im oberen Bildteil sind die **Querkräfte** in kN angegeben.

Die Querkraft an der Einspannstelle E ist gleich der vertikalen Lagerkraft, die ihrerseits $\sum F_V$ beträgt:

$$F_{Q,max} = \sum F_V$$

$$= (1{,}3 \cdot 17 + 1{,}7 + 1{,}4 \cdot 16{,}38)\ \text{kN}$$

$$= 46{,}73\ \text{kN}$$

Die Querkraft am Trägerende ist:

$$F_{Q,min} = F_{Q,max} - g \cdot l$$

$$= (46{,}73 - 1{,}3 \cdot 17)\ \text{kN}$$

$$= 24{,}63\ \text{kN}$$

Im unteren Bildteil sind **Biegemomente** in kNm eingetragen. Das Biegemoment verläuft wegen der gleichmäßig verteilten Last g parabolisch. Der Betrag des größten Biegemomentes von 606,6 kNm ist identisch mit dem auf der vorangegangenen Seite ermittelten kleinsten ertragbaren Biegemoment.

Zur Kontrolle:

$$|M_k| = |(-1{,}7 \cdot 17 - 1{,}4 \cdot 16{,}38 \cdot 17 - 1{,}3 \cdot 17 \cdot 8{,}5)|\ \text{kNm} = 606{,}6\ \text{kNm}$$

Lösung Aufgabe 80

Ermittlung der Auflagerkräfte:

Die Auflagerkräfte lassen sich mit den bekannten drei Gleichgewichtsbedingungen nicht lösen, weil 4 unbekannte Auflagerkräfte zu berechnen sind (F_{Av}, F_{Ah}, F_B und F_C). In Bautabellen findet man für diesen einfach statisch unbestimmten Träger leicht zu handhabende Formeln:

$$F_{Av} = F_A = F_C = 0{,}375 p \cdot l$$

$$F_B = 1{,}250 p \cdot l$$

Mit ihnen ergeben sich:

$$F_A = F_C = 0{,}375 \cdot 100\ \text{kN/m} \cdot 5\ \text{m} = 187{,}5\ \text{kN}$$

$$F_B = 1{,}250 \cdot 100\ \text{kN/m} \cdot 5\ \text{m} = 625{,}0\ \text{kN}$$

Für die folgenden Berechnungen sind in der Literatur ebenso Gleichungen zu finden, die aber für die vorliegende Aufgabe nicht verwendet werden sollen, um die elementaren Lösungsansätze zu erproben. Letztere können dann auch für Lösungen angewendet werden, für die Bautabellen keine Anwendungsformeln liefern.

Ermittlung der Querkräfte:

$F_{Q,A} = F_A = +187{,}5$ kN (rechts von A)

$F_{Q,B} = F_A - p \cdot l = (187{,}5 - 100 \cdot 5)$ kN $= -312{,}5$ kN (links von B)

$F_{Q,B} = F_A - p \cdot l + F_B = (187{,}5 - 100 \cdot 5 + 625)$ kN $= +312{,}5$ kN (rechts von B)

$F_{Q,C} = F_A - p \cdot 2l + F_B = (187{,}5 - 100 \cdot 2 \cdot 5 + 625)$ kN $= -187{,}5$ kN (links von C)

$F_{Q,lx} = 0 = F_A - p \cdot l_x = 0{,}375\, q \cdot l - q \cdot l_x = 0{,}375 \cdot l - l_x$

hieraus: $l_x = 0{,}375 \cdot l = 1{,}875$ m

Die Länge l_x ist das Maß, bei dem die Querkraft durch null geht und folglich das Biegemoment einen Extremwert hat.

Ermittlung der Biegemomente:

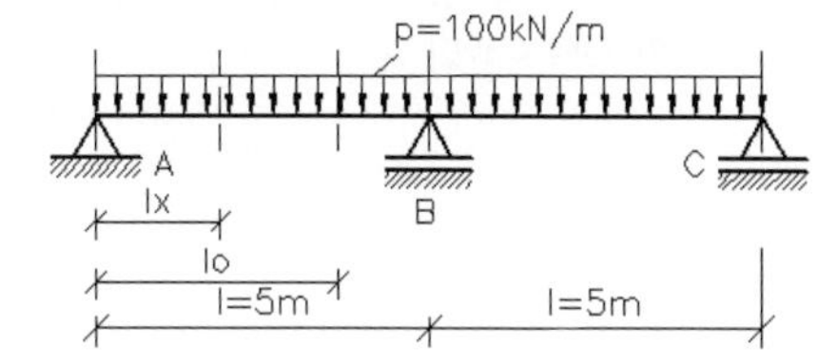

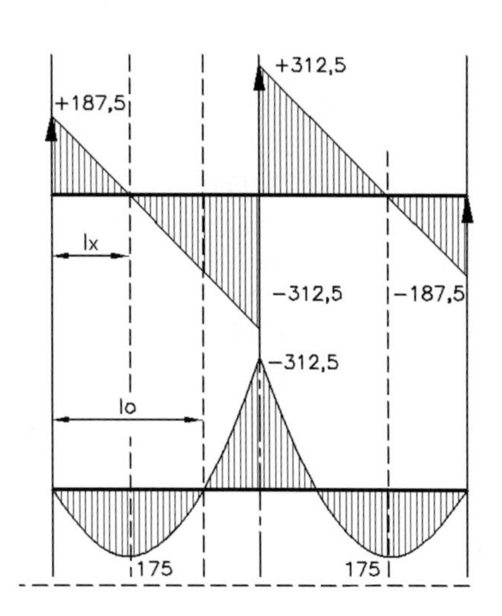

$M_A = M_C = 0$

$M_B = F_A \cdot l - p \cdot \frac{l^2}{2} = -0{,}125\, q \cdot l^2$

$M_B = -\ 312{,}5$ kNm

$M_{lx} = F_A \cdot l_x - p \cdot \frac{l_x^2}{2}$

$= 0{,}375\, p \cdot l \cdot l_x - q \cdot \frac{l_x^2}{2}$

$= 0{,}070\, p \cdot l^2$

$= 0{,}070 \cdot 100\ \text{kN/m} \cdot 5^2\ \text{m}^2$

$M_{lx} = 175$ kNm

Der Nulldurchgang des Biegemomentes im Feld ergibt sich aus:

$M_{l0} = 0$

$0 = F_A \cdot l_0 - p \cdot \frac{l_0^2}{2}$

$0 = F_A - p \cdot l_0/2$

$0 = 0{,}375 \cdot p \cdot l - p \cdot l_0/2$

$0 = 0{,}375 l - l_0/2$

hieraus: $l_0 = 0{,}375 \cdot 2l = 2l_x$

$l_0 = 3{,}75$ m

Im oberen Bildteil sind die **Querkräfte** in kN und im unteren Bildteil die **Biegemomente** in kNm angegeben.

Lösung Aufgabe 81

– Tragwerksmodell

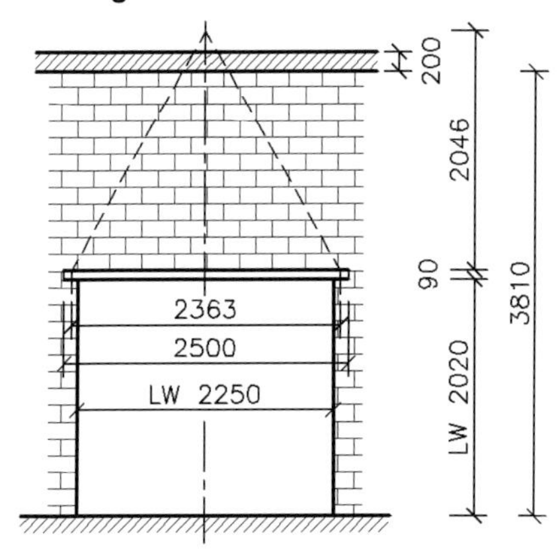

Als Tragwerksmodell wird ein Träger auf zwei Stützen mit der Stützweite

$$l = 1{,}05 \cdot l_{LW} = 1{,}05 \cdot 2250 \text{ mm}$$

$$l = 2363 \text{ mm}$$

gewählt.

Nach DIN 1053-1 ist es möglich, nur die Mauerlast eines gleichseitigen Dreieckes mit der Kantenlänge l als Streckenlast zu berücksichtigen.

Zur Vereinfachung der Berechnung wird in der vorliegenden Aufgabe ein vollständiges Dreieck berücksichtigt und die anteilige Last der Stahlbetondecke von 0,4 m Breite, 1,85 m Tiefe und 0,2 m Dicke sowie die Schneelast als Einzellast $F_{g,s}$ eingetragen.

Die Gesamtlast des Dreieckes und die maximale Streckenlast max g ergeben sich zu:

$$F_{ges} = \text{Dreiecksvolumen} \times \text{Steindichte} = \left(\tfrac{1}{2}\, l \cdot \tan 60^\circ\right) \cdot l \cdot \tfrac{1}{2} \cdot d \cdot G_M$$

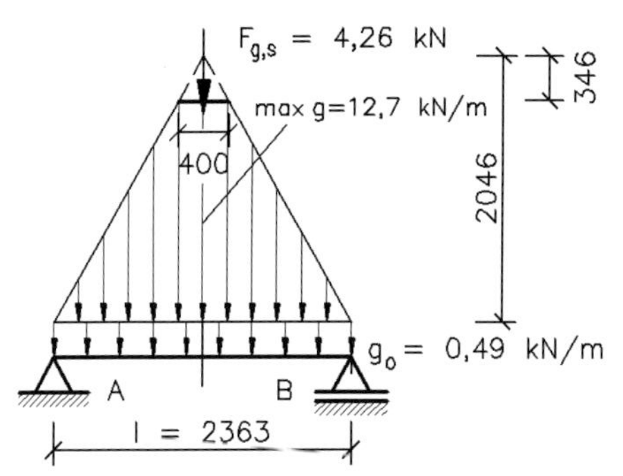

$$F_{ges} = 2{,}046 \cdot 2{,}363 \cdot \tfrac{1}{2} \cdot 0{,}365 \text{ m}^3$$

$$\cdot\, 17 \text{ kN/m}^3 = 15 \text{ kN}$$

$$\max g = 2 \cdot \frac{F_{ges}}{l} = 2 \cdot \frac{15 \text{ kN}}{2{,}363 \text{ m}}$$

$$\max g = 12{,}7 \text{ kN/m}$$

Wählt man eine Stahlbetondichte von 25 kN/m^3 und eine Schneelast von $\mu_1 \cdot s_k = 0{,}75$ kN/m^2, dann berechnet sich die Einzellast $F_{g,s}$ wie folgt:

$$F_{g,s} = 0{,}4 \cdot 1{,}85 \cdot 0{,}2 \text{ m}^3 \cdot 25 \text{ kN/m}^3$$

$$+\, 0{,}4 \cdot 1{,}85 \text{ m}^2 \cdot 0{,}75 \text{ kN/m}^2$$

$$F_{g,s} = 4{,}26 \text{ kN}$$

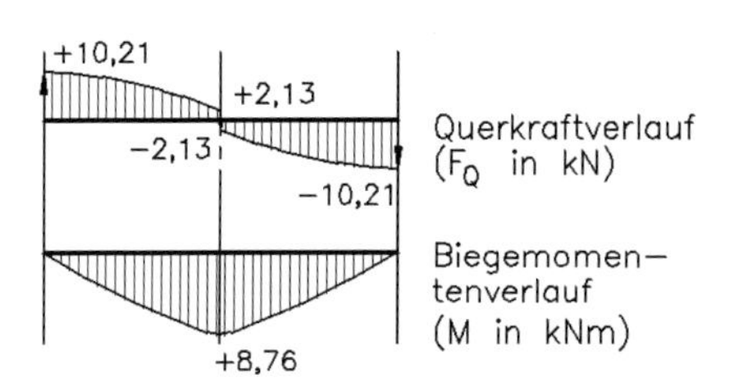

Mit der Reduktion der Last $F_{g,s}$ zu einer Einzellast anstelle einer 0,4 m breiten Streckenlast tritt eine geringfüge Erhöhung des Biegemomentes auf. Die Rechnung wird aber erheblich vereinfacht.

– Auflagerkräfte, Querkräfte und Biegemomente

Die Auflagerkräfte sind beide gleich groß und betragen:

$$F_{Av} = F_{Bv} = \frac{1}{2}(F_{ges} + F_{g,s} + g_0 \cdot l) = \frac{1}{2}(15 + 4{,}26 + 0{,}49 \cdot 2{,}363)\ \text{kN}$$

$$F_{Av} = F_{Bv} = 10{,}21\ \text{kN}$$

Die Gleichung für das größte Biegemoment durch eine dreieckförmige Belastung entnimmt man Bautabellen. Danach ist es $M_{Dreieck} = \frac{1}{12} \max g \cdot l^2$. Diesem Biegemoment wird das der Einzelkraft $F_{g,d}$ und das der gleichmäßig verteilten Eigenlast g_0 der Träger überlagert:

$$\max M = M_{Dreieck} + M_{Fg,s} + M_{q0}$$

$$= \frac{1}{12} \cdot 12{,}7\ \text{kN/m} \cdot 2{,}363^2\ \text{m}^2$$

$$+ \frac{1}{4} \cdot 4{,}26\ \text{kN} \cdot 2{,}363\ \text{m}$$

$$+ \frac{1}{8} \cdot 0{,}49\ \text{kN/m} \cdot 2{,}363^2\ \text{m}^2$$

$$\max M = 8{,}77\ \text{kNm}$$

Die größte Querkraft tritt in den Lagern A und B auf und belastet die Ziegelstürze auf Abscherung.

$$\max F_Q = F_{Av} = 10{,}21\ \text{kN}$$

Nachweise:

Nur wenn die Einbaubedingungen (z. B. die vorgeschriebene Übermauerung als Druckschicht) eingehalten werden, ist die Belastbarkeit eines Ziegelsturzes nach Herstellerangaben 15,33 kN/m. Das ergibt ein größtes Biegemoment in Trägermitte von:

$$\text{zul}\ M = \frac{1}{8} \cdot 15{,}33\ \text{kN/m} \cdot 2{,}363^2\ \text{m}^2 = 10{,}7\ \text{kNm} \quad \text{für einen Sturz}$$

$$\max M = 8{,}77\ \text{kNm} < \text{zul}\ M = 21{,}4\ \text{kNm}$$

$$8{,}77/21{,}4 = 0{,}41 < 1$$

Die zulässige Querkraft ist:

$$\text{zul}\ F_Q = \frac{1}{2} \cdot 15{,}33\ \text{kN/m} \cdot 2{,}363\ \text{m} = 18{,}11\ \text{kN} \quad \text{für einen Sturz}$$

$$\max F_Q = 10{,}21\ \text{kN} < 36{,}22\ \text{kN}$$

$$10{,}21/36{,}22 = 0{,}28 < 1$$

Im Mauerwerk entsteht Auflagerpressung in den Lagern A und B. Aus den Längenabmessungen folgt eine Auflagerfläche für zwei 17,5 cm breite Stürze von:

$$A = \frac{1}{2}(2500 - 2250)\ \text{mm} \cdot 2 \cdot 175\ \text{mm} = 437{,}5\ \text{cm}^2$$

Damit:

$\sigma_d = F_{Av}/A = 10{,}21 \text{ kN}/43750 \text{ mm}^2 = 0{,}23 \text{ N/mm}^2 < \text{zul } \sigma = 1{,}2 \text{ N/mm}^2$

$0{,}23/1{,}2 = 0{,}19 < 1$

mit zul $\sigma = k \cdot \sigma_0 = 1 \cdot 1{,}2 \text{ N/mm}^2 = 1{,}2 \text{ N/mm}^2$ für Mauerwerk MZ 12, MG II

Lösung Aufgabe 82

In Aufgabe 84 wird ein Träger gezeigt, der aus zwei übereinandergelegten Einzelträgern besteht. Durch die kraft- oder formschlüssige Verbindung dieser beiden Einzelträger mit Leim, Nägeln, Dübeln u. a. entsteht ein homogener Träger.

In der vorliegenden Aufgabe sind auch zwei Träger übereinandergelegt, jedoch lose, so dass zwischen ihnen keine Schubspannungen übertragen werden können. Für die Biegespannungen im Holz- bzw. Stahlträger kann deshalb kein „Gesamtwiderstandsmoment" angesetzt werden. Jeder Träger biegt so, als würden beide Träger nebeneinanderliegen, wobei die Durchbiegung *w* in beiden Trägern gleich groß ist.

– Kraftanteile auf den Holz- bzw. Stahlträger

Durch Gleichsetzen der beiden Durchbiegungen $w_{Holz} = w_{Stahl}$ wird die Aufgabe lösbar. Aus Bautabellen entnimmt man entsprechende Gleichungen, z. B.:

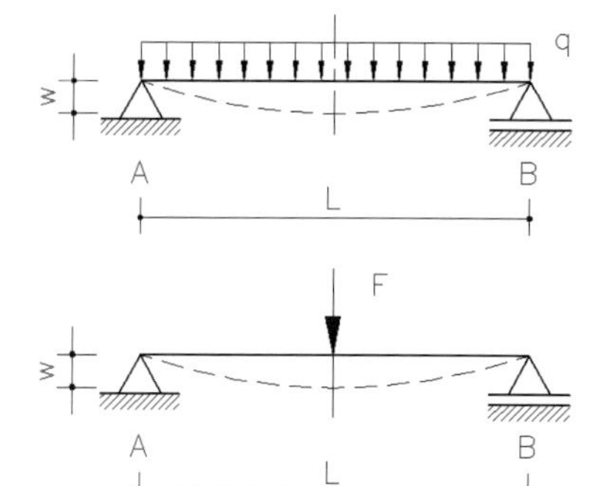

für einen Träger auf zwei Stützen mit gleichmäßig verteilter, beliebiger Last *q:*

$$\max w = \frac{5}{384} \cdot \frac{q \cdot L^4}{E \cdot I}$$

für einen Träger auf zwei Stützen mit Einzellast *F* in der Mitte:

$$\max w = \frac{1}{48} \cdot \frac{F \cdot L^3}{E \cdot I}$$

In beiden Gleichungen ist *E* der Elastizitätsmodul und *I* das Flächenmoment 2. Grades, bezogen auf die eigene, horizontale Schwerachse. Damit ergeben sich bei Anwendung der Gleichung für das untere Bild:

$$w_{Holz} = w_{Stahl}$$

$$\frac{1}{48} \cdot \frac{F_H \cdot L_H{}^3}{E_H \cdot I_H} = \frac{1}{48} \cdot \frac{F_S \cdot L_S{}^3}{E_S \cdot I_S}$$

Mit $L_H = L_S$, lässt sich vereinfachen:

$$\frac{F_H}{E_H \cdot I_H} = \frac{F_S}{E_S \cdot I_S}$$

$$\frac{F_S}{F_H} = \frac{E_S \cdot I_S}{E_H \cdot I_H}$$

Mit

$$E_S = 210000 \text{ N/mm}^2$$

$$E_H = 10000 \text{ N/mm}^2$$

$$I_S = \frac{\pi}{64} \cdot (d_a^4 - d_i^4) = \frac{\pi}{64} \cdot (63{,}5^4 - 58{,}5^4) \text{ mm}^4 = 22{,}32 \text{ cm}^4$$

$$I_H = b \cdot h^3/12 = (60 \cdot 80^3/12) \text{ mm}^4 = 256 \text{ cm}^4$$

folgt:

$$\frac{F_S}{F_H} = 1{,}831$$

Da die Gesamtkraft $F = m \cdot g = 220 \text{ kg} \cdot 9{,}81 \text{ m/s}^2 = 2158 \text{ N}$ beträgt und ferner:

$$F = F_S + F_H$$

ergibt sich:

$$F = F_S + F_S/1{,}831 = 1{,}546\, F_S = 2158 \text{ N}$$

und damit:

$$F_S = 1396 \text{ N}$$

$$F_H = 762 \text{ N}$$

- **Biegespannung**
  - **für den Stahlträger**

$$M_S = \frac{F_S \cdot L}{4} = \frac{1396 \text{ N} \cdot 3{,}32 \text{ m}}{4} = 1158{,}68 \text{ Nm}$$

$$W_{y,S} = \frac{I_S}{e} = \frac{22{,}32 \text{ cm}^4}{(6{,}35/2) \text{ cm}} = 7{,}03 \text{ cm}^3$$

$$\sigma_{b,S} = \frac{M_S}{W_{y,S}} = \frac{1158{,}68 \cdot 10^3 \text{ Nmm}}{7{,}03 \cdot 10^3 \text{ mm}^3} = 164{,}8 \text{ N/mm}^2$$

- **für den Holzträger**

$$M_{b,H} = \frac{F_H \cdot L}{4} = \frac{762\,\text{N} \cdot 3{,}32\,\text{m}}{4} = 632{,}46\,\text{Nm}$$

$$W_{y,H} = \frac{I_H}{e} = \frac{256\,\text{cm}^4}{4\,\text{cm}} = 64\,\text{cm}^3$$

$$\sigma_{b,H} = \frac{M_{b,H}}{W_{y,H}} = \frac{632{,}46 \cdot 10^3\,\text{Nmm}}{64 \cdot 10^3\,\text{mm}^3} = 9{,}9\,\text{N/mm}^2$$

Ohne weiteren Nachweis wird ergänzt, dass der Spannungsanteil aus dem Trägereigengewicht etwa 6 % beträgt.

- **Durchbiegung**

$$w = w_{Holz} = w_{Stahl} = \frac{1}{48} \cdot \frac{F_H \cdot L_H^3}{E_H \cdot I_H} = \frac{1}{48} \cdot \frac{762\,\text{N} \cdot 3{,}32^3 \cdot 10^9\,\text{mm}^3}{10000\,\text{N/mm}^2 \cdot 256 \cdot 10^4\,\text{mm}^4}$$

$$w = 22{,}7\,\text{mm}$$

Das gleiche Ergebnis für die Durchbiegung erhält man, wenn die Werte für Stahl eingesetzt werden. Diese Lösung gilt allgemein für analoge Trägerkonstruktionen.

Lösung Aufgabe 83

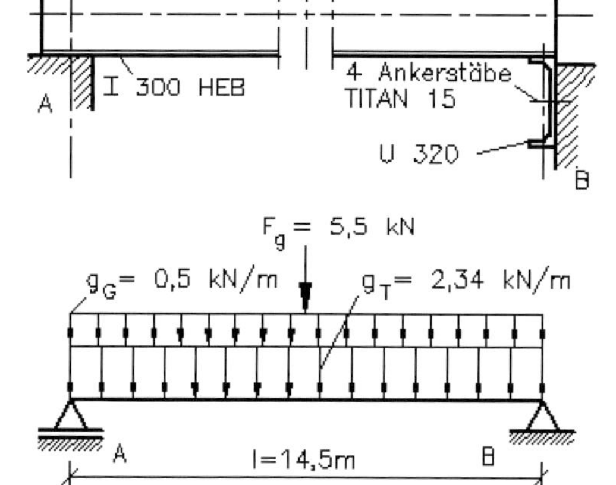

Aus der Strukturskizze (oben) wird das Tragwerksmodell (unten) entwickelt.

Nachgewiesen werden:

- die Biegetragsicherheit der Längsträger
- die Gebrauchstauglichkeit der Längsträger
- die Tragsicherheit der Spannstäbe.

Während die Auflagerkräfte und das größte Biegemoment mit Bemessungswerten berechnet werden, ergibt sich die größte Durchbiegung aus charakteristischen Werten.

– Biegetragsicherheitsnachweis für die Längsträger

Die ungünstigste Laststellung ergibt sich, wenn sich die Bohrvorrichtung in der Mitte der Trägers befindet. Dann folgt für die Auflagerkräfte:

$$F_{A,k} = F_{B,k} = \frac{1}{2}\,[(g_{G,k} + g_{T,k}) \cdot l + F_{g,k})]$$

$$F_{A,k} = F_{B,k} = \frac{1}{2}\,[(0{,}5 + 2{,}34)\text{ kN/m} \cdot 14{,}5\text{ m} + 5{,}5\text{ kN})] = 23{,}34\text{ kN}$$

$$F_{A,d} = F_{B,d} = \frac{1}{2}\,[\gamma_G \cdot (g_{G,k} + g_{T,k}) \cdot l + \gamma_G \cdot F_{g,k}]$$

$$= 0{,}5[1{,}35 \cdot 2{,}84\text{ kN/m} \cdot 14{,}5\text{ m} + 1{,}50 \cdot 5{,}5\text{ kN}] = 31{,}92\text{ kN}$$

Das größte Biegemoment ist dann ebenfalls in der Trägermitte und beträgt:

$$M_{m,k} = \frac{1}{8} \cdot (g_{G,k} + g_{T,k}) \cdot l^2 + \frac{1}{4} \cdot F_{g,k} \cdot l$$

$$M_{m,k} = \frac{1}{8} \cdot (0{,}5 + 2{,}34)\text{ kN/m} \cdot 14{,}5^2\text{ m}^2 + \frac{1}{4} \cdot 5{,}5\text{ kN} \cdot 14{,}5\text{ m} = 94{,}6\text{ kNm}$$

$$M_{m,d} = M_{Ed} = \frac{1}{8} \cdot (0{,}5 + 2{,}34)\text{ kN/m} \cdot 1{,}35 \cdot 14{,}5^2\text{ m}^2 + \frac{1}{4} \cdot 5{,}5\text{ kN} \cdot 1{,}50 \cdot 14{,}5\text{ m}$$

$$= 130{,}7\text{ kNm}$$

Nach Tabelle ist für das Profil I 300, HEB, DIN EN 10 034, das Widerstandsmoment für die y-Achse $W_y = 1680\text{ cm}^3$. Damit:

$$\max \sigma_k = \frac{M_{m,k}}{2 \cdot W_y} = \frac{94{,}6 \cdot 10^6\text{ Nmm}}{2 \cdot 1680 \cdot 10^3\text{ mm}^3} = 28{,}16\text{ N/mm}^2$$

$$\max \sigma_d = \frac{M_{m,d}}{2 \cdot W_y} = \frac{130{,}7 \cdot 10^6\text{ Nmm}}{2 \cdot 1680 \cdot 10^3\text{ mm}^3} = 38{,}9\text{ N/mm}^2$$

Nachweis: $\boxed{\frac{M_{Ed}}{M_{c,Rd}} \le 1}$ mit

$$M_{c,Rd} = M_{el,Rd} = 2(W_{el,min} \cdot f_y)/\gamma_{M,0} \quad \text{für QK 3}$$

$$= 2 \cdot (1680\text{ cm}^3 \cdot 235\text{ N/mm}^2)/1 = 789{,}6\text{ kNm}$$

$130{,}7/789{,}6 = 0{,}17 < 1$

– Gebrauchstauglichkeitsnachweis für die Längsträger

Es wird nachgewiesen, dass die vorhandene Durchbiegung vorh w kleiner ist als die vom Baudurchführenden festgesetzte größte Durchbiegung von 20 mm.

In der Aufgabe 82 sind für den vorliegenden Fall Gleichungen angegeben worden. Resultierende Durchbiegungen können immer durch Addition von Einzeldurchbiegungen ermittelt werden:

$$\text{vorh } w = w_{gG} + w_{gT} + w_{Fg} = \frac{5}{384} \cdot \frac{(g_G + g_T) \cdot l^4}{E \cdot I} + \frac{1}{48} \cdot \frac{F_g \cdot l^3}{E \cdot I}$$

$$\text{vorh } w = \frac{l^3 \cdot (5 \cdot l \cdot \sum g + 8 \cdot F_g)}{384 \cdot E \cdot I}$$

Aus Bautabellen entnimmt man $I_y = 25170\ \text{cm}^4$ und $E = 210000\ \text{N/mm}^2$. Damit:

$$\text{vorh } w = \frac{14500^3\ \text{mm}^3 \cdot (5 \cdot 14500\ \text{mm} \cdot 2{,}84\ \text{N/mm} + 8 \cdot 5500\ \text{N})}{384 \cdot 210000\ \text{N/mm}^2 \cdot 2 \cdot 25170 \cdot 10^4\ \text{mm}^4}$$

$$\text{vorh } w = 18{,}8\ \text{mm} < \text{zul } w = 20\ \text{mm}\,; \qquad 18{,}8/20 = 0{,}94 < 1$$

– **Tragsicherheitsnachweis für die Spannstäbe**

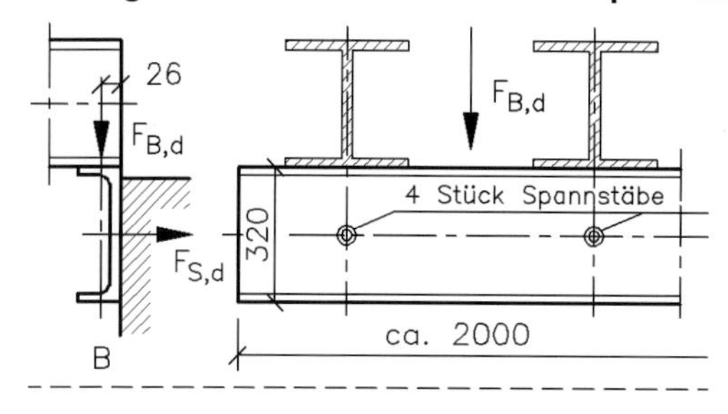

Die Lagerkraft $F_{B,d} = 31{,}92$ kN erzeugt in den vier Spannstäben eine Abscherspannung. Außerdem verursacht sie infolge des Abstandes von 26 mm zur Mauerkante eine Drehung um die Unterkante des U-Profils, so dass eine Kraft $F_{z,d}$ entsteht, die die Spannstäbe auf Zug beansprucht. Die Zugkraft berechnet sich aus:

$$\sum M_U = 0 = F_{B,d} \cdot 26\ \text{mm} - F_{S,d} \cdot (320/2)\ \text{mm}$$

hieraus: $F_{S,d} = 5{,}19$ kN

Für den folgenden Nachweis sollen nur zwei der vier Spannstäbe berücksichtigt werden. Damit wird je Spannstab die Querkraft vorh $Q = F_{B,d}/2 = 15{,}96$ kN und die Zugkraft vorh $N = F_{S,d}/2 = 2{,}60$ kN.

In dem unteren Bild ist eine Belastungsgerade des Herstellers der Spannstäbe vereinfacht dargestellt. Für die oben angegebene Querkraft vorh Q entnimmt man dem Diagramm eine zulässige Normalkraft von:

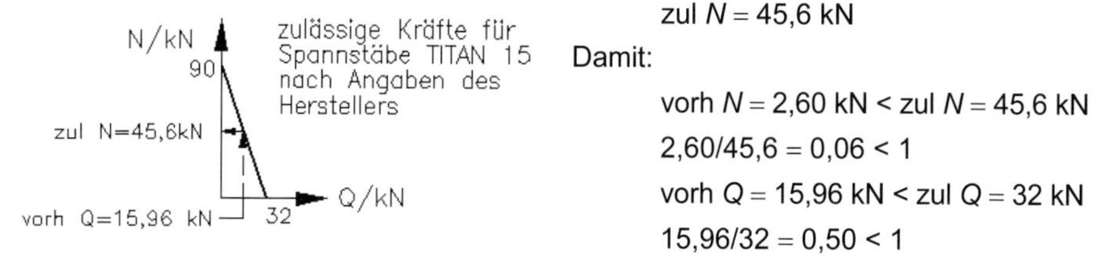

zul $N = 45{,}6$ kN

Damit:

vorh $N = 2{,}60$ kN < zul $N = 45{,}6$ kN

$2{,}60/45{,}6 = 0{,}06 < 1$

vorh $Q = 15{,}96$ kN < zul $Q = 32$ kN

$15{,}96/32 = 0{,}50 < 1$

Lösung Aufgabe 84

Ein zusammengesetzter Biegeträger ist nur dann identisch mit einem Träger gleichen Querschnitts und gleicher Gestalt, wenn die bei der Biegung auftretende Schubspannung in Trägerlängsrichtung aufgenommen werden kann.

Im vorliegenden Beispiel müssen die beiden Trägerteile verleimt, gedübelt oder in anderer Weise kraftschlüssig miteinander verbunden werden.

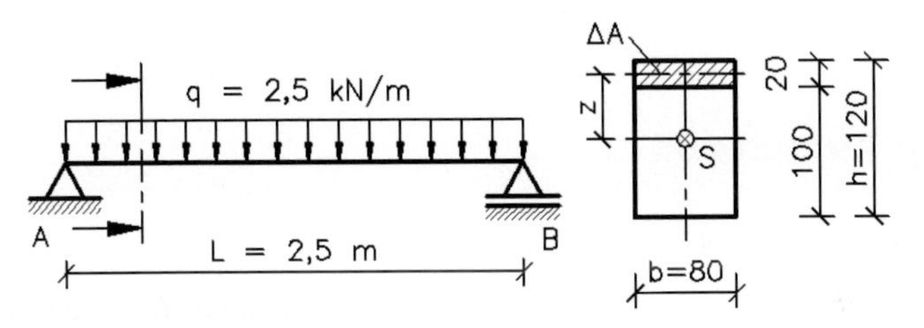

Die vorhandene Schubspannung berechnet sich zu:

$$\tau_Q = \frac{F_Q \cdot H}{b \cdot I}$$

Hierin bedeuten:

- F_Q Querkraft in der Gesamtquerschnittsfläche
- H Flächenmoment 1. Grades für die „abgeschnittene“ Fläche ΔA (schraffierte Fläche)
- b Schnittbreite b
- I Flächenmoment 2. Grades der Gesamtfläche bezüglich ihres Schwerpunktes S

Während die maximale Biegespannung in der vorliegenden Aufgabe in Trägermitte auftritt, entsteht die größte Tangentialspannung als Schubspannung an den Lagern A und B, weil dort die größten Querkräfte sind. Mit den gegebenen Zahlenwerten ergeben sich:

$$\tau_{Q,A} = \tau_{Q,B} = \frac{\left(\frac{1}{2} \cdot q \cdot L\right) \cdot (\Delta A \cdot z)}{b \cdot \left(\frac{b \cdot h^3}{12}\right)} = \frac{\left(\frac{1}{2} 2{,}5 \cdot 2{,}5\right) \text{kN} \cdot (80 \cdot 20 \cdot 50)\,\text{mm}^3}{80\,\text{mm} \cdot \frac{80 \cdot 120^3}{12}\,\text{mm}^4}$$

$$\tau_{Q,A} = \tau_{Q,B} = 0{,}27\ \text{N/mm}^2$$

Die Biegespannungen berechnen sich mit

$$M = q \cdot L^2/8 = 2{,}5\ \text{kN/m}\ 2{,}5^2\ \text{m}^2/8 = 1{,}953\ \text{kNm}$$

$$I_y = b \cdot h^3/12 = 80\ \text{mm} \cdot 120^3\ \text{mm}^3/12 = 1152\ \text{cm}^4$$

$$W_{\text{Fuge}} = I_y/4\ \text{cm} = 1152\ \text{cm}^4/4\ \text{cm} = 288\ \text{cm}^3$$

$$W_{\text{Rand}} = I_y/6\ \text{cm} = 1152\ \text{cm}^4/6\ \text{cm} = 192\ \text{cm}^3$$

in der Trägermitte zu:

$$\sigma_{\text{b,Fuge}} = M/W_{\text{Fuge}} = -1{,}953\ \text{kNm}/288\ \text{cm}^3 = -6{,}78\ \text{N/mm}^2$$

$$\sigma_{\text{b,Rand}} = M/W_{\text{Rand}} = \pm 1{,}953\ \text{kNm}/192\ \text{cm}^3 = \pm 10{,}17\ \text{N/mm}^2$$

Lösung Aufgabe 85

Zu 1.: Druck im Sparreneinschnitt

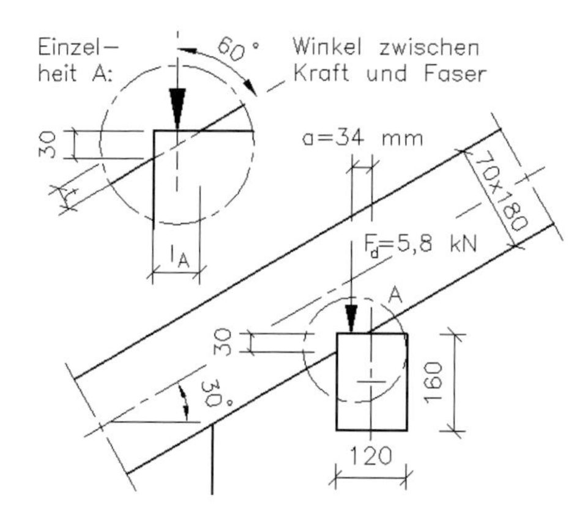

Die Berechnung der Druckspannung im Sparreneinschnitt erfordert die Ermittlung der Kerventiefe t und der Auflagerlänge l_A, die aus der Einschnitttiefe von 30 mm und dem Sparrenwinkel von 30° berechnet werden können:

$$t = 30\ \text{mm} \cdot \cos 30° = 26\ \text{mm}$$

$$l_A = 30\ \text{mm}/\tan 30° = 52\ \text{mm}$$

$$l_{A,ef} = l_A + 2 \cdot 30\ \text{mm} \cdot \sin 60°$$

$$l_{A,ef} = 52\ \text{mm} + 2 \cdot 30\ \text{mm} \cdot \sin 60° = 104\ \text{mm}$$

$$A_{ef} = b_{Sp} \cdot l_{A,ef}$$

$$A_{ef} = 70\ \text{mm} \cdot 104\ \text{mm} = 7280\ \text{mm}^2$$

Da die Druckspannung im Sparreneinschnitt weder genau längs noch quer zur Faser auftritt, ist nachzuweisen dass

$$\boxed{\frac{N_{\alpha,d}}{A_{ef}} \le k_{c,\alpha} \cdot f_{c,\alpha,d}}$$

mit $N_{\alpha,d} = 5{,}8$ kN Bemessungswert der einwirkenden Kraft

$k_{c,\alpha} = 1{,}433$ Beiwert lt. Tabelle

$f_{c,\alpha,k}$ = Druckfestigkeit $f(\alpha) = 3{,}15\ \text{N/mm}^2$

$$k_{c,\alpha} \cdot f_{c,\alpha,d} = k_{c,\alpha} \cdot f_{c,\alpha,k} \cdot (k_{mod}/\gamma_M)$$

$$= 1{,}433 \cdot 3{,}15\ \text{N/mm}^2 \cdot (0{,}7/1{,}3) = 2{,}43\ \text{N/mm}^2$$

$$5{,}8\ \text{kN}/7280\ \text{mm}^2 = 0{,}80\ \text{N/mm}^2 < 2{,}43\ \text{N/mm}^2; \qquad 0{,}8/2{,}43 = 0{,}33 < 1$$

Zu 2.: Druck in der Pfette infolge Sparrenauflage

Die Nachweisführung erfolgt analog zu der des Sparrens:

$l_{ef} = b_{Sp} + 2 \cdot 30\ mm = 70\ mm + 60\ mm = 130\ mm$

$A_{ef} = l_A \cdot l_{ef} = 52\ mm \cdot 130\ mm = 6760\ mm^2$

$k_{c,\alpha} = k_{c,90} = 1{,}5$ Beiwert lt. Tabelle

$f_{c,90,k} = 2{,}5\ N/mm^2$

$f_{c,90,d} = 2{,}5\ N/mm^2 \cdot (k_{mod}/\gamma_M) = 2{,}5\ N/mm^2 \cdot (0{,}7/1{,}3) = 1{,}35\ N/mm^2$

$k_{c,90} \cdot f_{c,90,d} = 1{,}5 \cdot 1{,}35\ N/mm^2 = 2{,}02\ N/mm^2$

$5{,}8\ kN/6760\ mm^2 = 0{,}86\ N/mm^2 < 2{,}02\ N/mm^2$; $0{,}86/2{,}02 = 0{,}43 < 1$

Zu 3.: Schub in der Pfette infolge Querkraft

Für die Schubspannung infolge Querkraft wird folgender Nachweis geführt:

$$\boxed{1{,}5 \cdot \frac{V_d}{A_n} \leq f_{v,d}}$$

Die größte Querkraft F_Q tritt als konstante Kraft $F = F_Q$ über der gesamten Kragarmlänge bis zum Auflager in der Außenwand auf.

$V_d = F_d + 1{,}35 \cdot g = 5{,}8\ kN + 1{,}35 \cdot 0{,}096\ kN/m \cdot 0{,}6\ m = 5{,}88\ kN$

Bemessungswert der Querkraft

$A_n = 120\ mm \cdot 160\ mm = 19200\ mm^2$ Nettoquerschnittsfläche

$f_{v,d} = f_{v,k} \cdot (k_{mod}/\gamma_M) = 2{,}0\ N/mm^2 \cdot (0{,}7/1{,}3) = 1{,}08\ N/mm^2$

Bemessungswert der Schubfestigkeit

damit: $1{,}5 \cdot (5{,}88\ kN/19200\ mm^2) = 0{,}46\ N/mm^2 < 1{,}08\ N/mm^2$

$0{,}46/1{,}08 = 0{,}43 < 1$

Zu 4.: Biegespannung in der Pfette

Es ist nachzuweisen, dass

$$\boxed{\frac{M_d}{W_n} \leq f_{m,d}}$$

$M_d = 5{,}8\ kN \cdot 0{,}6\ m + 0{,}08\ kN \cdot 0{,}4\ m = 3{,}51\ kNm$

Bemessungswert des Momentes

$W_n = 512\ cm^3$ lt. Tabelle Nettowiderstandsmoment

$f_{m,d} = f_{m,k} \cdot (k_{mod}/\gamma_M) = 24\ N/mm^2 \cdot (0{,}7/1{,}3) = 12{,}92\ N/mm^2$

Bemessungswert der Biegefestigkeit

$3{,}51\ kNm/512\ cm^3 = 6{,}90\ N/mm^2 < 12{,}92\ N/mm^2$; $6{,}90/12{,}92 = 0{,}53 < 1$

Zu 5.: Durchbiegung der Pfette

Die Durchbiegung eines Kragträgers ist aus seinem Eigengewicht g_k und der Einzellast F_k, die im Abstand l = 600 mm angreift, zu ermitteln. In Ermangelung näherer Angaben in der Aufgabenstellung wird $F_k \approx F_d/1{,}35 = 5{,}8$ kN/1,35 = 4,30 kN (Größtwert) angesetzt.

$$w = \frac{g_k \cdot l^4}{8EI} + \frac{F_k \cdot l^3}{3EI} = \left(\frac{g_k \cdot l}{8} + \frac{F_k}{3}\right) \cdot \frac{l^3}{EI_y} \quad \text{mit} \quad I_y = 4096\ \text{cm}^4 \quad \text{lt. Bautabellen}$$

$$w = \left(\frac{0{,}096\ \text{N/mm} \cdot 600\ \text{mm}}{8} + \frac{4300\ \text{N}}{3}\right) \cdot \frac{600^3\ \text{mm}^3}{10000\ \text{N/mm}^2 \cdot 4096 \cdot 10^4 \text{mm}^4}$$

$w = 0{,}8$ mm < zul $w = 2 \cdot l/300 = 2 \cdot 600$ mm/300 = 4 mm

$w = 0{,}8$ mm < zul $w = 4$ mm ; 0,8/4 = 0,2 < 1

Zu 6.: Außermittigkeit der Vertikalkraft

Es wird angenommen, dass die Kraft F in der Mitte von l_A angreift, also bei $l_A/2$ = 52 mm/2 = 26 mm von der linke Pfettenkante entfernt. Hieraus ergibt sich:

$a = b/2 - l_A/2 = (120/2 - 26)$ mm = 34 mm

Lösung Aufgabe 86

Es ist zweckmäßig, die Spannungen, die die einzelnen Kräfte im Stützenfuß hervorrufen, in einer Tabelle zusammenzustellen und vier Querschnittsstellen 1–4 zuzuordnen. Die Achse y schneidet zwei Längsseiten des Profils, in denen die größte Torsionsspannung auftritt. Alle Spannungen sind in N/mm² angegeben.

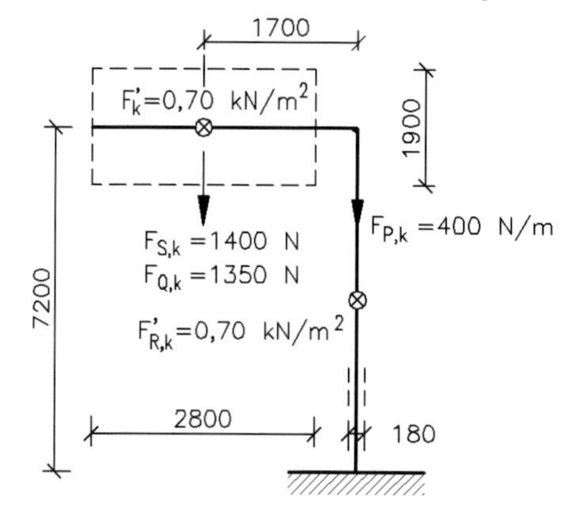

Für das Profilrohr 260 × 180 × 6, DIN EN 10210-2, entnimmt man Bautabellen alle Querschnittskennwerte:

$A = 51{,}0\ \text{cm}^2$

$I_y = 4942\ \text{cm}^4$

$I_z = 2804\ \text{cm}^4$

$W_y = 380\ \text{cm}^3$

$W_z = 312\ \text{cm}^3$

$I_T = 5554\ \text{cm}^4$

$g = 400$ N/m

$T = 6$ mm

W_T wird näherungsweise aus Außenfläche A_a, Innenfläche A_i und Stegdicke T berechnet. Die Rundungen des Profils bleiben dabei unberücksichtigt:

$$W_T = (A_a + A_i) \cdot T = (26 \cdot 18 + 24{,}8 \cdot 16{,}8)\ \text{cm}^2 \cdot 0{,}6\ \text{cm} = 531\ \text{cm}^3$$

- **Charakteristische Biegespannung infolge $F_{S,k}$ und $F_{Q,k}$**

$$\sigma_{b,k} = \frac{M}{W_z} = \frac{(1400 + 1350)\,\text{N} \cdot 1700\ \text{mm}}{312 \cdot 10^3\ \text{mm}^3} = 14{,}98\ \text{N/mm}^2$$

	Spannungen im Stützenfuß an der Querschnittsstelle					
	1	2	3	4	y(li)	y(re)
$F_{S,k}$ und $F_{Q,k}$ erzeugen	Biegedruck −14,98 MPa	Biegezug +14,98 MPa	Biegedruck −14,98 MPa	Biegezug +14,98 MPa	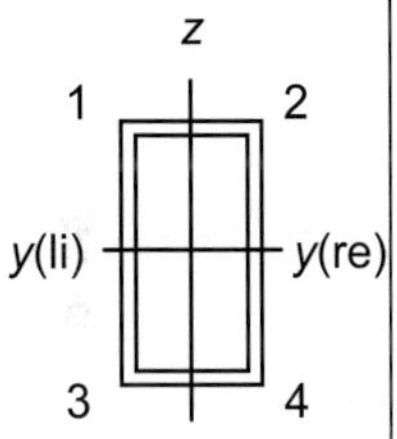 z 1 2 y(li) y(re) 3 4	
$F_{S,k}$, $F_{Q,k}$ und $F_{P,k}$ erzeugen	Druck −1,10 MPa	Druck −1,10 MPa	Druck −1,10 MPa	Druck −1,10 MPa		
F'_k und $F'_{R,k}$ erzeugen	Biegedruck −79,16 MPa	Biegedruck −79,16 MPa	Biegezug +79,16 MPa	Biegezug +79,16 MPa		
$\sum \sigma =$	−95,24 MPa	−65,28 MPa	+63,08 MPa	+93,04 MPa		
F'_k und $F'_{R,k}$ erzeugen	Abscherung 0,91 MPa	Abscherung 0,91 MPa	Abscherung 0,91 MPa	Abscherung 0,91 MPa	Abscherung 0,91 MPa	
F'_k erzeugt in Achse y					Torsion 11,92 MPa	
$\sum \tau =$					12,83 MPa	11,01 MPa

- **Charakteristische Druckspannung infolge aller vertikalen Kräfte**

$$\sigma_{d,k} = \frac{F}{A} = -\frac{(1400 + 1350)\,\text{N} + 400\ \text{N/m} \cdot 7{,}2\ \text{m}}{51 \cdot 10^2\ \text{mm}^2} = -1{,}10\ \text{N/mm}^2$$

– **Charakteristische Biegespannung infolge der Windkräfte**

$$\sigma_{b,k} = \frac{M}{W_y} = \frac{0{,}7\ \text{kN/m}^2 \cdot 2{,}8 \cdot 1{,}9\ \text{m}^2 \cdot 7{,}2\ \text{m} + 0{,}7\ \text{kN/m}^2 \cdot 0{,}18 \cdot 7{,}2\ \text{m}^2 \cdot 3{,}6\ \text{m}}{380\ \text{cm}^3}$$

$$\sigma_{b,k} = 79{,}16\ \text{N/mm}^2$$

In der **Tabelle** der vorangegangenen Seite sind die Normalspannungen vorzeichenbehaftet den vier Eckpunkten des Querschnittes zugeordnet und addiert. Danach ist ablesbar, dass an der Stelle 4 die höchste Zugspannung mit $+93{,}04\ \text{N/mm}^2$ und an der Stelle 1 die höchste Druckspannung mit $-95{,}24\ \text{N/mm}^2$ auftritt.

– **Charakteristische Abscherspannung infolge der Windkräfte**

$$\tau_{a,k} = \frac{F}{A} = \frac{0{,}7\ \text{kN/m}^2 \cdot 2{,}8 \cdot 1{,}9\ \text{m}^2 + 0{,}7\ \text{kN/m}^2 \cdot 0{,}18 \cdot 7{,}2\ \text{m}^2}{51\ \text{cm}^2} = 0{,}91\ \text{N/mm}^2$$

Charakteristische Verdrehspannung infolge der Windkraft

$$\tau_{T,k} = \frac{M_T}{W_T} = \frac{0{,}7\ \text{kN/m}^2 \cdot 2{,}8 \cdot 1{,}9\ \text{m}^2 \cdot 1{,}7\ \text{m}}{531\ \text{cm}^3} = 11{,}92\ \text{N/mm}^2$$

In der Achse y überlagern sich die Abscherspannung und die Verdrehspannung. Auf der linken Seite y(li) addieren sich beide Spannungen, weil sie in einer Richtung wirksam sind, und auf der rechten Seite y(re) wird die Verdrehspannung um den Betrag der Abscherspannung kleiner, weil dort beide Spannungen gegenläufig sind.

– **Torsionswinkel und Verschiebung des Schildes**

Der Torsionswinkel berechnet sich zu:

$$\varphi = \frac{M_T \cdot l}{G_T \cdot I_T} = \frac{0{,}7\ \text{kN/m}^2 \cdot 2{,}8 \cdot 1{,}9\ \text{m}^2 \cdot 1{,}7\ \text{m} \cdot 7{,}2\ \text{m}}{81000\ \text{N/mm}^2 \cdot 5554\ \text{cm}^4} = 0{,}0102\ \text{rad} = 0{,}58^\circ$$

Hinweis: Die Gleichung ist in Aufgabe 85 bereits für Holz angewendet worden. Für Stahl kann der Schubmodul $G_T = 81000\ \text{N/mm}^2$ Bautabellen entnommen werden. Die Verdrehlänge ist 7,2 m.

Der größte Abstand von der vertikalen Schwerachse des Profilrohres (Drehachse) zur äußersten Kante des Schildes ist $R = 1{,}7\ \text{m} + 2{,}8\ \text{m}/2 = 3{,}1\ \text{m}$.

Damit:

$$f = \varphi \cdot R = 0{,}0102\ \text{rad} \cdot 3{,}1\ \text{m} = 31{,}6\ \text{mm}$$

Lösung Aufgabe 87

In dem Bild ist der linke Teil der Verbindung entfernt und an seine Stelle die mittig wirkende Kraft F_H eingesetzt.

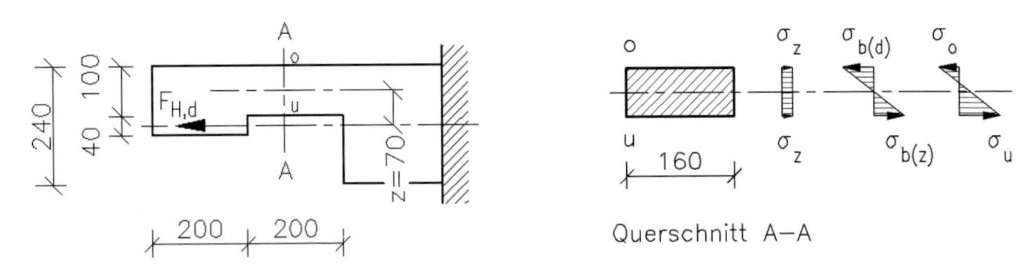

Zu 1.: Tragfähigkeitsnachweis für Abscheren im Vorholz und die Druckspannung im Versatz

– **Abscheren im Vorholz**

Es wird eine Fläche von 200 mm × 160 mm = 32000 mm² in Faserrichtung abgeschert. Damit ergibt sich:

$$f_{v,d} = f_{v,k} \cdot (k_{mod}/\gamma_M) = 2{,}0 \text{ N/mm}^2 \cdot (0{,}6/1{,}3) = 0{,}92 \text{ N/mm}^2$$

$$\tau_{a,d} = \frac{F_{H,d}}{A_n} = \frac{25000 \text{ N}}{32000 \text{ mm}^2} = 0{,}78 \text{ N/mm}^2 < f_{v,d} = 0{,}92 \text{ N/mm}^2$$

$$0{,}78/0{,}92 = 0{,}85 < 1$$

– **Druckspannung im Versatz**

An den 40 mm tiefen Einschnitten beider Hölzer entsteht eine Druckspannung (Flächenpressung). Die Anpressfläche ist 40 mm × 160 mm = 6400 mm².

Nachweis:

$$\boxed{\frac{N_d}{A_n} \leq f_{c,0,d}}$$

$$f_{c,0,d} = f_{c,0,k} \cdot (k_{mod}/\gamma_M) = 23 \text{ N/mm}^2 \cdot (0{,}6/1{,}3) = 10{,}62 \text{ N/mm}^2$$

$$N_d/A_n = 25 \text{ kN}/6400 \text{ mm}^2 = 3{,}91 \text{ N/mm}^2 < 10{,}62 \text{ N/mm}^2$$

$$3{,}91/10{,}62 = 0{,}37 < 1$$

Zu 2.: Tragfähigkeitsnachweis für die größte Normalspannung

Die Kraft $F_{H,d}$ wirkt außermittig zur Schwerachse des Querschnittes A. Dadurch überlagern sich eine Zugspannung σ_z und eine Biegespannung σ_b. Im rechten Bildteil sind die Zugspannung, die Biegespannung und die resultierende Spannung dargestellt. Es ergeben sich die Bemessungswerte zu:

$$\sigma_{z,d} = \frac{F_{H,d}}{A_n} = \frac{N_d}{A_n} = \frac{25000\ \text{N}}{16000\ \text{mm}^2} = 1{,}56\ \text{N/mm}^2$$

mit $A = 100\ \text{mm} \cdot 160\ \text{mm} = 16000\ \text{mm}^2$

$$\sigma_{b,d} = \frac{M_{y,d}}{W_{y,n}} = \frac{17{,}5 \cdot 10^5\ \text{Nmm}}{26{,}667 \cdot 10^4\ \text{mm}^3} = 6{,}56\ \text{N/mm}^2$$

mit $M = F_H \cdot z = 25000\ \text{N} \cdot 70\ \text{mm} = 17{,}5 \cdot 10^5\ \text{Nmm}$

$$W_{y,d} = \frac{b \cdot h^2}{6} = \frac{160 \cdot 100^2}{6}\ \text{mm}^3 = 26{,}667 \cdot 10^4\ \text{mm}^3$$

Diese beiden Spannungen addieren sich vorzeichenbehaftet. An der **oberen** Kante des Querschnittes A ergibt sich:

$$\sigma_{o,d} = \sigma_{z,d} - |\sigma_{b,d}| = 1{,}56\ \text{N/mm}^2 - 6{,}56\ \text{N/mm}^2 = -5{,}00\ \text{N/mm}^2 \quad \text{(Druckspannung)}$$

und an der **unteren** Kante:

$$\sigma_{u,d} = \sigma_{z,d} + \sigma_{b,d} = 1{,}56\ \text{N/mm}^2 + 6{,}56\ \text{N/mm}^2 = +\ 8{,}13\ \text{N/mm}^2 \quad \text{(Zugspannung)}$$

Für Biegung und Zug sind nachzuweisen, dass:

$$\boxed{\left(\frac{\frac{N_d}{A_n}}{f_{t,0,d}}\right) + \frac{\frac{M_{y,d}}{W_{y,n}}}{f_{m,y,d}} \le 1} \quad \text{und} \quad \boxed{\left(\frac{\frac{N_d}{A_n}}{f_{t,0,d}}\right) + k_{red} \cdot \frac{\frac{M_{y,d}}{W_{y,n}}}{f_{m,y,d}} \le 1}$$

mit $k_{red} = 0{,}7$ für $h/b = 100/160 = 0{,}625 < 4$

$f_{t,0,d} = f_{t,o,k} \cdot (k_{mod}/\gamma_M) = 18\ \text{N/mm}^2 \cdot (0{,}6/1{,}3) = 8{,}31\ \text{N/mm}^2$

$f_{m,y,d} = f_{m,y,k} \cdot (k_{mod}/\gamma_M) = 30\ \text{N/mm}^2 \cdot (0{,}6/1{,}3) = 13{,}85\ \text{N/mm}^2$

$1{,}56/8{,}31 + 6{,}56/13{,}85 = 0{,}66 < 1$ und $1{,}56/8{,}31 + 0{,}7 \cdot 6{,}56/13{,}85 = 0{,}52 < 1$

Lösung Aufgabe 88

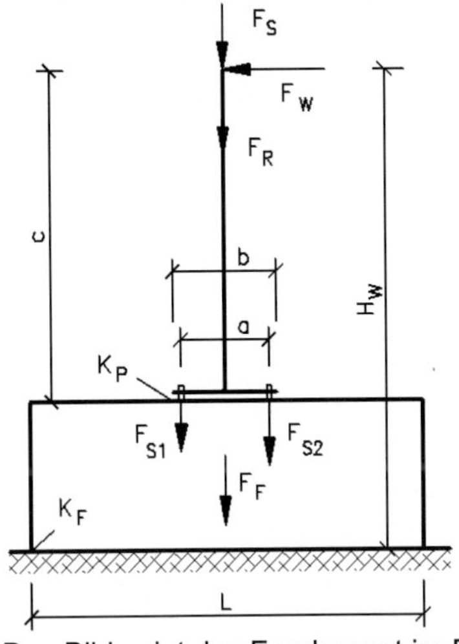

In der nebenstehenden Skizze ist ein Längsschnitt durch das Fundament, von der rechten Fahrbahn aus betrachtet, dargestellt. Sie enthält die auf **ein** Fundament entfallenden Kräfte aus Wind F_W, Eigenlast der Schilder F_S, Eigenlast des Rahmens F_R und Eigenlast des Fundamentes F_F.

Die Windkraft soll bereits alle Anteile aus Schildern und Tragwerk enthalten. Der geringe außermittige Kraftangriff der Eigenlast der Schilder werde vernachlässigt.

Der Rahmen ist über eine Fußplatte mit 6 Schrauben am Fundament verankert. Jeweils 3 Schrauben sind in Querrichtung vorhanden. Der Begriff Schraube steht hier als Oberbegriff für unterschiedliche Gewindestäbe.

Das Bild zeigt das Fundament im Bauzustand.

Zu 1.: Spannungen in der Fundamentsohle

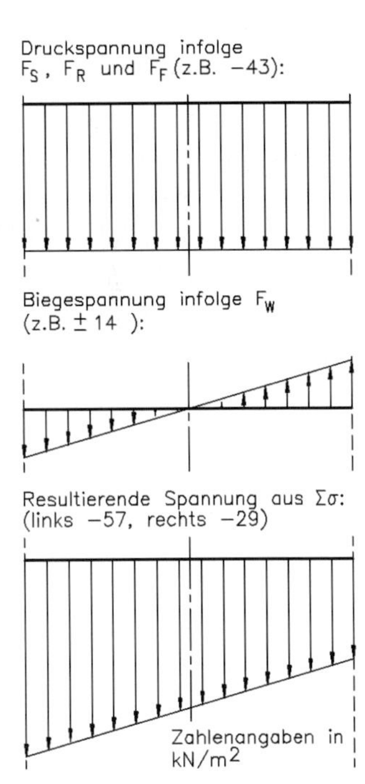

Die Berechnung der Spannungen vernachlässigt die Verformungseigenschaften von Bauwerk und Gründung. Unter dieser Voraussetzung kann eine lineare Sohldruckverteilung angenommen werden.

Es ergeben sich:

$$|\sigma_d| = \frac{\sum F_V}{A} = \frac{F_S + F_R + F_F}{A_{Fundament}} = \frac{F_S + F_R + F_F}{L \cdot B} \quad \text{Druckspannung infolge } \sum F_V$$

$$\sigma_b = \frac{\sum M}{W} = \frac{F_W \cdot H_W}{W_{Fundament}} = \frac{F_W \cdot H_W}{\frac{1}{6} \cdot B \cdot L^2} \quad \text{Biegespannung infolge Windkraft}$$

$$|\max \sigma| = |\sigma_d| + |\sigma_{b(d)}| \quad \text{Druckspannung auf der linken Seite}$$

$$|\min \sigma| = |\sigma_d| - \sigma_{b(z)} \quad \text{Druckspannung auf der rechten Seite}$$

Die Skizze auf S. 255 zeigt die Spannungen, denen praktische Daten zu Grunde gelegt sind.

Hinweis: Die angegebene Lösung zur Ermittlung von Spannungen ist inhaltlich ein Überlagerungsprinzip, das für viele analoge Aufgaben anwendbar ist.

Da bei der vorliegenden Aufgabe die resultierende Kraft innerhalb der ersten Kernfläche liegt, tritt keine klaffende Fuge auf (vgl. Aufgabe 89, Seite 257).

Zu 2.: Ermittlung der Schraubenkräfte

Die Schraubenkräfte F_{S1} und F_{S2} für je eine Reihe von 3 Schrauben ergeben sich aus:

$$\sum M_{Kp} = 0 = F_W \cdot c - (F_S + F_R) \cdot \frac{b}{2} - F_{S1} \cdot \frac{b-a}{2} - F_{S2} \cdot \frac{b+a}{2}$$

In dieser Gleichung sind beide Schraubenkräfte jeder Reihe unbekannt. Die Kraft F_{S1} verhält sich zur Kraft F_{S2} wie die entsprechenden Abstände zur Kippachse K_p:

$$\frac{F_{S1}}{F_{S2}} = \frac{(b-a)/2}{(b+a)/2} = \frac{b-a}{b+a}$$

$$F_{S1} = F_{S2} \cdot \frac{b-a}{b+a}$$

Ersetzt man in der obigen Gleichung F_{S1}, dann folgt:

$$\sum M_{Kp} = 0 = F_W \cdot c - (F_S + F_R) \cdot \frac{b}{2} - F_{S2} \cdot \frac{b-a}{b+a} \cdot \frac{b-a}{2} - F_{S2} \cdot \frac{b+a}{2}$$

Diese Gleichung ist nach F_{S2} aufzulösen:

$$F_{S2} = \frac{F_W \cdot c - (F_S + F_R) \cdot b/2}{\frac{a^2 + b^2}{a+b}}$$

Die größte Zugkraft je Einzelschraube ist $F_N = \frac{1}{3} \cdot F_{S2}$

Zu 3.: Ermittlung der Standsicherheit

Die Windkraft versucht, das Fundament um die Achse K_F gegen den Uhrzeigersinn zu drehen. Die Kräfte F_S, F_R und F_F erzeugen das Standmoment. Die Schraubenkräfte sind innere Kräfte im System und haben folglich keinen Einfluss auf die Standsicherheit.

Die Standsicherheit ist:

$$S = \frac{M_{St}}{M_{Ki}}$$

$$S = \frac{(F_S + F_R + F_F) \cdot \frac{L}{2}}{F_W \cdot H_W}$$

Lösung Aufgabe 89

Die folgenden Berechnungen sollen unabhängig vom Baugrund, der im vorliegenden Beispiel eine ebene Plattenfläche ist, erfolgen. Sie gelten also auch für alle bindigen oder nichtbindigen Böden. Die Verformungseigenschaften von Bauwerk und Gründung werden nicht berücksichtigt, so dass eine lineare Sohldruckverteilung angenommen wird.

Zu 1.: Standsicherheit, Durchstoßpunkt e_x der resultierenden Kraft und Querschnittskern

– **Ermittlung der Standsicherheit (s. Aufgabe 31)**

Die Eigengewichte des Tragwerkes F_T und des Fundamentes F_F gehen in das Standmoment M_{St} ein, während die Windlast $F_{W,T}$ und $F_{W,F}$ das Kippmoment M_{Ki} erzeugt. Die Kippachse wird durch die äußerste Längskante des Fundamentes in der Bodenebene gebildet.

Für die vorliegende Aufgabe gelten für Anzeigetafeln gesonderte Kraftbeiwerte. Danach ist $c_f = 1{,}8$.

Standmoment:

$$M_{St} = (F_T + F_F) \cdot B/2 = (3{,}7 + 227)\ \text{kN} \cdot 1\ \text{m} = 230{,}7\ \text{kNm}$$

Kippmoment:

mit $w_{e,k} = q_{p,k} \cdot c_f = 0{,}65\ \text{kN/m}^2 \cdot 1{,}8 = 1{,}17\ \text{kN/m}^2$

$$F_{w,T} = 1{,}17\ \text{kN/m}^2 \cdot (7{,}2 \cdot 4)\ \text{m}^2 = 33{,}7\ \text{kN}$$

$$F_{w,F} = 1{,}17\ \text{kN/m}^2 \cdot (5 \cdot 1)\ \text{m}^2 = 5{,}85\ \text{kN}$$

ergibt sich:

$$M_{Ki} = F_{w,T} \cdot 4{,}6\ \text{m} + F_{w,F} \cdot 0.5\ \text{m} = (33{,}7 \cdot 4{,}6 + 5{,}85 \cdot 0{,}5)\ \text{kNm} = 158{,}0\ \text{kNm}$$

Standsicherheit:

vorh $S = M_{St}/M_{Ki} = 230{,}7/158{,}0 = 1{,}46 \approx 1{,}5$

– Durchstoßpunkt e_x der resultierenden Kraft und Querschnittskern

Der Durchstoßpunkt der resultierenden Kraft F_R kann zeichnerisch oder rechnerisch aus den Wind- und den Vertikalkräften ermittelt werden. Aus der dritten Gleichgewichtsbedingung folgt:

$$e_x = \frac{F_{w,T} \cdot h_w + F_{w,F} \cdot \frac{h_F}{2}}{F_V} = \frac{33{,}7\text{ kN} \cdot 4{,}6\text{ m} + 5{,}85\text{ kN} \cdot 0{,}5\text{ m}}{230{,}7\text{ kN}} = 0{,}685\text{ m}$$

Mit dem Maß e kann der **Querschnittskern** gezeichnet werden:

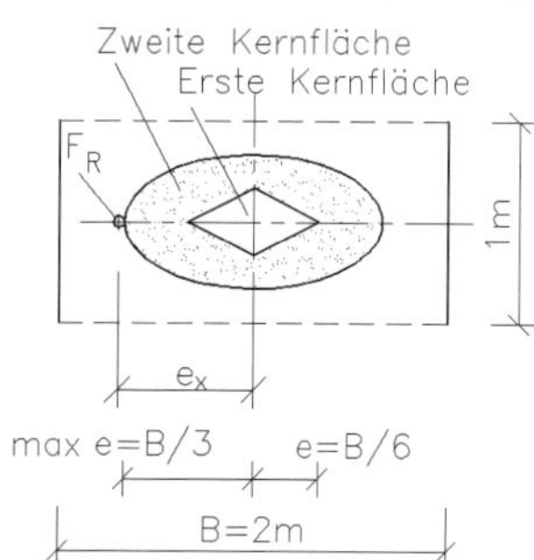

Die erste (rhombische) Kernfläche hat in x-Richtung die Länge $2e$, mit $e = B/6$. Die zweite (elliptische) Kernfläche hat die doppelte Länge mit max $e = B/3$.

$e = B/6 = 2\text{ m}/6 = 0{,}333\text{ m}$ für 1. Kernfläche

max $e = B/3 = 2e = 0{,}667\text{ m}$ für 2. Kernfläche

Sinngemäß gilt das auch für die y-Achse.

Die resultierende Kraft aus ständigen Lasten muss stets innerhalb der ersten Kernfläche liegen, um klaffende Fugen auszuschließen.

Das ergibt sich, wenn die Biege-Zugspannung am Fundamentrand gleich oder kleiner als die Druckspannung ist (vgl. Aufgabe 88).

In der vorliegenden Aufgabe ist $e_x > e$. Die resultierende Kraft liegt außerhalb der ersten Kernfläche, weswegen eine klaffende Fuge auftritt, d. h., es müssten Zugspannungen im Baugrund übertragen werden können. Im Allgemeinen ist das praktisch ausgeschlossen, so dass nicht die volle Fundamentbreite Druckkräfte in den Baugrund überträgt. Nach EC 7 sind solche klaffende Fugen nur für die Gesamtlast zulässig, jedoch auch nur innerhalb der zweiten Kernfläche mit max $e = B/3$.

Da $e_x = 0{,}685\text{ m} >$ max $e = 0{,}667\text{ m}$, tritt die resultierende Kraft 1,8 cm außerhalb der zweiten Kernfläche aus. Die Bedingung $(e_x/b_x)^2 = (0{,}685\text{ m}/2\text{ m})^2 = 0{,}117 > 1/9 = 0{,}119$ ist grenzwertig erfüllt.

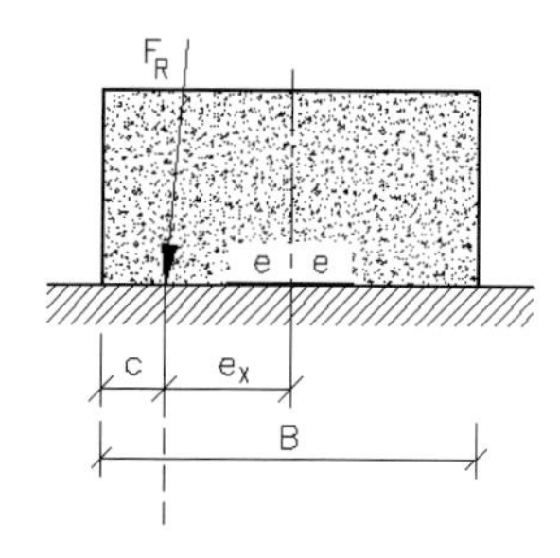

Zu 2.: Maximale Randspannung in der Bodenfuge (eines beliebigen Baugrundes)

Die maximale Randspannung ergibt sich zu:

$$\boxed{\max \sigma = \frac{2 \cdot F_V}{3 \cdot c \cdot L}}$$

In dieser Gleichung ist c der Abstand vom Durchstoßpunkt der resultierenden Kraft F_R zur äußeren Fundamentkante:

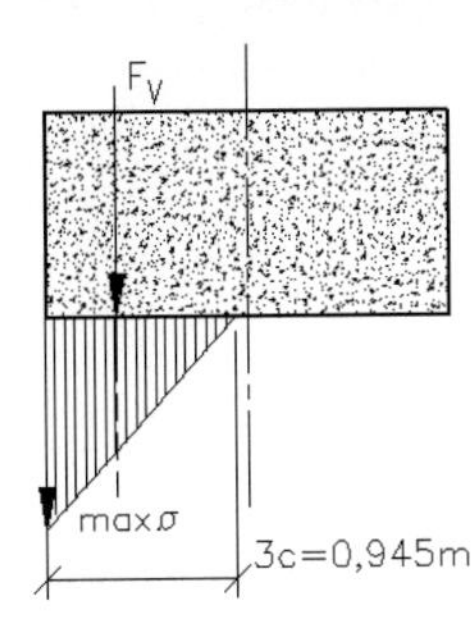

$$c = \frac{B}{2} - e_x = \frac{2\text{ m}}{2} - 0{,}685\text{ m} = 0{,}315\text{ m}$$

$$\max\sigma = \frac{2 \cdot 230{,}7\text{ kN}}{3 \cdot 0{,}315\text{ m} \cdot 5\text{ m}}$$

$$\max\sigma = 97{,}7\text{ kN/m}^2 = 0{,}098\text{ N/mm}^2$$

Im Regelfall sind Fundamente in Böden gegründet. Ist das der Fall, wird in einfachen Fällen der Sohldrucknachweis geführt.

Bei dieser Aufgabe steht das Fundament auf Granitplatten, so dass die kleinere Beanspruchbarkeit durch den Beton gegeben ist.

Mit einem Bemessungswert von z. B. $f_{cd} = 11{,}3\text{ N/mm}^2$ für einen Beton C20/25 folgt:

$$\sigma_d \approx \gamma_F \cdot \max\sigma = 1{,}35 \cdot 0{,}098\text{ N/mm}^2 = 0{,}13\text{ N/mm}^2 < f_{cd} = 11{,}3\text{ N/mm}^2$$

$$0{,}13/11{,}3 = 0{,}012 < 1$$

Lösung Aufgabe 90

Vorbemerkung: In einer hier nicht wiedergegebenen Nebenrechnung sind mit den üblichen Teilsicherheitsbeiwerten für ständige und veränderliche Einwirkungen die Bemessungswerte berechnet worden:

$F_{D,k} = 4{,}20\text{ kN/m}$; $F_{D,d} = 5{,}96\text{ kN/m}$

$F_{A,k} = 3{,}81\text{ kN/m}$; $F_{A,d} = 5{,}45\text{ kN/m}$

$F_{W,k} = 15{,}26\text{ kN/m}$; $F_{W,d} = 20{,}60\text{ kN/m}$

$F_{F,k} = 5{,}76\text{ kN/m}$; $F_{F,d} = 7{,}78\text{ kN/m}$

Zu 1.: Druckspannungsnachweis für das Mauerwerk

Der Druckspannungsnachweis wird für die Fuge zwischen Mauerwerk und Fundament geführt. Die größte Druckkraft ist:

$$F_{M,k} = F_{D,k} + F_{A,k} + F_{W,k} = (4{,}2 + 3{,}81 + 15{,}26)\text{ kN} = 23{,}27\text{ kN}$$

Für Mauerwerksnachweise werden die charakteristischen Werte zu Grunde gelegt.

Hieraus folgt die vorhandene Druckspannung:

$$\sigma_d = \frac{F_{M,k}}{A} = \frac{23{,}27 \cdot 10^3\text{ N}}{240 \cdot 1000\text{ mm}^2} = 0{,}097\text{ N/mm}^2$$

Die zulässige Druckspannung ergibt sich zu:

zul $\sigma = k \cdot \sigma_0$; für Steinfestigkeitsklasse 12 und Mörtelgruppe II ist $\sigma_0 = 1{,}2\ \text{N/mm}^2$

Der Abminderungsfaktor k ist für Wände als einseitiges Endauflager

$k = k_1 \cdot k_2$ oder $k = k_1 \cdot k_3$

wobei der kleinere Wert maßgebend ist.

Alle Faktoren können DIN 1053-1 entnommen werden.

$k_1 = 1$ für Wände mit einem Lochanteil < 35 %

$k_2 = 1{,}0$ folgt aus $h_k = \beta \cdot h_s = 0{,}9 \cdot 2{,}5\ \text{m} = 2{,}25\ \text{m}$

mit $\beta = 0{,}9$ und $h_s = 2{,}5\ \text{m}$

$h_k/d = 2{,}25\ \text{m}/0{,}24\ \text{m} = 9{,}38 < 10$

für $h_k/d < 10$ ist $k_2 = 1{,}0$

$k_3 = 0{,}5$ für Dachdecken (oberstes Geschoss)

$k = k_1 \cdot k_2 = 1 \cdot 1{,}0 = 1{,}0$

$k = k_1 \cdot k_3 = 1 \cdot 0{,}50 = 0{,}50 < 1{,}0$; maßgebend ist der kleinere Wert 0,5

zul $\sigma = 0{,}50 \cdot 1{,}2\ \text{N/mm}^2 = 0{,}6\ \text{N/mm}^2$

$\sigma_d = 0{,}097\ \text{N/mm}^2 <$ zul $\sigma = 0{,}6\ \text{N/mm}^2$

$0{,}097/0{,}6 = 0{,}16 < 1$

Zu 2.: Sohldrucknachweis für den Baugrund unter Berücksichtigung der Außermittigkeit

Der Sohldrucknachweis wird mit Bemessungswerten geführt:

$F_{M,d} = F_{D,d} + F_{A,d} + F_{W,d} = (5{,}96 + 5{,}45 + 20{,}60)\ \text{kN} = 32{,}01\ \text{kN}$

- **Moment infolge Außermittigkeit der Kräfte, Durchstoßpunkt e_x, Querschnittskern**
  - **Moment infolge Außermittigkeit der Kräfte**

In der Skizze zur Aufgabenstellung sind die Exzentrizitäten der Kräfte relativ zur Mittelachse des Fundamentes bemaßt, d. h., die Mittelachse ist auf 0,00 gesetzt. Damit haben die Kräfte ein Moment von:

$M_d = \sum M_{i,d} = F_{D,d} \cdot (-0{,}05)\ \text{m} + F_{A,d} \cdot 0{,}01\ \text{m} + F_{W,d} \cdot (-0{,}03)\ \text{m}$

$M_d = (-5{,}96 \cdot 0{,}05 + 5{,}45 \cdot 0{,}01 - 20{,}60 \cdot 0{,}03)\ \text{kNm} = -0{,}86\ \text{kNm}$

$|M_d| = 0{,}86\ \text{kNm}$

Das Minuszeichen bedeutet, dass die resultierende Kraft F_R links von der Vertikalachse angreift.

- **Durchstoßpunkt e_x der Resultierenden F_R in der Bodenfuge**

Die gesamte Vertikalkraft in der Bodenfuge ist:

$$F_{V,d} = F_{M,d} + F_{F,d} = 32{,}0 \text{ kN} + 7{,}78 \text{ kN} = 39{,}79 \text{ kN}$$

Der Durchstoßpunkt der resultierenden Kraft F_R kann zeichnerisch oder rechnerisch aus M und F_V ermittelt werden:

$$e_x = \frac{M_d}{F_{V,d}} = \frac{0{,}86 \text{ kNm}}{39{,}79 \text{ kN}} = 0{,}022 \text{ m}$$

- **Querschnittskern**

In der Aufgabe 89 sind die Sachverhalte zum Querschnittskern dargestellt. Danach ergibt sich mit einer Fundamentbreite von $B = 0{,}3$ m:

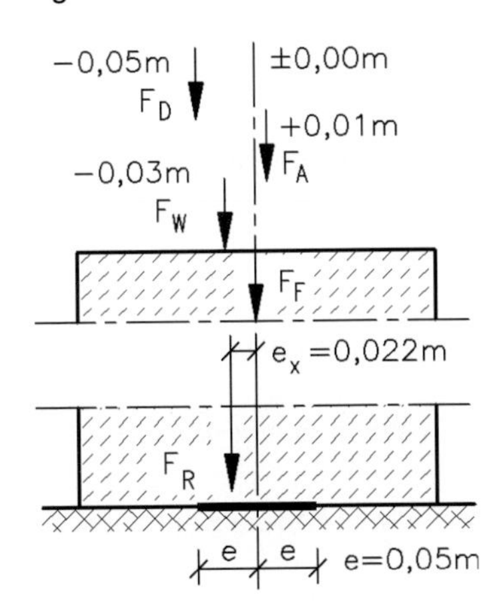

$$e = \frac{B}{6} = \frac{0{,}3 \text{ m}}{6} = 0{,}05 \text{ m}$$

Das Maß e ist in der Zeichenebene die halbe Länge der ersten Kernfläche.

Da die Resultierende im Abstand $e_x = 0{,}022$ m innerhalb dieser Fläche liegt, tritt keine klaffende Fuge auf. Das Fundament trägt über seine gesamte Breite.

Die Verformungseigenschaften von Bauwerk und Gründung werden nicht berücksichtigt. Deshalb kann eine lineare Sohldruckverteilung angenommen werden. Letzteres schließt nicht aus, dass die Spannungen unterschiedlich groß sind.

- **Sohldrucknachweis**

Der Sohldrucknachweis erfolgt als vereinfachter Nachweis, der bei Regelfällen bei Flachgründungen verwendet werden darf.

Es ist nachzuweisen, dass

$$\boxed{\sigma_{E,d} < \sigma_{R,d}}$$

$\sigma_{E,d}$ Bemessungswert der Einwirkungen

$\sigma_{R,d}$ Sohlwiderstand in bindigem Baugrund

– Ermittlung des Sohlwiderstandes

Der Basiswert des Sohlwiderstandes

$$\sigma_{R,d(B)} = 270 \text{ kN/m}^2$$

ist für halbfesten, tonigen Boden bei einer Einbindetiefe von $d = 0{,}8$ m Tabellen zu entnehmen.

Dieser Basiswert kann vergrößert bzw. verkleinert werden:

$$\boxed{\sigma_{R,d} = \sigma_{R,d(B)} \cdot (1 + V - A)}$$

$\sigma_{R,d}$	Sohlwiderstand in bindigem Boden
$\sigma_{R,d(B)}$	Basiswert des Sohlwiderstandes
V	Parameter zur Vergrößerung des Basiswertes
A	Parameter zur Abminderung des Basiswertes

Für die vorliegende Aufgabe wird der Bemessungswert nicht modifiziert;

folglich:

$$\sigma_{R,d} = \sigma_{R,d(B)} = 270 \text{ kN/m}^2$$

– Ermittlung des Bemessungswertes der einwirkenden Spannungen

Für die Ermittlung der größten Spannung $\sigma_{E,d}$ können zwei Verfahren angewendet werden:

1) **Manuelle Spannungsüberlagerung:** die Druck- und Biegespannungen werden einzeln berechnet und dann manuell überlagert; es ergeben sich die größte und die kleinste Druckspannung.
2) **Spannungsermittlung nach EC 7:** Die Spannungsermittlung erfolgt nach EC 7 für den Fall einachsiger Außermittigkeit.

Die Spannungen werden mit beiden Verfahren berechnet, damit ist dem Bearbeiter die Möglichkeit eines Vergleichs gegeben:

1) Manuelle Spannungsüberlagerung:

Die Druckspannung σ_d ist:

$$\sigma_{d,d} = \frac{F_{V,d}}{A} = -\frac{39{,}79 \text{ kN}}{0{,}3 \text{ m} \cdot 1 \text{ m}} = -132{,}63 \text{ kN/m}^2$$

Die Biegespannung ist mit $W = L \cdot B^2/6$ als Widerstandsmoment einer $L = 1$ m langen Fundamentfläche:

$$\sigma_{b,d} = \frac{M_d}{W} = \frac{0{,}86 \text{ kNm}}{1 \cdot 0{,}3^2 \text{ m}^3/6} = 57{,}33 \text{ kN/m}^2$$

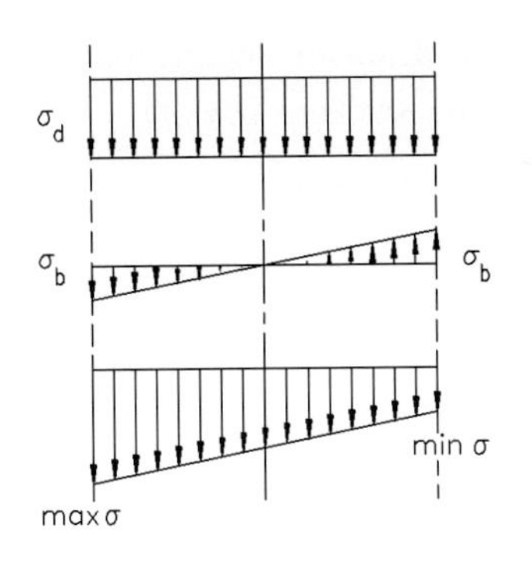

Damit:

$$\max \sigma_d = -|\sigma_{b,d}| - |\sigma_{d,d}|$$
$$= -(57{,}33 + 132{,}63)\ \text{kN/m}^2$$
$$= -189{,}96\ \text{kN/m}^2$$

$$\min \sigma_d = |\sigma_{b,d}| - |\sigma_{d,d}|$$
$$= (57{,}33 - 132{,}63)\ \text{kN/m}^2$$
$$= -75{,}30\ \text{kN/m}^2$$

2) Spannungsermittlung nach EC 7:

Mit b_x als Fundamentbreite B, b_y als Fundamentlänge $L = 1$ m, e_x als Außermittigkeit der Resultierenden in x-Richtung und V als Vertikalkraft F_V ergeben sich:

$$\max \sigma_d = -\frac{V}{b_x \cdot b_y} \cdot \left(1 + \frac{6 \cdot e_x}{b_x}\right) = -\frac{39{,}79\ \text{kN}}{0{,}3\ \text{m} \cdot 1\ \text{m}} \cdot \left(1 + \frac{6 \cdot 0{,}022\ \text{m}}{0{,}3\ \text{m}}\right)$$

$|\max \sigma_d| = 190{,}99\ \text{kN/m}^2$ (Druckspannung)

$$\min \sigma = -\frac{V}{b_x \cdot b_y} \cdot \left(1 - \frac{6 \cdot e_x}{b_x}\right) = -\frac{39{,}79\ \text{kN}}{0{,}3\ \text{m} \cdot 1\ \text{m}} \cdot \left(1 - \frac{6 \cdot 0{,}022\ \text{m}}{0{,}3\ \text{m}}\right)$$

$|\min \sigma| = 74{,}27\ \text{kN/m}^2$ (Druckspannung)

Die geringen Abweichungen zur vorherigen Rechnung ergeben sich, weil ein gerundeter Wert für e_x in die Gleichungen nach EC 7 eingegangen ist. Inhaltlich sind beide Rechnungen identisch.

– Sohldrucknachweis:

$\boxed{\sigma_{E,d} < \sigma_{R,d}}$

$190{,}99\ \text{kN/m}^2 < 270\ \text{kN/m}^2$; $\quad 190{,}99/270 = 0{,}71 < 1$

Lösung Aufgabe 91

Der Nachweis der **Stabilität** eines Bauteiles aus Holz wird durchgeführt, um seine Gleichgewichtslage stabil zu erhalten. In fast allen praktischen Fällen soll ein labiler Gleichgewichtszustand verhindert werden. Die wichtigsten Stabilitätsprobleme sind das **Knicken**, das **Kippen** und das **Beulen**. Alle drei Stabilitätsprobleme sind kein Festigkeitsproblem im Sinne des Versagens eines Bauteiles.

In dieser Aufgabensammlung wird vordergründig nur auf das **Knicken** eingegangen. Mit dem **Stabilitätsnachweis** ist zu prüfen, ob die Gefahr des Knickens besteht. Es ist nachzuweisen, dass

$$\frac{N_d / A_n}{k_c \cdot f_{c,0,d}} \leq 1$$

Hierin bedeuten:

- N_d Bemessungswert der Druckkraft
- A_n Netto-Querschnittsfläche
- $f_{c,0,d}$ Bemessungswert der Druckfestigkeit

$f_{c,0,d} = f_{c,0,k} \cdot (k_{mod}/\gamma_M)$

- k_{mod} Modifikationsbeiwerte, abhängig von der Nutzungsklasse (NKL) und der Klasse der Lasteinwirkungsdauer (KLED); $k_{mod} = 0,5$
- $f_{c,0,k}$ charakteristischer Wert Holz und Holzwerkstoffe, abhängig von der Festigkeitsklasse; $f_{c,0,k} = 23$ N/mm^2
- γ_M Teilsicherheitsbeiwert für Holz und Holzwerkstoffe; $\gamma_M = 1,3$

k_c Knickbeiwert

Der Knickbeiwert ist eine Funktion der *Schlankheit* λ und kann Tabellen entnommen werden. Dabei ist die größte Schlankheit (l_{ef}/i_y bzw. l_{ef}/i_z) maßgebend. Die Schlankheit berechnet sich zu:

$$\lambda = \frac{l_{ef}}{i_{min}} = \frac{l_{ef}}{\sqrt{\frac{I_{min}}{A_n}}}$$

mit

- i **Trägheitsradius** lt. Bautabellen (für einen ungeschwächten quadratischen Querschnitt mit der Kantenlänge a ist der Trägheitsradius min $i = a/\sqrt{12}$)
- l_{ef} Knicklänge des Stabes bzw. Ersatzstablänge $= \beta \cdot l$
- β Knicklängenbeiwert[1)]
- l Stablänge

[1)] Der Knicklängenbeiwert β kann für einfache Stäbe mit konstantem Querschnitt nach den vier *Euler*-Fällen festgelegt werden (genannt nach Leonhard *Euler*, schweiz. Mathematiker, 1707–1783).

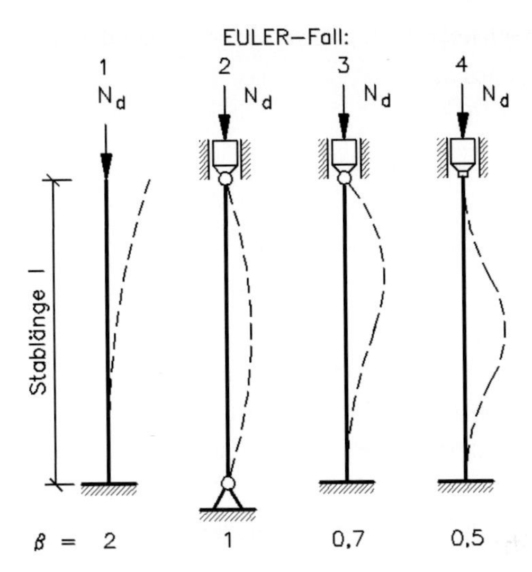

Für die vorliegende Aufgabe ergeben sich:

$N_d = F_d = 106$ kN

$A_n = 160$ mm $\cdot$ 200 mm = 32 000 mm^2

$N_d/A_n = 106$ kN/32000 N/mm^2 = 3,31 N/mm^2

$f_{c,0,d} = 23$ N/mm^2 $\cdot$ (0,5/1,3) = 8,85 N/mm^2

$l_{ef} = \beta \cdot l = 1 \cdot 3{,}2$ m = 3,2 m

mit *Euler*-Fall 2, wenn der Stab an seinen Enden als beweglich gelagert angenommen wird.

$i_{min} = 4{,}62$ cm lt. Tabelle

damit:

$$\lambda = \frac{l_{ef}}{i_{min}} = 3{,}2\text{ m}/4{,}62\text{ cm} = 69{,}3\ ; \quad \textbf{lt. Tabelle: } k_c = 0{,}556$$

$k_c \cdot f_{c,0,d} = 0{,}556 \cdot 8{,}85$ N/mm^2 = 4,92 N/mm^2

Nachweis:

$$\frac{N_d / A_n}{k_c \cdot f_{c,0,d}} = 3{,}31/4{,}92 = 0{,}67 < 1$$

Lösung Aufgabe 92

In Aufgabe 91, Seite 263, sind einige Hinweise zum Stabilitätsnachweis von Holzstäben enthalten. Der dort angegebene Lösungsalgorithmus ist inhaltlich dem für Stahlbauteile ähnlich, unterscheidet sich aber in den Lösungsschritten.

Mit dem **Stabilitätsnachweis** ist zu prüfen, ob die Gefahr des Knickens besteht.
Es ist nachzuweisen, dass

$$\boxed{\frac{N_{Ed}}{N_{b,Rd}} \leq 1}$$

Hierin bedeuten:

N_{Ed} Bemessungswert der Druckkraft

$N_{b,Rd} = \chi \cdot N_{pl,Rd} = \chi \cdot A \cdot f_y / \gamma_{M1}$ für QK 1, 2, 3

$= \chi \cdot A_{eff} \cdot f_y / \gamma_{M1}$ für QK 4

f_y charakteristische Festigkeit für Walzstahl; $f_y = 235$ N/mm^2

γ_{M1} Teilsicherheitsbeiwert für Stahl; $\gamma_{M1} = 1{,}1$

A Bruttoquerschnittsfläche; $A = 34{,}0$ cm^2

A_{eff} wirksame Querschnittsfläche (nach Bautabellen)

χ Abminderungsfaktor (nach Bautabellen)

Der bezogene Schlankheitsgrad ist:

$$\boxed{\bar{\lambda} = \frac{L_{cr}}{i \cdot \lambda_1} = \frac{\lambda}{\lambda_1}} \quad \text{für QK 1, 2, 3 mit } L_{cr} = \beta \cdot l$$

β Knicklängenbeiwert (s. Fußnote S. 264)

l Stablänge

i Trägheitsradius

$$\lambda = \frac{L_{cr}}{i}\,; \qquad \lambda_1 = 93{,}9 \cdot \varepsilon\,; \qquad \varepsilon = \sqrt{\frac{235}{f_y}}$$

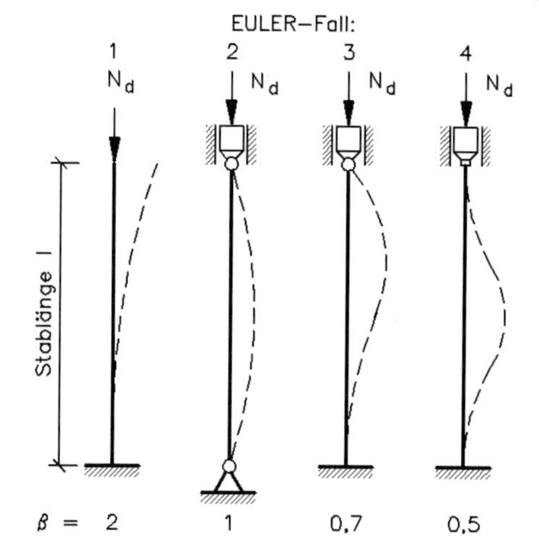

Mit diesem Berechnungsablauf ergeben sich für die Aufgabenstellung:

$$N_{Ed} = F_{B,d} = 36{,}12 \text{ kN}$$

$$L_{cr} = \beta \cdot l = 0{,}7 \cdot 280 \text{ cm} = 196 \text{ cm} \quad \text{mit} \quad \beta = 0{,}7 \quad \text{für} \quad \textit{Euler}\text{-Fall 3}$$

$$\lambda = \frac{L_{cr}}{i_{min}} = \frac{196 \text{ cm}}{3{,}06 \text{ cm}} = 64{,}1 \quad \text{mit} \quad i_{min} = i_z = 3{,}06 \text{ cm} \quad \text{lt. Bautabellen}$$

$$\bar{\lambda} = \frac{\lambda}{\lambda_1} = \frac{64{,}1}{93{,}9} = 0{,}68 \quad \text{mit} \quad \lambda_1 = 93{,}9 \cdot \varepsilon = 93{,}9$$

weil $\varepsilon = \sqrt{\frac{235}{f_y}} = \sqrt{\frac{235}{235}} = 1$

Der Abminderungsfaktor χ ergibt sich nach Bautabellen in Abhängigkeit vom bezogenen Schlankheitsgrad $\bar{\lambda}$ und der Knicklinie zu:

$\chi = 0{,}74$ für Knicklinie *c* (gewalzte I-Querschnitte; $h/b \leq 1{,}2$; *z*-Achse; $t_f < 100$ mm; S 235)

$$N_{b,Rd} = \chi \cdot N_{pl,Rd} = \chi \cdot A \cdot f_y/\gamma_{M1}$$

$$= 0{,}74 \cdot 34{,}0 \text{ cm}^2 \cdot 235 \text{ N/mm}^2/1{,}1 = 537{,}5 \text{ kN}$$

Nachweis:

$$\frac{N_{Ed}}{N_{b,Rd}} = 36{,}12/537{,}5 = 0{,}07 < 1$$

Lösung Aufgabe 93

Nach dem Lösungsalgorithmus der Aufgabe 92 ergeben sich:

$$L_{cr} = \beta \cdot l = 2{,}0 \cdot 35 \text{ cm} = 70 \text{ cm} \quad \text{mit} \quad \beta = 2 \quad \text{für } \textit{Euler}\text{-Fall 1}$$

$$\lambda = \frac{L_{cr}}{i_{min}} = \frac{70 \text{ cm}}{0{,}5 \text{ cm}} = 140 \quad \text{mit} \quad i = \sqrt{\frac{I}{A}} = \sqrt{\frac{d^4 \cdot \pi/64}{d^2 \cdot \pi/4}} = \frac{d}{4} = \frac{2 \text{ cm}}{4} = 0{,}5 \text{ cm}$$

$$\bar{\lambda} = \frac{\lambda}{\lambda_1} = \frac{140}{93{,}9} = 1{,}49 \quad \text{mit} \quad \lambda_1 = 93{,}9 \cdot \varepsilon = 93{,}9$$

weil $\varepsilon = \sqrt{\frac{235}{235}} = 1$

der Abminderungsfaktor χ ergibt sich nach Bautabellen in Abhängigkeit vom bezogenen Schlankheitsgrad $\bar{\lambda}$ und der Knicklinie *c* zu:

$\chi = 0{,}32$ für Knicklinie *c* (Vollquerschnitt; S 235)

$$N_{b,Rd} = \chi \cdot N_{pl,Rd} = \chi \cdot A \cdot f_y/\gamma_{M1}$$
$$= 0{,}32 \cdot 314\ mm^2 \cdot 235\ N/mm^2/1{,}1 = 21{,}5\ kN$$

$$\frac{N_{Ed}}{N_{b,Rd}} = 1$$

damit:

$$F_d = N_{Ed} = 21{,}5\ kN$$

Lösung Aufgabe 94

– **Bemessungswert N_d für die Stahlstütze**

Nach dem Lösungsalgorithmus der Aufgabe 92 ergeben sich:

$L_{cr} = \beta \cdot l = 1 \cdot 620\ cm = 620\ cm$ mit $\beta = 1$ für *Euler*-Fall 2

$$\lambda = \frac{L_{cr}}{i_{min}} = \frac{620\ cm}{6{,}12\ cm} = 101{,}3$$

$$\bar{\lambda} = \frac{\lambda}{\lambda_1} = \frac{101{,}3}{93{,}9} = 1{,}08 \quad \text{mit} \quad \lambda_1 = 93{,}9 \cdot \varepsilon = 93{,}9$$

weil

$$\varepsilon = \sqrt{\frac{235}{235}} = 1$$

Der Abminderungsfaktor χ ergibt sich nach Bautabellen in Abhängigkeit vom bezogenen Schlankheitsgrad $\bar{\lambda}$ und der Knicklinie zu:

$\chi = 0{,}50$ für Knicklinie *c* (kaltgefertigtes Hohlprofil; S 235)

$$N_{b,Rd} = \chi \cdot N_{pl,Rd} = \chi \cdot A \cdot f_y/\gamma_{M1}$$
$$= 0{,}50 \cdot 46{,}4\ cm^2 \cdot 235\ N/mm^2/1{,}1 = 495{,}6\ kN$$

Das spezifische Eigengewicht der Stahlstütze, g = 0,365 kN/m, entnimmt man Bautabellen.

Für die 6,2 m lange Stütze folgt hieraus ein Eigengewicht von:

$$F_{G,k} = g \cdot l = 0{,}365\ kN/m \cdot 6{,}2\ m \approx 2{,}3\ kN$$
$$F_{G,d} = F_{G,k} \cdot \gamma_G = 2{,}3 \cdot 1{,}35 = 3{,}1\ kN$$

Damit ist der Bemessungswert am Stützenkopf:

$$F_d = (495{,}6\ kN - 3{,}1)\ kN = 492{,}5\ kN$$

– Auswahl einer Holzstütze

Der Bemessungswert N_d der Holzstütze soll ebenfalls $\approx$492,5 kN sein. Addiert man ein geschätztes Eigengewicht von ca. $G_d = 3{,}5$ kN zu dieser Kraft, dann muss der Nachweis der auszuwählenden Holzstütze mit $F_d = (492{,}5 + 3{,}5)$ kN = 496 kN geführt werden.

Für die vorliegende Aufgabe ergeben sich:

$$N_d = F_d = 496 \text{ kN}$$

$$f_{c,0,d} = f_{c,0,k} \cdot (k_{mod}/\gamma_M) = 24 \text{ N/mm}^2 \cdot (0{,}7/1{,}3) = 12{,}91 \text{ N/mm}^2$$

$$l_{ef} = \beta \cdot l = 1 \cdot 620 \text{ cm} = 620 \text{ cm} \quad \text{mit} \quad \beta = 1$$

für *Euler*-Fall 2, wenn der Stab an seinen Enden als beweglich gelagert angenommen wird.

1. Schätzung: Brettschichtholz BSH GL 28(c); Abmessung 20 cm × 20 cm

$$i = \sqrt{\frac{I}{A}} = \sqrt{\frac{a^4/12}{a^2}} = a/\sqrt{12} = 20 \text{ cm}/\sqrt{12} = 5{,}77 \text{ cm}$$

$$\lambda = \frac{l_{ef}}{i} = \frac{620 \text{ cm}}{5{,}77 \text{ cm}} = 107{,}5 < \max\lambda = 150\,; \quad \text{aus Bautabellen} \quad k_c = 0{,}348$$

$$\frac{N_d/A_n}{k_c \cdot f_{c,0,d}} = \frac{496 \text{ kN}/400 \text{ cm}^2}{0{,}348 \cdot 12{,}92 \text{ N/mm}^2} = 2{,}76 > 1 \quad \text{Knicknachweis nicht erfolgreich!}$$

2. Schätzung: Brettschichtholz BSH GL 28(c) ; Abmessung 28 cm × 28 cm

$$i = \sqrt{\frac{I}{A}} = \sqrt{\frac{a^4/12}{a^2}} = a/\sqrt{12} = 28 \text{ cm}/\sqrt{12} = 8{,}08 \text{ cm}$$

$$\lambda = \frac{l_{ef}}{i} = \frac{620 \text{ cm}}{8{,}08 \text{ cm}} = 76{,}7 < \max\lambda = 150\,; \quad \text{aus Bautabellen} \quad k_c = 0{,}636$$

$$\frac{N_d/A_n}{k_c \cdot f_{c,0,d}} = \frac{496 \text{ kN}/784 \text{ cm}^2}{0{,}636 \cdot 12{,}91 \text{ N/mm}^2} = 0{,}77 < 1 \quad \text{Knicknachweis erfolgreich!}$$

Ergebnis: Bezüglich der Knickbeanspruchbarkeit sind Stützen aus Stahl (Hohlprofil 160 × 8) und Brettschichtholz [280/280 GL 28(c)] identisch. Es ist erkennbar, dass der Querschnitt 200/200 der ersten Schätzung nicht ausreicht (das gilt ebenso für 240/240 bzw. 260/260). Das zuvor gewählte Stützeneigengewicht ist annähernd gleich dem der zweiten Schätzung.

7 Lösungen zu erweiterten Aufgaben

Lösung Aufgabe 95

Zu 1.: Statischer Nachweis für den Querträger

– Biegetragsicherheitsnachweis

– Querschnittskennwerte:

Im folgenden Bild ist der Querträger als Schweißkonstruktion dargestellt. Zur Berechnung der Widerstandsmomente ist der Flächenschwerpunkt z_S erforderlich. Aus Bautabellen entnimmt man für das Hohlprofil $A = 16{,}7\ \text{cm}^2$ und $I_y = 299\ \text{cm}^4$; der Flachstahl hat eine Fläche von $A = 7{,}5\ \text{cm}^2$ und ein Flächenmoment 2. Grades von:

$$I_y = b \cdot d^3/12 = 0{,}16\ \text{cm}^4$$

Mit diesen Werten berechnet sich der Schwerpunkt z_S für den Gesamtquerschnitt zu:

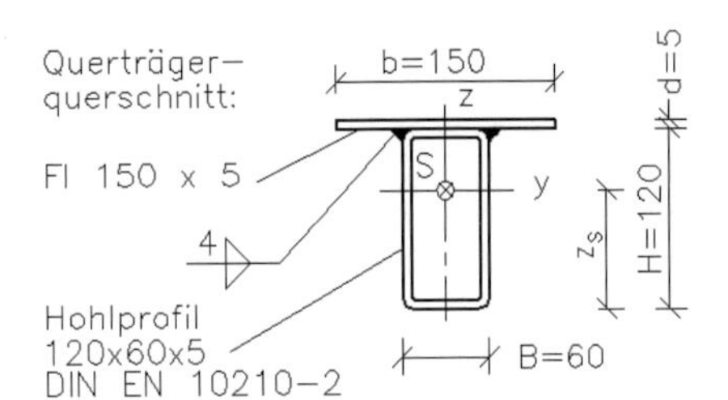

$$z_S = \frac{\sum(A_i \cdot z_i)}{\sum A_i}$$

$$z_S = \frac{(16{,}7 \cdot 6 + 7{,}5 \cdot 12{,}25)\ \text{cm}^3}{(16{,}7 + 7{,}5)\ \text{cm}^2}$$

$$z_S = 7{,}94\ \text{cm}$$

Das gesamte Flächenmoment 2. Grades ist mit Hilfe des Satzes von *Steiner* aus den Einzelflächen zu ermitteln:

$$I_y = \sum(I_{y,i} + A_i \cdot \Delta z_i^2) = \sum[I_{y,i} + A_i \cdot (z_s - z_i)^2]$$

$$I_y = \{[299 + 16{,}7 \cdot (7{,}94 - 6)^2] + [0{,}16 + 7{,}5 \cdot (7{,}94 - 12{,}25)^2]\}\ \text{cm}^4 = 501\ \text{cm}^4$$

Hieraus folgen zwei Widerstandsmomente für die obere und die untere Materialkante:

$W_{y,o} = 501\ \text{cm}^4/4{,}56\ \text{cm} = 109{,}9\ \text{cm}^3$ für die obere Materialkante

$W_{y,u} = 501\ \text{cm}^4/7{,}94\ \text{cm} = 63{,}1\ \text{cm}^3$ für die untere Materialkante

– Belastungskennwerte:

Das Bild auf der folgenden Seite zeigt die Belastung eines Querträgers mit drei Einzelkräften, die durch die punktförmige Abstützung des Bodenaufbaues über Längsträger entstehen. Wegen der Symmetrie der Belastung sind die Auflagerkräfte $F_{C,k}$ und $F_{D,k}$ gleich groß:

$$F_{C,k} = F_{D,k} = \tfrac{1}{2} \cdot \sum F_V = \tfrac{1}{2} \cdot 28\ \text{kN} = 14\ \text{kN}$$

$$F_{C,d} = F_{D,d} = \tfrac{1}{2} \cdot \sum F_V = \tfrac{1}{2} \cdot 39{,}55\ \text{kN} = 19{,}78\ \text{kN}$$

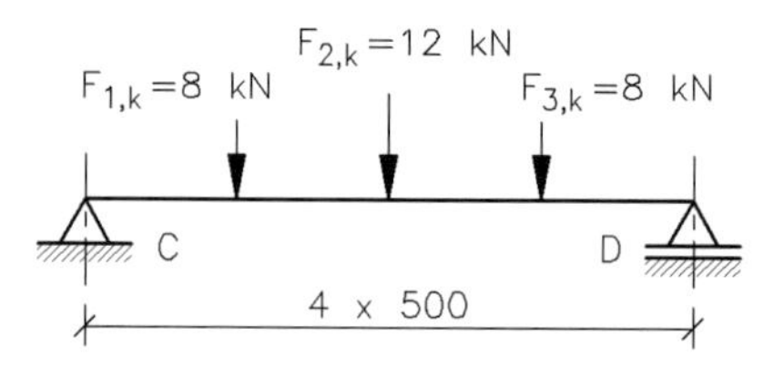

Charakteristischer Querkraftverlauf:

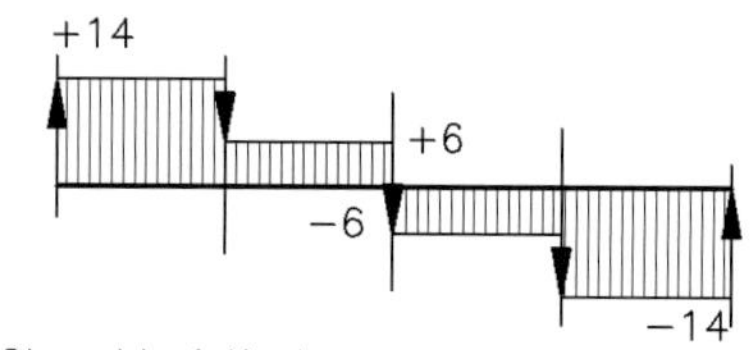

Charakteristischer Biegemomentenverlauf:

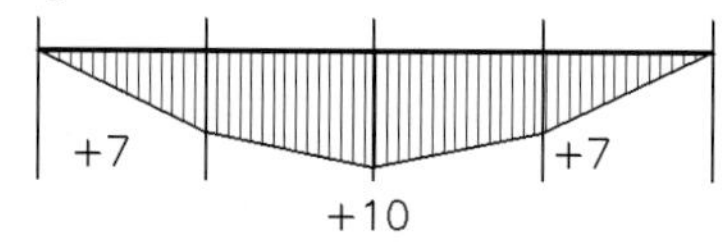

Die **Biegemomente** betragen:

$$M_{1,k} = M_{3,k} = 14\text{ kN} \cdot 0{,}5\text{ m} = 7\text{ kNm}$$

$$M_{2,k} = 14\text{ kN} \cdot 1{,}0\text{ m} - 8\text{ kN} \cdot 0{,}5\text{ m} = 10\text{ kNm}$$

$$M_{1,d} = M_{3,d} = 19{,}78\text{ kN} \cdot 0{,}5\text{ m} = 9{,}89\text{ kNm}$$

$$M_{2,d} = 19{,}78\text{ kN} \cdot 1{,}0\text{ m} - 11{,}3\text{ kN} \cdot 0{,}5\text{ m} = 14{,}13\text{ kNm}$$

Die **Querkräfte** betragen:

$Q_{C,k} = F_{C,k} = 14$ kN		$Q_{C,d} = F_{C,d} = 19{,}78$ kN	
$Q_{1,k} = 14$ kN	links von 1	$Q_{1,d} = 19{,}78$ kN	links von 1
$= 6$ kN	rechts von 1	$= 8{,}46$ kN	rechts von 1
$Q_{2,k} = 6$ kN	links von 2	$Q_{2,d} = 8{,}46$ kN	links von 2
$= -6$ kN	rechts von 2	$= -8{,}46$ kN	rechts von 2

Stelle 3 ist analog Stelle 1 und Lager C ist analog Lager D.

Nach der Elastizitätstheorie kann konservativ für alle Querschnittsklassen (QK) die Tragsicherheit nachgewiesen werden, wenn die Bedingung:

$$\left(\frac{\sigma_{x,Ed}}{f_y/\gamma_{M0}}\right)^2 + \left(\frac{\sigma_{z,Ed}}{f_y/\gamma_{M0}}\right)^2 - \left(\frac{\sigma_{x,Ed}}{f_y/\gamma_{M0}}\right) \cdot \left(\frac{\sigma_{z,Ed}}{f_y/\gamma_{M0}}\right) + 3\left(\frac{\tau_{Ed}}{f_y/\gamma_{M0}}\right)^2 \leq 1$$

erfüllt ist. Die Nachweise sind für alle Querschnittspunkte zu erbringen. Für die vorliegende Aufgabe ist:

$f_y/\gamma_{M0} = 235\ \text{N/mm}^2/1{,}0 = 235\ \text{N/mm}$

- **Nachweis für die Stelle 1 (analog 3):**

$$\sigma_{y,Ed} = \sigma_{b,d} = \frac{M_{1,d}}{W_{y,u}} = 9{,}89\ \text{kNm}/63{,}1\ \text{cm}^3 = 156{,}7\ \text{N/mm}^2$$

für die Biegezugspannung bei F_1

$$\tau_{Ed} = \tau_{a,d} = \frac{Q_{1,d}}{A_v} = 19{,}78\ \text{kN}/11{,}13\ \text{cm}^2 = 17{,}77\ \text{N/mm}^2$$

für die Abscherspannung bei F_1

mit $A_v = A \cdot H/(B + H) = 16{,}7 \cdot 12/(6 + 12)\ \text{cm}^2 = 11{,}13\ \text{cm}^2$

Schubfläche des Hohlprofils

$(156{,}7/235)^2 + 3 \cdot (17{,}77/235)^2 = 0{,}45 + 0{,}02 = 0{,}47 < 1$

- **Nachweis für die Stelle 2 (Trägermitte):**

$$\sigma_{y,Ed} = \sigma_{b,d} = \frac{M_{2,d}}{W_{y,u}} = 14{,}13\ \text{kNm}/63{,}1\ \text{cm}^3 = 223{,}93\ \text{N/mm}^2$$

für die Biegezugspannung bei F_2

$$\tau_{Ed} = \tau_{a,d} = \frac{Q_{2,d}}{A_v} = 8{,}46\ \text{kN}/11{,}13\ \text{cm}^2 = 7{,}60\ \text{N/mm}^2$$

für die Abscherspannung bei F_2

mit $A_v = A \cdot h/(b + h) = 16{,}7 \cdot 12/(6 + 12)\ \text{cm}^2 = 11{,}13\ \text{cm}^2$

$(223{,}93/235)^2 + 3 \cdot (7{,}60/235)^2 = 0{,}91 + 0{,}003 = 0{,}913 < 1$

- **Nachweis der Schubspannung in der Schweißnaht** (Auflager C und D)

$$\boxed{\tau_{Ed} = \frac{V_{z,Ed} \cdot S_y}{I_y \cdot t} = \frac{Q_{C,d} \cdot (b \cdot d) \cdot z_s}{I_y \cdot (2 \cdot a_w)}}$$

$$= [19{,}78\ \text{kN} \cdot (150 \cdot 5) \cdot 43{,}1\ \text{mm}^3]/[501\ \text{cm}^4 \cdot (2 \cdot 4\ \text{mm})] = 15{,}95\ \text{N/mm}^2$$

mit $Q_{C,d}$ Querkraft über den Lagern C und D

$(b \cdot d) \cdot z_S$ statisches Moment der Fläche $(b \cdot d)$;

$z_S = (120 + 2{,}5 - 79{,}4)\ \text{mm} = 43{,}1\ \text{mm}$ Abstand vom Schwerpunkt der Gesamtfläche bis zum Schwerpunkt der „abgeschnittenen" Fläche

I_y Flächenträgheitsmoment des Gesamtquerschnitts

a_w Schweißnahtdicke $a_w = 4\ \text{mm}$

Nachweis:

$$\boxed{\sqrt{3} \cdot \tau_{Ed} \leq \frac{f_u}{\beta_w \cdot \gamma_{M2}}}$$

$\sqrt{3} \cdot 15{,}95 \text{ N/mm}^2 < [360 \text{ N/mm}^2/(0{,}8 \cdot 1{,}25) = 360 \text{ N/mm}^2$

$27{,}63/360 = 0{,}08 < 1$

Zu 2.: Gebrauchstauglichkeitsnachweis

Die größte Durchbiegung wird zweckmäßig durch Überlagerung der drei Durchbiegungen in Trägermitte infolge der Einzelkräfte $F_{1,k}$, $F_{2,k}$ und $F_{3,k}$ ermittelt. In Aufgabe 82 ist die Durchbiegung unter einer mittigen Einzellast zu

$$w_{Mitte} = \frac{1}{48} \cdot \frac{F \cdot L^3}{E \cdot I}$$

angegeben. Greift die Kraft an einer beliebigen Stelle a des Trägers an, berechnet sich die Durchbiegung z zu

$$z = \frac{1}{6} \cdot \frac{F \cdot L^3}{E \cdot I} \cdot \frac{a \cdot b^2 \cdot y}{L^4} \cdot \left(1 + \frac{L}{b} - \frac{y^2}{a \cdot b}\right) \quad \text{mit } y \leq a$$

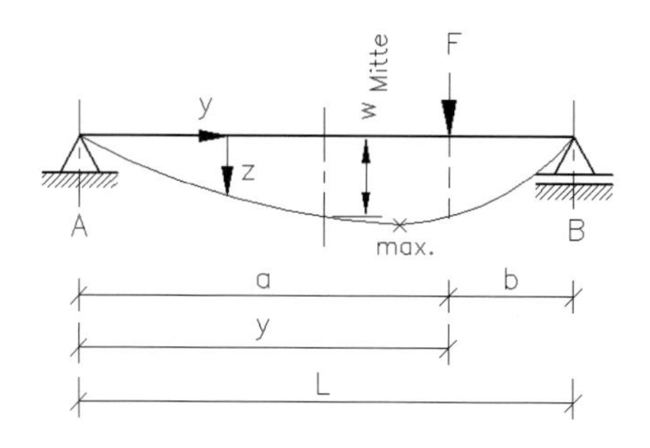

Für die Kraft $F_{3,k}$ ergeben sich dann die Abstände $a = \frac{3}{4}L$, $b = \frac{1}{4}L$, $y = \frac{1}{2}L$ und $z = w_{Mitte}$. Analog gilt das für die Kraft $F_{1,k}$. Werden diese Werte in die obige Gleichung eingesetzt, folgt:

$$z = w_{Mitte} = \frac{11}{768} \cdot \frac{F \cdot L^3}{E \cdot I}$$

Die Gesamtdurchbiegung in Trägermitte ist die Summe der drei Einzeldurchbiegungen:

$$w_{Mitte,ges} = \frac{11}{768} \cdot \frac{F_{1,k} \cdot L^3}{E \cdot I} + \frac{1}{48} \cdot \frac{F_{2,k} \cdot L^3}{E \cdot I} + \frac{11}{768} \cdot \frac{F_{3,k} \cdot L^3}{E \cdot I} \quad ; \quad \text{mit} \quad F_{2,k} = 1{,}5\, F_{1,k}$$

$$w_{Mitte,ges} = \frac{46}{768} \cdot \frac{F_{1,k} \cdot L^3}{E \cdot I} = \frac{46}{768} \cdot \frac{8000 \text{ N} \cdot 2000^3 \text{ mm}^3}{210000 \text{ N/mm}^2 \cdot 501 \cdot 10^4 \text{ mm}^4}$$

$w_{Mitte,ges} = 3{,}64 \text{ mm} < L/500 = 2000 \text{ mm}/500 = 4 \text{ mm}$

$3{,}64/4 = 0{,}91 < 1$

Zu 3.: Knicksicherheitsnachweis für die Pendelstützen

Der Bemessungswert der Gesamtlast der Brücke beträgt $F_{ges,d} = 167{,}8$ kN lt. Aufgabenstellung.

Der Bemessungswert Auflagerkraft an den Pendelstützen *B* ergibt sich dann zu:

$$F_{B,d} = \tfrac{1}{2} \cdot F_{ges,d} = 0{,}5 \cdot 167{,}8 \text{ kN} = 83{,}9 \text{ kN} \quad \text{auf zwei Stützen;}$$

$$F_{B,1,d} = 41{,}95 \text{ kN} \quad \text{auf eine Stütze.}$$

Mit 0,252 kN/m spezifischer Eigenlast der Pendelstütze lt. Bautabellen, $l = 6$ m Länge und $\gamma_M = 1{,}35$ wird $F_{S,d} = 0{,}252 \text{ kN/m} \cdot 6 \text{ m} \cdot 1{,}35 = 2{,}04$ kN und der Bemessungswert der Normalkraft:

$$N_d = F_{B,1,d} + F_{s,d} = (41{,}95 + 2{,}04) \text{ kN} = 43{,}99 \text{ kN}$$

In Aufgabe 92 ist der Stabilitätsnachweis für Knickstäbe angegeben. Danach ergeben sich für die vorliegende Aufgabe:

$$N_{Ed} = N_d = 43{,}99 \text{ kN}$$

$$L_{cr} = \beta \cdot l = 1{,}0 \cdot 600 \text{ cm} = 600 \text{ cm} \quad \text{mit} \quad \beta = 1{,}0 \quad \text{für} \quad \textit{Euler}\text{-Fall 2 (s. Hinweis)}$$

$$\lambda_k = \frac{L_{cr}}{i_{min}} = \frac{600 \text{ cm}}{5{,}74 \text{ cm}} = 104{,}5 \quad \text{mit} \quad i = 5{,}74 \text{ cm lt. Bautabellen}$$

$$\bar{\lambda}_k = \frac{\lambda}{\lambda_1} = \frac{104{,}5}{93{,}9} = 1{,}11 \quad \text{mit} \quad \lambda_1 = 93{,}9 \cdot \varepsilon = 93{,}9, \quad \text{weil} \quad \varepsilon = \sqrt{\frac{235}{235}} = 1$$

Der Abminderungsfaktor χ ergibt sich nach Bautabellen in Abhängigkeit vom bezogenen Schlankheitsgrad $\bar{\lambda}$ und der Knicklinie zu:

$\chi = 0{,}59$ für Knicklinie *a* (warmgefertigter Hohlquerschnitt, S 235)

$$N_{b,Rd} = \chi \cdot N_{pl,Rd} = \chi \cdot A \cdot f_y/\gamma_{M1}$$

$$= 0{,}59 \cdot 32{,}1 \text{ cm}^2 \cdot 235 \text{ N/mm}^2/1{,}1 = 404{,}61 \text{ kN}$$

$$\frac{N_{Ed}}{N_{b,Rd}} = 43{,}99/404{,}61 = 0{,}12 < 1$$

Hinweis: Die Fußplatte der Pendelstütze ist durch 4 eingedübelte Schrauben mit dem Fundament befestigt. Diese Lagerung kann als Gelenk betrachtet werden. Eine feste Einspannung ist konstruktiv anders ausgebildet (z. B. wie in der Lösung zur Aufgabe 88).

Die räumliche Lagefixierung wird durch diagonal angeordnete Zuganker gewährleistet (vergleiche Aufgabe 41).

Zu 4.: Nachweis der Flächenpressung

Die 300 mm × 300 mm große Fußplatte erzeugt eine Flächenpressung (Druckspannung) im Beton.

Der Bemessungswert der Druckspannung beträgt:

$$\sigma_d = \frac{N_d}{A_{Platte}} = \frac{43{,}99 \cdot 10^3 \text{ N}}{300 \text{ mm} \cdot 300 \text{ mm}} = 0{,}49 \text{ N/mm}^2$$

Der Bemessungswert der Betondruckfestigkeit ist:

$f_{cd} = \alpha_{cc} \cdot f_{ck}/\gamma_c = 0{,}85 \cdot 20 \text{ N/mm}^2/1{,}5 = 11{,}3 \text{ N/mm}^2$

$\alpha_{cc} = 0{,}85$; Faktor zur Berücksichtigung von Langzeiteinwirkungen für Normalbeton

$f_{ck} = 20 \text{ N/mm}^2$; charakteristische Druckfestigkeit des Betons C20/25

$\gamma_c = 1{,}5$; Teilsicherheitsbeiwert für Beton

Nachzuweisen ist, dass $\boxed{\sigma_d/f_{cd} \leq 1}$

$0{,}49/11{,}3 = 0{,}04 < 1$

Zu 5.: Sohldrucknachweis für den Baugrund

Der Sohldrucknachweis erfolgt als vereinfachter Nachweis, der bei Regelfällen und Flachgründungen verwendet werden darf. Er wird für bindigen Baugrund geführt.

Es ist nachzuweisen, dass $\boxed{\sigma_{E,d} \leq \sigma_{R,d}}$

$$F_{ges,d} = 2 \cdot N_d + F_{Fundament,k} \cdot \gamma_G = 2 \cdot 43{,}99 \text{ kN} + 0{,}8 \cdot 0{,}85 \cdot 3{,}0 \text{ m}^3 \cdot 25 \text{ kN/m}^3 \cdot 1{,}35 = 156{,}83 \text{ kN}$$

$$\sigma_{E,d} = \frac{F_{ges,d}}{A'}$$

$A' = a' \cdot b' = 0{,}8 \cdot 3{,}0 \text{ m}^2 = 2{,}4 \text{ m}^2$

mit

$a' = a$ und $b' = b$

$\sigma_{E,d} = 156{,}83 \text{ kN}/2{,}4 \text{ m}^2 = 65{,}35 \text{ kN/m}^2$

Der Basiswert des Sohlwiderstandes $\sigma_{R,d(B)} = 191 \text{ kN/m}^2$ ist für bindigen Baugrund (tonig, schluffig, steif) und eine Einbindetiefe von $d = 0{,}85$ m Bautabellen zu entnehmen.

Dieser Basiswert kann vergrößert bzw. verkleinert werden:

$\boxed{\sigma_{R,d} = \sigma_{R,d(B)} \cdot (1 + V - A)}$

$\sigma_{R,d}$ Sohlwiderstand in bindigem Boden

$\sigma_{R,d(B)}$ Basiswert des Sohlwiderstandes

V Parameter zur Vergrößerung des Basiswertes

A Parameter zur Abminderung des Basiswertes

Für die vorliegende Aufgabe wird der Bemessungswert nicht modifiziert.

Damit:

$\sigma_{Ed} < \sigma_{R,d}$

65,35 < 191; 65,35/191 = 0,34 < 1

Lösung Aufgabe 96

Zu 1.: Statische Nachweise für die Deckenbalken E

– Belastungskennwerte

Die in der Aufgabenstellung angegebenen spezifischen Lasten in kN/m² können in Streckenlasten umgeformt werden, wenn sie mit dem Deckenbalkenabstand a = 0,8 m multipliziert werden:

$g'_{0,k} = 0{,}63\ \text{kN/m}^2 \cdot 0{,}8\ \text{m} = 0{,}504\ \text{kN/m}$

$q'_k = 1{,}0\ \text{kN/m}^2 \cdot 0{,}8\ \text{m} = 0{,}8\ \text{kN/m}$

Der Bemessungswert der Gesamtlast ist:

$p_d = \gamma_G \cdot g'_{0,k} + \gamma_Q \cdot q'_k = (1{,}35 \cdot 0{,}504 + 1{,}5 \cdot 0{,}8)\ \text{kN/m} = 1{,}88\ \text{kN/m}$

Hieraus berechnen sich die Auflagerkräfte $F_{Av,d}$ und $F_{B,d}$ zu:

$\sum M_B = 0 = 1{,}88\ \text{kN/m} \cdot 6\ \text{m} \cdot 1{,}2\ \text{m} - 0{,}4\ \text{kN} \cdot 1{,}8\ \text{m} - F_{Av,d} \cdot 4{,}2\ \text{m}$

hieraus: $F_{Av,d} = 3{,}05\ \text{kN}$

$\sum M_A = 0 = -\,1{,}88\ \text{kN/m} \cdot 6\ \text{m} \cdot 3\ \text{m} - 0{,}4\ \text{kN} \cdot 6\ \text{m} + F_{B,d} \cdot 4{,}2\ \text{m}$

hieraus: $F_{B,d} = 8{,}63\ \text{kN}$

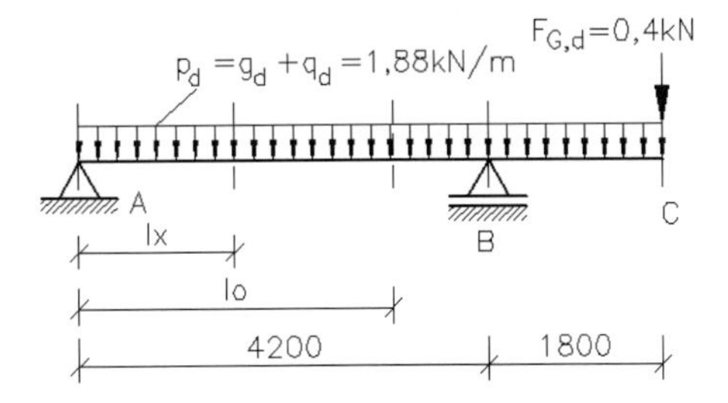

Der **Querkraftverlauf** ist im mittleren Bild dargestellt. Die Zahlenwerte sind die Bemessungswerte der Querkräfte $F_{Q,d} = \sum F_V$ in kN. Der Nulldurchgang berechnet sich aus:

$F_{Q,l_x} = 0 = \sum F_V = F_{Av,d} - p_d \cdot l_x$

$0 = 3{,}05\ \text{kN} - 1{,}88\ \text{kN/m} \cdot l_x$

hieraus: $l_x = 1{,}62\ \text{m}$

Bei dieser Länge geht die Querkraft durch null und das Biegemoment hat einen Extremwert.

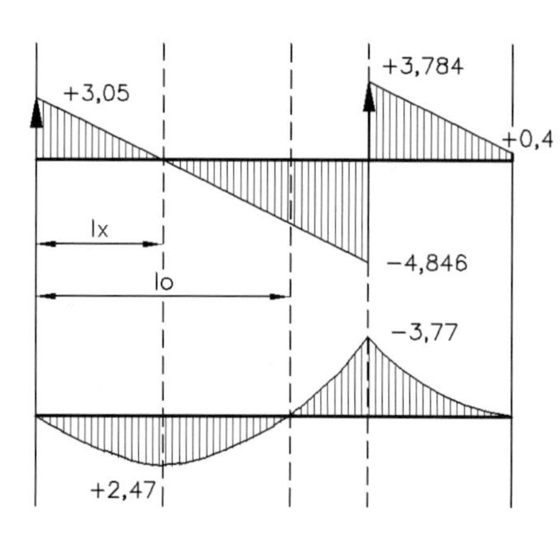

Der **Biegemomentenverlauf** ist im unteren Bild dargestellt und enthält die Bemessungswerte der Biegemomente in kNm. Sie ergeben sich zu:

$M_{A,d} = M_{C,d} = 0$

$M_{B,d} = -p_d \cdot 1{,}8\text{ m} \cdot 0{,}9\text{ m}$

$\quad - F_{G,d} \cdot 1{,}8\text{ m}$

$M_{B,d} = -3{,}77\text{ kNm}$

$M_{l_x,d} = F_{Av} \cdot 1{,}62\text{ m} - q \cdot 1{,}62\text{ m}$

$\quad \cdot 0{,}81\text{ m}$

$M_{l_x,d} = 2{,}47\text{ kNm}$

Die Stelle l_0, an der das Biegemoment null ist, folgt aus:

$M_{l0} = 0 = F_{Av,d} \cdot l_0 - p_d \cdot l_0^2/2 = F_{Av,d} - p_d \cdot l_0/2 = 3{,}03\text{ kN} - 1{,}88\text{ kN/m} \cdot l_0/2$

hieraus: $l_0 = 3{,}22\text{ m}$

– Biegetragfähigkeitsnachweis

Nachweis:

$$\frac{M_d}{W_n} \leq f_{m,d}$$

$f_{m,d} = f_{m,k} \cdot (k_{mod} / \gamma_M)$: Bemessungswert der Tragfähigkeit

mit

k_{mod} Modifikationsbeiwert; $k_{mod} = 0{,}80$

$f_{m,k}$ charakteristischer Wert für Holzart $f_{m,k} = 24\text{ N/mm}^2$

γ_M Teilsicherheitsbeiwert für Holz und Holzwerkstoffe, $\gamma_M = 1{,}3$

für NKL = 1; KLED = mittel; Konstruktionsvollholz C 24

$f_{m,d} = 24\text{ N/mm}^2 \cdot (0{,}80/1{,}3) = 14{,}77\text{ N/mm}^2$

Mit einem Widerstandsmoment von $W_y = 933\text{ cm}^3$ lt. Bautabellen wird:

$$\sigma_d = \frac{|\max M|}{W_y} = \frac{3{,}77 \cdot 10^6\text{ Nmm}}{933 \cdot 10^3\text{ mm}^3} = 4{,}04\text{ N/mm}^2 < f_{m,d} = 14{,}77\text{ N/mm}^2$$

$4{,}04/14{,}77 = 0{,}27 < 1$

– Schubspannungsnachweis

Die größte Schubbeanspruchung entsteht unmittelbar links vom Lager B, weil dort die größte Querkraft von 4,846 kN auftritt. In der Lösung zur Aufgabe 84, Seite 247, ist die allgemeine Gleichung für die Berechnung der Schubspannung angegeben. Für ein Rechteck vereinfacht sich die Gleichung:

$$\boxed{\tau_Q = \frac{F_Q \cdot H}{b \cdot I} = 1{,}5 \cdot \frac{V_d}{A_n} \leq f_{v,d}}\;; \qquad f_{v,d} = f_{v,k} \cdot (k_{mod}/\gamma_M)$$

$$= 1{,}5 \cdot \frac{4{,}846 \cdot 10^3 \text{ N}}{280 \cdot 10^2 \text{ mm}^2} = 0{,}26 \text{ N/mm}^2 < f_{v,d} = 2 \text{ N/mm}^2 \cdot 0{,}615 = 1{,}23 \text{ N/mm}^2$$

$$\tau_Q = 0{,}26 \text{ N/mm}^2 < f_{v,d} = 1{,}23 \text{ N/mm}^2\;; \qquad 0{,}26/1{,}23 = 0{,}21 < 1$$

– Gebrauchstauglichkeitsnachweis

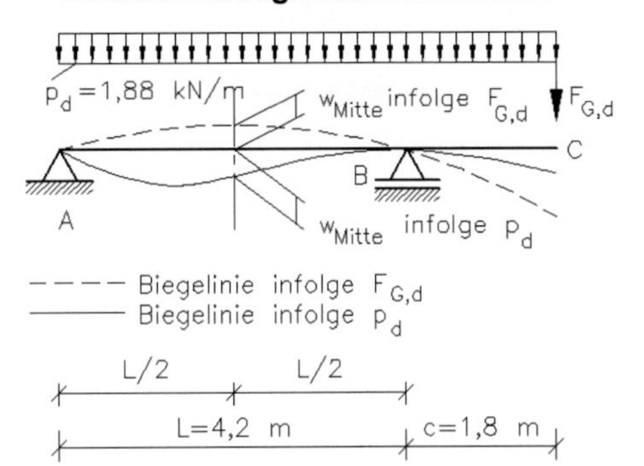

Für die Berechnung der Durchbiegungen werden Formeln aus Bautabellen benutzt.

Vereinfachend werden nur die Werte für die Mitte zwischen A und B sowie für das Trägerende bei C berechnet, jeweils für die Kraft $F_{G,d}$ = 400 N (**gestrichelte Linie**) und die spezifische Kraft p_d = 1,88 kN/m (**durchgehenden Linie**).

Werte unterhalb der Trägerachse sind positiv und Werte oberhalb negativ.

Die Verwendung charakteristischer Einwirkungen ist als Darfbestimmung festgelegt. Mit dem obigen Lösungsansatz sind nur Näherungswerte erreichbar, weswegen im folgenden Bemessungswerte verwendet werden.

Es ergeben sich mit

$$\frac{F}{EI} = \frac{400 \text{ N}}{11000 \text{ N/mm}^2 \cdot 9333 \cdot 10^4 \text{ mm}^4} = 3{,}9 \cdot 10^{-10} \text{ mm}^{-2}$$

die Durchbiegungen infolge Einzelkraft F:

$$w_{\text{Mitte,F}} = -\frac{F}{EI} \cdot \frac{L^2 c}{16}$$

$$w_{\text{Mitte,F}} = -3{,}9 \cdot 10^{-10} \text{ mm}^{-2} \cdot \frac{4200^2 \text{ mm}^2 \cdot 1800 \text{ mm}}{16} = -0{,}77 \text{ mm}$$

$$w_{\text{Ende,F}} = \frac{F}{EI} \cdot \frac{L \cdot c^2}{3} \cdot \left(1 + \frac{c}{L}\right)$$

$$= 3{,}9 \cdot 10^{-10} \text{ mm}^{-2} \cdot \frac{4200 \text{ mm} \cdot 1800^2 \text{ mm}^2}{3} \cdot \left(1 + \frac{1800}{4200}\right) = 2{,}53 \text{ mm}$$

Ferner ergeben sich mit

$$\frac{q}{EI} = \frac{1{,}88\ \text{N/mm}}{11000\ \text{N/mm}^2 \cdot 9333 \cdot 10^4\ \text{mm}^4} = 1{,}83 \cdot 10^{-12}\ \text{mm}^{-3}$$

die Durchbiegungen durch die Streckenlast p_d:

$$w_\text{Mitte,q} = \frac{q}{EI} \cdot \frac{L^2}{32} \cdot \left(\frac{L^2}{2{,}4} - c^2 \right)$$

$$w_\text{Mitte,q} = 1{,}83 \cdot 10^{-12}\ \text{mm}^{-3} \cdot \frac{4200^2\ \text{mm}^2}{32} \cdot \left(\frac{4200^2}{2{,}4} - 1800^2 \right) \text{mm}^2 = 4{,}14\ \text{mm}$$

$$w_\text{Ende,q} = \frac{q}{EI} \cdot \frac{c}{24} \cdot \left(3c^3 + 4c^2 L - L^3 \right)$$

$$w_\text{Ende,q} = 1{,}83 \cdot 10^{-12}\ \text{mm}^{-3} \cdot \frac{1800\ \text{mm}}{24} \cdot \left(3 \cdot 1800^3 + 4 \cdot 1800^2 \cdot 4200 - 4200^3 \right) \text{mm}^3$$

$$w_\text{Ende,q} = -0{,}3\ \text{mm}$$

Die Addition der Durchbiegungen ergibt:

$w_\text{Mitte} = -0{,}77\ \text{mm} + 4{,}14\ \text{mm} = 3{,}37\ \text{mm}$

zul $w = L/300 = 4200\ \text{mm}/300 = 14\ \text{mm}$; $3{,}37/14 = 0{,}24 < 1$

$w_\text{Ende} = 2{,}53\ \text{mm} - 0{,}3\ \text{mm} = 2{,}23\ \text{mm}$

zul $w = 2 \cdot c/300 = 2 \cdot 1800\ \text{mm}/300 = 12\ \text{mm}$; $2{,}23/12 = 0{,}19 < 1$

- **Nachweis der Flächenpressung**

Da der Deckenbalken E in den Lagern A und B aufliegt, tritt Auflagerdruck zwischen Holz und Mauerwerk (bei A) bzw. zwischen Holz und Holz (bei B) auf. Dieser Druck rechtwinklig zur Faser ist zu ermitteln.

Für das **Lager A** wird eine Auflagertiefe 15 cm festgesetzt. Es ist nachzuweisen, dass:

$$\boxed{\frac{N_{90,\text{d}}}{A_\text{ef}} \leq k_{\text{c},90} \cdot f_{\text{c},90,\text{d}}}$$

mit

$N_{90,\text{d}}$ Bemessungswert der Druckkraft $\perp$ Faser ; $N_{90,\text{d}} = 3{,}05$ kN (Lager A)

$N_{90,\text{d}} = 3{,}05$ kN (Lager B)

A_ef wirksame Druckfläche:

$A_\text{ef} = b \cdot (l_\text{A} + ü)$ für Auflagerdruck

$= 140\ \text{mm} \cdot (150 + 30)\ \text{mm} = 252\ \text{cm}^2$ (Lager A)

$= 140\ \text{mm} \cdot (140 + 2 \cdot 30)\ \text{mm} = 280\ \text{cm}^2$ (Lager B)

b Auflagerbreite

l_A Auflagertiefe

$ü$ Überstand $\geq$ 30 mm

$k_{c,90}$ Beiwert für Querdruck nach Bautabellen; $k_{c,90} = 1{,}5$ (Auflagerdruck)

$f_{c,90,d}$ Bemessungswert der Druckfestigkeit $\perp$ Faser

$f_{c,90,d} = f_{c,90,k} \cdot (k_{mod}/\gamma_M) = 2{,}5\ N/mm^2 \cdot 0{,}615 = 1{,}54\ N/mm^2$

Lager A:

$3{,}05\ kN/252\ cm^2 = 0{,}12\ N/mm^2 \leq 1{,}5 \cdot 1{,}54\ N/mm^2 = 2{,}31\ N/mm^2;\ 0{,}12/2{,}31 = 0{,}05 < 1$

Lager B:

$8{,}63\ kN/280\ cm^2 = 0{,}31\ N/mm^2 \leq 1{,}5 \cdot 1{,}54\ N/mm^2 = 2{,}31\ N/mm^2;\ 0{,}31/2{,}31 = 0{,}13 < 1$

Zu 2.: Statische Nachweise für den Träger T

– Belastungskennwerte

Der Träger T wird durch die Lagerkräfte $F_{B,d}$ belastet. Während die 5 inneren Deckenbalken die volle Last $F_{B,d} = 8{,}63$ kN in den Träger T einleiten, ist die Kraft der äußeren Deckenbalken nur $F_{B,d}/2 = 4{,}31$ kN. Der Bemessungswert des Trägers T ist $g_d = 0{,}168$ kN/m.

Das Bild zeigt das Tragwerksmodell des Trägers T. Wegen der Symmetrie der angreifenden Kräfte und der Lager sind beide Lagerkräfte $F_{S1,d}$ und $F_{S2,d}$ gleich groß:

$$F_{S1,d} = F_{S2,d} = \tfrac{1}{2}(5 \cdot 8{,}63\ kN + 2 \cdot 4{,}31\ kN + 0{,}168\ kN/m \cdot 4{,}94\ m) = 26{,}30\ kN$$

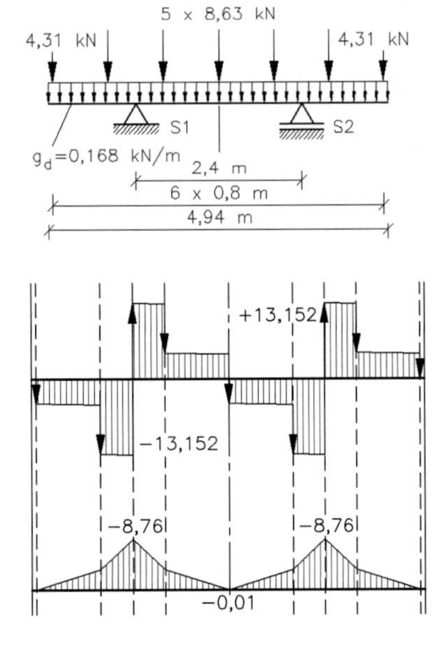

Werden für alle Stellen, an denen Einzelkräfte auftreten, die Querkräfte berechnet, erkennt man aus dem Querkraft- und Biegemomentenverlauf, dass die größte Querkraft links vom Lager S1 bzw. rechts vom Lager S2 ist. Sie ergibt sich zu:

$$F_{Q,S1,links} = F_{Q,S2,rechts} = -4{,}31\ kN - 8{,}63\ kN - 0{,}168\ kN/m \cdot (4{,}92 - 2{,}4)\ m \cdot \frac{1}{2}$$

$$F_{Q,S1,links} = -13{,}152\ kN$$

Die Biegemomente im Lager S1 und in der Stabmitte betragen:

$$M_{S1} = -(4{,}31 \cdot 1{,}2 + 8{,}63 \cdot 0{,}4 + 0{,}168 \cdot \frac{1}{2} \cdot 1{,}27^2)\ kNm = -8{,}76\ kNm$$

$$M_{Mitte} = [-(4{,}31 \cdot 2{,}4 + 8{,}63 \cdot 1{,}6 + 8{,}63 \cdot 0{,}8 + 0{,}168 \cdot \frac{1}{2} \cdot 2{,}47^2) + 26{,}3 \cdot 1{,}2]\ kNm$$

$$M_{Mitte} = -0{,}01\ kNm$$

Die Querkräfte im oberen Bildteil sind in kN und die Biegemomente im unteren Bildteil in kNm angegeben.

- **Biegespannungsnachweis** (s. a. Pkt. 1)

Nachweis:

$$\boxed{\frac{M_d}{W_n} \leq f_{m,d}}\ ; \qquad f_{m,d} = f_{m,k} \cdot (k_{mod}/\gamma_M) = 14{,}77\ N/mm^2$$

Mit einem Widerstandsmoment von $W_y = 933\ cm^3$ lt. Bautabellen wird:

$$\sigma_d = \frac{|\max M|}{W_y} = \frac{8{,}76 \cdot 10^6\ Nmm}{933 \cdot 10^3\ mm^3} = 9{,}39\ N/mm^2 < f_{m,d} = 14{,}77\ N/mm^2$$

$$9{,}39/14{,}77 = 0{,}64 < 1$$

- **Schubspannungsnachweis**

Die größte Schubbeanspruchung entsteht unmittelbar links vom Lager S1 bzw. rechts vom Lager S2, weil dort die größten Querkräfte von 13,152 kN auftreten. Analog zur Berechnung des Deckenbalkens ergibt sich:

$$\boxed{\tau_Q = \frac{F_Q \cdot H}{b \cdot I} = 1{,}5 \cdot \frac{V_d}{A_n} \leq f_{v,d}}\ ; \qquad f_{v,d} = f_{v,k} \cdot (k_{mod}/\gamma_M)$$

$$1{,}5 \cdot \frac{F_Q}{A} = 1{,}5 \cdot \frac{13{,}152 \cdot 10^3\ N}{280 \cdot 10^2\ mm^2} = 0{,}71\ N/mm^2 < f_{v,d}$$

$$= 2\ N/mm^2 \cdot 0{,}615 = 1{,}23\ N/mm^2$$

$$\tau_Q = 0{,}71\ N/mm^2 < f_{v,d} = 1{,}23\ N/mm^2\ ; \qquad 0{,}71/1{,}23 = 0{,}58 < 1$$

– **Gebrauchstauglichkeitsnachweis** (s. a. Gebrauchstauglichkeitsnachweis nach Pkt. 1)

Die Berechnung der Durchbiegung durch Überlagerung ist für mehrere Einzelkräfte recht aufwändig.

Es wird deshalb eine vereinfachte Ersatzstruktur gewählt, die wegen der relativ hohen Anzahl der Einzelkräfte und ihrer gleichmäßigen Verteilung nur geringfügig fehlerbehaftete Verformungswerte ergibt.

Bei dieser Ersatzstruktur werden alle Kräfte zu einer gleichmäßig verteilten Last *p* mit der Basislänge $L_{ges} = 6 \times 0{,}8\ \text{m} = 4{,}8\ \text{m}$ umgeformt:

$$p_d = \frac{\sum F_V}{L_{ges}} = \frac{(5 \cdot 8{,}63 + 2 \cdot 4{,}31 + 0{,}168 \cdot 4{,}92)\ \text{kN}}{4{,}8\ \text{m}} = 10{,}96\ \text{kN/m}$$

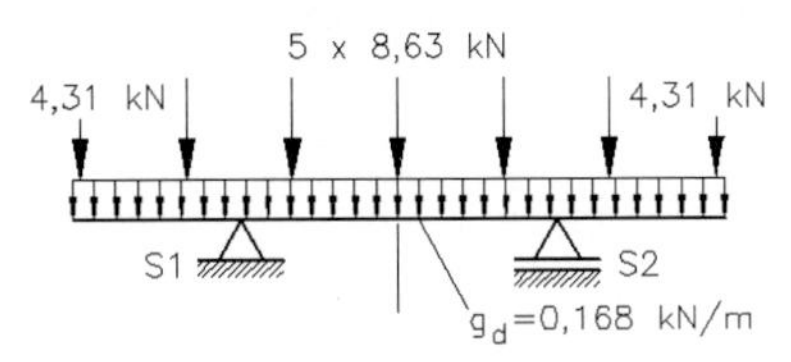

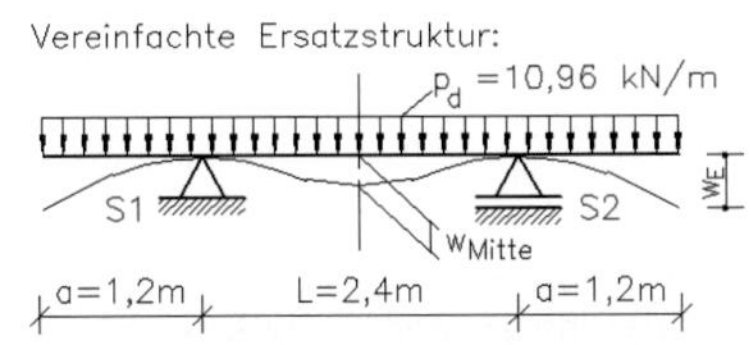

Aus Bautabellen entnimmt man für diese Ersatzstruktur folgende Gleichungen:

$$w_{Mitte} = \frac{p_d}{EI} \cdot \frac{L^4}{16} \cdot \left(\frac{5}{24} - \frac{a^2}{L^2} \right) \quad \text{für die Trägermitte}$$

$$w_E = \frac{p_d}{EI} \cdot \frac{L^3 \cdot a}{24} \cdot \left(3\frac{a^3}{L^3} + 6\frac{a^2}{L^2} - 1 \right) \quad \text{für das Trägerende}$$

Mit $\dfrac{p_d}{EI} = \dfrac{10{,}96\ \text{N/mm}}{11000\ \text{N/mm}^2 \cdot 9333 \cdot 10^4\ \text{mm}^4} = 10{,}67 \cdot 10^{-12}\ \text{mm}^{-3}$ ergeben sich:

– **für die Trägermitte**

$$w_{Mitte} = 10{,}67 \cdot 10^{-12}\ \text{mm}^{-3} \cdot \frac{2400^4\ \text{mm}^4}{16} \left(\frac{5}{24} - \frac{1{,}2^2}{2{,}4^2} \right) = -0{,}92\ \text{mm}$$

zul $w = L/300 = 2400\ \text{mm}/300 = 8\ \text{mm}$

vorh $|w| = 0{,}92\ \text{mm} <$ zul $w = 8\ \text{mm}$; $0{,}92/8 = 0{,}12 < 1$

Hinweis: Die Trägermitte biegt sich nur um ca. 1 mm nach oben.

Ursache sind die relativ weit auskragenden Trägerteile links und rechts der Lager S1 und S2.

- **für das Trägerende**

$$w_E = 10{,}67 \cdot 10^{-12}\,\text{mm}^{-3} \cdot \frac{2400^3\,\text{mm}^3 \cdot 1200\,\text{mm}}{24} \cdot \left(3\frac{1{,}2^3}{2{,}4^3} + 6\frac{1{,}2^2}{2{,}4^2} - 1\right)$$

$= 6{,}5$ mm zul $w = 2 \cdot a/300 = 2 \cdot 1200$ mm/300 $= 8$ mm

vorh $w = 6{,}5$ mm < zul $w = 8$ mm ; $6{,}5/8 = 0{,}81 < 1$

- **Nachweis der Flächenpressung**

Da der Träger T im Lager S1 und im Lager S2 aufliegt, tritt Auflagerdruck zwischen ihnen auf. Der Träger T wird rechtwinklig zur Faser auf Druck belastet. Die gepresste Fläche A ist 14 cm × 14 cm.

Nachweis:

$$\boxed{\frac{N_{90,d}}{A_{ef}} \leq k_{c,90} \cdot f_{c,90,d}}$$

mit

$N_{90,d}$ Bemessungswert der Druckkraft ⊥ Faser ; $N_{90,d} = 26{,}3$ kN (Lager S1,2)

A_{ef} wirksame Druckfläche:

$A_{ef} = b \cdot (l_A + 2 \cdot ü)$ für Auflagerdruck

$= 140\text{ mm} \cdot (140 + 2 \cdot 30)\text{ mm} = 280\text{ cm}^2$

b Auflagerbreite

l_A Auflagertiefe

$ü$ Überstand $\geq$ 30 mm

$k_{c,90}$ Beiwert für Querdruck nach Bautabellen; $k_{c,90} = 1{,}5$ (Auflagerdruck)

$f_{c,90,d}$ Bemessungswert der Druckfestigkeit ⊥ Faser

$f_{c,90,d} = f_{c,90,k} \cdot (k_{mod}/\gamma_M) = 2{,}5\text{ N/mm}^2 \cdot 0{,}615 = 1{,}54\text{ N/mm}^2$

Lager S1 und S2:

$26{,}3\text{ kN}/280\text{ cm}^2 = 0{,}94\text{ N/mm}^2 \leq 1{,}5 \cdot 1{,}54\text{ N/mm}^2 = 2{,}31\text{ N/mm}^2$; $0{,}94/2{,}31 = 0{,}41 < 1$

Zu 3.: Knicknachweis für die Stützen S

In der Lösung zur Aufgabe 91 ist der Rechenablauf für den Stabilitätsnachweis aufgeführt. Für die vorliegende Aufgabe ergeben sich:

$$F_{S1,d} = F_{S2,d} = 26{,}30\ \text{kN}$$

$$\frac{N_d}{A_n} = \frac{F_{S1,d} + F_{Stütze,d}}{A_n} = \frac{(26{,}3\ \text{kN} + 0{,}098\ \text{kN/m} \cdot 2{,}27\ \text{m} \cdot 1{,}35) \cdot 10^3}{140\ \text{mm} \cdot 140\ \text{mm}}$$

$$= 1{,}36\ \text{N/mm}^2$$

$$f_{c,0,d} = f_{c,0,k} \cdot (k_{mod}/\gamma_M) = 21\ \text{N/mm}^2 \cdot 0{,}615 = 12{,}92\ \text{N/mm}^2$$

$l_{ef} = \beta \cdot l = 1 \cdot 2{,}27\ \text{m} = 2{,}27\ \text{m}$ mit *Euler*-Fall 2, wenn der Stab an seinen Enden als beweglich gelagert angenommen wird.

$i_{min} = 4{,}04$ cm Trägheitsradius lt. Bautabellen

damit:

$$\lambda = \frac{l_{ef}}{i_{min}} = 2{,}27\ \text{m}/4{,}04\ \text{cm} = 56{,}2;$$ **lt. Tabelle:** $k_c = 0{,}721$

$$k_c \cdot f_{c,0,d} = 0{,}721 \cdot 12{,}92\ \text{N/mm}^2 = 9{,}31\ \text{N/mm}^2$$

Nachweis:

$$\boxed{\frac{N_d / A_n}{k_c \cdot f_{c,0,d}} \leq 1}\ ; \qquad 1{,}36/9{,}31 = 0{,}15 < 1$$

Zu 4.: Druckspannungsnachweis für die Außenwand

Es wird das vereinfachte Verfahren nach DIN 1053-1 angewendet, weil angenommen wird, dass der unterhalb der Deckenlage angedeutete Ringanker und andere ausreichend steife Bauteile die Knickaussteifung und damit die Stabilität gewährleisten.

Der Druckspannungsnachweis wird für die Fuge zwischen Mauerwerk und Fundament geführt. Die größte Druckkraft ist je Meter Wandlänge:

$$F_V = F_D + F_{A,k} + F_W = (4{,}752 + 2{,}760 + 17{,}428)\ \text{kN} = 24{,}94\ \text{kN}$$

Hieraus folgt die vorhandene Druckspannung bei zentrischem Druck:

$$\sigma_d = \frac{F_V}{A} = \frac{24{,}94 \cdot 10^3\ \text{N}}{240 \cdot 1000\ \text{mm}^2} = 0{,}104\ \text{N/mm}^2$$

Hinweis: Die Deckenbalken sind 15 cm tief eingebunden. Während die Dachlast und die Mauerwerkslast zentrisch wirken, entsteht durch die Exzentrizität der Deckenlast F_A ein Moment von $M = 2{,}76\ \text{kN} \cdot 0{,}045\ \text{m} = 0{,}124\ \text{kNm}$.

Der Durchstoßpunkt der resultierenden Kraft berechnet sich zu $e_x = M/F_V =$ 0,124 kNm/24,94 kN = 5 mm. Das ist kleiner als $e = d/6$ = 240 mm/6 = 40 mm (vgl. Lösung zur Aufgabe 89). Es tritt somit keine klaffende Fuge auf. Wegen der geringfügigen Exzentrizität wird die oben berechnete Spannung als konstant angenommen.

Die zulässige Druckspannung ist:

$$\text{zul } \sigma = k \cdot \sigma_0$$

Der Abminderungsfaktor k ist für Wände als einseitiges Endauflager

$$k = k_1 \cdot k_2 \quad \text{oder} \quad k = k_1 \cdot k_3 ,$$

wobei der kleinere Wert maßgebend ist.

Alle Faktoren können DIN 1053-1 entnommen werden.

$k_1 = 1$ für Wände mit einem Lochanteil < 35 %

$k_2 = 0{,}98$ folgt aus $h_k = \beta \cdot h_s = 1{,}0 \cdot 2{,}47 \text{ m} = 2{,}47 \text{ m}$

mit $\beta = 1$ und $h_s = 2{,}47$ m

$h_k/d = 2{,}47 \text{ m}/0{,}24 \text{ m} = 10{,}29 > 10$

für $h_k/d > 10$ ist $k_2 = (25 - h_k/d)/15$

$k_2 = (25 - 10{,}29)/15 = 0{,}98$

$k_3 = 0{,}5$ für Dachdecken (oberstes Geschoss)

$k = k_1 \cdot k_2 = 1 \cdot 0{,}98 = 0{,}98$

$k = k_1 \cdot k_3 = 1 \cdot 0{,}50 = 0{,}50 < 0{,}98$

zul $\sigma = 0{,}50 \cdot 1{,}2 \text{ N/mm}^2 = 0{,}6 \text{ N/mm}^2$

$\sigma_d = 0{,}104 \text{ N/mm}^2 <$ zul $\sigma = 0{,}6 \text{ N/mm}^2$

$0{,}104/0{,}6 = 0{,}17 < 1$

Zu 5.: Kraftermittlung und charakteristischer Sohldruck im Baugrund

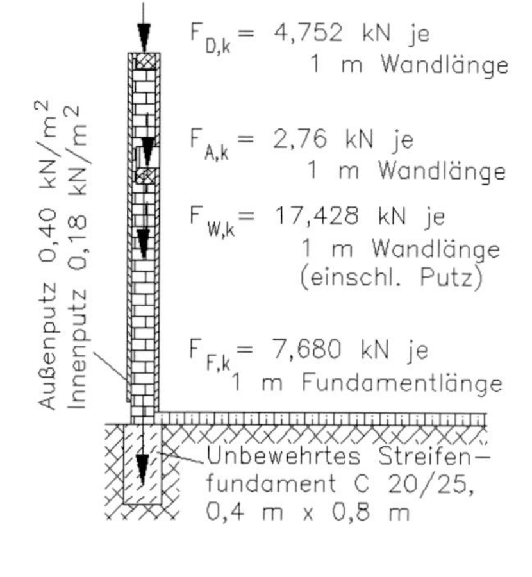

Für die Berechnung des Sohldruckes wird ein Streifen von 1 m Fundament-, Wand-, Decken- und Dachtiefe zu Grunde gelegt. Es müssen also alle wirksamen Kräfte für diese Länge berechnet werden.

Diese Annahme ist gegeben, wenn sich in diesem Streifen keine Durchbrüche u. Ä. befinden.

- **Kraftermittlung**
  - **Vertikalkraft $F_{D,k}$ aus dem Dach:**

Die Dachkraft folgt aus der Berechnung der vertikalen Auflagerkraft eines Sparrens. Diese Auflagerkraft ist analog zu Aufgabe 72 bei einem Sparrenabstand von $a = 0{,}75$ m zu $F_{Av} = 3{,}564$ kN ermittelt worden. Damit:

$$F_{D,k} = F_{Av} \cdot 1\text{m}/0{,}75\text{ m} = 3{,}564\text{ kN} \cdot 1/0{,}75 = 4{,}752\text{ kN} \quad \text{je Meter Wand}$$

  - **Lagerkraft $F_{A,k}$ aus der Holzbalkendecke:**

Die vertikale Auflagerkraft eines Deckenbalkens ist zu $F_{Av,d} = 3{,}05$ kN bei einem Balkenabstand von $a = 0{,}8$ m ermittelt worden. Die charakteristische Last beträgt 2,21 kN Daraus:

$$F_{A,k} = 2{,}21\text{ kN} \cdot 1\text{ m}/0{,}8\text{ m} = 2{,}763\text{ kN} \quad \text{je Meter Wand}$$

  - **Gewicht $F_{W,k}$ der Wand einschließlich Putz:**

$$F_{W,k} = F_{Mauerwerk} + F_{Putz} = 0{,}24 \cdot 3{,}74 \cdot 1{,}0\text{ m}^3 \cdot 17\text{ kN/m}^3$$
$$+ 3{,}74 \cdot 1{,}0\text{ m}^2 \cdot (0{,}4 + 0{,}18)\text{ kN/m}^2 = 17{,}428\text{ kN} \quad \text{je Meter Wand}$$

  - **Gewicht $F_{F,k}$ des Fundamentes:**

$$F_{F,k} = 0{,}4 \cdot 0{,}8 \cdot 1{,}0\text{ m}^3 \cdot 24\text{ kN/m}^3 = 7{,}68\text{ kN} \quad \text{je Meter Fundament}$$

- **Charakteristischer Sohldruck**

Mit der Annahme einer nahezu zentrischen Einwirkung dieser Kräfte ergibt sich der charakteristische Sohldruck zu:

$$\sigma_{d,k} = \frac{F}{A} = \frac{(4{,}752 + 2{,}763 + 17{,}428 + 7{,}680)\text{ kN}}{0{,}4 \cdot 1{,}0\text{ m}^2} = \frac{32{,}62\text{ kN}}{0{,}4\text{ m}^2} = 81{,}6\text{ kN/m}^2$$

Lösung Aufgabe 97

Zu 1.: Tragsicherheitsnachweis für die Zugstreben

- **Bemessungswert der Zugstrebenkraft $F_{z,d}$**

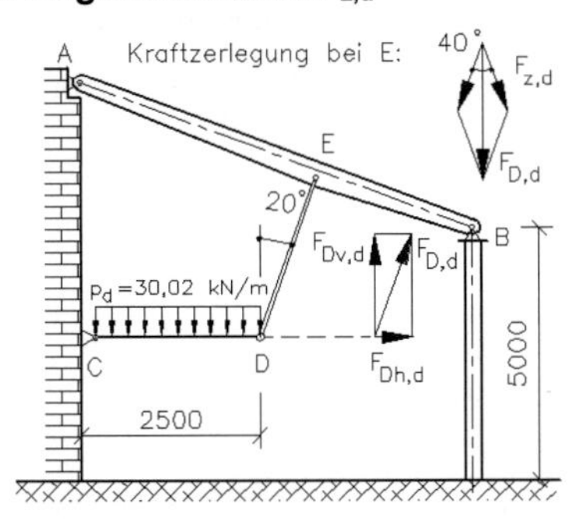

Die Kraft, die in ein Zugstrebenpaar D–E eingeleitet wird, berechnet sich aus der Nutzlast q_k und der Eigenlast g_k der Plattform. Da nur eine veränderliche Einwirkung berücksichtigt wird, ergibt sich der Bemessungswert p_d zu:

$$p'_d = \gamma_{F,G} \cdot g_k + \gamma_{F,Q} \cdot q_k = 1{,}35 \cdot 1{,}05\ \text{kN/m}^2 + 1{,}50 \cdot 3{,}5\ \text{kN/m}^2 = 6{,}67\ \text{kN/m}^2$$

Bezogen auf die Trägerlänge der Plattform folgt mit dem Dachträgerabstand $a = 4{,}5$ m:

$$p_d = 6{,}67\ \text{kN/m}^2 \cdot 4{,}5\ \text{m} = 30{,}02\ \text{kN/m} \quad \text{Plattformlänge}$$

Damit berechnen sich die vertikalen Kräfte in den Lagern C und D zu:

$$F_{Cv,d} = F_{Dv,d} = \tfrac{1}{2}\, p_d \cdot 2{,}5\ \text{m} = \tfrac{1}{2} \cdot 30{,}02\ \text{kN/m} \cdot 2{,}5\ \text{m} = 37{,}5\ \text{kN}$$

Aus der vertikalen Kraft im Lager D ermittelt sich der Bemessungswert für ein Zugstrebenpaar zu:

$$F_{D,d} = \frac{F_{Dv,d}}{\cos 20^\circ} = \frac{37{,}5\ \text{kN}}{\cos 20^\circ} = 39{,}93\ \text{kN}$$

Der Bemessungswert der Zugkraft einer Strebe $F_{z,d}$ ist dann:

$$F_{z,d} = \frac{\tfrac{1}{2} F_{D,d}}{\cos(\tfrac{1}{2} 40^\circ)} = \frac{\tfrac{1}{2} 39{,}93\ \text{kN}}{\cos 20^\circ} = 21{,}24\ \text{kN}$$

– **Tragsicherheitsnachweis**

Nachzuweisen ist, dass

$$\boxed{\frac{N_{t,Ed}}{N_{t,Rd}} \leq 1}$$

$N_{t,Ed}$ Bemessungswert der Zugkraft; $N_{t,Ed} = F_{z,d} = 21{,}24$ kN

$N_{t,Rd}$ Grenzzugkraft; kleinerer Wert von:

$N_{t,Rd} = (A \cdot f_y)/\gamma_{M,0} = (201\ \text{mm}^2 \cdot 235\ \text{N/mm}^2)/1{,}0 = 47{,}24$ kN

oder:

$N_{t,Rd} = (0{,}9 \cdot A_{net} \cdot f_{u,b})/\gamma_{M,2\ M,2} = (0{,}9 \cdot 157\ \text{mm}^2 \cdot 400\ \text{N/mm}^2)/1{,}25 = 45{,}22$ kN

falls die Zugstreben am Ende Gewindeanschluss M16; 4.6, haben.

$21{,}24/45{,}22 = 0{,}47 < 1$

Zu 2.: Biegetragsicherheitsnachweis für den Dachträger

– **Flächenschwerpunkt, Flächenmoment 2. Grades und Widerstandsmomente**

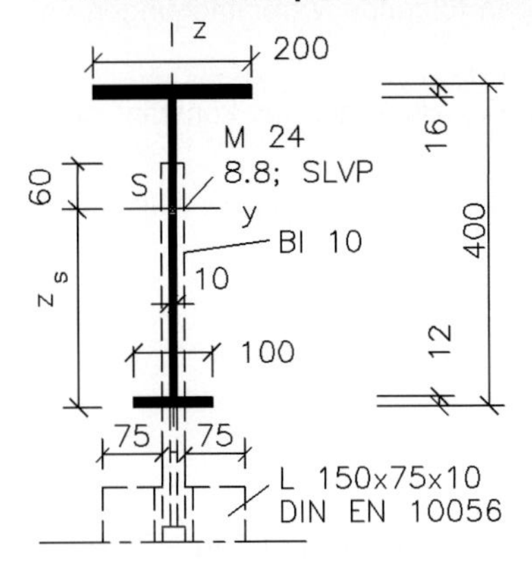

Der Dachträger ist aus drei Platten zusammengesetzt und nach den Lagern A und B hin verjüngt. Im Kraftangriffspunkt der Zugstreben hat er die größte Höhe von 400 mm. Im nebenstehenden Bild des Trägerquerschnittes bei E sind die drei Platten voll und ein Teil der Pendelstütze gestrichelt eingezeichnet.

Zur Ermittlung der Biegespannungen für diesen Querschnitt sind die dort vorhandenen Querschnittskennwerte (Querschnittsfläche A, Flächenschwerpunkt z_s, Flächenmoment zweiten Grades I_y und Widerstandsmomente $W_{y,1}$ und $W_{y,2}$) zu berechnen:

$$z_s = \frac{\sum(A_i \cdot z_i)}{\sum A_i} = \frac{(10 \cdot 1{,}2 \cdot 0{,}6 + 1 \cdot 37{,}2 \cdot 19{,}8 + 20 \cdot 1{,}6 \cdot 39{,}2)\,\text{cm}^3}{(10 \cdot 1{,}2 + 1 \cdot 37{,}2 + 20 \cdot 1{,}6)\,\text{cm}^2} = 24{,}6\text{ cm}$$

$$I_y = \sum(I_{y,i} + A_i \cdot \Delta z_i^2) = \left\{\left[\frac{10 \cdot 1{,}2^3}{12} + 10 \cdot 1{,}2 \cdot (24{,}6 - 0{,}6)^2\right]\right.$$
$$+ \left[\frac{1 \cdot 37{,}2^3}{12} + 1 \cdot 37{,}2 \cdot (24{,}6 - 19{,}8)^2\right]$$
$$\left. + \left[\frac{20 \cdot 1{,}6^3}{12} + 20 \cdot 1{,}6 \cdot (24{,}6 - 39{,}2)^2\right]\right\}\text{ cm}^4$$

$$I_y = 18888{,}4\text{ cm}^4$$

$$W_{y,1} = \frac{I_y}{e_1} = \frac{18888{,}4\text{ cm}^4}{24{,}6\text{ cm}} = 767{,}8\text{ cm}^3 \quad \text{für die untere Trägerkante (Zugseite)}$$

$$W_{y,2} = \frac{I_y}{e_2} = \frac{18888{,}4\text{ cm}^4}{15{,}4\text{ cm}} = 1226{,}5\text{ cm}^3 \quad \text{für die obere Trägerkante (Druckseite)}$$

– **Auflagerkräfte und maximales Biegemoment**

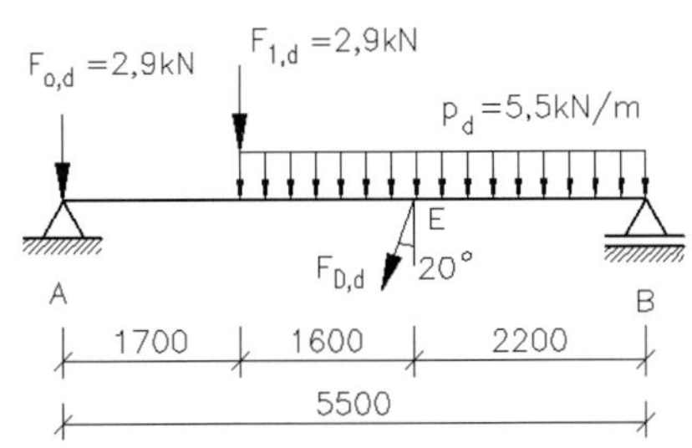

Die Skizze für das Tragwerksmodell des Dachträgers enthält die auf Grundlinienlänge berechneten Bemessungswerte des Glasdaches $F_{0,d}$; $F_{1,d}$ und der Metalldeckung q_d, einschließlich Dachträgereigengewicht. Dabei werden folgende Vereinfachungen vorgenommen:

- Das Trägereigengewicht ist im Abschnitt B bis $F_{1,d}$ als Mittelwert konstant angenommen.
- Das Eigengewicht des 1,7 Meter langen Trägerstückes ist anteilig als Punktlast in $F_{0,d}$ und $F_{1,d}$ enthalten.

Die Auflagerkräfte ergeben sich aus:

$$\sum M_B = 0 = p_d \cdot 3{,}8\text{ m} \cdot 1{,}9\text{ m} + F_{D,d} \cdot \cos 20° \cdot 2{,}2\text{ m} + F_{1,d} \cdot 3{,}8\text{ m}$$
$$+ F_{0,d} \cdot 5{,}5\text{ m} - F_{Av,d} \cdot 5{,}5\text{ m}$$

hieraus: $F_{Av,d} = 27{,}1\text{ kN}$

$$\sum M_A = 0 = -p_d \cdot 3{,}8\text{ m} \cdot 3{,}6\text{ m} - F_{D,d} \cdot \cos 20° \cdot 3{,}3\text{ m} - F_{1,d} \cdot 1{,}7\text{ m}$$
$$- F_{0,d} \cdot 0\text{ m} + F_{B,d} \cdot 5{,}5\text{ m}$$

hieraus: $F_{B,d} = 37{,}1\text{ kN}$

Kontrolle: $\sum F_V = 0 = -2{,}9 - 2{,}9 - 5{,}5 \cdot 3{,}8 - 37{,}5 + 27{,}1 + 37{,}1 = 0$

Die Biegemomente ergeben sich zu:

$M_{A,d} = M_{B,d} = 0\text{ kNm}$

$M_{1,d} = (F_{Av,d} - F_{0,d}) \cdot 1{,}7\text{ m} = 41{,}14\text{ kNm}$

$M_{E,d} = F_{B,d} \cdot 2{,}2\text{ m} - p_d \cdot 2{,}2\text{ m} \cdot 1{,}1\text{ m} = 68{,}31\text{ kNm}$

Auf die Berechnung der Querkräfte wird verzichtet. Mit der folgenden Skizze können der Querkraft- und der Biegemomentenverlauf nachvollzogen werden. Die Querkräfte (oberes Bild) sind in kN und die Biegemomente (unteres Bild) in kNm angegeben:

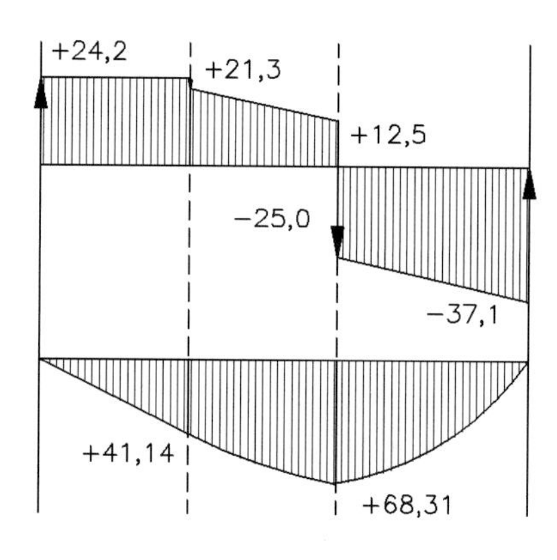

Nach der Elastizitätstheorie kann konservativ für alle Querschnittsklassen (QK) die Tragsicherheit nachgewiesen werden, wenn die Bedingung:

$$\left(\frac{\sigma_{x,Ed}}{f_y/\gamma_{M0}}\right)^2 + \left(\frac{\sigma_{z,Ed}}{f_y/\gamma_{M0}}\right)^2 - \left(\frac{\sigma_{x,Ed}}{f_y/\gamma_{M0}}\right) \cdot \left(\frac{\sigma_{z,Ed}}{f_y/\gamma_{M0}}\right) + 3\left(\frac{\tau_{Ed}}{f_y/\gamma_{M0}}\right)^2 \leq 1$$

erfüllt ist.

$$f_y/\gamma_{M0} = 235 \text{ N/mm}^2/1 = 235 \text{ N/mm}^2$$

– **Biegetragsicherheitsnachweis für Pos. E, links von der Krafteinleitungsstelle**

Zusätzlich zur Biegedruckbeanspruchung tritt eine Druckbeanspruchung durch die Horizontalkomponente der Zugstrebenkraft $F_{D,d}$ auf. Die Horizontalkomponente ist:

$$F_{Dh,d} = F_{D,d} \cdot \sin 20° = 39{,}91 \text{ kN} \cdot \sin 20° = 13{,}65 \text{ kN}$$

Ferner tritt Abscherung infolge Querkraft auf.

$$\sigma_{2,d} = -\frac{M_{E,d}}{W_{y,2}} - \frac{F_{DH,d}}{A} = -\frac{68{,}31 \cdot 10^6 \text{ Nmm}}{1226{,}5 \cdot 10^3 \text{ mm}^3} - \frac{13\,650 \text{ N}}{8\,120 \text{ mm}^2} = -57{,}38 \text{ N/mm}^2$$

$$\tau_{E,d} = Q_{E,d}/A_v = 12{,}5 \text{ kN}/37{,}2 \text{ cm}^2 = 3{,}4 \text{ N/mm}^2$$

mit $A_v = 372 \cdot 10 \text{ mm}^2 = 3720 \text{ mm}^2$

$$(-57{,}38/235)^2 + 3 \cdot (3{,}4/235)^2 = 0{,}06 < 1$$

– **Biegetragsicherheitsnachweis für Pos. E, rechts von der Krafteinleitungsstelle**

Zusätzlich zur Biegezugbeanspruchung tritt Abscherung infolge Querkraft auf.

$$\sigma_{1,d} = \frac{M_{E,d}}{W_{y,1}} = \frac{68{,}31 \cdot 10^6 \text{ Nmm}}{767{,}8 \cdot 10^3 \text{ mm}^3} = 88{,}97 \text{ N/mm}^2$$

$$\tau_{E,d} = Q_{E,d}/A_v = 25{,}0 \text{ kN}/37{,}2 \text{ cm}^2 = 6{,}7 \text{ N/ mm}^2$$

$$(88{,}97/235)^2 + 3 \cdot (6{,}7/235)^2 = 0{,}15 < 1$$

– **Nachweis der Schubspannungen in der Schweißnaht, Auflager B**

$$\tau_{Ed} = \frac{V_{z,Ed} \cdot S_y}{I_y \cdot t} = \frac{Q_{C,d} \cdot (b \cdot d) \cdot z_s}{I_y \cdot (2 \cdot a_w)}$$

$= [37{,}1 \text{ kN} \cdot (200 \cdot 16) \cdot 146 \text{ mm}^3]/[18888 \text{ cm}^4 \cdot (2 \cdot 8 \text{ mm})]$

$= 5{,}74 \text{ N/mm}^2$ für die Schweißnähte am Obergurt

$= [37{,}1 \text{ kN} \cdot (100 \cdot 12) \cdot 240 \text{ mm}^3]/[18888 \text{ cm}^4 \cdot (2 \cdot 6 \text{ mm})]$

$= 4{,}71 \text{ N/mm}^2$ für die Schweißnähte am Untergurt

mit:

$Q_{C,d}$ Querkraft über den Lagern B

$(b \cdot d) \cdot z_S$ statisches Flächenmoment der Fläche $(b \cdot d)$;

$z_S = 146$ mm bzw. 240 mm Abstand vom Schwerpunkt der Gesamtfläche bis zum Schwerpunkt der „abgeschnittenen" Fläche

I_y Flächenträgheitsmoment des Gesamtquerschnitts

a_w Schweißnahtdicke $a_w = 8$ mm bzw. 6 mm

Nachweis:

$$\boxed{\sqrt{3} \cdot \tau_{Ed} \le \frac{f_u}{\beta_w \cdot \gamma_{M2}}}$$

mit β_w Korrelationsbeiwert

$\beta_w = 0{,}8$ für S 235

$\gamma_{M2} = 1{,}25$ Teilsicherheitsbeiwert

$f_u = 360\ \text{N/mm}^2$ Zugfestigkeit

$\sqrt{3} \cdot 5{,}74\ \text{N/mm}^2 = 9{,}94\ \text{N/mm}^2 < [360\ \text{N/mm}^2/(0{,}8 \cdot 1{,}25)] = 360\ \text{N/mm}^2$

$9{,}94/360 = 0{,}03 < 1$

Zu 3.: Tragsicherheitsnachweis für die Schraubverbindung des Lagers B

Die Schraube, die den Deckenträger mit der Pendelstütze verbindet, wird zweischnittig auf Abscheren berechnet. Ferner ist nachzuweisen, dass die zulässige Lochleibung des dünnsten Bleches nicht überschritten wird.

– Nachweis auf Abscheren

Es ist nachzuweisen, dass $\boxed{F_{v,Ed} \le F_{v,Rd}}$ bzw. $\boxed{\frac{F_{v,Ed}}{F_{v,Rd}} \le 1}$

$\Sigma F_{v,Ed} = F_{B,d}/n = 37{,}1\ \text{kN}/2 = 18{,}55\ \text{kN}$ je Scherfuge mit $n = 2$ Scherflächen

Für eine Schraube M 24, Kategorie A, Schraubenfestigkeitsklasse 8.8, Schaft in der Scherfuge, ergibt sich die Grenzabscherkraft $F_{v,Rd}$ nach Tabelle zu:

$F_{v,Rd} = 173{,}6$

und damit:

$F_{v,Ed}/F_{v,Rd} = 18{,}55\ \text{kN}/173{,}6\ \text{kN} = 0{,}11 < 1$

– Nachweis auf Lochleibung

Die kleinste Blechdicke ist die Stegdicke des Deckenträgers mit $t = 10$ mm, während die beiden senkrechten Bleche der Pendelstütze insgesamt 20 mm dick sind.

Es ist nachzuweisen, dass $\boxed{F_{v,Ed} \le F_{b,Rd}}$ bzw. $\boxed{\frac{F_{v,Ed}}{F_{b,Rd}} \le 1}$

Die für einschnittige Anschlüsse mit einer Schraubenreihe vorgegebene Regelung

$$F_{b,Rd} \leq 1{,}5 \cdot f_u \; d \cdot t / \gamma_{M2} = 1{,}5 \cdot 360 \text{ N/mm}^2 \cdot 24 \text{ mm} \cdot 10 \text{ mm}/1{,}25$$
$$= 103{,}68 \text{ N/mm}^2$$

wird für die vorliegende Verbindung analog angewendet:

mit $f_u = 360 \text{ N/mm}^2$

$d = 24$ mm

$t = 10$ mm

$\gamma_{M2} = 1{,}25$

Damit:

$$\frac{F_{v,Ed}}{F_{b,Rd}} = 37{,}1/103{,}68 = 0{,}36 < 1$$

Zu 4.: Biegeknicksicherheitsnachweis für die Stoffachse *y* der Pendelstütze

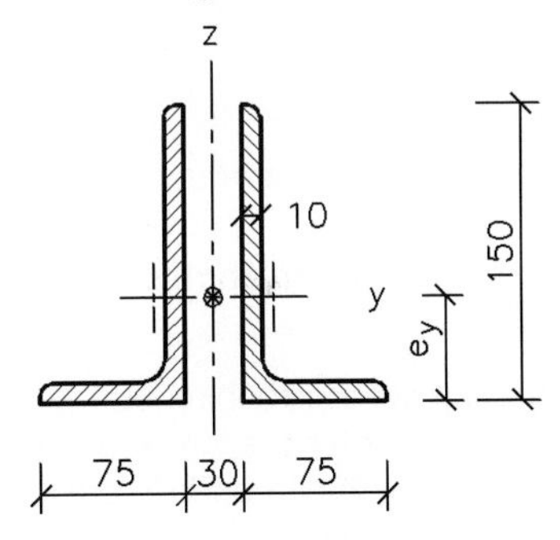

Ist ein Knickstab mehrteilig (in dieser Aufgabe zweiteilig), dann kann u. a. Knicken um die „Stoffachse“ und um die „Stofffreie Achse“ untersucht werden. Die Stoffachse ist hierbei die Achse, die die Einzelstäbe schneidet, im Bild also die Achse *y*. Der Stabilitätsnachweis ist für diese Achse wie bei einem Einzelstab zu führen (s. Aufgabe 92). Dabei entfällt auf jeden Einzelstab die halbe Normalkraft.

Die Beanspruchung N_d ist die Summe aus halber Auflagerkraft $F_{B,d}$ und Bemessungswert des Eigengewichtes eines Einzelstabes:

$$N_d = 0{,}5 \cdot 37{,}1 \text{ kN} + 1{,}35 \cdot 0{,}17 \text{ kN/m} \cdot 5 \text{ m} = 19{,}7 \text{ kN}$$

mit dem Teilsicherheitsbeiwert $\gamma_{F,G} = 1{,}35$ und dem spezifischen Eigengewicht des Winkelstahles 150 × 75 × 10 von 0,17 kN/m lt. Bautabellen.

Mit dem **Stabilitätsnachweis** ist zu prüfen, ob die Gefahr des Knickens besteht.

Es ist nachzuweisen, dass

$$\boxed{\frac{N_{Ed}}{N_{b,Rd}} \leq 1}$$ s. auch Aufgabe 92

$N_{Ed} = 19{,}7$ kN

$L_{cr} = \beta \cdot l = 1{,}0 \cdot 500\ \text{cm} = 500\ \text{cm}$ mit $\beta = 1{,}0$ für *Euler*-Fall 2

$$\lambda = \frac{L_{cr}}{i_{min}} = \frac{500\ \text{cm}}{4{,}81\ \text{cm}} = 104 \quad \text{mit } i_y = 4{,}81\ \text{cm lt. Bautabellen}$$

$$\bar{\lambda}_k = \frac{\lambda}{\lambda_1} = \frac{104}{93{,}9} = 1{,}11 \quad \text{mit } \lambda_1 = 93{,}9 \cdot \varepsilon = 93{,}9 \quad \text{weil } \varepsilon = \sqrt{\frac{235}{235}} = 1$$

Der Abminderungsfaktor χ ergibt sich nach Bautabellen in Abhängigkeit vom bezogenen Schlankheitsgrad $\bar{\lambda}$ und der Knicklinie zu:

$\chi = 0{,}53$ für Knicklinie *b*; S 235

$$N_{b,Rd} = \chi \cdot N_{pl,Rd} = \chi \cdot A \cdot f_y/\gamma_{M1}$$

$$= 0{,}53 \cdot 21{,}7\ \text{cm}^2 \cdot 235\ \text{N/mm}^2/1{,}1 = 245{,}7\ \text{kN}$$

$$\frac{N_{Ed}}{N_{b,Rd}} = 19{,}7/245{,}7 = 0{,}08 < 1$$

Lösung Aufgabe 98

Zu 1.: Spannungs- und Gebrauchstauglichkeitsnachweis für die Holzbohlen

– Auflagerkräfte und Biegemomente:

Das Bild auf S. 295 zeigt das statische System der Lagerung der Holzbohlen auf den Trägern T6 ,T1 und T5. Alle Werte beziehen sich auf einen 1 Meter breiten Streifen. Die gesamte Kraft F_k, die auf ein Feld von 2,1 m Länge und 1 m Breite entfällt, ergibt sich zu:

$$F_k = (g_H + q_k) \cdot A = (0{,}3 + 3{,}5)\ \text{kN/m}^2 \cdot 2{,}1\ \text{m}^2 = 7{,}98\ \text{kN}$$

$$F_d = (1{,}35 \cdot g_H + 1{,}50 \cdot q_k) \cdot A = (1{,}35 \cdot 0{,}3 + 1{,}50 \cdot 3{,}5)\ \text{kN/m}^2 \cdot 2{,}1\ \text{m}^2$$
$$= 11{,}88\ \text{kN}$$

Mit der Stützweite von $2 \cdot l = 1{,}98$ m ist

$$p_k = \frac{F_k}{2l} = \frac{7{,}98\ \text{kN}}{1{,}98\ \text{m}} = 4{,}03\ \text{kN/m}\ ; \qquad p_d = \frac{F_d}{2l} = \frac{11{,}88\ \text{kN}}{1{,}98\ \text{m}} = 6{,}00\ \text{kN/m}$$

Hinweis: Im Folgenden werden Bemessungswerte in [ ] gesetzt.

Es handelt sich bei dem vorliegenden statischen System um einen Träger auf 3 Stützen. Hierfür finden sich in der Lösung zur Aufgabe 80, Seite 238, Gleichungen zur Ermittlung der Auflagerkräfte und Biegemomente:

$F_{T6,k} = F_{T5,k} = 0{,}375 \cdot p_k \cdot l = 0{,}375 \cdot 4{,}03 \text{ kN/m} \cdot 0{,}99 \text{ m} = 1{,}496 \text{ kN}$; [2,23 kN]

$F_{T1,k} = 1{,}25 \cdot p_k \cdot l = 1{,}25 \cdot 4{,}03 \text{ kN/m} \cdot 0{,}99 \text{ m} = 4{,}987 \text{ kN}$; [7,43 kN]

$M_{lx,k} = 0{,}07 \cdot p_k \cdot l^2 = 0{,}07 \cdot 4{,}03 \text{ kN/m} \cdot 0{,}99^2 \text{ m}^2 = 0{,}277 \text{ kNm}$; [0,41 kNm]

$M_{T1,k} = -1{,}25 \cdot p_k \cdot l^2 = -1{,}25 \cdot 4{,}03 \text{ kN/m} \cdot 0{,}99^2 \text{ m}^2 = -0{,}494 \text{ kNm}$;
[–0,73 kNm]

Ein Extremwert des Biegemomentes ist im linken Feld bei $l_x = 0{,}375 \cdot l = 0{,}372$ m bzw. spiegelbildlich im rechten Feld. Der Maximalwert dagegen befindet sich am Lager T1.

- **Biegespannungs-, Schubspannungs- und Auflagerdrucknachweis**

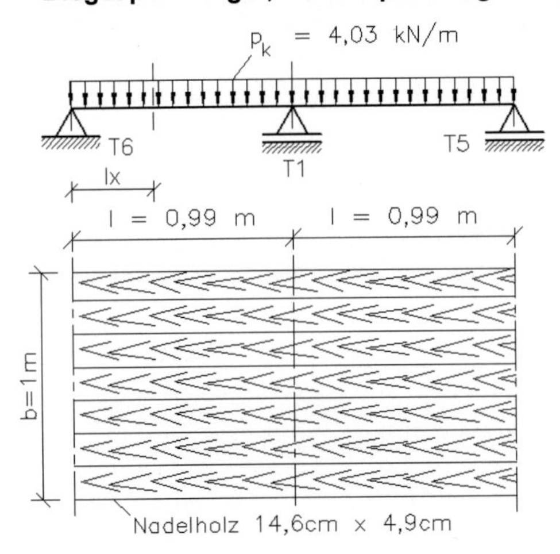

Das Widerstandsmoment einer 1 m breiten Holzbohlenlage ist:

$$W_y = \frac{b \cdot h^2}{6} = \frac{100 \cdot 4{,}9^2}{6} \text{ cm}^3$$

$$W_y = 400{,}2 \text{ cm}^3$$

- **Biegetragfähigkeitsnachweis**

Nachweis:

$$\boxed{\frac{M_d}{W_n} \le f_{m,d}} \; ; \qquad \frac{|M_{T1,d}|}{W_y} = \frac{0{,}73 \text{ kNm}}{400{,}2 \text{ cm}^3} = 1{,}82 \text{ N/mm}^2$$

$f_{m,d} = f_{m,k} \cdot (k_{mod}/\gamma_M)$ Bemessungswert der Tragfähigkeit

mit

k_{mod} Modifikationsbeiwert; $k_{mod} = 0{,}65$

f_{mk} charakteristischer Wert für Holzart; $f_{m,k} = 35 \text{ N/mm}^2$

γ_M Teilsicherheitsbeiwert für Holz und Holzwerkstoffe; $\gamma_M = 1{,}3$

für NKL = 3; KLED = mittel; Konstruktionsvollholz C 35

$f_{m,d} = 35\ \text{N/mm}^2 \cdot 0{,}5 = 17{,}5\ \text{N/mm}^2$ mit $(k_{mod}/\gamma_M) = 0{,}5$

$1{,}82\ \text{N/mm}^2 < 17{,}5\ \text{N/mm}^2$; $1.82/17{,}5 = 0{,}11 < 1$

– **Tragfähigkeitsnachweis für Schub aus Querkraft**

Nachweis:

$$\boxed{1{,}5 \cdot \frac{V_d}{A_n} \le f_{v,d}} \quad f_{v,d} = f_{v,k} \cdot (k_{mod}/\gamma_M) = 2{,}0 \cdot 0{,}5\ \text{N/mm}^2 = 1{,}0\ \text{N/mm}^2$$

mit $f_{v,k} = 2\ \text{kN/mm}^2$

Die größte Querkraft tritt bei einem Zweifeldträger mit gleichen Teillängen und gleichmäßig verteilter Last links bzw. rechts vom mittleren Lager auf (vgl. Aufgabe 80). Sie ist die Hälfte der Lagerkraft des mittleren Lagers T1:

$$V_d = ½ \cdot F_{T1,d} = ½ \cdot 7{,}43\ \text{kN} = 3{,}72\ \text{kN}$$

$$1{,}5 \cdot \frac{V_d}{A_n} = 1{,}5 \cdot 3{,}72\ \text{kN}/(100\ \text{cm} \cdot 4{,}9\ \text{cm}) = 0{,}12\ \text{N/mm}^2 < f_{v,d} = 1{,}0\ \text{N/mm}^2$$

$$0{,}12/1{,}0 = 0{,}12 < 1$$

– **Nachweis des Auflagerdrucks**

Die größte Flächenpressung zwischen Holzbohle und Trägerflansch tritt am Lager T1 auf.

Nachweis:

$$\boxed{\frac{N_{90,d}}{A_{ef}} \le k_{c,90} \cdot f_{c,90,d}}$$

$$\frac{F_{T1,d}}{A_{ef}} = \frac{7{,}43 \cdot 10^3\ \text{N}}{1800\ \text{cm}^2} = 0{,}041\ \text{N/mm}^2$$

mit

$N_{90,d}$ Bemessungswert der Druckkraft ⊥ Faser

A_{ef} wirksame Druckfläche: $A_{ef} = b \cdot (l_A + 2 \cdot ü)$ für Auflagerdruck
$= 1000\ \text{mm} \cdot (120 + 2 \cdot 30)\ \text{mm} = 1800\ \text{cm}^2$

- b Auflagerbreite
- l_A Auflagertiefe
- $ü$ Überstand $\ge$ 30 mm

$k_{c,90}$ Beiwert für Querdruck nach Bautabellen; $k_{c,90} = 1{,}5$ (Auflagerdruck)

$f_{c,90,d}$ Bemessungswert der Druckfestigkeit ⊥ Faser

$f_{c,90,d} = f_{c,90,k} \cdot (k_{mod}/\gamma_M) = 2{,}8 \text{ N/mm}^2 \cdot 0{,}5 = 1{,}4 \text{ N/mm}^2$

$0{,}041 < 1{,}4;\ 0{,}041/1{,}4 = 0{,}03 < 1$

– **Gebrauchstauglichkeitsnachweis**

Aus Bautabellen entnimmt man für den vorliegenden Fall die Gleichung für die maximale Durchbiegung:

$$w = 5{,}4 \cdot 10^{-3} \cdot \frac{q_k \cdot l^4}{E \cdot I_y}$$

Das Flächenmoment zweiten Grades beträgt für einen 1 m breiten Streifen:

$$I_y = \frac{b \cdot h^3}{12} = \frac{100 \text{ cm} \cdot 4{,}9^3 \text{ cm}^3}{12} = 980{,}41 \text{ cm}^4$$

Daraus ergibt sich die vorhandene Durchbiegung zu:

$$w = 5{,}4 \cdot 10^{-3} \cdot \frac{q_k \cdot l^4}{E \cdot I_y}$$

$$w = 5{,}4 \cdot 10^{-3} \cdot \frac{4{,}03 \text{ N/mm} \cdot 990^4 \text{ mm}^4}{11000 \text{ N/mm}^2 \cdot 980{,}41 \cdot 10^4 \text{ mm}^4} = 0{,}21 \text{ mm}$$

$w = <$ zul $w = l/300 = 990 \text{ mm}/300 = 3{,}3 \text{ mm}$

$0{,}21/3{,}3 = 0{,}065 < 1$

Zu 2.: Tragsicherheits- und Gebrauchstauglichkeitsnachweis für den Träger T1

– **Ermittlung der Belastung des Trägers T1**

Unter Berücksichtigung des Eigengewichtes des Trägers T1 von $g_{T1} = 0{,}267$ kN/m und des Hinweises, dass sich alle obigen Werte auf 1 m Bohlenbreite beziehen, folgt die Auflagerkraft des Trägers T1 durch das $L_{ges} = 4{,}5$ m lange Feld zu:

$$F_{1,d} = \tfrac{1}{2} (F_{T1,d} + g_{T1} \cdot \gamma_{F,G}) \cdot L_{ges}$$

$$= \tfrac{1}{2} (7{,}43 \text{ kN/m} + 0{,}267 \text{ kN/m} \cdot 1{,}35) \cdot 4{,}5 \text{ m}$$

$$F_{1,d} = 17{,}53 \text{ kN}$$

hieraus:

$$q_{T1,d} = 2 \cdot F_{1,d} / l = 2 \cdot 17{,}53 \text{ kN}/4{,}38 \text{ m} = 8 \text{ kN/m}$$

– Tragsicherheitsnachweis auf Biegung

Das maximale Biegemoment ist:

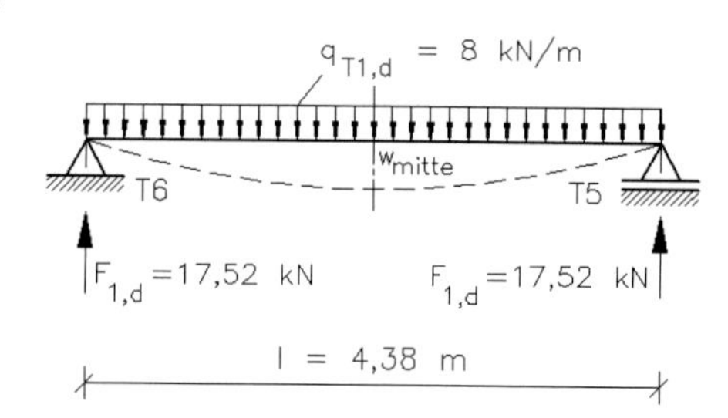

$$\max M_d = \frac{q_{T1,d} \cdot l^2}{8}$$

$$= \frac{8\ \text{kN/m} \cdot 4{,}38^2\ \text{m}^2}{8}$$

$\max M_d = M_{Ed} = 19{,}20$ kNm

Nachweis:

$$\boxed{\frac{M_{Ed}}{M_{c,Rd}} \leq 1}$$

mit $M_{c,Rd} = M_{el,Rd} = (W_{el,min} \cdot f_y)/\gamma_{M,0}$ für QK 3

$= (144\ \text{cm}^3 \cdot 235\ \text{N/mm}^2)/1{,}0 = 33{,}84$ kNm

$19{,}20/33{,}84 = 0{,}57 < 1$

– Gebrauchstauglichkeitsnachweis

Die größte Durchbiegung tritt in Trägermitte auf. Sie beträgt:

$$w_{Mitte} = \frac{5}{384} \cdot \frac{q_{T1,k} \cdot l^4}{E \cdot I_y} = \frac{5}{384} \cdot \frac{5{,}37\ \text{N/mm} \cdot 4380^4\ \text{mm}^4}{210000\ \text{N/mm}^2 \cdot 864 \cdot 10^4\ \text{mm}^4} = 14{,}2\ \text{mm}$$

$w_{Mitte} = 14{,}2$ mm < zul $w = l/300 = 4380$ mm/300 mm $= 14{,}6$ mm

$14{,}2/14{,}6 = 0{,}97 < 1$

Zu 3.: Tragsicherheits- und Gebrauchstauglichkeitsnachweis für den Träger T4

– Tragwerksmodell

Der Träger T4 ist mit den Trägern T6, T1, T5 und T2 verschraubt. Die Bemessungswerte der Einwirkungen sind extern ermittelt und in das Tragwerksmodell eingetragen worden:

– Auflagerkräfte $F_{D,d}$ und $F_{B,d}$

Die Auflagerkräfte für den Träger T4 ergeben sich aus:

$$\sum M_B = 0 = -F_{D,d} \cdot 1{,}98\ \text{m} + F_{6,d} \cdot 1{,}98\ \text{m} + F_{1,d} \cdot 0{,}99\ \text{m}$$

$$+ g_d \cdot 3{,}04\ \text{m} \cdot 0{,}46\ \text{m} - F_{2,d} \cdot 1{,}06\ \text{m}$$

hieraus: $F_{D,d} = 15{,}22$ kN

$$\sum M_D = 0 = -F_{1,d} \cdot 0{,}99\ \text{m} - F_{5,d} \cdot 1{,}98\ \text{m} + F_{B,d} \cdot 1{,}98\ \text{m}$$

$$- g_d \cdot 3{,}04\ \text{m} \cdot 1{,}52\ \text{m} - F_{2,d} \cdot 3{,}04\ \text{m}$$

hieraus: $F_{B,d} = 26{,}30$ kN

Kontrolle: $15{,}22 + 26{,}30 - 7{,}65 - 17{,}52 - 9{,}04 - 3{,}76 - 1{,}17 \cdot 3{,}04 = 0{,}0$

– **Biegemomente und Nulldurchgang**

$M_{D,d} = M_{2,d} = 0$

$M_{1,d} = F_{D,d} \cdot 0{,}99\ \text{m} - F_{6,d} \cdot 0{,}99\ \text{m} - g_d \cdot 0{,}99\ \text{m} \cdot 0{,}459\ \text{m} = 6{,}92$ kNm

aus: $M_{x,d} = 0 = F_{D,d} \cdot l_x - F_{6,d} \cdot l_x - g_d \cdot l_x \cdot l_x/2 - F_{1,d} \cdot (l_x - 0{,}99\ \text{m})$

folgt nach Auflösung der quadratischen Gleichung

$l_x = 1{,}594$ m (s. a. Skizze)

An der Stelle l_x tritt keine Biegung, jedoch Querkraft auf. Diese Stelle ist konstruktiv interessant, wenn Trägerstöße auszuführen sind, die keine oder nur geringe Biegung aufnehmen können (*Gerber*stoß).

– **Querkraft- und Biegemomentenverlauf**

Im unteren Bild sind beide Verläufe dargestellt. Im **Querkraftverlauf** (oberer Bildteil), der die Querkraft in kN angibt, ist über den Lagern D und B kenntlich gemacht, dass sich die Lagerkraft $F_{D,d}$ und $F_{6,d}$ bzw. $F_{B,d}$ und $F_{5,d}$ teilweise aufheben. Das tritt immer dann auf, wenn die Kräfte auf einer Kraftwirkungslinie liegen und entgegengesetzt gerichtet sind.

Der **Biegemomentenverlauf** im unteren Bildteil gibt die Biegemomente in kNm an. Da die gleichmäßig verteilte Last im Verhältnis zu den Einzellasten klein ist, wird nicht deutlich sichtbar, dass der Verlauf über die ganze Trägerlänge parabolisch ist.

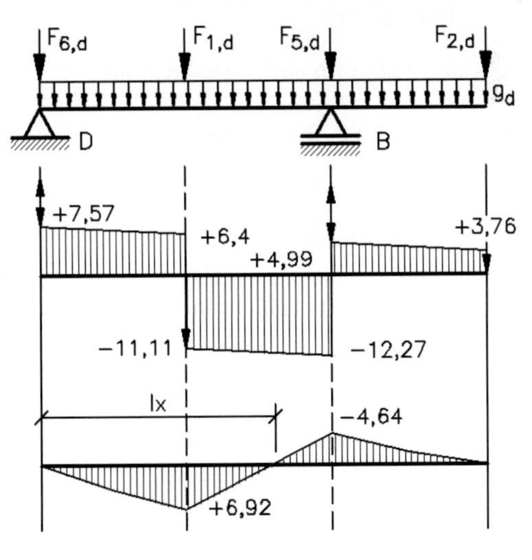

Nachgewiesen werden die Stellen F1 und F5 (Lager B).

Nach der Elastizitätstheorie kann konservativ für alle Querschnittsklassen (QK) die Tragsicherheit nachgewiesen werden, wenn die Bedingung:

$$\left(\frac{\sigma_{x,Ed}}{f_y/\gamma_{M0}}\right)^2 + \left(\frac{\sigma_{z,Ed}}{f_y/\gamma_{M0}}\right)^2 - \left(\frac{\sigma_{x,Ed}}{f_y/\gamma_{M0}}\right) \cdot \left(\frac{\sigma_{z,Ed}}{f_y/\gamma_{M0}}\right) + 3\left(\frac{\tau_{Ed}}{f_y/\gamma_{M0}}\right)^2 \leq 1$$

erfüllt ist.

$$f_y/\gamma_{M0} = 235 \text{ N/mm}^2/1 = 235 \text{ N/mm}^2$$

– Biegetragsicherheitsnachweis für die Stelle F1

An der Stelle F1 treten Biege- und Abscherspannungen auf.

$$\sigma_{1,d} = -\frac{M_{E,d}}{W_{y,2}} = \frac{6{,}92 \cdot 10^6 \text{ Nmm}}{144 \cdot 10^3 \text{ mm}^3} = 48{,}1 \text{ N/mm}^2$$

$$\tau_{E,d} = Q_{E,d}/A_v = 11{,}11 \text{ kN}/11{,}0 \text{ cm}^2 = 10{,}1 \text{ N/mm}^2$$

mit $A_{vz} = 11{,}0 \text{ cm}^2$ lt. Bautabellen

$$(48{,}1/235)^2 + 3 \cdot (10{,}1/235)^2 = 0{,}05 < 1$$

– Biegetragsicherheitsnachweis für die Stelle F5

An der Stelle F5 treten Biege- und Abscherspannungen auf.

$$\sigma_{1,d} = -\frac{M_{E,d}}{W_{y,2}} = \frac{4{,}64 \cdot 10^6 \text{ Nmm}}{144 \cdot 10^3 \text{ mm}^3} = 32{,}2 \text{ N/mm}^2$$

$$\tau_{E,d} = Q_{E,d}/A_v = 12{,}27 \text{ kN}/11{,}0 \text{ cm}^2 = 11{,}2 \text{ N/mm}^2$$

mit $A_{vz} = 11{,}0 \text{ cm}^2$ lt. Bautabellen

$$(32{,}2/235)^2 + 3 \cdot (11{,}2/235)^2 = 0{,}03 < 1$$

– Gebrauchstauglichkeitsnachweis

In Aufgabe 96 ist gezeigt worden, wie Verformungen überlagert und zu einer Gesamtdurchbiegung addiert werden können. Für den Träger T4 ergibt eine Überschlagsrechnung, dass die resultierende Durchbiegung bei $F_{1,d}$ ca. 0,7 mm und bei $F_{2,d}$ ca. 0,1 mm ist. Es wird deshalb nur die Durchbiegung in der Mitte des Trägers D–B berechnet.

In der Skizze sind die charakteristischen Einwirkungen eingetragen. Die Kräfte $F_{6,k}$ und $F_{2,k}$ haben keinen Einfluss auf die Durchbiegung des Trägers. Es werden die

Durchbiegungen, hervorgerufen durch $F_{1,k}$, $F_{2,k}$ und g_k, berechnet und dann vorzeichenbehaftet addiert.

$$w_{Mitte} = \frac{1}{48} \cdot \frac{F_{1,k} \cdot L^3}{E \cdot I} + \left(-\frac{F_{2,k}}{E \cdot I} \cdot \frac{L^2 c}{16} \right) + \frac{g_k}{E \cdot I} \cdot \frac{L^2}{32} \cdot \left(\frac{L^2}{2,4} - c^2 \right)$$

$$w_{Mitte} = \frac{1}{16} \cdot \frac{L^2}{E \cdot I} \cdot \left[\frac{F_{1,k} \cdot L}{3} - \frac{F_{2,k} \cdot c}{1} + \frac{g_k}{2} \cdot \left(\frac{L^2}{2,4} - c^2 \right) \right]$$

Mit

$$\frac{1}{16} \cdot \frac{L^2}{E \cdot I} = \frac{1980^2 \text{ mm}^2}{16 \cdot 210000 \text{ N/mm}^2 \cdot 864 \cdot 10^4 \text{ mm}^4} = 1,35 \cdot 10^{-7} \text{ N}^{-1}$$

folgt:

$$w_{Mitte} = 1,35 \cdot 10^{-7} \text{ N}^{-1} \cdot \left[\frac{11,77 \cdot 1,98}{3} - 2,53 \cdot 1,06 + \frac{0,79}{2} \cdot \left(\frac{1,98^2}{2,4} - 1,06^2 \right) \right] \text{kNm}$$

$$w_{Mitte} = 1,35 \cdot 10^{-7} \text{ N}^{-1} \cdot [7,768 - 2,682 + 0,201] \cdot 10^6 \text{ Nmm} = 0,71 \text{ mm}$$

$$w_{Mitte} = 0,71 \text{ mm} < \text{zul } f = L/300 = 1980/300 = 6,6 \text{ mm}; \qquad 0,71/6,6 = 0,1 < 1$$

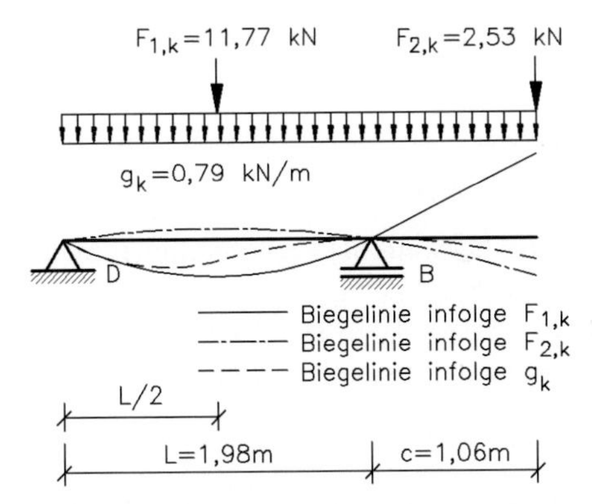

Zu 4.: Tragsicherheitsnachweis für die Schraubverbindung Träger T1 und T3

– Tragsicherheitsnachweis auf Abscherung

Der Träger T1 ist über eine 10 mm dicke Stirnplatte mit dem Träger T3 verbunden. Der Nachweis dieser Schrauben auf Scherung und Lochleibung erfolgt analog zur Aufgabe 61. Der Bemessungswert der Vertikalkraft ist $F_{1,d} = 17,51$ kN.

Es ist nachzuweisen, dass $\boxed{F_{v,Ed} \leq F_{v,Rd}}$ bzw. $\boxed{\frac{F_{v,Ed}}{F_{v,Rd}} \leq 1}$

$$F_{v,Ed} = F_{1,d}/n = 17,51 \text{ kN}/4 = 4,4 \text{ kN} \quad \text{mit} \quad n = 4 \text{ Scherflächen}$$

Für eine Schraube M12, Kategorie A , Schraubenfestigkeitsklasse 4.6, Gewinde in der Scherfuge, ergibt sich die Grenzabscherkraft $F_{v,Rd}$ nach Tabelle zu $F_{v,Rd}$ = 16,2 kN und damit:

$$F_{v,Ed}/F_{v,Rd} = 4{,}4\ \text{kN}/16{,}2\ \text{kN} = 0{,}27 < 1$$

– Tragsicherheitsnachweis auf Lochleibung

Die Lochabstände in Kraftrichtung betragen lt. Aufgabenstellung:

$e_1 = 30$ mm als Randabstand in Kraftrichtung für die Stirnplatten

$p_1 = 60$ mm als Lochabstand in Kraftrichtung

Der Lochdurchmesser ist für M12 und 1 mm Lochspiel $d_0 = 13$ mm

Die Bedingungen für die minimalen Lochabstände:

$\min e_1 \geq 1{,}2 \cdot d_0 = 1{,}2 \cdot 13\ \text{mm} = 16{,}9\ \text{mm}$, Randabstand in Kraftrichtung

$\min p_1 \geq 2{,}2 \cdot d_0 = 2{,}2 \cdot 13\ \text{mm} = 28{,}6\ \text{mm}$, Lochabstand in Kraftrichtung

sind erfüllt.

Es ist nachzuweisen, dass $\boxed{F_{v,Ed} \leq F_{b,Rd}}$ bzw. $\boxed{\dfrac{F_{v,Ed}}{F_{b,Rd}} \leq 1}$

Die Grenzlochleibungskraft ergibt sich nach Tabelle zu 66,46 kN für eine Bauteildicke von 10 mm.

$F_{v,ED} = 4{,}4$ kN ; $F_{b,RD} = 66{,}46\ \text{kN} \cdot 1{,}2 = 79{,}8$ kN (für 12 mm Blechdicke)

4,4 kN < 79,8 kN ; $4{,}4/79{,}8 = 0{,}06 < 1$

Zu 5.: Tragsicherheits- und Gebrauchstauglichkeitsnachweis für das Geländer

Das Geländer oberhalb des Trägers T6 besteht aus zwei horizontal angeordneten Stahl-Hohlprofilen 80 × 40 × 4, die durch Rundstäbe miteinander verbunden sind. Es wird in Abständen von 1 m durch Pfosten gehalten.

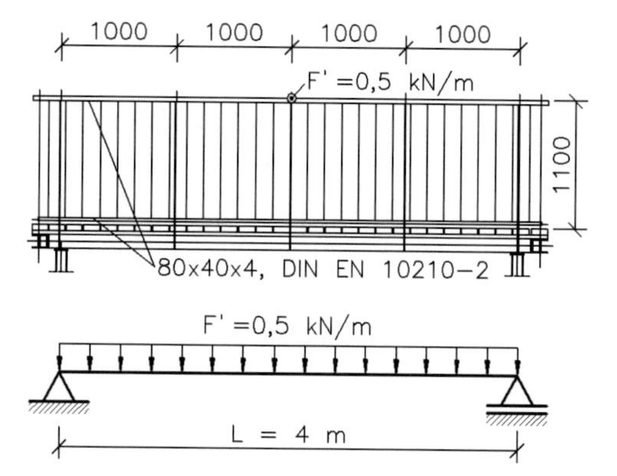

Als Extremfall soll der Obergurt als Träger auf zwei Stützen mit einer Stützweite von 4 m und einer horizontalen Streckenlast von $F' = 0{,}5$ kN/m betrachtet werden.

Das Eigengewicht kann unberücksichtigt bleiben, weil das dichte Stabgitter die Vertikalkräfte aufnimmt.

– **Tragsicherheitsnachweis**

Das maximale Biegemoment beträgt:

$$\max M_d = \frac{F' \cdot L^2}{8} \cdot \gamma_{F,Q} = \frac{500\ \text{N/m} \cdot 4^2\ \text{m}^2}{8} \cdot 1{,}5 = 1{,}5\ \text{kNm}$$

Nachweis:

$$\boxed{\frac{M_{Ed}}{M_{c,Rd}} \leq 1} \quad \text{mit} \quad M_{c,Rd} = M_{el,Rd} = (W_{el,min} \cdot f_y)/\gamma_{M,0} \quad \text{für QK 3}$$

$$= (17{,}1\ \text{cm}^3 \cdot 235\ \text{N/mm}^2)/1{,}0 = 4{,}02\ \text{kNm}$$

$1{,}5/4{,}02 = 0{,}37 < 1$

– **Gebrauchstauglichkeitsnachweis**

Die größte Durchbiegung ist bei Vernachlässigung der mittleren drei Pfosten bei 2 m. Für diesen Fall gilt die Gleichung:

$$w_{Mitte} = \frac{5}{384} \cdot \frac{F_H' \cdot L^4}{E \cdot I_y} = \frac{5}{384} \cdot \frac{0{,}5\ \text{N/mm} \cdot 4000^4\ \text{mm}^4}{210000\ \text{N/mm}^2 \cdot 68{,}2 \cdot 10^4\ \text{mm}^4} = 11{,}6\ \text{mm}$$

$w_{Mitte} = 11{,}6$ mm $<$ zul $f = l/300 = 4000$ mm/300 mm $= 13{,}3$ mm

$11{,}6/13{,}3 = 0{,}87 < 1$

Zu 6.: Biegeknicksicherheitsnachweis für die Stahlstützen

Es ist offensichtlich, dass die größte Stützenkraft in der Stütze B auftritt. Für dieses Lager ist in der vorangegangenen Berechnung ein Bemessungswert von 26,30 kN ermittelt worden. Mit dem Eigengewicht der Stütze von 0,119 kN/m lt. Bautabellen und dem Teilsicherheitsbeiwert von $\gamma_{F,G} = 1{,}35$ wird die größte Druckkraft:

$$N_d = F_{B,d} + F_{Stütze,d} = 26{,}3\ \text{kN} + 0{,}119\ \text{kN/m} \cdot 5\ \text{m} \cdot 1{,}35 = 27{,}1\ \text{kN}$$

Sowohl die Verschraubung am oberen Stützenende als auch die an der Fußplatte kann als gelenkig betrachtet werden, so dass *Euler*-Fall 2 vorliegt ($\beta = 1$).

Mit dem **Stabilitätsnachweis** ist zu prüfen, ob die Gefahr des Knickens besteht (s. Lösung zur Aufgabe 92).

Es ist nachzuweisen, dass

$$\boxed{\frac{N_{Ed}}{N_{b,Rd}} \leq 1}$$

$N_{Ed} = 27{,}1$ kN

$L_{cr} = \beta \cdot l = 1{,}0 \cdot 500 \text{ cm} = 500 \text{ cm}$ mit $\beta = 1{,}0$ für *Euler*-Fall 2

$$\lambda = \frac{L_{cr}}{i_{min}} = \frac{500 \text{ cm}}{3{,}91 \text{ cm}} = 127{,}8 \quad \text{mit} \quad i_y = 3{,}91 \text{ cm} \quad \text{lt. Bautabellen}$$

$$\bar{\lambda}_k = \frac{\lambda}{\lambda_1} = \frac{127{,}8}{93{,}9} = 1{,}36 \quad \text{mit} \quad \lambda_1 = 93{,}9 \cdot \varepsilon = 93{,}9, \quad \text{weil} \quad \varepsilon = \sqrt{\frac{235}{235}} = 1$$

Der Abminderungsfaktor χ ergibt sich nach Bautabellen in Abhängigkeit vom bezogenen Schlankheitsgrad $\bar{\lambda}$ und der Knicklinie zu:

$\chi = 0{,}44$ für Knicklinie *a*; S 235

$N_{b,Rd} = \chi \cdot N_{pl,Rd} = \chi \cdot A \cdot f_y/\gamma_{M1}$

$= 0{,}44 \cdot 15{,}2 \text{ cm}^2 \cdot 235 \text{ N/mm}^2/1{,}1 = 142{,}9$ kN

$$\frac{N_{Ed}}{N_{b,Rd}} = 27{,}1/142{,}8 = 0{,}19 < 1$$

Zu 7.: Fundament- und Sohldrucknachweis

– Mindesthöhe des Fundamentes

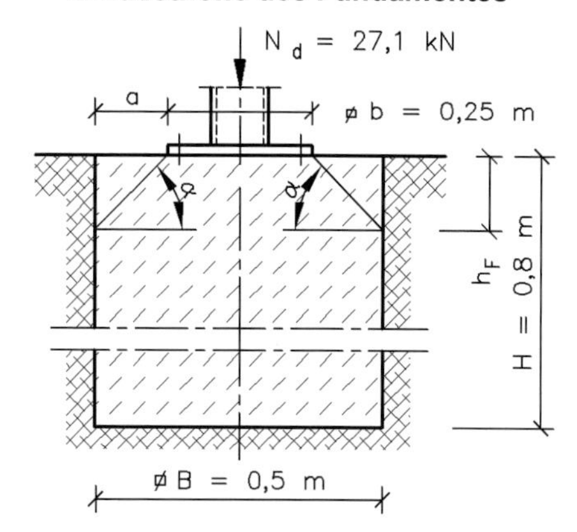

Zentrisch belastete Streifen- und Einzelfundamente dürfen unbewehrt ausgeführt werden, wenn sie eine Mindesthöhe min h_F haben.

Bedingungen:

$$\boxed{\frac{0{,}85 \min h_F}{a} \geq \sqrt{\frac{3\sigma_{gd}}{f_{ctd,pl}}}\;; \quad \frac{h_F}{a} \geq 1}$$

min h_F	Mindesthöhe des Fundamentes
h_F	Fundamenthöhe
a	Fundamentüberstand
σ_{gd}	Bemessungswert des Sohldruckes
$f_{ctd,pl}$	Bemessungswert der Betonzugfestigkeit

$f_{ctd,pl} = f_{ctd} = \alpha_{ct,pl} \cdot f_{ctk;0,05}/\gamma_c$

$\alpha_{ct,pl} = 0{,}7$ Beiwert für Langzeitauswirkungen

$f_{ctk;0,05} = 1{,}5\ N/mm^2$ für C20/25; charakteristischer Wert der Betonzugfestigkeit

$\gamma_c = 1{,}5$; Teilsicherheitsbeiwert für Beton

$f_{ctd,pl} = 0{,}7 \cdot 1{,}5\ N/mm^2/1{,}5 = 0{,}7\ N/mm^2$ für C20/25

$$\sigma_{gd} = \frac{N_d + F_{Fundament} \cdot \gamma_{F,G}}{A_{Fundament}} = \frac{27{,}1\ kN + 0{,}5^2 \cdot 0{,}8\ m^3 \cdot 24\ kN/m^3 \cdot 1{,}35}{0{,}25\ m^2}$$

$= 134{,}32\ kN/m^2$

mit $A_{Fundament} = A' = a' \cdot b' = 0{,}5\ m \cdot 0{,}5\ m = 0{,}25\ m^2$; $a' = a$ und $b' = b$

$$\frac{0{,}85 \min h_F}{(0{,}5\ m - 0{,}25\ m)/2} = 6{,}8 \cdot \min h_F \geq \sqrt{\frac{3 \cdot 0{,}134\ N/mm^2}{0{,}7\ N/mm^2}} = 0{,}76$$

hieraus: $\min h_F = 0{,}11\ m$

Zu erfüllende Bedingungen:

$\min h_F = 0{,}11\ m < h_F = 0{,}8\ m$; $\frac{h_F}{a} = \frac{0{,}8\ m}{0{,}125\ m} = 6{,}4 > 1$

- **Flächenpressung Fußplatte – Fundament**

Die 250 mm × 250 mm große Fußplatte erzeugt eine Flächenpressung (Druckspannung) im Beton.

Der Bemessungswert der Druckspannung beträgt:

$$\sigma_d = \frac{N_d}{A_{Platte}} = \frac{27{,}1 \cdot 10^3\ N}{250\ mm \cdot 250\ mm} = 0{,}43\ N/mm^2$$

Der Bemessungswert der Betondruckfestigkeit berechnet sich zu:

$f_{cd} = \alpha \cdot f_{ck}/\gamma_c = 0{,}85 \cdot 20\ N/mm^2/1{,}5 = 11{,}3\ N/mm^2$

mit $\alpha = 0{,}85$ als Faktor zur Berücksichtigung von Langzeiteinwirkungen

$f_{ck} = 20\ N/mm^2$ als Druckfestigkeit des Betons C 20/25

$\gamma_c = 1{,}5$ als Teilsicherheitsbeiwert für Beton

Nachzuweisen ist, dass $\boxed{\sigma_d/f_{cd} \leq 1}$

$0{,}43\ N/mm^2/11{,}3\ N/mm^2 = 0{,}04 < 1$

– Sohldrucknachweis für den Baugrund

Der Sohldrucknachweis erfolgt als vereinfachter Nachweis, der bei Regelfällen und Flachgründungen verwendet werden darf. Er wird für bindigen Baugrund geführt.

Es ist nachzuweisen, dass $\boxed{\sigma_{E,d} < \sigma_{R,d}}$

$$\sigma_{E,d} = \frac{F_{ges,d}}{A'} = 134{,}32 \text{ kN/m}^2 \text{ (s. o.)}$$

Der Bemessungswert des Sohlwiderstandes $\sigma_{R,d(B)} = 188$ kN/m^2 ist für bindigen Baugrund (tonig, schluffig, steif) und eine Einbindetiefe von $d = 0{,}80$ m Bautabellen zu entnehmen.

Dieser Basiswert kann vergrößert bzw. verkleinert werden:

$$\boxed{\sigma_{R,d} = \sigma_{R,d(B)} \cdot (1 + V - A)}$$

$\sigma_{R,d}$ Sohlwiderstand in bindigem Boden

$\sigma_{R,d(B)}$ Basiswert des Sohlwiderstandes

V Parameter zur Vergrößerung des Basiswertes

A Parameter zur Abminderung des Basiswertes

Für die vorliegende Aufgabe wird der Bemessungswert nicht modifiziert.

Damit:

$$\sigma_{Ed} < \sigma_{R,d}$$

$$134{,}32 \text{ kN/m}^2 < 188 \text{ kN/m}^2; \quad 134{,}32/188 = 0{,}71 < 1$$

8 Rechnergestützte Lösung

8.1 Stabwerksprogramm für programmierbare Taschenrechner

Beispielhaft für eine Vielzahl anderer Stabwerksprogramme wird in diesem Kapitel mit dem Programm *Smart-Bars*[1)] gezeigt, wie auch ohne kostenintensive Software und leistungsstarke Computer statische Systeme für die weitere Nachweisführung gelöst werden können.

Smart-Bars ist ein kostenloses Stabwerksprogramm für programmierbare Texas Instruments Taschenrechner der Serien TI-84 Plus, TI-89 Titanium, TI92+ und Voyage™ 200. Das Programm wurde entwickelt, um Schülern, Studierenden und Ingenieuren die Möglichkeit zu bieten, nur mit der Hilfe eines Taschenrechners allerorts schnell einfache Stabwerke zu berechnen. Außerdem können mit diesem Programm von Hand berechnete Stabwerke selbständig kontrolliert werden.

Mit dem Programm steht dem Benutzer ein kleines, leistungsstarkes Werkzeug zur Verfügung, mit dem fehleranfällige, zeitintensive und bei entsprechender Strukturgröße oft mühsame Rechenschritte per Hand entfallen können. Insbesondere bei komplexen, statisch unbestimmten Systemen, welche kaum mehr in vertretbarer Zeit von Hand berechnet werden können, bietet sich die Verwendung dieses Programmes an. Das Stabwerksprogramm ermöglicht die Berechnung zweidimensionaler statisch bestimmter und unbestimmter Stabtragwerke. Dabei kann die reale Struktur durchaus dreidimensional aus Trägern, Platten, Bau- und Verbindungselementen sowie beliebigen Werkstoffen bestehen. Der Anwender muss jedoch imstande sein, die dreidimensionale Struktur auf ein äquivalentes zweidimensionales Ersatzmodell abzubilden.

Im Kapitel 1, Aufgabe 4 sind die Schritte für die Entwicklung eines Tragwerksmodells dargestellt. Das Tragwerksmodell ist eine Idealisierung des tatsächlichen Objektes und dient der Berechnung und Bemessung der einzelnen Bauteile. Es enthält die geometrischen Abmessungen, die Lagerfestlegungen und die Lastanordnungen der Einwirkungen.

Das Stabwerksprogramm benötigt für die Berechnung alle Größen, die erforderlich sind, um Stäbe, Lager, Gelenke, Knoten und Einwirkungen abzubilden. Dazu ist es zweckmäßig, die Koordinaten und Einwirkungsgrößen in Tabellenform aufzubereiten (Tabelle 8.1).

[1)] Verfasser: Dipl.-Ing. Dr.techn. Bernhard Valentini und Dipl.-Ing. Christian Urich, Download und Support, http://www.smart-programs.org

Tabelle 8.1: Übersicht der Systemkoordinaten

Knoten	Koordinaten		
	X	Z	
01	+1,5	0,5	
02	+2,8	–2,5	
03	+5,0	–2,5	
usw.			
Stab	Knoten		
S01	01–02		
S02	02–03		
usw.			
Belastung	Stab	Knoten	Betrag
Stablast	S02	02 bis 03	3 (kN/m)
Knotenlast	–	03	5 (kN)
usw.			

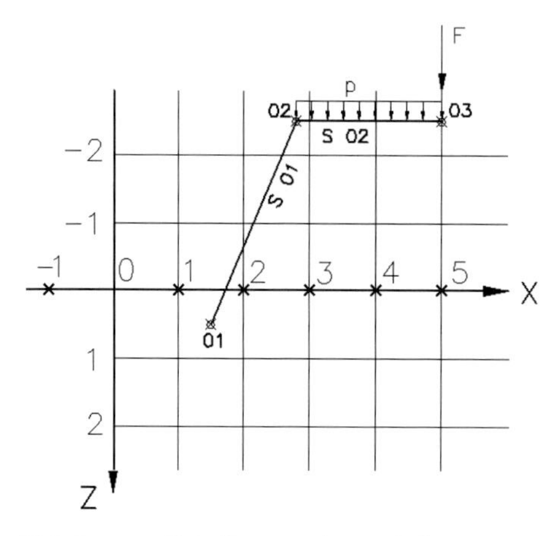

Zeichnung 8.1: Tragwerksmodell

Die Vorarbeit erleichtert die Eingabe des Tragwerkmodells und erhöht die Übersichtlichkeit bei komplexen Systemen. Bei Fehleingaben können die Elemente aufgerufen und editiert werden. Erst wenn alle Daten vom Tragwerksmodell in das Stabwerksprogramm eingetragen sind, kann die Berechnung erfolgen.

Referenzaufgabe

An einer Referenzaufgabe (Aufgabe 71) wird die Anwendung des Stabwerksprogrammes schrittweise erläutert und dargestellt. Die Rechenergebnisse sollten mit den manuell berechneten Ergebnissen verglichen und bewertet werden. Abweichungen sind immer möglich, weil z. B. bei manuellen Berechnungen häufig Vereinfachungen gewählt werden, um den Rechenaufwand einzuschränken. Diese Vereinfachungen können sowohl im Tragwerksmodell als auch im Lösungsalgorithmus auftreten.

Vorbereitung für Dateneingabe zur Referenzaufgabe:

Tabelle 8.2: Übersicht der Systemkoordinaten für Aufgabe 71

Knoten	Koordinaten	
	X	Z
01	0,00	0,00
02	1,40	–1,13
03	1,75	–1,42
04	3,50	–2,83
05	4,90	–1,70
06	5,25	–1,42
07	7,00	0,00
Stab	Knoten	
S01	01–02	
S02	02–03	
S03	03–04	
S04	04–05	
S05	05–06	
S06	06–07	

Tabelle 8.2 (*fortgesetzt*)

Belastung	Stab	Knoten	Betrag	Richtung
Stablast	S01	01 bis 02	0,36 (kN/m)	lokal Z
Stablast	S02 bis S03	02 bis 04	0,27 (kN/m)	lokal Z
Stablast	S04	04 bis 05	–0,20 (kN/m)	lokal Z
Stablast	S05 bis S06	05 bis 07	–0,15 (kN/m)	lokal Z
Stablast	S01 bis S06	01 bis 07	1,50 (kN/m)	global Z

Lager	Freiheitsgrade (*x*, *z*, *y*)
Knoten 01	gesperrt, gesperrt, frei
Knoten 07	gesperrt, gesperrt, frei

Gelenk	Freiheitsgrade (*x*, *z*, *y*)
Stabende S03	gesperrt, gesperrt, frei

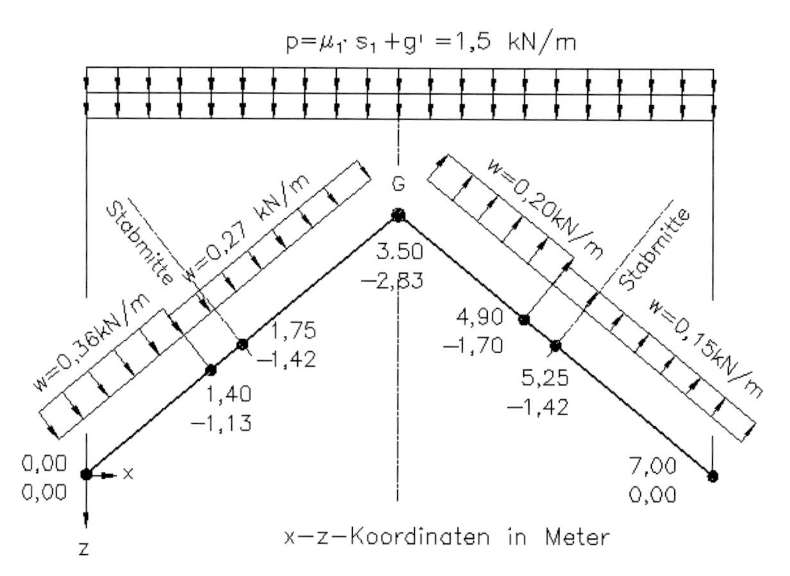

Zeichnung 8.2: Tragwerksmodell für Aufgabe 71

Eingabe der Daten zur Referenzaufgabe:

Bild 8.1-1: Oberfläche von Smart-Bars

Die Erzeugung des Tragwerkmodells und der darauf einwirkenden Belastung erfolgt Schritt für Schritt über die Eingabe der einzelnen Komponenten des Systems (Systemelemente) in den jeweiligen Dialogfeldern. Alle Systemelemente wie z. B. **biegesteife Stäbe, Fachwerkstäbe, Auflager, Lasten,** usw. werden nach ihrer Erzeugung auf der Oberfläche grafisch mittels Symbolen und zugehöriger Beschriftung dargestellt.

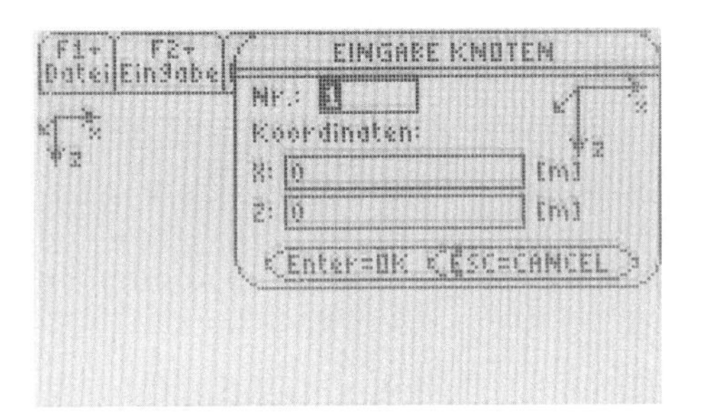

Bild 8.1-2: Knoteneingabe

Zur Beschreibung der Anfangs- und Endpunkte aller biegesteifen Stäbe, Fachwerkstäbe, Auflager- und Einzelkräfte bzw. Einzelmomente ist die Definition sogenannter Knoten notwendig. Mit der **Erzeugung der Knoten** werden gleichzeitig alle Freiheitsgrade (bis auf zusätzliche Freiheitsgrade durch Gelenke) des statischen Systems festgelegt. Im Bild 8.1-2 ist die numerische Eingabe der Knotenkoordinate des ersten Knotens mit Hilfe des Dialogfeldes zu sehen.

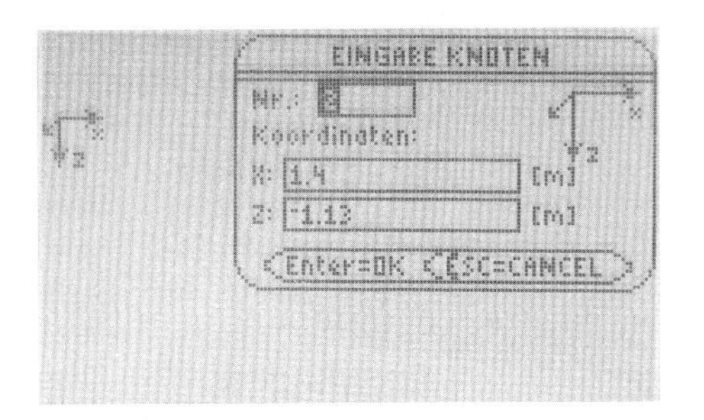

Bild 8.1-3: Fortlaufende Knoteneingabe

Nach Bestätigung der Eingabedaten durch das Drücken der Taste „Enter" erfolgt die Eingabe der Koordinaten der vier anderen Knoten (Knoten 2–5) in dem selben Dialogfeld (siehe Bild 8.1-3).

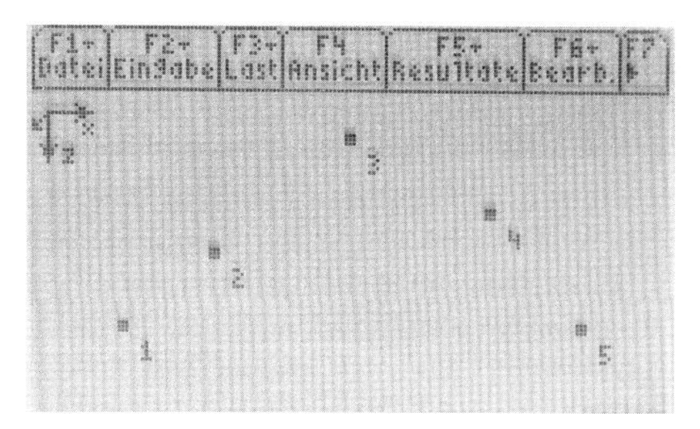

Bild 8.1-4: Knotendarstellung des Tragwerksmodells

Nach der Erzeugung des jeweiligen Knotens wird dieser grafisch auf der Oberfläche im Hintergrund dargestellt (Bild 8.1-4).

Nachdem alle Knoten eingegeben sind, wird die Eingabemaske mit der Taste „Esc" beendet und die **richtige Positionierung aller generierten Knoten** kann optisch mit der Zeichnung aus der Aufgabenstellung 71 verglichen werden.

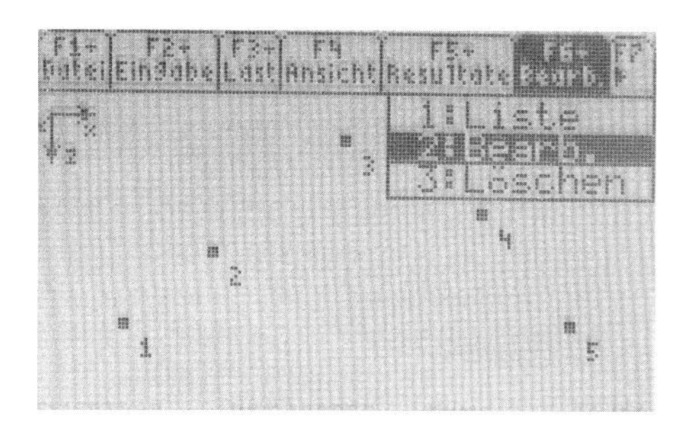

Bild 8.1-5: Editieren des Tragwerksmodells

Wenn eingegebene Elemente geändert oder gelöscht werden müssen, wird dies über das Dialogfeld **„Bearbeiten"** oder **„Löschen"** erfolgen (Bild 8.1-5).

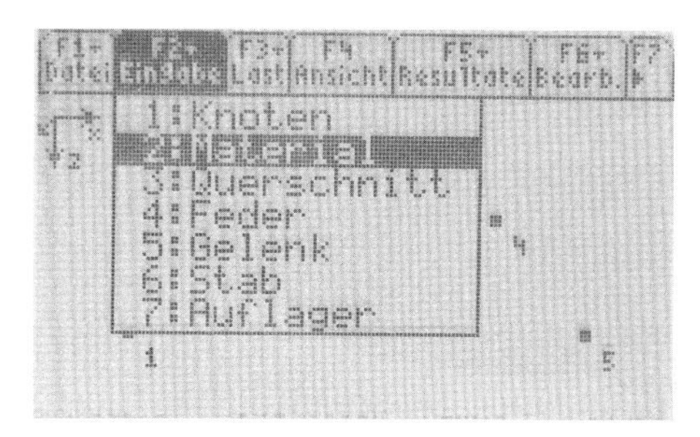

Bild 8.1-6: Materialeingabe für das Tragwerksmodell

Bei statisch bestimmten Stabtragwerken wird empfohlen, **Materialdaten** heranzuziehen, die dem Tragwerk in der Realität in guter Näherung entsprechen, um numerische Probleme bei der Berechnung der Stabschnittgrößen und Verformungen des Stabtragwerks zu vermeiden, wenn diese Werte unrealistisch groß oder klein angenommen werden (Bild 8.1-6).

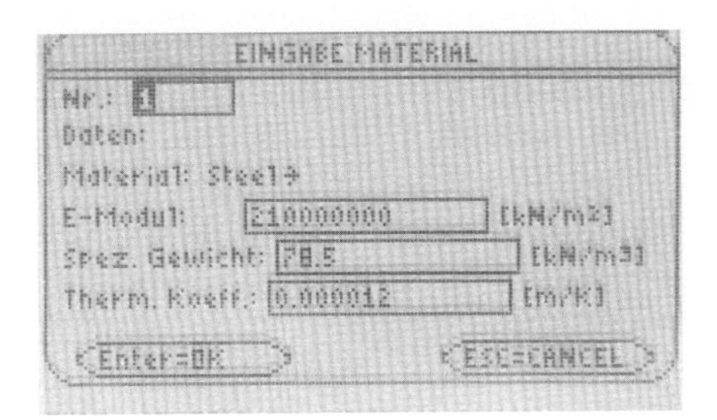

Bild 8.1-7: Editieren der Materialdaten

Das Dialogfeld der Materialeingabe wird mit der Taste „Enter" für jeden Knoten fortlaufend bestätigt (Bild 8.1-7).

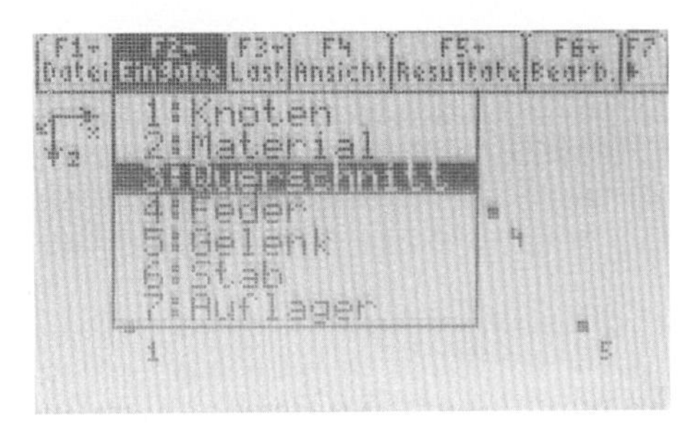

Bild 8.1-8: Querschnittseingabe

Die Querschnittseingabe erfolgt analog der Materialeingabe mit demselben Hintergrund, Materialdaten heranzuziehen, die dem Tragwerk in der Realität in guter Näherung entsprechen (Bild 8.1-8).

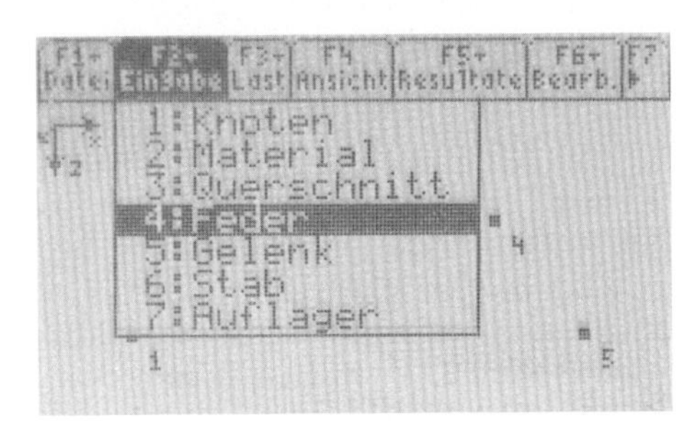

Bild 8.1-9: Weg- und Verdrehungsfedern

Tragstrukturen von Bauwerken sind mit der Erde verbunden. D. h., alle auf das Tragwerk einwirkenden Beanspruchungen werden über Auflager (z. B. Fundamente, Verankerungen usw.) in den Untergrund eingetragen. Durch die konstruktive Ausbildung der Auflager wird bestimmt, welche Weggrößen gesperrt werden und welche Auflagerkräfte aktiviert werden. In dieser Aufgabe wird idealisiert angenommen, dass gewisse Weggrößen gesperrt, d. h. mit Größe null angenommen sind. In Wirklichkeit sind diese Weggrößen nicht exakt gesperrt, da der Boden eine gewisse Nachgiebigkeit aufweist. Um diese Nachgiebigkeit zu modellieren, könnten zusätzlich noch **Weg- und Verdrehungsfedern** verwendet werden. Auf eine solch exakte Modellierung der Auflagersituation wird jedoch in der Regel, wie auch in diesem Beispiel, verzichtet (Bild 8.1-9).

Bild 8.1-10: Gelenkdefinition

Die Sparren sind mit der Firstpfette durch die Sparrennägel unverschieblich verbunden. Eine solche Verbindung kann nur sehr kleine Biegemomente übertragen. Deshalb wird vereinfachend am Firstpunkt des statischen Systems ein Biegemomentengelenk (Gelenk) angeordnet (Bild 8.1-10).

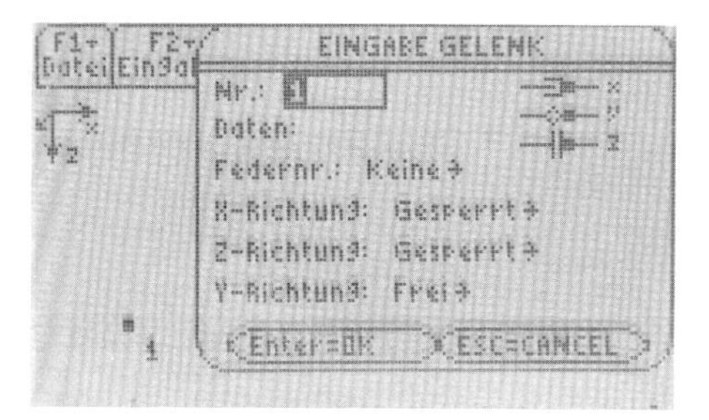

Bild 8.1-11: Eingabe Gelenk

Im entsprechenden Dialogfeld für die **Festlegung eines Gelenkes** werden deshalb beide translatorischen Freiheitsgrade gesperrt und nur der rotatorische Freiheitsgrad um die aus der Bildebene ragende Achse freigegeben. Für detaillierte Berechnungen könnte zusätzlich eine Rotationsfeder am Gelenk aktiviert werden, um der Biegesteifigkeit der Verbindung Rechnung zu tragen. In diesem Beispiel wird jedoch darauf verzichtet (Bild 8.1-11).

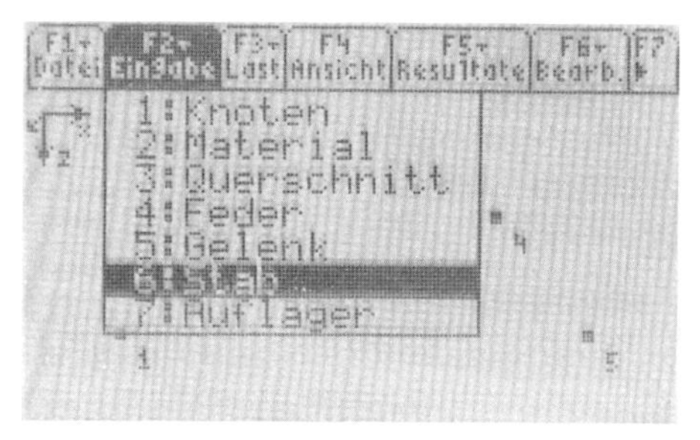

Bild 8.1-12: Stabeingabe

Die **einzelnen biegesteifen Stäbe bzw. Fachwerkstäbe** des Tragwerkmodells werden im Anschluss an die Eingabe der Gelenke definiert. Der Knoten A entspricht hierbei dem Stabanfang und der Knoten B dem Stabende (Bild 8.1-13).

Bild 8.1-13: Fortlaufende Stabeingabe

Die **Eingabe der Stäbe** erfolgt wie alle anderen Eingaben fortlaufend.

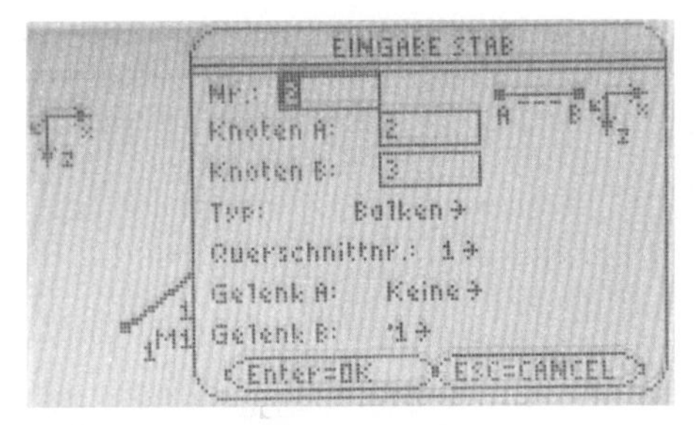

Bild 8.1-14: Editieren Stab 2

Bei der **Eingabe des Stabes 2** ist darauf zu achten, dass an seinem Stabende (Knoten B) das zuvor definierte Gelenk (Gelenk Nummer 1) eingegeben wird (Bild 8.1-14).

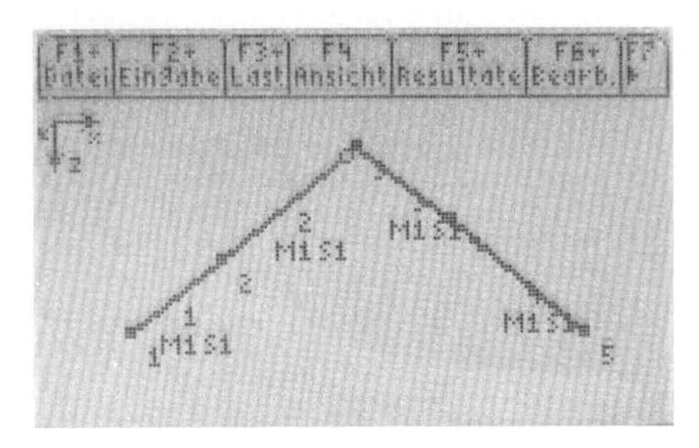

Bild 8.1-15: Aktuelle Darstellung des Tragwerksmodells

Nach der Eingabe der Stabelemente wird die Eingabemaske mit „ESC“ beendet werden und es erscheint wieder die **aktualisierte Übersicht** (Bild 8.1-15).

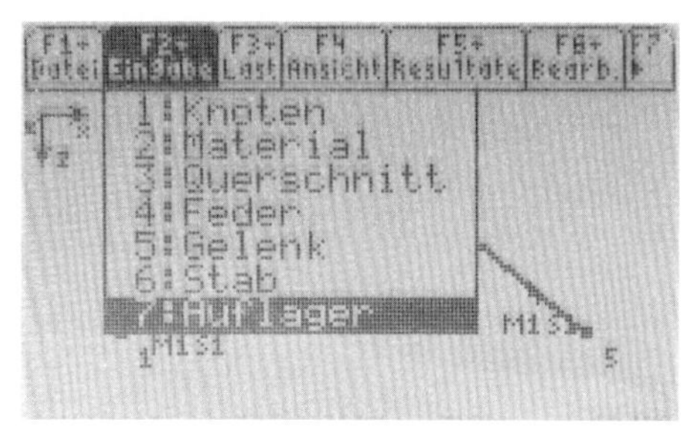

Bild 8.1-16: Eingabe der Auflager

Als letzter Punkt bei der Eingabe des Stabtragwerks müssen noch die **Auflager** definiert werden (Bild 8.1-16).

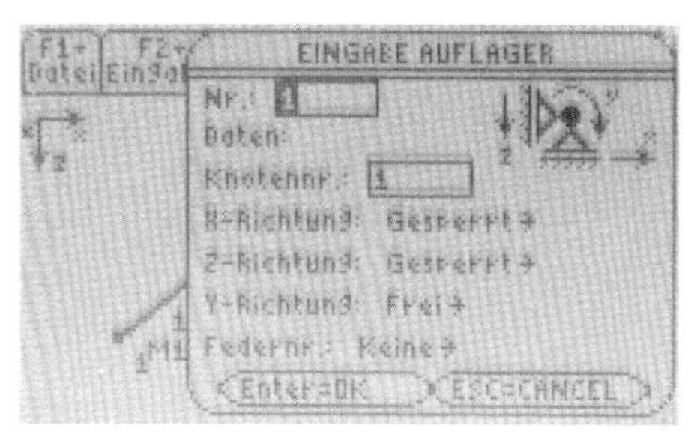

Bild 8.1-17: Auflagerdefinition

Auflager können nur an zuvor generierten Knoten platziert werden. Im Beispiel der Aufgabe 71 erhält der **Knoten 1 ein festes Lager**. D. h., die translatorischen Freiheitsgrade in *x*- bzw. *z*-Richtung sind gesperrt, der rotatorische Freiheitsgrad um die *y*-Achse ist nicht gesperrt, also frei (Bild 8.1-17).

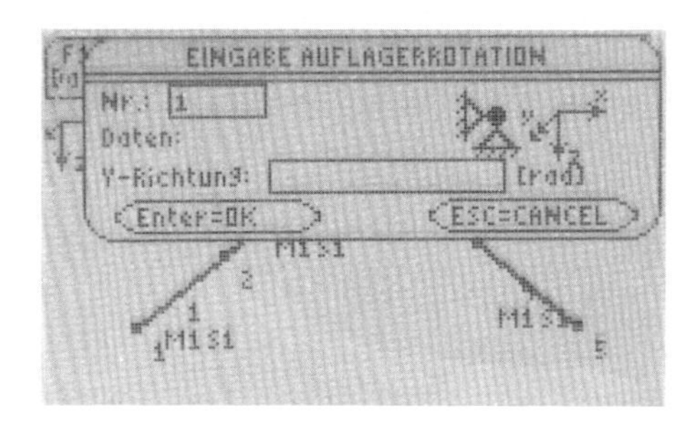

Bild 8.1-18: Auflagerrotation

Ist das Lager relativ zum globalen Koordinatensystem nicht verdreht, wird dieses Dialogfeld (siehe Bild 8.1-18) ohne die Eingabe eines Wertes mit der Taste „Enter“ bestätigt.

Anmerkung:

$$\text{Winkel in rad} = \text{Winkel in Grad} \cdot \frac{\pi}{180^\circ}$$

Bild 8.1-19: Eingabe der Auflager 2

Analog zu Auflager 1 erfolgt die **Festlegung des zweiten Lagers** am Knoten 5 mit der Sperrung der entsprechenden Freiheitsgrade (Bild 8.1-19).

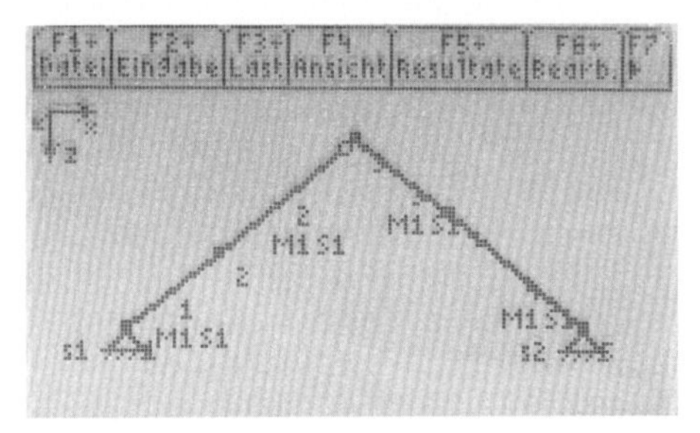

Bild 8.1-20: Aktuelle Darstellung des Tragwerksmodells

Nachdem die Auflager eingegeben sind, wird das Dialogfeld mit der Taste „Esc“ beendet und es erscheint die **aktualisierte Übersicht** (Bild 8.1-20).

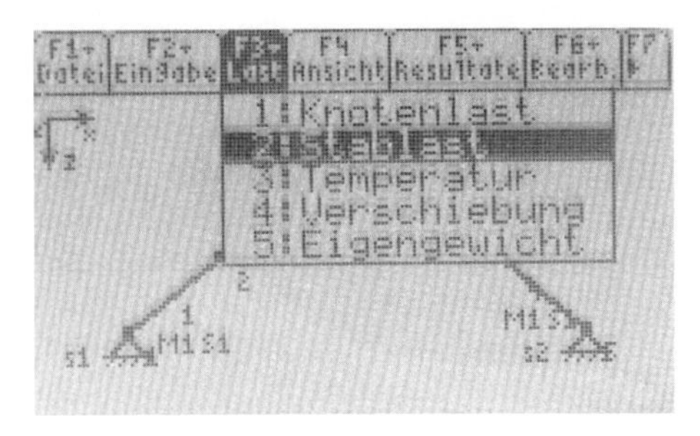

Bild 8.1-21: Belastung auf das Tragwerksmodell

In Smart-Bars werden **Einwirkungen unterschieden** in:

Knotenlasten (Einzellasten), Stablasten (Linienlasten), Temperaturbeanspruchungen, Verschiebungen (Zwangsverschiebungen/-verdrehungen von Auflagern) und Eigengewichtsbeanspruchungen. Die Menüpunkte 1, 3 und 4 sind für Aufgabe 71 nicht relevant. Aus didaktischen Gründen wird in diesem Beispiel das **Eigengewicht jedoch explizit durch Stablasten** (Menüpunkt 2) definiert und nicht automatisch über den Menüpunkt 5 (Bild 8.1-21).

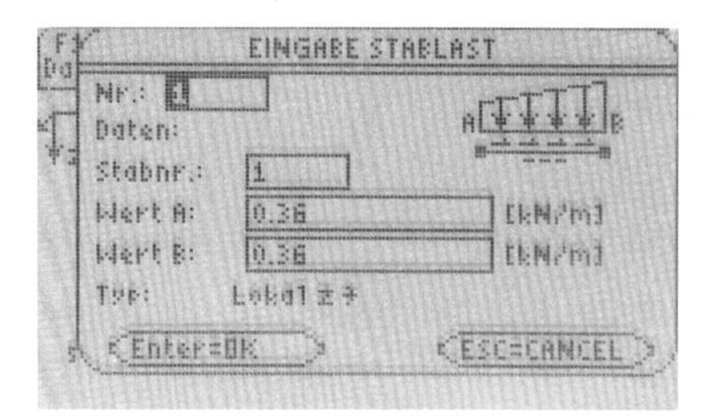

Bild 8.1-22: Eingabe Stablast

Die **Einwirkungen** (Schnee, Wind und Eigengewicht) werden jeweils **als Stablasten eingegeben**. Zur Definition einer Stablast ist der Wert der Belastung am jeweiligen Stabanfang (Wert A) und am Stabende (Wert B) anzugeben. Schnee und Eigengewicht wirken lotrecht (globale *z*-Richtung) und die Belastung infolge Wind wird nur senkrecht auf die Stäbe wirkend angenommen (lokale *z*-Richtung). Die lokale *x*-Richtung ist parallel zur Stablängsachse vom Stabanfang (Punkt A) zum Stabende (Punkt B) definiert. Die lokale *z*-Richtung steht senkrecht auf der lokalen *x*-Richtung (Bild 8.1-22).

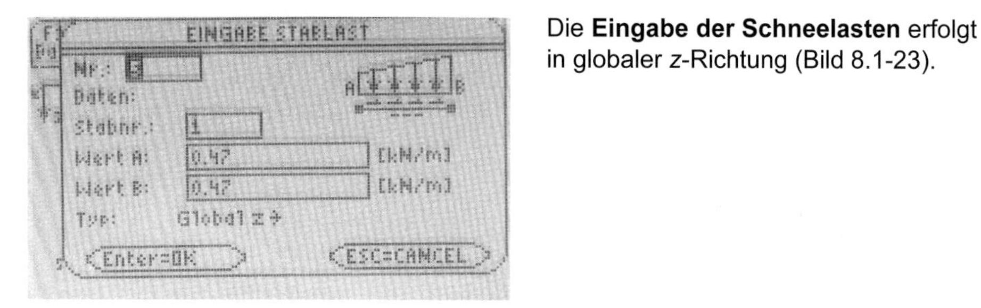

Bild 8.1-23: Eingabe der Schneelasten

Die **Eingabe der Schneelasten** erfolgt in globaler *z*-Richtung (Bild 8.1-23).

Berechnung der Referenzaufgabe:

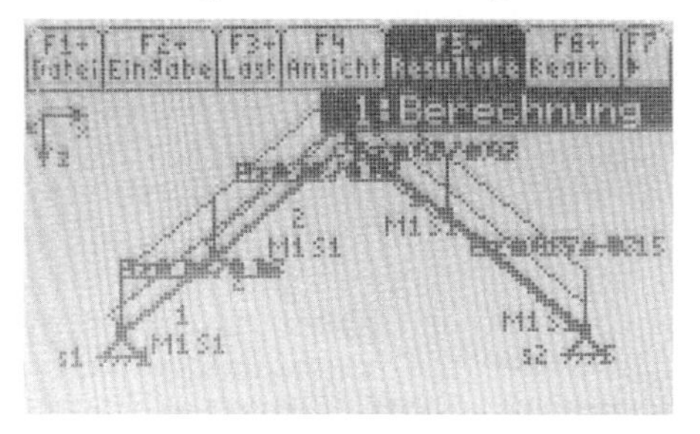

Bild 8.1-24: Berechnung des Tragwerksmodells

Nach der Eingabe aller Einwirkungen ist das Tragwerksmodell für die **Berechnung** der Stabschnittgrößen, Verschiebungen bzw. Verdrehung der Systemkomponenten und der Auflagerkräfte bzw. Auflagermomente vorbereitet (Bild 8.1-24).

Auswertung der Referenzaufgabe

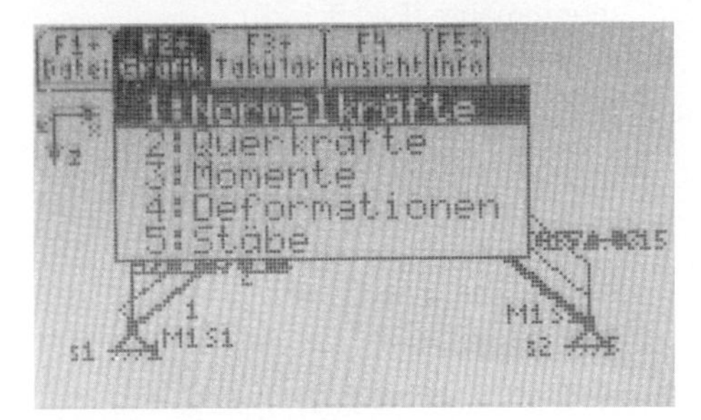

Bild 8.1-25: Anzeige der Berechnungsergebnisse

Der **Berechnungsfortschritt** wird während der Berechnung auf dem Bildschirm angezeigt (Bild 8.1-25).

Über das **Menü „Grafik"** können die berechneten Ergebnisse grafisch angezeigt werden (siehe Bild 8.1-26, 8.1-27, 8.1-28).

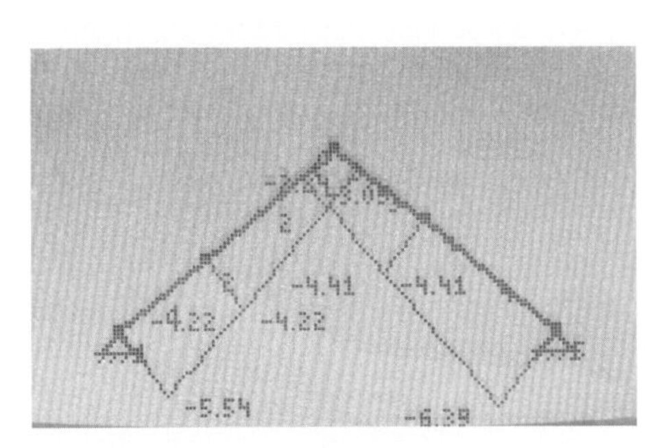

Bild 8.1-26: Normalkraftverlauf

Die **Berechnungsergebnisse** der Normalkraft (Bild 8.1-26).

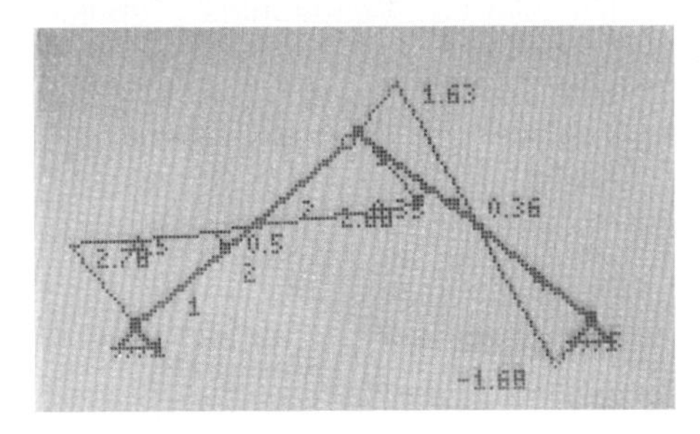

Bild 8.1-27: Querkraftverlauf

Die **Berechnungsergebnisse** der Querkraft (Bild 8.1-27).

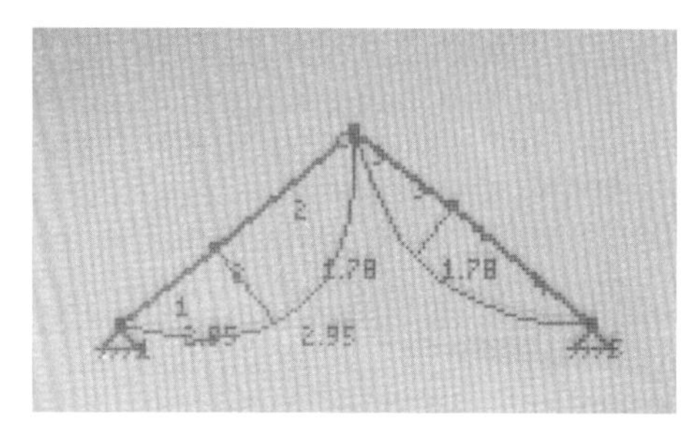

Bild 8.1-28: Momentenverlauf

Die **Berechnungsergebnisse** der Biegemomente (Bild 8.1-28).

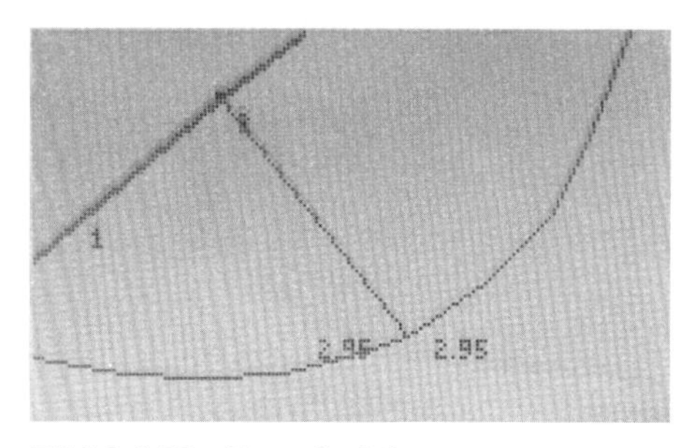

Bild 8.1-29: Zoomfunktion

Da die Größe des Bildschirms am Taschenrechner beschränkt ist, können Details durch das Drücken der „Plus“-Taste **herausgezommt** werden (Bild 8.1-29).

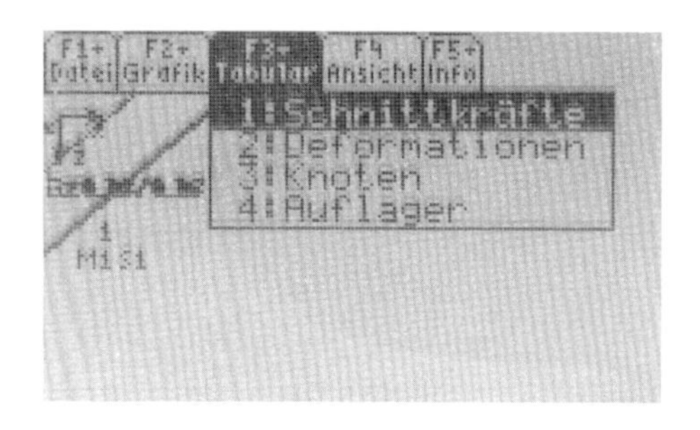

Bild 8.1-30: Numerische Ausgabe der Schnittkräfte

Mit Hilfe des **Menüpunkts „Tabular“** können alle berechneten Ergebnisse alternativ als numerische Werte in Tabellenform angezeigt werden (Bild 8.1-30).

SABSCHNITTKRAFTE: 1			
x	N	Vz	My
[m]	[kN]	[kN]	[kNm]
0	-5.541	2.783	0
0.3	-5.322	2.403	0.778
0.6	-5.102	2.023	1.441
0.9	-4.882	1.642	1.991
1.199	-4.662	1.262	2.426
1.499	-4.442	0.882	2.747
1.799	-4.222	0.501	2.955
			min My
0	-5.541	2.783	0

Bild 8.1-31: Anzeige der Schnittkräfte

Des Weiteren können die für jeden Stab, für den Stabanfang, das Stabende und fünf Punkte entlang der Stabachse, mit **Angabe für die Extremwerte** (Minimum, Maximum) der jeweiligen Stabschnittgröße mittels des Menüpunkts „Grafik“ → „Stäbe“ grafisch dargestellt werden.

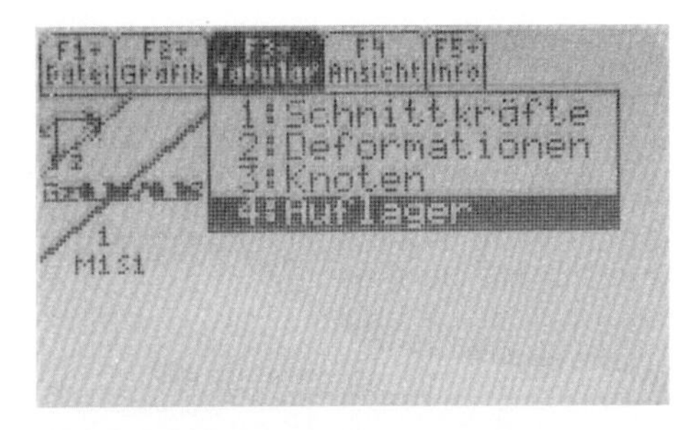

Bild 8.1-32: Numerische Ausgabe der Auflagerreaktionen

Die **Ausgabe** der Auflagerreaktionen (Bild 8.1-32).

AUFLAGERREAKTIONEN			
AuflagerFx	Fx	Fz	My
	[kN]	[kN]	[kNm]
1	2.564	-5.646	0
2	-3.911	-5.33	0

Bild 8.1-33: Auflagerreaktionen

In Bild 8.1-33 ist die **numerische Ausgabe der Auflagerreaktionen** dargestellt. F_x und F_z repräsentieren die Auflagerreaktionen in globaler x- bzw. z-Richtung.

Bild 8.1-34: Smart-Bars beenden

Über den Menüpunkt „Datei" → „Eingabe" gelangt man zurück ins Eingabemenü oder beendet Smart-Bars direkt über den Menüpunkt „Datei" → **„Beenden"**.

Vergleich der Rechenergebnisse für die Aufgabe 71:

a) Auflager- und Gelenkkräfte in kN

			x, z	v, h
	Programm	manuell	Programmberechnung	manuelle Berechnung
Lager A	F_{X1}	F_{Ah}	2,564	2,602
	F_{Z1}	F_{Av}	–5,646	5,626
Lager B	F_{X2}	F_{Bh}	–3,911	–3,989
	F_{Z2}	F_{Bv}	–5,330	5,329
Gelenk	–	F_{Gh}	–	–3,479
	–	F_{Gv}	–	0,709

Einschätzung:

Die Lagerkräfte sind nahezu identisch. Für das Gelenk werden im Tragwerksprogramm keine Kräfte ausgewiesen. Da in den Tragfähigkeitsnachweisen die Größe der Gelenkkräfte nicht benötigt wird, ist die Angabe entbehrlich.

b) Längskräfte (N), Querkräfte (Q) und Momente (M) in kN und kNm

Koordinate		Programm			Manuell		
Programm	manuell	N	V	M	N	V	M
x_L = 0,00	x = 0; Lager A	–5,541	2,763	0,000	–5,54	2,73	0,00
x_L = 1,80	x = 1,40	–4,220	0,501	2,955	–	–	–
x_L = 2,25	x = 1,75 (Mitte)	–3,894	–0,080	3,038	–3,90	0,00	3,08
x_L = 3,50	x = 3,50 (Gelenk)	2,240	2,880	0,000	2,26	2,74	0,00
x_L = Stablänge, gemessen vom Auflage 1							

Einschätzung:

Die Extremwerte werden im Stabwerksprogramm explizit ausgewiesen. Aus dem grafischen Verlauf ist erkennbar, dass das maximale Biegemoment und der Nulldurchgang der Querkraft annähernd in der Stabmitte auftreten. Für die Tragfähigkeitsnachweise können diese Werte für x = 1,75 m verwendet werden, wenn (wie im vorliegenden Fall) die Biegemomentenparabel keine Sprünge hat.

Die Tragfähigkeitsnachweise sind bei der manuellen Berechnung mit den Belastungswerten für die Stabmitte geführt worden.

8.2 Computerprogramm für räumliche Stabtragwerke

Im Abschnitt 8.1 ist die Aufgabe 71 als Referenzaufgabe gelöst worden. Mit dem folgenden Programm wird dieselbe Aufgabe mit einer Software bearbeitet, wie sie in Ingenieurbüros üblich ist.

RSTAB ist ein benutzerfreundliches Programm zum Lösen von räumlichen Stabwerken. Die Software ist so konzipiert, dass der Anwender mit Computergrundkenntnissen den Umgang mit dem leicht erlernbaren Programm beherrscht.

In diesem Kapitel werden die wichtigsten Funktionen von RSTAB gezeigt. Da mehrere Wege zum Ziel führen (grafische oder numerische Eingabe) können je nach Situation und Entscheidung des Anwenders einmal der eine oder der andere Weg sinnvoll sein. Die Aufgabe wird soweit gelöst, dass alle Normalkräfte, Scherkräfte und Biegemomente ermittelt und grafisch dargestellt werden.

Das Beispiel soll den Anwender anregen, selbstständig seine gelösten Aufgaben zu überprüfen und zu kontrollieren.

Eingabe der Strukturdaten:

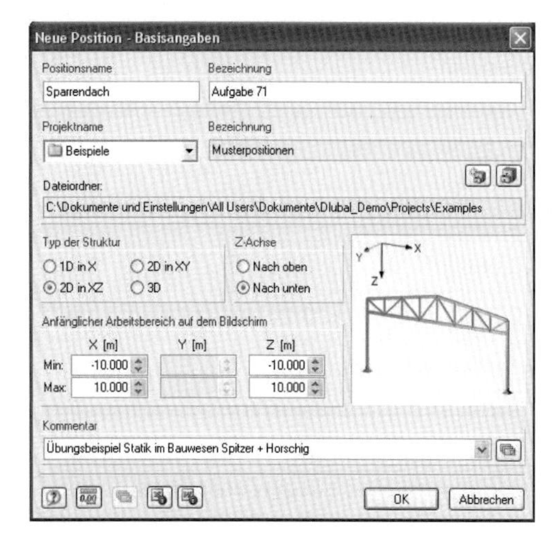

Bild 8.2-1: Position anlegen

Nach dem Start von RSTAB gelangt der Nutzer in ein Dialogfeld, in dem die Basisangaben für eine neue Berechnung abgerufen werden. Das Feld **Positionsname** muss immer ausgefüllt werden, da dieser Eintrag als Dateiname verwendet wird. Um das Tragwerksmodell auf zwei Dimensionen zu vereinfachen, ist die Option **2D in XZ** zu wählen. [OK] schließt den Dialog und der leere Arbeitsbereich wird angezeigt (Bild 8.2-1).

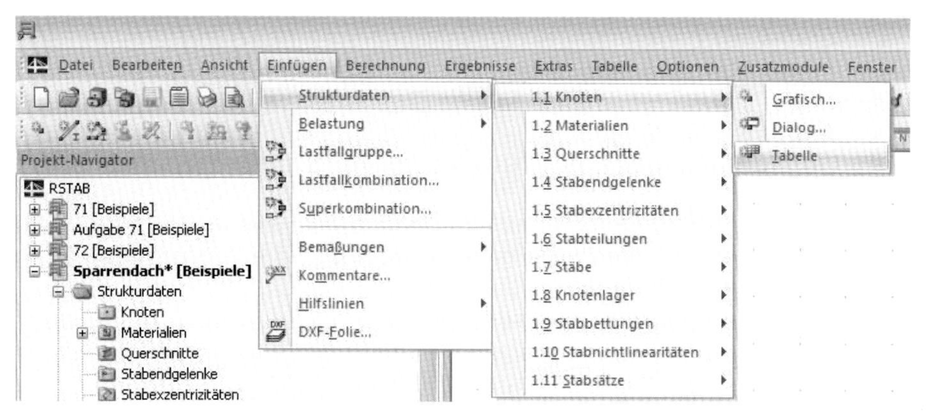

Bild 8.2-2: Eingabe der Strukturdaten

Bei diesem einfachen Beispiel bietet es sich an, durch grafische Eingabe die Stäbe direkt auf dem Arbeitsbereich zu setzen. Die zugehörigen Knoten werden automatisch mitgebildet.

Aus didaktischen Gründen werden aber zunächst tabellarisch alle Knoten definiert und dann die Stäbe eingefügt (Bild 8.2-2). Mit der Wahl des Menüs **Eingabe – Strukturdaten – Knoten – Tabelle** erscheint am unteren Bildrand die Tabelle für die Eingabe der Knotenkoordinaten.

	A	B	C	D
Knoten Nr.	Bezugs-Knoten	Koordinaten-System	Knotenkoordinaten X [m]	Z [m]
1	0	Kartesisch	0.000	0.000
2	0	Kartesisch	1.400	-1.130
3	0	Kartesisch	1.750	-1.420
4	0	Kartesisch	3.500	-2.830
5	0	Kartesisch	4.900	-1.700
6	0	Kartesisch	5.250	-1.420
7	0	Kartesisch	7.000	0.000
8				
9				
10				
11				

Knoten | Material | Querschnitte | Stabendgelenke | Stabexzentrizitäten | Stabteilungen | Stäbe | Knotenlager | Stabbettungen | Stabnichtlinearitäten

Bild 8.2-3: Knoten definieren

Die Knotenkoordinaten werden für die ***x*- und *z*-Richtung** eingetragen. Dabei ist die Definition der Vorzeichen zu beachten. Mit der [Tab]- Taste kann schnell zwischen den Eingabefeldern gewechselt werden (Bild 8.2-3).

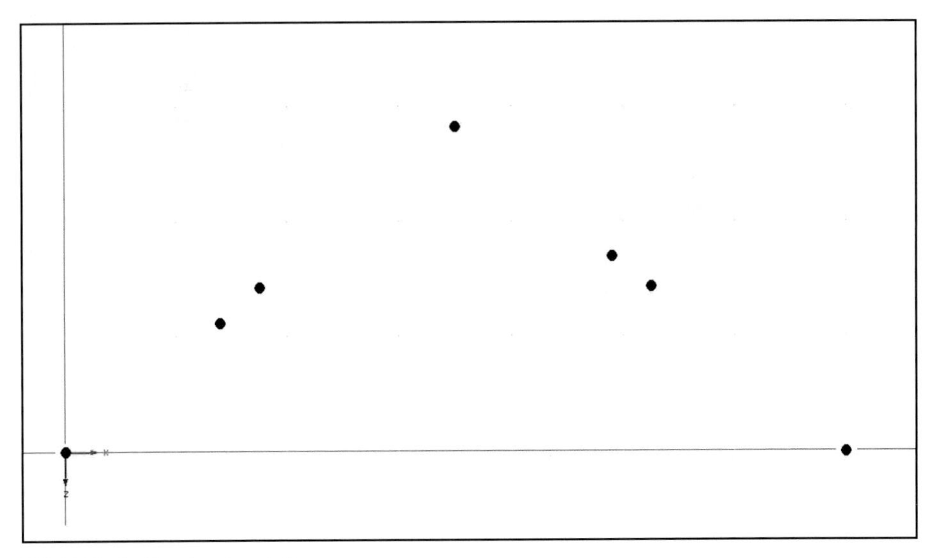

Bild 8.2-4: Knotendarstellung

Nach der Erzeugung der jeweiligen Knoten werden diese, wie im Bild 8.2-4 zu sehen ist, grafisch auf dem Arbeitsbereich dargestellt.

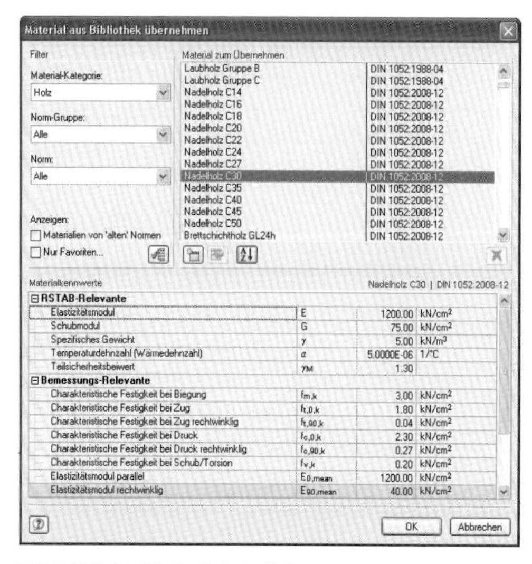

Bild 8.2-5 Material definieren

Das Material im Beispiel der Aufgabe 71 ist Nadelholz der Festigkeitsklasse C 30.

Über das Menü **Einfügen – Strukturdaten – Materialien – Dialog** erreicht man das Fenster, in dem vordefinierte Materialien aus der Bibliothek übernommen werden können.

Durch das Verwenden von **Filtern** ist das gesuchte Material schneller zu finden (Bild 8.2-5).

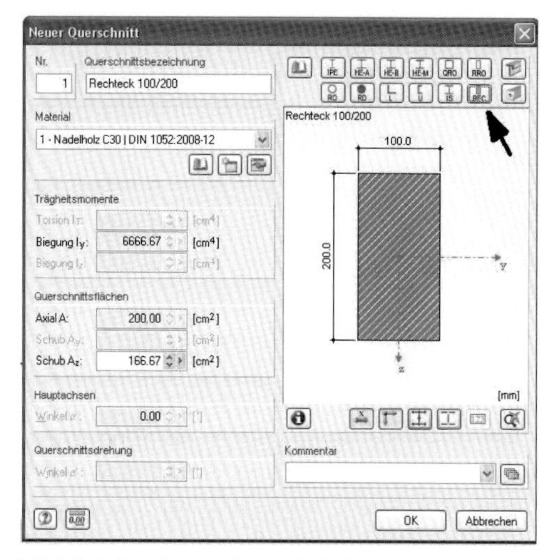

Bild 8.2-6: Querschnitt definieren

Die Querschnittseingabe erfolgt analog zur Materialeingabe. Es wird ein Rechteckquerschnitt mit den Maßen **100/200** mm verwendet. Über **Einfügen – Strukturdaten – Querschnitt – Dialog** erreicht man das Fenster, in dem vordefinierte Querschnitte unterlegt sind (Bild 8.2-6).

Nach Eingabe von Breite und Höhe beendet man den Dialog mit [OK].

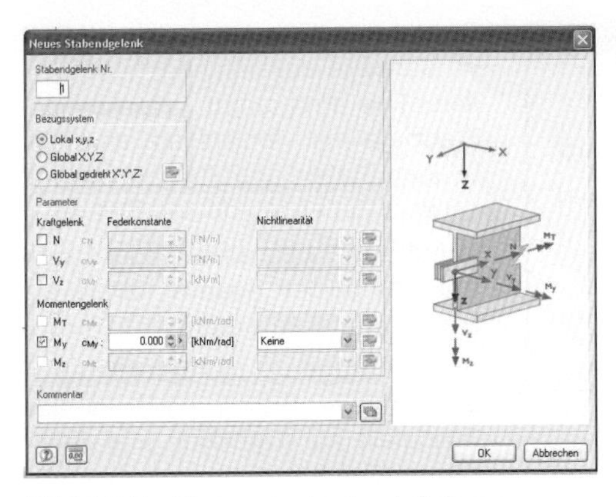

Bild 8.2-7: Stabendgelenke definieren

Die Sparren sind mit der Firstpfette durch Sparrennägel unverschieblich verbunden. Eine solche Verbindung kann nur sehr kleine Biegemomente übertragen. Deshalb wird vereinfachend am Firstpunkt des Tragwerksmodells ein Biegemomentengelenk angeordnet.

Über das Menü **Einfügen – Strukturdaten – Stabendgelenke – Dialog** öffnet sich das Dialogfeld zur Definition von Stabendgelenken.

Alle Voreinstellungen können beibehalten werden. Das Dialogfeld ist mit [OK] zu bestätigen (Bild 8.2-7).

	A	B	C	D	E	F	G	H	I	J	K	L	M	N
Stab Nr.	Stabtyp	Knoten Nr. Anfang	Ende	Stabdrehung Typ	β [°]	Querschnitt Nr. Anfang	Ende	Gelenk Nr. Anfang	Ende	Exzentr. Nr.	Teilung Nr.	Vouten-Ansatz	Länge L [m]	
1	Balkenstab	1	2	Winkel	0.00	1	1	0	0	0	0		1.799	XZ
2	Balkenstab	2	3	Winkel	0.00	1	1	0	0	0	0		0.455	XZ
3	Balkenstab	3	4	Winkel	0.00	1	1	0	1	0	0		2.247	XZ
4	Balkenstab	4	5	Winkel	0.00	1	1	0	0	0	0		1.799	XZ
5	Balkenstab	5	6	Winkel	0.00	1	1	0	0	0	0		0.448	XZ
6	Balkenstab	6	7	Winkel	0.00	1	1	0	0	0	0		2.254	XZ
7														
8														
9														
10														
11														

Knoten | Material | Querschnitte | Stabendgelenke | Stabexzentrizitäten | Stabteilungen | Stäbe | Knotenlager | Stabbettungen | Stabnichtlinearitäten | Stabsätze

Bild 8.2-8: Eingabe der Stäbe

Über **Einfügen – Strukturdaten – Stäbe – Tabelle** erscheint am unteren Bildrand die Tabelle zur Definition der Stäbe (Bild 8.2-8).

Voreingestellt ist bereits der Stabtyp **Balkenstab**. Um den Stab zu setzen, müssen Anfangs- und Endknoten eingegeben werden. Wird der Mauscursor in das Eingabefeld **[Knoten Nr. – Anfang]** der Zeile Stab Nr. 1 gesetzt, erscheint voreingestellt der Startpunkt des Stabes am Knoten Nr. 1. Mit [Enter] werden der Startpunkt bestätigt und das nächste Feld erreicht. Der Vorgang ist zu wiederholen, bis die Zeile 1 komplett ausgefüllt ist. In Zeile 3 muss im Feld **[Gelenk Nr. – Ende]** das zuvor definierte Gelenk ausgewählt werden.

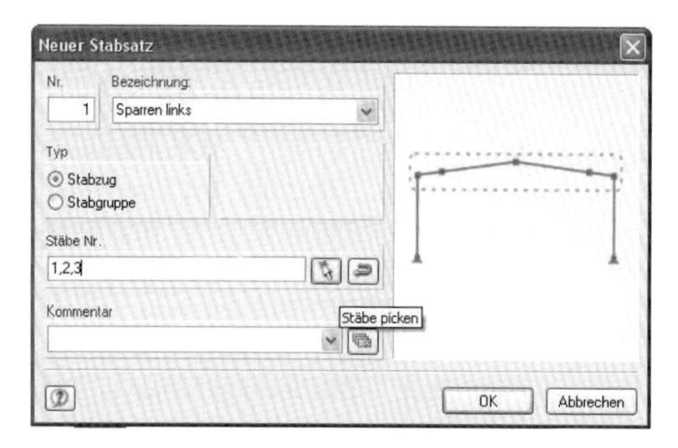

Bild 8.2-9: Definition von Stabsätzen

Die zuvor definierten Stäbe können in Stabzüge zusammengefasst werden. Das Programm unterscheidet Stabzüge mit fortlaufend anschließenden Stäben und Stabgruppen mit beliebig viel angeordneten Stäben.

In Aufgabe 71 sollen auf jeder Dachseite die beiden Sparren jeweils als Stabzug definiert werden.

Über **Einfügen – Strukturdaten – Stabsätze – Dialog** erscheint das Dialogfeld zur Definition von Stabsätzen (Bild 8.2-9).

Einzugeben ist die Bezeichnung **Sparren links** und die Festlegung des Typs **Stabzug**. Die Stäbe, die den Stabzug bilden, können grafisch in dem Arbeitsfenster nacheinander per Mausklick ausgewählt oder durch numerische Eingabe bestimmt werden.

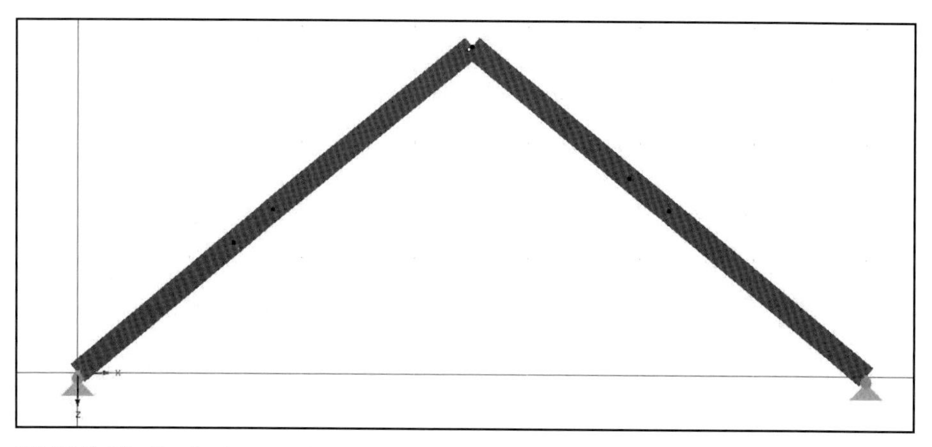

Bild 8.2-10: Knotenlager setzen

Zur Definition der Lager werden zunächst die Knoten 1 und 7 selektiert.

Durch die Wahl **Einfügen – Strukturdaten – Knotenlager – Grafisch** erscheint das Dialogfeld **Neues Knotenlager**.

Die Knoten Nr. 1 und 7 sowie **Lagerungsart Gelenkig** erscheinen voreingestellt. Über die Schaltfläche [NEU] können beliebige Lagerungsarten definiert werden. Gewählt wird die gelenkige Voreinstellung mit fester Stützung in *x*- und *z*-Richtung. Die Abkürzung JJN bedeuten: Ja für Stützung in *x* und *z*, Nein für Einspannung um *y*.

Mit [OK] wird die Eingabe der Strukturdaten abgeschlossen (Bild 8.2-10).

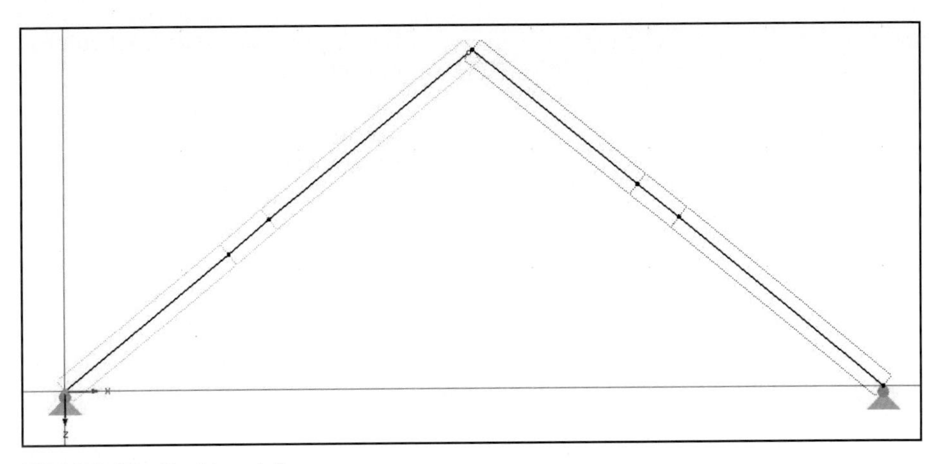

Bild 8.2-11: Drahtmodell

Die Strukturdefinition wurde im 3D-Modus vorgenommen.

Über das Menü **Ansicht – Darstellungsart gefüllt/Drahtmodell** kann die Ansicht des Tragwerksmodells zu einem auf die Schwerelinien reduzierten Modells gewechselt werden (Bild 8.2-11).

Eingabe der Belastungen:

Über **Einfügen – Belastung – Stablasten – Grafisch** öffnet sich ein Dialog, mit dem ein neuer Lastfall angelegt wird (Bild 8.2-12).

Die Übernahme der Eingabe wie in Bild 8.2-12 wird mit [OK]. bestätigt, wodurch der Dialog **Neue Stablast** erreicht wird (Bild 8.2-13).

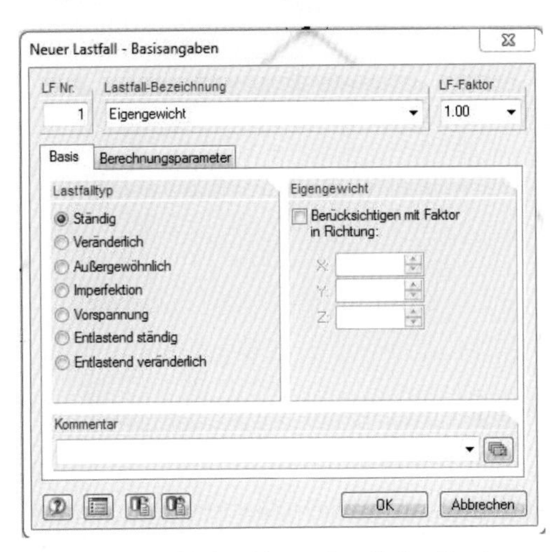

Bild 8.2-12: Dialog Neuer Lastfall – Basisangaben

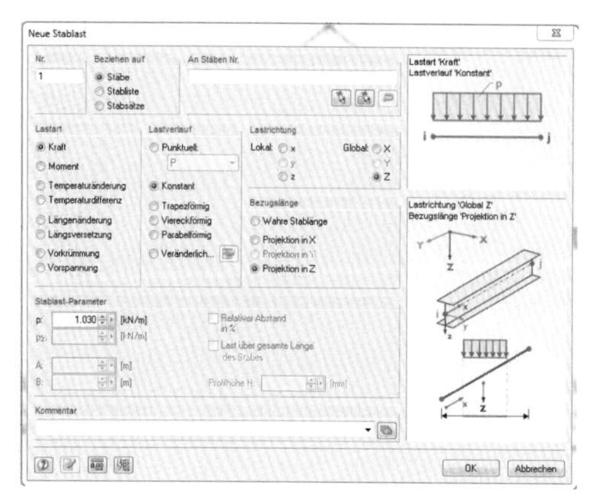

Bild 8.2-13: Dialog „Neue Stablast“

Das Eigengewicht des Dachaufbaus wirkt als:

Lastart: **Kraft**
Lastverlauf: **Konstant**
Lastrichtung: **Global Z**
Bezugslänge: **Projektion in z**.

Als Stablast-Parameter wird im Eingabefeld für *p* der Wert **1,03 kN/m** eingetragen und mit der Taste [OK] bestätigt (Bild 8.2-13).

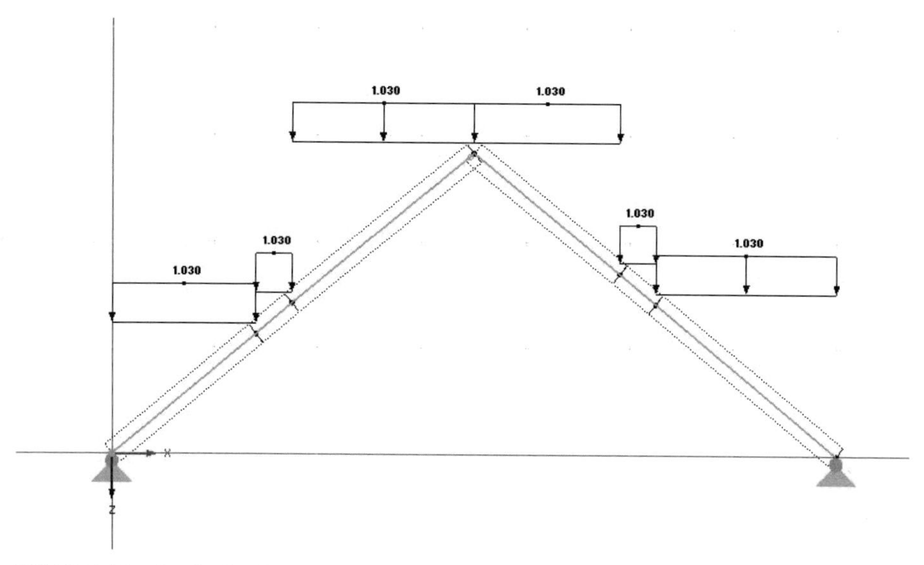

Bild 8.2-14: Grafische Eingabe der Belastung

Das Dialogfeld wird geschlossen und die Last kann grafisch den Stäben durch **Anklicken mit dem Mauszeiger** zugewiesen werden. [ESC] beendet die Eingabe (Bild 8.2-14).

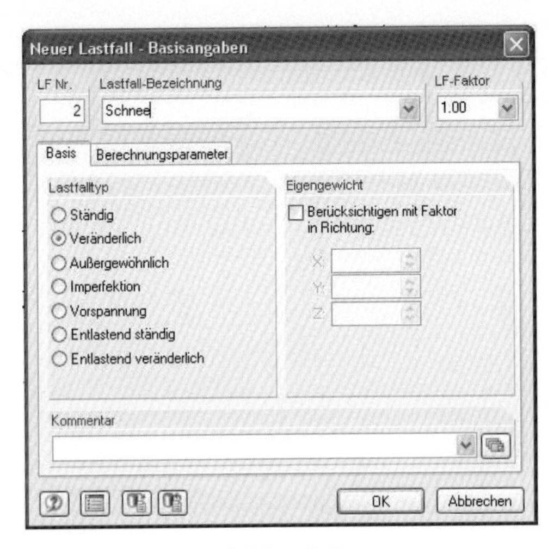

Bild 8.2-15: Lastfall 2 – Schnee

Über **Einfügen – Belastung – Neuer Lastfall** öffnet sich ein Dialog, mit dem ein neuer Lastfall angelegt wird (Bild 8.2-15).

Als Lastfallbezeichnung wird **Schnee** eingetragen. Der Lastfalltyp ist bereits als **Veränderlich** voreingestellt. Der **Lastfall Faktor** bleibt auf **1,0** stehen. Bei der Definition von Lastfällen sollte noch kein Sicherheitsfaktor angegeben werden, dieser spielt erst beim Bilden von Lastfallgruppen oder Lastfallkombinationen eine Rolle. Lastfälle werden als Gebrauchslasten definiert.

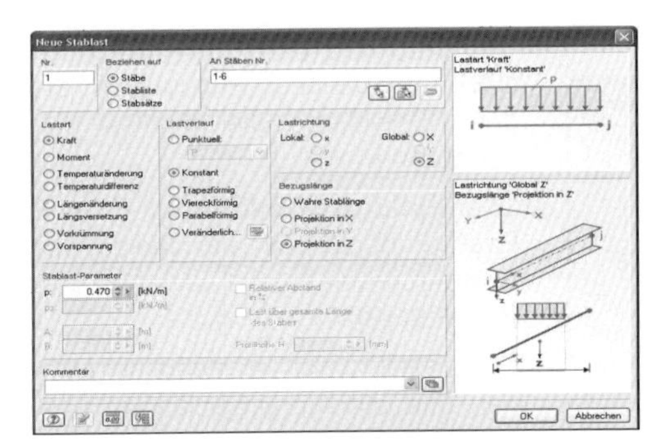

Bild 8.2-16: Dialog „Neue Stablast“

Alle Stäbe werden selektiert, indem ein Fenster mit gedrückter Maustaste über diesen Bereich (Stäbe 1 bis 6) aufgezogen wird.

Mit **Einfügen – Belastung – Stablasten – Grafisch** öffnet sich ein Dialog, mit dem eine neue Einwirkung angelegt wird (Bild 8.2-16).

Im Unterschied zu Bild 8.2-13 sind die Stabnummern im Eingabefeld bereits eingetragen.

Bei der Schneelast wirkt wiederum **Lastart Kraft**, **Lastverlauf Konstant**, **Lasteinwirkung Global *Z***. Für Einwirkungen aus Schnee muss die **Bezugslänge** auf **Projektion in *Z*** geändert werden. Als **Stablast-Parameter** wird im Eingabefeld für p der Wert **0,47 kN/m** eingetragen und mit [OK] bestätigt.

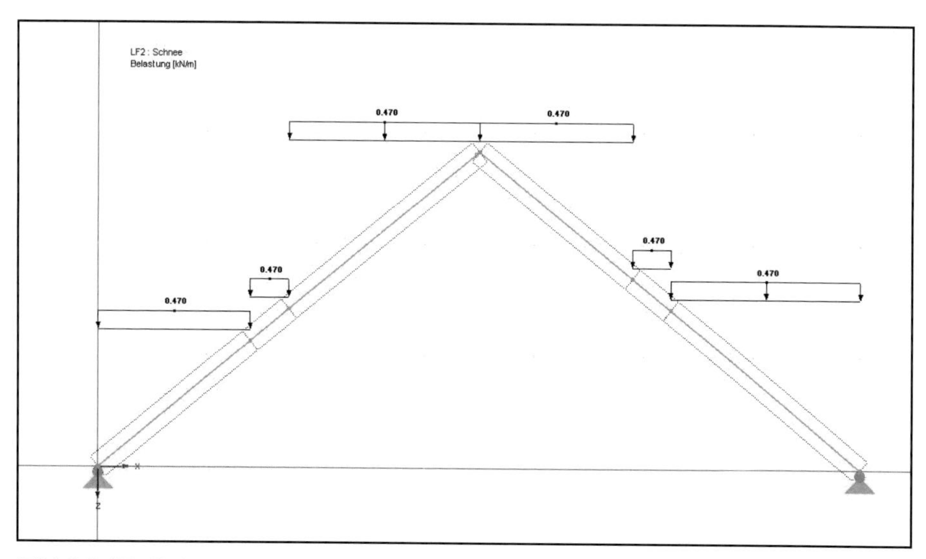

Bild 8.2-17: Belastung aus Lastfall 2 – Schnee

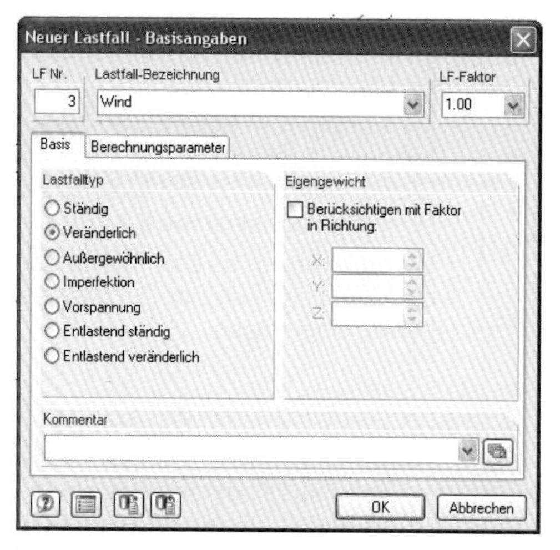

Bild 8.2-18: Dialog „Neuer Lastfall 3 – Wind“

Nach dem gleichen Prinzip wird die dritte Einwirkung, die Windlast eingegeben.

Über **Einfügen – Belastung – Neuer Lastfall** öffnet sich ein Dialog, mit dem ein neuer Lastfall angelegt wird (Bild 8.2-18).

Der Lastfall wird als Wind bezeichnet, und alle Voreinstellungen können übernommen werden.

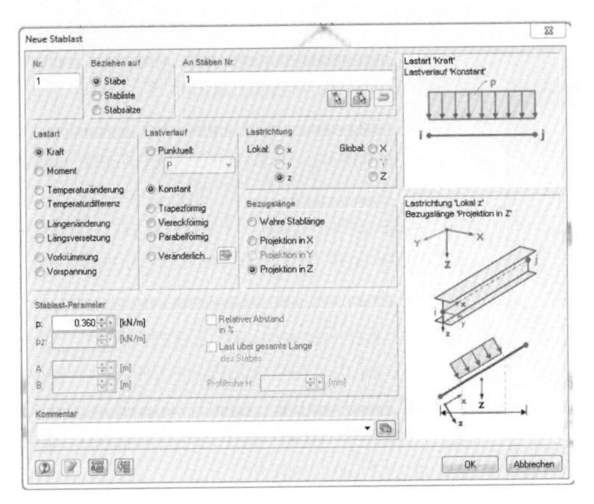

Bild 8.2-19: Dialog „Neue Stablast“

Über **Einfügen – Belastung – Stablasten – Dialog** öffnet sich ein Dialog, mit dem die neue Einwirkung Wind angelegt wird (Bild 8.2-19).

Die Windlast wird definiert als:

Lastart: **Kraft**
Lastverteilung: **Konstant**
Lastrichtung: **Lokal *z***
Bezugslänge: **Projektion in *z***.

Als **Stablast-Parameter** wird im Eingabefeld für p der Wert **0,36 kN/m** eingetragen und mit [OK] bestätigt.

Damit ist die Belastung für Stabnummer 1 definiert. Analog werden jetzt die Stäbe 2–6 mit den jeweils dazugehörigen Windlasten versehen (Bild 8.2-20).

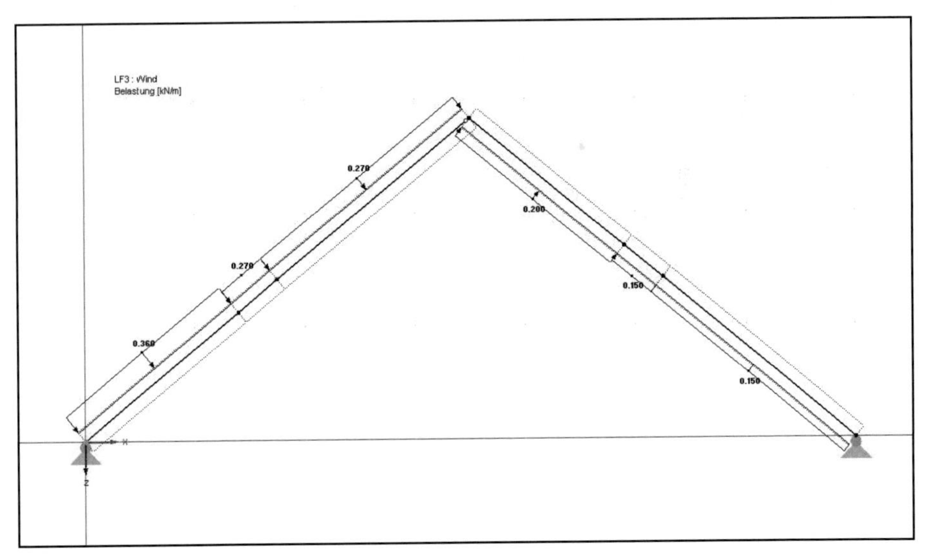

Bild 8.2-20: Belastung aus Lastfall 3 – Wind

Kombination der Einwirkungen:

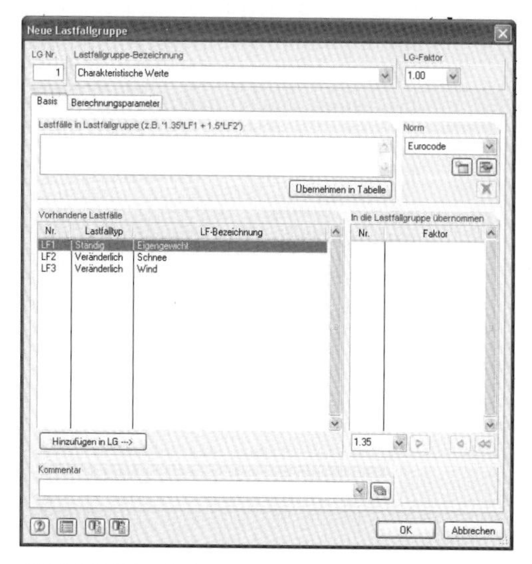

Bild 8.2-21: Anlegen einer Lastfallgruppe

Die Einwirkungen sind für die Berechnung des Sparrendachs noch zu kombinieren. Es wird deshalb eine Lastfallgruppe (LG) für die Bemessungswerte mit Teilsicherheitsbeiwerten auf der Einwirkungsseite gebildet.

Über **Einfügen – Lastfallgruppe** öffnet sich das Dialogfenster **Neue Lastfallgruppe** (Bild 8.2-21). Die **LG-Nr. 1** und der **LG-Faktor 1,0** sind voreingestellt.

Als **LG-Bezeichnung** werden **Charakteristische Werte** eingegeben. Die Lastfallgruppe soll alle drei Einwirkungen enthalten.

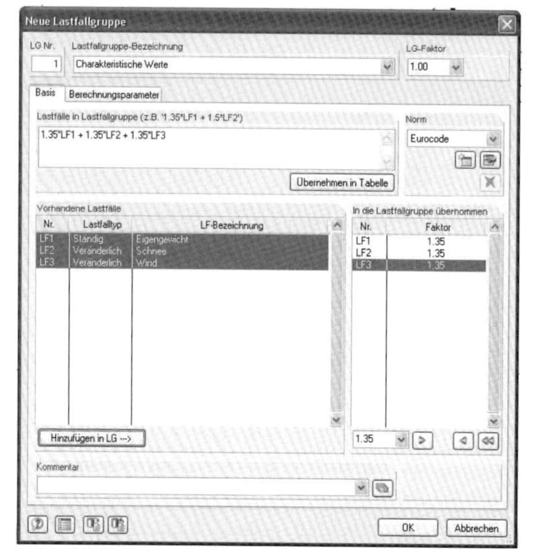

Bild 8.2-22: Lastfallgruppe Charakteristische Werte

In der Liste **Vorhandene Lastfälle** werden nacheinander alle drei Lastfälle selektiert, indem beim Klicken mit der Maus die [Strg]-Taste gedrückt bleibt. Mit der Schaltfläche **[Hinzufügen in LG]** wird die Lastfallgruppe gebildet.

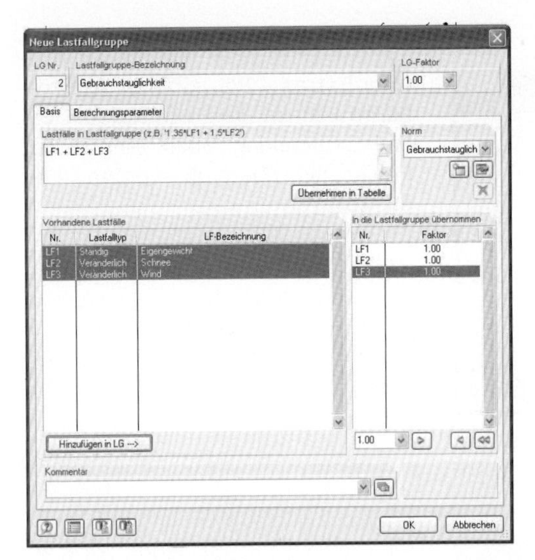

Bild 8.2-23: Lastfallgruppe 2 – Gebrauchstauglichkeit

Es lassen sich noch weitere Lastfallgruppen in beliebiger Kombination bilden.

Die Ergebnisse werden stets mit den entsprechenden Lastfällen behaftet.

Dies bedeutet, dass für die Ermittlung von charakteristischen Werten ohne Teilsicherheitsbeiwerte noch Lastfallgruppen mit den Lastfällen **Teilsicherheitsfaktor 1,0** gebildet werden müssen (Bild 8.2-24).

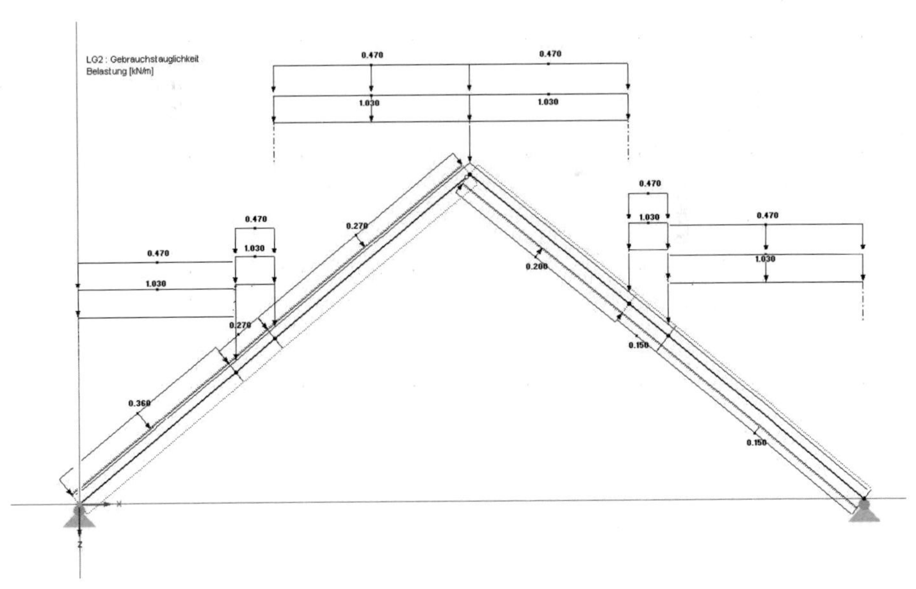

Bild 8.2-24: Belastung in Lastfallgruppe 2 – Gebrauchstauglichkeit

Berechnung:

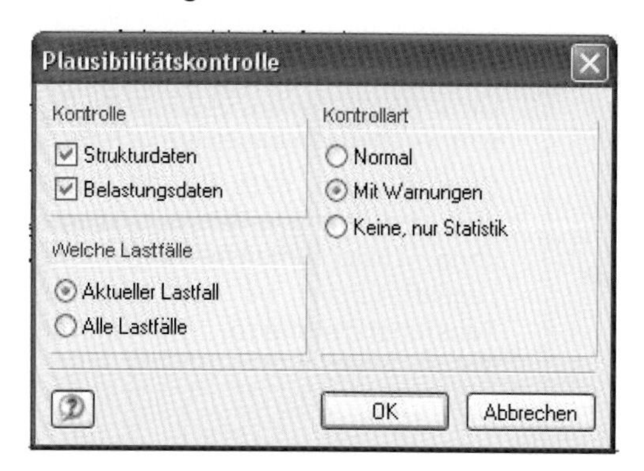

Bild 8.2-25: Dialog Plausibilitätskontrolle

Über **Extras – Plausibilität kontrollieren** können die Eingabedaten vor der Berechnung noch einmal auf Fehler hin überprüft werden (Bild 8.2-25).

Bild 8.2-26: Ergebnis der Plausibilitätskontrolle

Sind nach dem Bestätigen mit [OK] keine Unstimmigkeiten entdeckt worden, erscheint eine entsprechende Meldung mitsamt Bilanz (Bild 8.2-26).

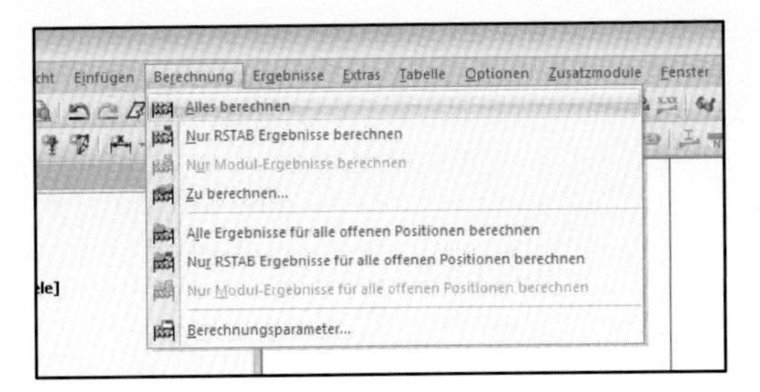

Die Auswertung kann nun über **Berechnung – Alles Berechnen** gestartet werden (Bild 8.2-27).

Bild 8.2-27: Ergebnis der Plausibilitätskontrolle

Ergebnisse

Nach der Berechnung werden die Verformungen des aktuellen Lastfalls (Teilsicherheitsbeiwerte $\lambda = 1$) grafisch angezeigt.

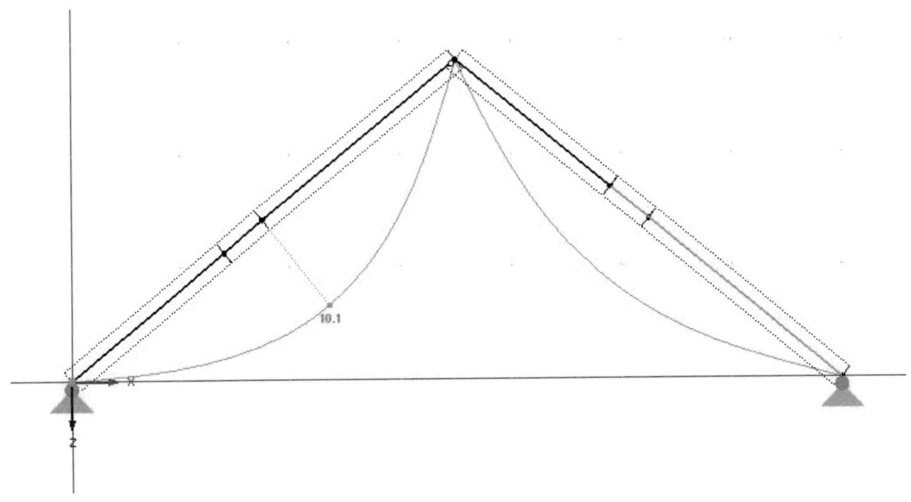

Bild 8.2-28: Grafik der Verformung im LF Gebrauchstauglichkeit

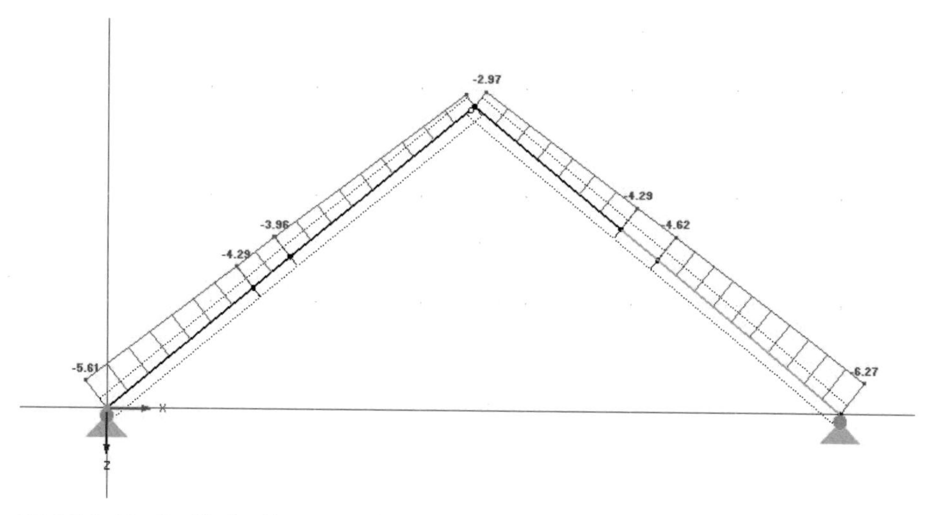

Bild 8.2-29: Grafik der Normalkraft im LF Gebrauchstauglichkeit

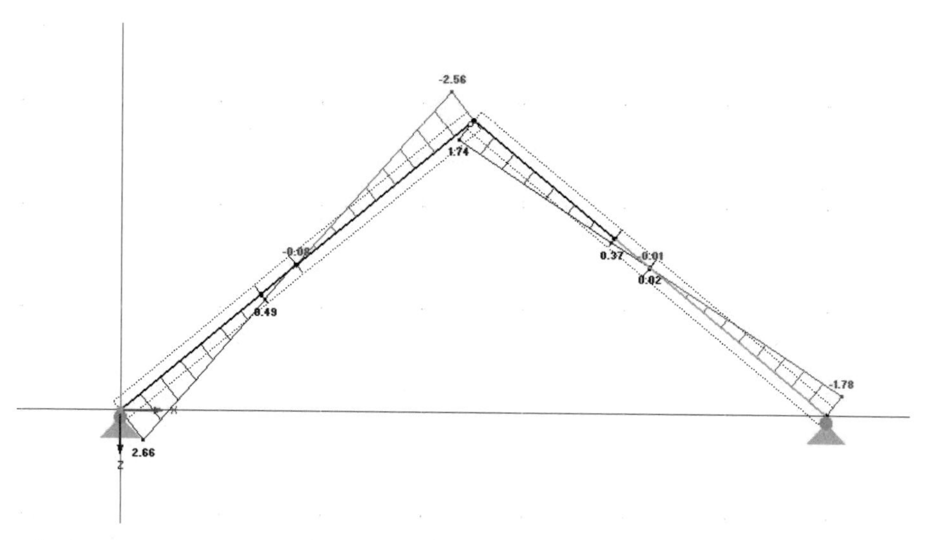

Bild 8.2-30: Grafik der Querkraft im LF Gebrauchstauglichkeit

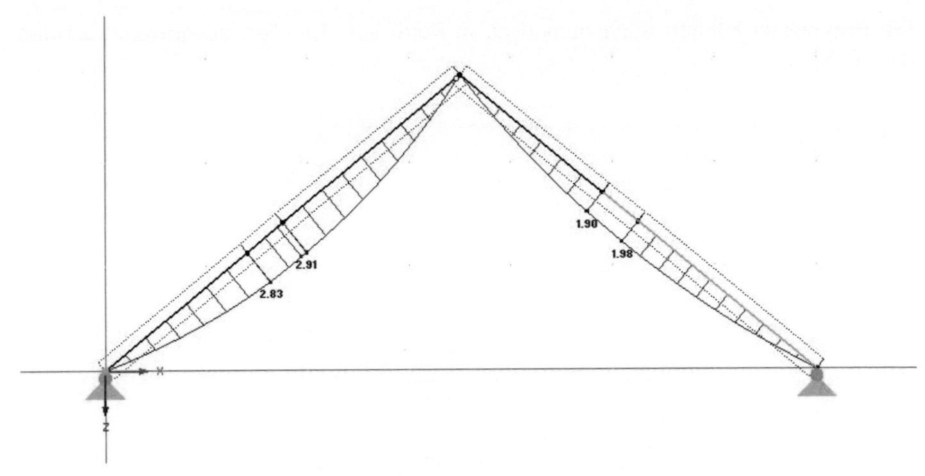

Bild 8.2-31: Grafik der Biegemomente im LF Gebrauchstauglichkeit

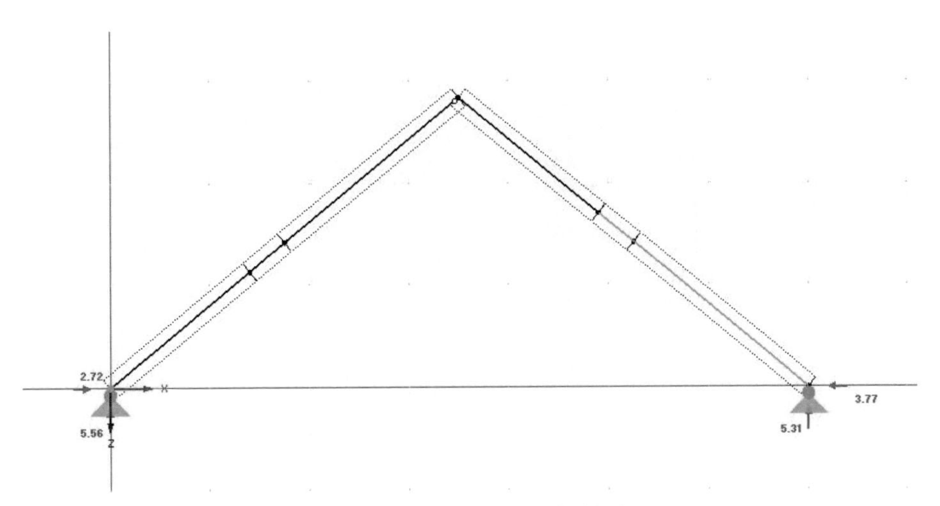

Bild 8.2-32: Lagerreaktionen im LF Gebrauchstauglichkeit

Die Ergebnisse können auch numerisch in Form von Tabellen ausgewertet werden (Bild 8.2-33).

	A	B	C	D	E	
Stab Nr.	Knoten Nr.	Stelle x [m]	Kräfte [kN] N	V_z	Momente [kNm] M_y	
1	1	0.000	-5.61	2.66	0.00	1 - Rechteck 100/200
	2	1.799	-4.29	0.49	2.83	
	Max N	1.799	**-4.29**	0.49	2.83	
	Min N	0.000	**-5.61**	2.66	0.00	
	Max V_z	0.000	-5.61	**2.66**	0.00	
	Min V_z	1.799	-4.29	**0.49**	2.83	
	Max M_y	1.799	-4.29	0.49	**2.83**	
	Min M_y	0.000	-5.61	2.66	**0.00**	
2	2	0.000	-4.29	0.43	2.83	1 - Rechteck 100/200
	3	0.455	-3.96	-0.08	2.91	
	Max N	0.455	**-3.96**	-0.08	2.91	
	Min N	0.000	**-4.29**	0.43	2.83	
	Max V_z	0.000	-4.29	**0.43**	2.83	
	Min V_z	0.455	-3.96	**-0.08**	2.91	
	Max M_y	0.386	-4.01	0.00	**2.91**	
	Min M_y	0.000	-4.29	0.43	**2.83**	
3	3	0.000	-3.96	-0.02	2.91	1 - Rechteck 100/200
	4	2.247	-2.31	-2.56	0.00	
	Max N	2.247	**-2.31**	-2.56	0.00	
	Min N	0.000	**-3.96**	-0.02	2.91	
	Max V_z	0.000	-3.96	**-0.02**	2.91	
	Min V_z	2.247	-2.31	**-2.56**	0.00	
	Max M_y	0.000	-3.96	-0.02	**2.91**	
	Min M_y	2.247	-2.31	-2.56	**0.00**	
4	4	0.000	-2.97	1.74	0.00	1 - Rechteck 100/200
	5	1.799	-4.29	0.37	1.90	
	Max N	0.000	**-2.97**	1.74	0.00	
	Min N	1.799	**-4.29**	0.37	1.90	
	Max V_z	0.000	-2.97	**1.74**	0.00	
	Min V_z	1.799	-4.29	**0.37**	1.90	
	Max M_y	1.799	-4.29	0.37	**1.90**	
	Min M_y	0.000	-2.97	1.74	**0.00**	
5	5	0.000	-4.29	0.36	1.90	1 - Rechteck 100/200
	6	0.448	-4.62	-0.01	1.98	
	Max N	0.000	**-4.29**	0.36	1.90	
	Min N	0.448	**-4.62**	-0.01	1.98	
	Max V_z	0.000	-4.29	**0.36**	1.90	
	Min V_z	0.448	-4.62	**-0.01**	1.98	
	Max M_y	0.448	-4.62	-0.01	**1.98**	
	Min M_y	0.000	-4.29	0.36	**1.90**	
6	6	0.000	-4.62	0.02	1.98	1 - Rechteck 100/200
	7	2.254	-6.27	-1.78	0.00	
	Max N	0.000	**-4.62**	0.02	1.98	
	Min N	2.254	**-6.27**	-1.78	0.00	
	Max V_z	0.000	-4.62	**0.02**	1.98	

Gesamt | Stäbe - Schnittgrößen | Stabsätze - Schnittgrößen | Querschnitte - Schnittgrößen | Knoten - Lagerkräfte | Knoten

Bild 8.2-33: Tabelle der Ausgabewerte

9 Quellennachweis

Die Fotografien auf den nachfolgend angegebenen Seiten wurden freundlicherweise von den Urhebern für dieses Buch zur Verfügung gestellt:

	Seite
Dirk Landrock, Coswig	9, 10, 41, 55, 57, 62, 77, 85, 255
Steffen Thon, Weinböhla	74
Jörg Leopold, Lenz	91
Mario Knötsch, Bannewitz	40
KS* Kalksandstein-Information, Dresden	58
Detlef Kliemt, Dresden	32

Die Fotografien auf den Seiten 12, 75 und 79 sind den Verfassern für diese Aufgabensammlung zur Verfügung gestellt worden.

Herrn Detlef Kliemt, Berufsförderungswerk Bau Sachsen e.V. Dresden gilt der Dank für die Herstellung der Modelle für die Aufgaben 24, 38 und 56.

Herrn Dr. Techn. Bernhard Valentini und Dipl.-Ing. Christian Urich, Programmierer Smart Bars, gilt der Dank für die Mithilfe bei der Erstellung des Kapitels 8.

10 Stichwortverzeichnis